浙江清凉峰生物多样性研究

丁平　童彩亮　翁东明　主编

中国林业出版社

图书在版编目(CIP)数据

浙江清凉峰生物多样性研究 / 丁平，童彩亮，翁东明主编.
--北京：中国林业出版社，2020.6

ISBN 978-7-5219-0656-1

Ⅰ.①浙… Ⅱ.①丁… ②童… ③翁… Ⅲ.①自然保护区-生物多样性-研究-浙江 Ⅳ.①S759.992.55②Q16

中国版本图书馆 CIP 数据核字(2020)第 118651 号

出版发行：中国林业出版社（北京市西城区德胜门内大街刘海胡同 7 号 100009）
邮箱：377406220@qq.com
电话：010-83143520
印刷：河北京平诚乾印刷有限公司
版次：2020 年 9 月第 1 版
印次：2020 年 9 月第 1 次
开本：787mm×1092mm 1/16
印张：25（其中彩插 2.5）
字数：500 千字
定价：150.00 元

编委会

参与人员名单

第一章　概论

撰写者：童彩亮

参与调查人员或资料整理人员：程樟峰　赵东武　雷福民

第二章　自然概况

撰写者：翁东明　郭瑞　王涛　吴竹明

参与调查人员或资料整理人员：程樟峰　俞平新　姜飞龙

第三章　植物资源

撰写者：陈伟杰　张宏伟　鲁益飞　吴倩倩　金孝锋　胡广

参与调查和资料整理人员：陈伟杰　张宏伟　鲁益飞　吴倩倩　蔡鑫　张剑　刘永娣　金孝锋　代英超　姜朝阳　王旭池　杨怡雯　吕超鹏　梁木凤　胡广

第四章　植被

撰写者：胡广　吴倩倩　于明坚　张宏伟　王军旺　程樟峰

参与调查人员：胡广　吴倩倩　张宏伟　杨怡雯　郭亚晶　王月霞　张田田　吕超鹏　汪煜　巫木旺　梁木凤　伍珍妮　陈文豪　李晓婉　阙权鸿　魏艳虹　王宇　徐建敏　叶兰婷　章彬　项宇航　杨云焙　孙福堂　徐怡洁　周洋　郭瑞　刘金亮　仲磊　田云　丁文勇　余晶晶　代英超　程樟峰　王旭池　俞平新　翁东明　于明坚

第五章　无脊椎动物

第一节　蜘蛛

撰写者：吴玲兵　丁平　章叔岩　王军旺

参与调查人员：吴玲兵　王向军　王旭池

第二节　昆虫

撰写者：郭瑞　王义平

参与调查人员或资料整理人员：章叔岩　王军旺　刘伟　赵东武　袁洲林

第六章　脊椎动物

第一节　鱼类

撰写者：袁乐洋　郑南忠　童根平

参与调查人员：郭瑞　王军旺　王旭池　许立军

第二、三节　两栖爬行类

撰写者：陈苍松　杨佳　程樟峰　郭瑞　章叔岩　梅祎芸

参与调查人员：陈苍松　杨佳　徐建　高一杰　王军旺　郑南忠

第四节　鸟类

撰写者：丁平　刘娟　金挺浩　许丽娟　郭瑞

参与调查人员：斯幸峰　宋虓　陈传武　曾頔　吴亦如　赵郁豪　李家琦　周浩楠　金挺浩　童根平　杜列平

第五节　兽类

撰写者：鲍毅新　郭瑞　许丽娟

参与调查人员：徐爱春　黄相相　王华　任鹏　李海宏　龚堃　周晓　程建祥　陈东东　章叔岩　赵成根　许立军　张苏憬　赵湘洛

第七章　清凉峰梅花鹿专题报告

撰写者：徐爱春　鲍毅新　郭瑞　章叔岩

参与调查人员：刘周　黄相相　周虎　李春林　袁智文　王华　任鹏　李海宏　龚堃　周晓　程建祥　陈东东　许丽娟　童根平　俞平新　程樟峰　王向军　张苏憬　许立军

第八章　森林生物多样性长期监测样地

撰写者：吴倩倩　胡广　张宏伟　翁东明　于明坚

参与调查人员：胡广　吴倩倩　张宏伟　沈国春　赵谷风　丁文勇　金毅　苏晓飞　杨怡雯　叶琰迪　刘凤丹　吕超鹏　程飞彪　李秋明　周娜　王妍　黄汝婷　张田田　程樟峰　王军旺　王旭池　翁东明　于明坚

第九章　社区经济及社区关系

撰写者：程樟峰　许少飞　李兰英

参与调查人员和资料整理人员：洪晓霞　盛碧云　潘文磊

第十章　自然保护区管理

撰写者：樊为民　翁东明

参与调查人员和资料整理人员：郑南忠　王士华　洪晓霞　盛碧云　邱婷

序

清凉峰，地处浙江省西北部的杭州市临安区境内，是我国黄山—怀玉山生物多样性优先保护区域的重要组成部分。保护区内生物多样性十分丰富，分布有我国特有的国家一级重点保护野生动物华南梅花鹿，以及典型的亚热带森林生态系统，吸引了国内众多高等院校和科研单位的知名专家学者来此开展生物多样性调查与科学研究工作。1985 年建立省级自然保护区以来，保护区多次组织专家开展较大规模、多学科的科学考察，积累了丰富的资料，取得了丰硕的成果，并于 1998 年晋升为国家级自然保护区。此后，保护区积极与国内外各科研院校合作，开展了清凉峰生物多样性资源调查和华南梅花鹿的专题研究，建立了森林生物多样性长期监测样地。2014—2017 年，又邀请有关专家学者对自然保护区的生物多样性进行全面、系统的调查，并组织编撰了本《浙江清凉峰生物多样性研究》。

此书内容丰富，编排新颖，不仅具有自然概况、动植物资源、社区经济和社区关系、自然保护区管理等内容，而且还有有关主要珍稀濒危和特色植物的种群结构、主要植被的性质、稀有植物群落的特征、森林群落的物种、谱系与功能多样性、蜘蛛 β 多样性和鸟类物种多样性分布影响因素，以及台湾水青冈群落结构和物种多样性、优势种群密度制约效应和群落动态、华南梅花鹿专项等方面的研究成果。此书的出版能帮助读者对该区域蕴藏丰富的生物多样性状况有较全面和深入的认识，并对生物多样性的保护和自然保护区的管理等方面的研究与决策具有重要的参考价值。

数十年来，我参加清凉峰国家级自然保护区的考察、调研和各种会议许多次，令我印象深刻的有如下特点：首先，保护区地域面积很大，由互不相连的三大块组成，各有不同的功能，如以保护夏蜡梅为主的顺溪坞，以保护华南梅花鹿为主的千顷塘及以保护森林生态系统为主的龙塘山。地域分散明显地增加了管理成本和难度，但我从来没有听说他们的诉求，而是克服困难，做到妥善安排，站点设置合理，管理井井有条。对他们这种为自然保护区发展的敬业奉献精神，我深感钦佩。其次，处理保护与开发的矛盾得当，能够按照国家有关规定，坚持以保护珍稀物种、保护生物多样性为前提，在实验区内适当开展生态旅游，坚持保护区的统一领导管理，以开展接近自然、认识动植物，并欣赏良好的生态景观为主要内容的旅游、夏令营和探险等活动，收益用于保护事业，以促进生态文明建设。

生物多样性是人类生存与发展的重要物质基础，生物多样性保护是生态环境建设的重要环节和生态文明建设的重要内容。因此，保护生物多样性，不仅是自然保护区，更是全社会、全人类的共同任务。愿清凉峰的生物多样性更加繁荣、保护区的管理水平更上新台阶。

浙江大学教授 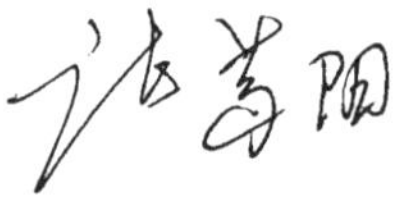

2020 年 3 月 18 日

前言

浙江清凉峰国家级自然保护区地处浙江省西北部的杭州区临安区境内，面积为11 252hm^2，与安徽的绩溪县、歙县、宁国市以及浙江省淳安县毗邻。清凉峰自然保护区前身是1985年8月经浙江省人民政府批准建立的龙塘山省级自然保护区，1998年8月扩区并经国务院批准晋升为国家级自然保护区。自然保护区地处浙皖二省交界处，并与安徽的绩溪、歙县清凉峰自然保护区接壤，主峰清凉峰海拔1787.4m，为天目山脉最高峰。浙江清凉峰自然保护区地处中亚热带北缘，具有明显的亚热带中山山地季风气候的特征，区内分布有大面积的中亚热带常绿落叶阔叶混交林和较完整的植被垂直带，生物多样性十分丰富，是保存生物物种的天然基因库。其主要保护对象为我国特有的国家一级重点保护野生动物华南梅花鹿，以及典型的亚热带森林生态系统。

浙江清凉峰自然保护区自成立以来，积极与省内外高等院校和科研单位合作，开展生物多样性调查与科学研究工作。先后与杭州大学（现浙江大学）、浙江大学、浙江自然博物馆、浙江农林大学、杭州师范大学、中国林业科学研究院、浙江省森林资源监测中心、浙江省林业科学研究院、中国科学院动物研究所、华东师范大学、南开大学、南京农业大学、上海师范大学、西北农林科技大学、西南大学、河北大学等单位合作，开展清凉峰生物资源调查和国家一级重点保护野生动物华南梅花鹿的专题研究，建立了森林生物多样性长期监测样地，并撰写出版《浙江清凉峰自然保护科学考察集》《清凉峰动物》和《清凉峰植物》等专著。

然而，在过去的自然资源调查和科研工作中，仍有部分生物多样性资源的调查与研究工作相对薄弱，自1997年《浙江清凉峰自然保护科学考察集》出版和1998年国家级自然保护区成立以来，浙江清凉峰自然保护区基本上未开展较为全面的生物多样性调查工作，尤其对植被、脊椎动物和维管植物等的了解十分不足。因此，浙江清凉峰国家级自然保护区管理局于2014—2017年组织了浙江大学、浙江师范大学、浙江自然博物馆、杭州师范大学、中国计量大学和浙江理工大学等单位的专家学者对自然保护区的生物多样性进行了一次全面、系统的调查。在此基础上，结合自然保护区已有资料，编写了《浙江清凉峰生物多样性研究》。

本书对浙江清凉峰国家级自然保护区的生物多样性进行了编目和各类群物种组成特征、珍稀濒危与保护物种现状分析。浙江清凉峰目前已记录有野生种子植物1758种、蜘蛛138种、昆虫2567种、鱼类56种、两栖类28种、爬行类32种、鸟类187种和兽类49种；有针叶林、针阔叶混交林、阔叶林、灌丛、草甸、人工林和半人工林7个植被型组，9个植被型，27个群系组和43个群系。在此基础上，本书进一步总结了清凉峰主要珍稀濒危和特色植物种群的径级结构、主要植被的性质、稀有植物群落的特征、森林群落的物种、谱系与功能多样性，以及蜘蛛β多样性、鸟类物种多样性的分布与生境和海拔高度的关系等方面的研究成果；并通过森林生物多样性长期监测样地的动态监测，对台湾水青冈群落结构和物种多样性、优势种群密度制约效应和群落动态进行了深入的研究。同时，本书还对浙江清凉峰国家级自然保护区主要保护对象——华南梅花鹿专项研究的成果进行了总结，内容涉及保护区内华南梅花鹿的种群密度与数量、分布、活动节律、栖息地特征及其适宜性等科学问题。

总之，《浙江清凉峰生物多样性研究》是对浙江清凉峰国家级自然保护区生物多样性研究成果的全面总结，希望本书的出版能在浙江清凉峰生物多样性的保护和保护区管理水平的提升等方面起到积极的促进作用和相应的科学支撑。

在本书的编写过程中，我们有幸请到了国内著名的生态学家、动物学家诸葛阳教授为本书作序。在此，向所有一贯关心、支持清凉峰自然保护区发展与保护工作的领导、专家、教授和曾经参加科学考察及研究的所有人员表示衷心的感谢。

由于编者水平有限，本书难免存在疏漏之处，敬请各位专家、学者批评指正。

编者

2020年5月1日

目录

序
前言
第一章　概论 …… 1
第一节　保护区概况 …… 1
一、地理位置与范围 …… 1
二、保护区功能区划 …… 1
三、动植物资源 …… 2
第二节　经济社会概况 …… 2
一、社区人口及经济状况 …… 2
二、科教文卫 …… 3
第三节　考察与研究历史 …… 3
第二章　自然概况 …… 6
第一节　地质 …… 6
一、地质构造 …… 6
二、地层和岩石 …… 7
第二节　地貌 …… 8
第三节　土壤 …… 12
一、土壤分布规律性 …… 12
二、土壤分类系统 …… 12
第四节　气候 …… 14
一、气温 …… 15
二、降水量 …… 16
三、湿度 …… 17
四、气压 …… 17
五、气象灾害 …… 18

第五节 水系与水质 …… 18
一、水系 …… 18
二、水质 …… 19

第三章 植物资源 …… 22
第一节 植物区系与编目 …… 22
一、种类组成 …… 23
二、区系特征 …… 29
第二节 主要珍稀特色植物种群 …… 30
一、调查方法 …… 30
二、径级结构的划分与类型 …… 30
三、珍稀特色植物种群 …… 31

第四章 植被 …… 36
第一节 植被类型和分布 …… 36
一、植被调查 …… 36
二、植被类型划分 …… 38
三、植被类型 …… 39
四、植被分布 …… 41
第二节 主要植被性质 …… 42
一、针叶林 …… 42
二、针阔叶混交林 …… 43
三、落叶阔叶林 …… 46
四、常绿阔叶林 …… 49
五、常绿落叶阔叶混交林 …… 49
六、竹林 …… 51
七、灌丛 …… 51
八、草甸 …… 51
第三节 稀有植物群落 …… 51
一、巴山榧树群落 …… 51
二、香果树群落 …… 52
三、鹅掌楸群落 …… 52
四、华榛群落 …… 53
五、南方铁杉-天女木兰群落 …… 53
六、黄山梅群落 …… 54
七、银缕梅群落 …… 54
八、台湾水青冈群落 …… 54

第四节 森林群落物种、谱系和功能多样性 …… 55
一、数据分析方法 …… 55
二、物种多样性 …… 59
三、谱系多样性 …… 61
四、功能多样性 …… 62

第五章 无脊椎动物 …… 67
第一节 蜘蛛 …… 67
一、调查方法 …… 68
二、物种多样性 …… 69
三、不同区域蜘蛛物种组成相异性 …… 74
第二节 昆虫 …… 75
一、调查方法 …… 75
二、物种多样性 …… 75
三、区系特征 …… 78
四、特有昆虫和资源昆虫 …… 80

第六章 脊椎动物 …… 85
第一节 鱼 类 …… 85
一、调查方法 …… 85
二、物种多样性 …… 86
三、分布特点 …… 89
四、珍稀濒危物种 …… 90
第二节 两栖类 …… 90
一、调查方法 …… 90
二、物种组成与区系特征 …… 92
三、资源分布和保护 …… 95
第三节 爬行类 …… 96
一、调查方法 …… 96
二、物种组成与区系特征 …… 98
三、资源分布和保护 …… 100
第四节 鸟 类 …… 101
一、调查方法 …… 101
二、鸟类区系 …… 103
三、种群数量密度 …… 117
四、鸟类物种多样性与生境 …… 120
五、鸟类物种多样性与海拔高度 …… 120

六、不同保护区域的鸟类物种多样性 …… 122
第五节　兽　类 …… 131
一、调查方法 …… 131
二、物种多样性与生态类群 …… 132
三、资源分析 …… 136
四、面临的问题与保护 …… 138

第七章　清凉峰华南梅花鹿专项报告 …… 141
第一节　引　言 …… 141
第二节　研究对象 …… 143
第三节　研究方法 …… 144
一、红外线自动相机技术 …… 144
二、栖息地因子的选择 …… 146
第四节　数据统计 …… 147
一、独立照片 …… 147
二、种群密度与数量 …… 147
三、活动节律 …… 148
四、种群分布 …… 148
五、栖息地适宜性模型构建 …… 148
第五节　结果与讨论 …… 149
一、相机安放数量及安放位点 …… 149
二、拍摄率与独立照片 …… 151
三、种群密度及数量 …… 152
四、分布 …… 154
五、活动节律 …… 156
六、栖息地选择 …… 158
七、栖息地适宜性评价 …… 160
八、人类干扰情况 …… 163

第八章　森林生物多样性长期监测样地 …… 168
第一节　台湾水青冈群落结构和物种多样性 …… 168
一、长期监测样地设置与调查 …… 168
二、群落结构 …… 168
三、群落物种多样性 …… 170
第二节　台湾水青冈群落优势种群的密度制约效应 …… 170
一、数据分析 …… 170
二、森林更新动态 …… 172

三、邻体效应 …… 173
四、空间分布格局 …… 174
五、密度制约效应 …… 176
第三节 台湾水青冈群落动态 …… 177
一、群落物种组成动态变化 …… 177
二、谱系结构动态变化 …… 178
三、谱系结构动态与空间尺度的关系 …… 178
四、功能多样性动态变化 …… 180
五、基于森林长期监测的珍稀植物前景分析 …… 181

第九章 社区经济及社区关系 …… 184
第一节 周边社区基础设施建设 …… 184
一、交通、邮电、供水、供电和商业服务 …… 185
二、科教文卫等市政工程和服务设施 …… 185
第二节 周边社区经济状况 …… 185
一、经济结构 …… 185
二、收入水平 …… 185
三、周边社区社会经济评价 …… 186
第三节 保护区与周边社区的关系 …… 189
一、保护区与周边社区关系的演变 …… 189
二、保护区与周边社区关系的现状 …… 190
三、保护区与周边社区关系的影响因素 …… 190
四、促进保护区与周边社区关系和谐的对策 …… 191

第十章 自然保护区管理 …… 193
第一节 历史沿革 …… 193
第二节 机构设置 …… 194
第三节 基础设施 …… 194
第四节 保护管理 …… 195
一、保护区总体规划编制及实施 …… 195
二、保护区资源保护 …… 195
三、保护区华南梅花鹿栖息地改良 …… 196
四、保护区森林防火及人为活动管理 …… 196
第五节 科学研究 …… 197
第六节 科研成果 …… 200
第七节 宣传教育 …… 203
第八节 保护区自身优势和发展机遇 …… 204

一、自身优势 …… 204
二、发展机遇 …… 205
第九节　面临问题 …… 206
第十节　应对策略 …… 207

附录

附表 1　种子植物名录 …… 209
附录 2　蜘蛛名录 …… 261
附录 3　昆虫名录 …… 265
附录 4　鱼类名录 …… 331
附录 5　两栖类名录 …… 333
附录 6　爬行类名录 …… 334
附录 7　鸟类名录 …… 335
附录 8　兽类名录 …… 340

第一章 概论

浙江清凉峰国家级自然保护区（以下简称“清凉峰保护区”）是以保护华南梅花鹿、香果树、夏蜡梅等为主要保护对象的森林生态系统类型国家级自然保护区。其前身为1985年8月经浙江省人民政府批准，建立的龙塘山省级自然保护区；1998年8月，经国务院批准晋升为如今的国家级自然保护区，总面积11 252hm²。清凉峰保护区不仅是我国一级重点保护野生动物华南梅花鹿的重要分布区域，也是我国经济发达的长江三角洲地区保存完好的物种基因库，对钱塘江流域的环境、资源保护和生态建设具有十分重要的意义。清凉峰保护区的建立不仅在我国及世界生物多样性保护中具有重要的地位和作用，而且在区域社会经济发展和生态环境保护中具有重要的意义。

第一节 保护区概况

清凉峰保护区位于浙江西北部的杭州市临安区（临安市）境内，其西面与安徽省绩溪、歙县两县的安徽清凉峰国家级自然保护区接壤；北面与安徽宁国市毗邻；南部与浙江淳安县交界；东面与天目山国家级自然保护区遥遥相望。主峰清凉峰，海拔1787.4m，系天目山脉最高峰，也是浙西第一高峰，有“浙西屋脊”之称。

一、地理位置与范围

清凉峰保护区地理坐标为东经118°50′57″~119°13′23″，北纬30°00′42″~30°19′33″，总面积11 252hm²。分别由龙塘山森林生态系统保护区域、千顷塘野生华南梅花鹿保护区域、顺溪坞珍稀濒危植物保护区域3部分组成，东西跨度40km，南北跨度36km。其中龙塘山保护区域位于西部，区域面积4482hm²；千顷塘保护区域位于北部，区域面积5690hm²；顺溪坞保护区域坐落于南部，区域面积1080hm²。保护区内气候温暖湿润，水资源丰富，人烟较少，天然森林植被保存完好，自然气候条件十分优越。

二、保护区功能区划

清凉峰保护区总面积11 252hm²，其中核心区面积2836hm²，占25.2%；缓冲区面积

1997hm²，占 17.8%；实验区面积 6419hm²，占 57%（表 1-1）。区内国有林面积 2735.1hm²，集体林面积 8516.9hm²，所有林地均于 1982 年由临安县人民政府核发林权证。

表 1-1 清凉峰保护区各区域功能区面积一览表

保护区域	核心区面积（hm^2）	缓冲区面积（hm^2）	实验区面积（hm^2）	合计（hm^2）
龙塘山森林华南生态系统保护区域	831	817	2834	4482
千顷塘野生华南梅花鹿保护区域	1696	964	3030	5690
顺溪坞珍稀濒危植物保护区域	309	216	555	1080
合计	2836	1997	6419	11 252

三、动植物资源

清凉峰保护区内气候复杂，季风性气候明显，植被带景观垂直层次分明，土壤类型多样，区系组成复杂，带谱完整，有一定的多样性、复杂性、古老性、原生性，不但是中国东南沿海中亚热带森林的典型代表，拥有多种珍稀、濒危植物及特有属种、模式标本植物、经济植物，以及多种珍稀、濒危野生动物。据调查，清凉峰保护区记录有脊椎动物 31 目 90 科 323 种（宋朝枢，1997；陈水华和童彩亮，2012），昆虫 2567 种（王义平和童彩亮，2014），有云豹、金钱豹、黑麂、华南梅花鹿、白颈长尾雉、中华秋沙鸭、东方白鹳等国家一级重点保护野生动物 7 种，穿山甲、白鹇、中华虎凤蝶等国家二级重点保护野生动物 42 种，尤其保存着世界珍稀濒危野生动物——华南梅花鹿的最大野生种群，极具科研保护价值。有维管束植物 2036 种，世界性单种属、少种属 77 属；国家级保护植物 21 种，模式标本植物 30 种，20 个中国特有属，11 个浙江特有种（金孝锋和童彩亮，2009；金孝峰等，2014）。清凉峰保护区不仅是中国的一个重要生物多样性的聚集地，也是珍稀濒危物种的一个集中分布地，是经济较发达的长江三角洲地区不可多得的物种基因库，其保护意义与责任都十分重大。

第二节 经济社会概况

清凉峰保护区地处浙、皖交界的我国黄山—怀玉山生物多样性保护优先区域，是一个保护区与人口聚居区交错分布的区域。清凉峰保护区周边社区群众以农耕、务工为主要生活方式，以山核桃、竹笋、茶叶等林副产品为主要经济产业，呈现典型的山地社区经济特征。

一、社区人口及经济状况

2017 年，清凉峰保护区周边社区包括昌化镇、龙岗镇和清凉峰镇等 3 个乡（镇）的 8 个行政村共有 124 个村民小组，3416 户 10683 人，拥有劳动力 7308 人，其中男劳力 3829

人，女劳力3479人。在所有人口中，居住在保护区内的有318户1006人。

清凉峰保护区周边社区呈典型的山地社区经济特征，经济结构以农业和外出务工为主，2017年农业所得为9343万元，工作和劳务所得为7500万元，其他收入3474万元，分别占总收入（20 317万元）的45.99%、36.91%和17.10%，与2015年的53%、31%和16%相比，农户来自农业的收入占比下降，而其工作和劳务所得与其他所得增加。农业收入主要来源于山核桃、木材、茶叶、毛竹等，对保护区及周边资源有较强的经济依赖性。2017年，保护区周边农村居民人均可支配收入为20 254元，增长率为9.8%，低于杭州市临安区（临安市）和浙江省农村常住居民人均可支配收入（28 201元和24 956元）的水平。虽然其增长率略高于杭州市临安区（临安市）及浙江省增长率9.1%的水平，但其收入差距呈现不断拉大的趋势。例如，与临安平均水平的差距从2010年的1402元扩大到2017年的7947元，与浙江省平均水平的差距从2010年的693元扩大到2017年的4702元。不过，近年来保护区周边社区居民来自保护区的收入由2011年的414元上升为2015年的915.7元，年均增长21.95%；2017年为1066.86元。其中增长最快的是农家乐收入和国家生态公益林补偿收入，分别增长了27.47%和18.53%，成为当地农户重要的收入增长源。尤其是保护区周边有景区的行政村如石长城村、桃花溪村和浙川村，近年来农家乐收入增长迅速，成为农民增收的重要经济增长点。

二、科教文卫

清凉峰保护区周边交通比较方便，G56高速和杭徽公路S102省道横贯东西，S209省道纵贯南北。昌化镇白牛村是全国电商第一村，拥有发达的快递服务系统。昌化、龙岗和清凉峰均为临安西部重镇，每个乡（镇）均配备农办等机构专门为农民提供科技服务，并且还开通了“林技通”“农民信箱”等网络服务载体，农户可以快捷获得科技服务。昌化镇拥有从幼儿园到高中的全学龄教育系统，龙岗和清凉峰镇则是从幼儿园到初中的教育系统，另外还有成人学校等，为适龄青少年和成人教育提供了有效保障。近些年，杭州市临安区（临安市）文化礼堂的建设使保护区周边各行政村均建立起了文化礼堂和图书室，极大地丰富了当地居民的文化生活。农村医疗保障体系和养老体系已基本建立。

第三节　考察与研究历史

清凉峰保护区地理位置独特，气候复杂，雨量充沛，土壤类型多样，区内保存着较为原始的森林和珍稀濒危物种，为动植物生长和繁衍提供了优良的自然条件，因而备受国内外生物多样性专家的关注。

1986年8月，在龙塘山省级自然保护区（清凉峰保护区前身）建立一周年之际，浙江省林业厅与浙江自然博物馆联合组织有关专家对保护区进行了为期4天的综合考察，特别对森林植被和野生动物资源进行调查，进而确立以森林生态系统类型、针阔混交林垂直分布和野生动物为龙塘山省级自然保护区的保护对象。1993年9月，临安县林业局、龙塘山省级自然保护区管理处共同组织杭州大学（现浙江大学）、中国林业科学研究院、浙江林学院（现浙江农林大学）、浙江自然博物馆、浙江省林业科学研究所（现浙江省林业科学研究院）以及气象、环保方面的专家、学者对龙塘山进行自然资源科学考察，获得了第一手资料。考察表明，龙塘山自然资源和生物多样性丰富，地质环境复杂，森林土壤类型多样。查明龙塘山有种子植物 1356 种，珍稀植物 36 种；鸟类和兽类资源 141 种，其中国家一级重点保护动物 6 种，国家二级重点保护动物 20 种。各学科考察报告汇成《浙江清凉峰自然保护区科学考察集》，1997 年 10 月由中国林业出版社出版。

自 1998 年 8 月晋升国家级自然保护区以来，积极与国内外各科研院校合作，开展了清凉峰植物、动物资源调查和国家一级重点保护动物华南梅花鹿的专题研究，建立了森林生物多样性长期监测样地。出版了《清凉峰植物》《清凉峰动物》《清凉峰木本植物志》《浙江清凉峰昆虫》等专著。

2000—2004 年，与浙江大学和华东师范大学合作开展了华南梅花鹿栖息地特征及栖息地选择的相关研究，并对华南梅花鹿的分子生物学进行了研究。初步掌握华南梅花鹿的适宜栖息地类型，同时结合研究开展华南梅花鹿栖息地改造工作，为华南梅花鹿的繁衍生息提供有利栖息地。

2006 年，与浙江大学合作开展了台湾水青冈永久性样地建设与监测，对台湾水青冈样地内的每木胸径进行测量，并每 5 年进行一次样地复查。截至 2017 年底已对样地进行了 2 次复查，初步掌握了台湾水青冈的种群分布格局以及更新动态。

2006—2010 年，与浙江林学院（现浙江农林大学）联合申请浙江省林业科技项目“华南梅花鹿种群生存力及扩繁技术研究”，分别对华南梅花鹿种群数量、食性以及栖息地评价进行了调查研究，为华南梅花鹿的保护和管理奠定了基础。

2007—2008 年，与杭州师范大学合作开展了植物资源专项调查，进一步查清保护区内植物种类及珍稀濒危物种的分布，为珍稀濒危植物的保护提供基础。

2010—2014 年，与浙江地矿质产研究所、上海师范大学、浙江农林大学和杭州师范大学等单位合作开展保护区地质遗迹、野生动物资源、苔藓植物、昆虫资源以及木本植物资源进行了专项调查，基本查清了保护区的地质地貌、动植物资源种类及分布状况，为保护区科学管理提供依据。

2012 年，与浙江大学联合开展生态环境 10 年评估样地建设，在保护区内建设 3 个 $1hm^2$ 的永久样地，并进行每木胸径测量。截至 2017 年底，已对 3 个样地各进行了 1 次复查，为保护区掌握区内不同植物群落演替规律，以及生态环境变化情况提供了基础数据。

2015 年，与中国计量大学合作开展华南梅花鹿栖息地调查研究，利用红外相机法对华南梅花鹿分布区域不同生境类型栖息地进行了调查，并对适宜的栖息地类型进行筛选和评价，确定华南梅花鹿适宜栖息环境，为华南梅花鹿栖息地生态恢复提供依据。

2015—2017 年，与中国科学院动物研究所合作开展华南梅花鹿种群发展规划研究，结合保护区实际为华南梅花鹿种群发展指出方向，为保护区华南梅花鹿的保护和管理提出科学建议。此外，清凉峰保护区还与浙江农林大学联合开展保护区社区经济发展研究以及保护区水质资源调查研究，进一步评估了保护区的水质状况。

2017 年，与浙江自然博物馆、浙江农林大学和中国计量大学合作，分别开展珍稀濒危物种华南梅花鹿、象鼻兰和安吉小鲵的抢救性保护研究，分别对 3 种濒危物种开展濒危机制、种群扩繁、野外回归等进行研究。

虽然前期清凉峰保护区积极组织开展了一系列自然资源调查与研究，取得了较为显著的成绩，但仍有部分生物多样性资源的调查与研究工作相对薄弱。自 1997 年《浙江清凉峰自然保护科学考察集》出版和 1998 年晋升为国家级自然保护区以来，清凉峰自然保护区基本上未开展较为全面的生物多样性调查工作和出版更为全面的专著，尤其对植被、脊椎动物和维管植物多样性等方面的了解不足。在已有调查资料的基础上，清凉峰保护区有必要进一步对保护区内的生物多样性和自然资源进行一次更为全面、系统的调查。因此，自 2014 年开始，清凉峰保护区与浙江大学、浙江师范大学、杭州师范大学、中国计量大学和浙江自然博物馆等科研院所联合开展了保护区生物多样性调查研究工作，为提升保护区管理水平提供科学支撑，促进一流自然保护区建设。

参考文献

1. 陈水华，童彩亮. 清凉峰动物［M］. 杭州：浙江大学出版社，2012.
2. 金孝峰，翁东明. 清凉峰植物［M］. 杭州：浙江大学出版社，2009.
3. 金孝锋，金水虎，翁东明，等. 清凉峰木本植物志［M］. 杭州：浙江大学出版社，2014.
4. 宋朝枢. 浙江清凉峰自然保护区科学考察集［M］. 北京：中国林业出版社，1997.
5. 王义平，童彩亮. 浙江清凉峰昆虫［M］. 北京：中国林业出版社，2014.

第二章 自然概况

浙江清凉峰国家级自然保护区主峰清凉峰为白际山脉的一部分，是天目山脉最高峰，也是浙西第一高峰，有“浙西屋脊”“浙西之巅”之称。清凉峰连绵起伏，独特的地形和小气候环境使保护区林木葱郁、山泉清澈。此外，区内云雾弥漫、沟谷纵横、峰石隐现、怪石林立，林木茂密，是千百年来保存完好的珍贵的自然生态遗产。地理位置的优越、气候的独特性以及地质地貌的多样化为动植物的生长和繁衍提供了优良的自然条件，具有重大保护和研究价值。

第一节　地质

清凉峰保护区奇伟幻险，风姿绰约，是一座由地质作用的内外营力造化而成的奇山。清凉峰保护区以山、石、水、土和峰、崖、谷、溪的多样体现其丰富的地质结构。

一、地质构造

清凉峰保护区地处浙西北地区，在地质构造上属于杨子板块东南缘，与华夏古陆块相邻。清凉峰保护区经历了漫长的地质演化过程，该区出露的最老地层——前震旦纪上墅组形成于距今 9 亿年前。8 亿年前，该区为岛孤发展阶段，形成了一套岛孤火山——沉积基底建造；在距今 8 亿年左右，晋宁运动使扬子板块与华夏古陆碰撞形成统一的板块；距今 8 亿~2. 3 亿年期间，该区经历多次海进海退，沉积一套海相碎屑岩和碳酸盐岩组成的盖层建造，自距今 2. 3 亿年的燕山期开始，该区进入环太平洋大陆边缘活动期，海水全部退出，陆相火山活动强烈，形成巨厚的火山凝灰岩建造和河湖相沉积（李明华，2006；宋朝枢，1997）。

清凉峰保护区的地质构造主要为学川-白水塘复背斜和昌化-普陀大断裂。

1. 学川-白水塘复背斜

北起安吉白水塘，南至临安学川村，全长约 90km，呈北东 50°伸展。顺溪保护区域和龙塘山保护区域介于复背斜的最南端。这一带背斜构造比较完整，震旦系地层分布于背斜的核部，花岗岩体多沿着轴部侵入。千顷塘保护区域位于复背斜的中部，由于受燕山期火山凝灰岩覆盖的影响，这一带背斜构造形态不明显。

2. 昌化–普陀大断裂

呈东西向延伸，往西进入安徽，往东延至普陀。它由许多平行排列的断裂组合而成，宽达 20km。断裂面以北倾为主，倾角 70°~80°。断裂形成于晋宁期，它控制断裂带南北两侧构造变形的发育。

二、地层和岩石

1. 沉积岩

浙西北地区不同时代地层发育较为齐全，除了中下泥盆统外，从远古时代到第四纪的地层有前震旦系、震旦系、寒武系、石炭系和侏罗系（表 2–1），其中以侏罗系分布最广，它覆盖几乎整个千顷塘保护区域和龙塘山保护区域的山脊，其他不同时代地层主要分布于龙塘山保护区域和顺溪坞保护区域（李明华，2006）。各时代地层主要岩性简述如下。

表 2–1　浙江清凉峰国家级自然保护区地层简表

界	系	统	组
中生界	侏罗系	上统	黄尖组
			劳村组
古生界	石炭系	上统	船山组
	寒武系	下统	大陈岭组
			荷塘组
元古界	震旦系	上统	灯影组
			陡山沱组
		下统	雷公坞组
			志棠组
	前震旦系	河上镇群	上墅组

上侏罗统黄尖组：地层主要由中酸性火山岩组成，自上而下的岩石有流纹质斑岩、流纹质角烁熔岩、夹流纹质熔结凝灰岩。黄尖组形成于侏罗纪火山活动最活跃时期，岩层厚度较大，一般大于 1000m，最厚达 4000m，是清凉峰保护区分布最广泛的地层，构成了龙塘山、千顷塘和道场坪一带的主导岩性。

上侏罗统劳村组：地层主要由紫红色、灰绿色层状粉砂质泥岩和钙质粉砂岩、粉砂岩、砾岩互层组成，夹有酸性火山碎屑岩、酸性和中性火山熔岩，厚度小于 200m。主要分布于清凉峰一带。

上石炭统般山组：主要由灰色、深灰色含生物碎屑泥晶灰岩和粉晶灰岩、灰岩组成，厚度 40~47m。主要分布于龙塘山南侧龙塘寺一带，地层与四周震旦系以断层接触。

下寒武统大陈岭组：深灰色层状粉晶灰岩与粉晶白云质灰质岩组成，下部夹有黑色页岩，厚度25~88m。主要分布于龙塘山的东侧和南侧。

下寒武统荷塘组：主要分布于龙塘山的东侧和南侧。根据岩性大致可分3段，上段硅质岩段主要由黑色炭质硅质岩、硅质页岩夹粉晶灰岩透镜体或泥质灰质页岩夹石煤层组成。石煤呈鸡窝状及似层状产出，横向上有的相变为炭质页岩，厚度40~50m。下段磷矿层段主要由黑色层状、似层状、透镜状磷块岩或结核状磷块岩组成。

上震旦统灯影组：主要分布于龙塘山东侧，厚度95~167m，下部为富含黄铁矿的黑色炭质页岩、硅质页岩或粉砂质泥岩为主，底部发育一层浅灰、灰黄色微晶白云岩或白云质灰岩，厚度95~167m。

下震旦统雷公坞组：上段由灰黑色和墨绿色冰积砾质泥、冰积砾质砂岩、冰积砾含砾砂泥岩等组成，层理不明显；烁石的成分复杂，既有侵入岩、喷出岩，也有沉积岩和变质岩，厚度一般170~330m。中段为浅灰色薄层条带状含锰硅质页岩，厚度一般4.5~9m。下段为灰绿色块状冰积含砾泥砂岩，粉砂质泥岩，夹少量纹层状硅质泥岩，厚度一般10m左右。

下震旦统志棠组：主要分布于龙塘山东部，由灰绿含凝灰质粉砂质泥岩、粉砂岩、细砂岩组成的类复理石构成，底部有一层紫红色块状砂岩，夹含砾砂岩和粉砂质页岩，厚度一般600~800m。

前震旦系上墅组：以紫红色、灰绿色细砂岩、粉砂岩、粉砂质页岩为主，夹少量砾岩或砂砾岩。岩层中多处见到流纹斑岩、安山岩及辉绿岩等潜火山岩，厚度3000m。主要分布于龙塘山南侧。

2. 岩浆岩

清凉峰保护区在燕山期火山活动最强烈，侵入岩也主要以燕山早期的中酸性和酸性岩石为主。按岩性特征大致可分为花岗闪长斑岩、石英闪长岩和花岗岩（俞国华，1996；浙江省地质调查院，2012）。

花岗闪长斑岩，主要分布于千顷塘保护区域东部，岩体呈串珠状分布于侏罗纪火山沉积岩中，走向北东—南西向。岩体形成于早燕山期第二阶段，与围岩黄尖组火山沉积岩形成的时代相近。

石英闪长岩，主要分布于千顷塘保护区域西侧，岩体呈串珠状分布于侏罗纪黄尖组火山沉积岩中，岩体侵入时间为燕山期第二阶段。

花岗岩，主要分布于顺溪和龙塘山保护区域，包括学川岩体和鸠甫岩体。岩体沿学川-白水塘褶皱核部侵入于震旦系地层中，岩体长轴的延伸方向为北东—南西向，与区域构造线方向一致。

第二节　地貌

清凉峰保护区龙塘山保护区域地形西高东低，西部为大片海拔大于1000m的陡峻山体，钱塘江流域最高峰——清凉峰即位于该区的西南，东部则过渡为低山丘陵地带。千顷塘保护区域呈东西延伸长条形，该区域位于天目山主脉上，主要由海拔 1000m 左右的山峰构成，这一带山峰坡度相对较平缓，沟谷宽浅。顺溪坞区域位于龙塘山的东南方向，属于昱岭山脉的西段，该区域地形南高北低，较高的山峰雨伞尖、大岭塔位于该区域南侧；东西两侧皆为分水岭；四周为山梁环绕，中间为下坳的谷地。

清凉峰保护区内山岗顶部发育有宽平的顶面，有的地方出现中间微凹的汇水盆地而形成水塘或沼泽地，龙塘山由此而得名。在清凉峰山脊北部发育有一直径约 100m 的浅水汇水盆地，位于千顷塘保护区域的千顷塘水库和大源塘水库是在这种汇水盆地基础上建立起来的（李明华，2006）。这些高山平地的形成与古夷平面有关，由于地壳间歇性上升运动，使得古风化夷平面不断地不等幅抬升，形成不同海拔高度的山原地貌。

清凉峰保护区内出露有不同时代的地层，最老的为前震旦系上墅组，最年轻的为侏罗系；岩性多种多样，主要有火凝灰岩、泥砂岩、硅质岩、石灰岩和中酸性侵入岩（李志宏，2004；临安市国土资源局，2013）。由于不同岩性抗风化能力的差异，质地较坚硬的火山凝灰岩和中酸性侵入岩体组成保护区山峰和山脊，而质地较软的泥砂岩则分布于山谷和低山丘陵地带。一些特殊岩性经过风化作用形成特征的地貌类型，在龙塘山南侧的石灰岩分布地段，形成了石芽、溶沟、漏斗、天生桥和溶洞等典型的史喀斯特地貌。在龙塘山北侧石门一带，节理发育的侏罗纪火山岩地层中，形成火山“石林”特征的地貌。

3 个保护区域均分布于临安市西部中山地带，地势高峻，构成临安市与邻市重要的分水岭。横穿昌化境内的昌化溪的重要支流杨溪、顺溪、桃花溪、林坑溪、沥溪、沃溪、黄干溪和沿水坑溪等分别发源于龙塘山、顺溪和千顷塘三个保护区域的溪流主要呈近东西向，分布于千顷塘保护区域和顺溪坞保护区域的溪流主要呈南北方向。

清凉峰保护区主要地貌类型如下。

（1）峰林

峰林地貌，多分布在清凉峰强烈侵蚀的地区。白垩纪以来，由于天目山岩体内的不同向节理，经融冰、流水等作用，沿裂隙强烈风化侵蚀，逐渐形成柱状、笔状、花萼状山峰，锯齿状、刀刃状山脊，格子状悬崖，石门状峭壁，从而构成了清凉峰奇特的峰林地貌。除清凉峰外，保护区还有十多座重要山峰分别分布于龙塘山、千顷塘和顺溪坞保护区域，海拔高度多数大于 1000m，但也有少数山峰海拔高度介于 900~1000m 之间（表 2-2）。

（2）岩溶

龙塘山保护区域的石林岩溶地貌是浙江唯一处于加里东运动不整合面上的岩溶地貌。加里东运动面表现为石炭系黄龙组与震旦系休宁组的泥岩假整合接触，黄龙组灰岩和船山组灰岩形成石林和溶洞等岩溶地貌。其主要是在地表水和地下水的侵蚀作用下发育了各种类型的岩溶地貌，特别是质地较纯的石炭、二叠纪灰岩，地表常见石芽和溶沟，还有溶洞、落水洞、地下暗河等。其主要代表有莲花石林、石莲花石芽、罗汉洞、悟道洞等。

表 2-2 浙江清凉峰国家级自然保护区主要山峰概况

区域	山峰	山顶海拔（m）	概况
龙塘山保护区域	清凉峰	1787.4	钱塘江流域的最高峰，山岗近南北向延伸，长约 2000m，南部高，向北逐渐降低。四周坡度陡峻，但岗顶地貌平坦，顶面宽 100~300m，南部窄，北部宽，北部最宽处达 600m，并发育有一直径约 100m 的低凹沼泽山地
	龙塘山	1586.4	按山脊延伸方向不同大致可分为 3 段，主峰位于中段，大致呈近东西向延伸；南段近南北向延伸；北段呈北东南西向延伸，山脊延伸长度均在 800m 左右。龙塘山山脊宽度较窄，多呈猪背状
	柴金岩	1025.6	保护区域的东南部，山脊呈北西-南东向延伸，长约 300m
千顷塘保护区域	螺丝尖	1192.0	保护区域的西端，山脊呈北东—南西向延伸，长约 800m
	塘岭	1240	山岗近南北向延伸，长约 1400m。岗顶平坦，平台的高度 50~300m 不等，从南到北岗顶由窄变宽
	照君岩	1449.6	保护区域的中部，是千顷塘一带的最高峰。山岗近南北向延伸，长约 2000m，坡度较平缓
	癞痢尖	1362	保护区域的中部，浙、皖两省交界线上，山脊近南北向延伸，岗顶较平缓
	大坪溪	1088	保护区域中部，癞痢尖山体的南侧，山脊近南北向延伸，岗顶较平缓
	转山头	1029	保护区域中部，山岗呈近南北向延伸，长约 1000m，较为平缓，有宽 80~150m 的平台。北侧是地势低平的小平溪
	道场坪	963	保护区域东端，山脊近南北向延伸，长约 300m。山峰四周坡度平缓，岗顶有宽 50~100m 的平地
顺溪坞保护区域	雨伞尖	1459.8	保护区域西南角，山脊近东西—南北向分布呈“十”字形。海拔 1350m 以上山体比 1350m 以下山体的坡度平缓
	大岭塔	1446.5	保护区域的东南侧，主峰海拔 1446.5m，山脊呈北东—南西向延伸，长约 400m
	苏坞尖	1178.8	保护区域的东北角，山脊向南北向延伸，长约 400m

（3）峡谷

清凉峰保护区山谷幽深、蛇曲，大的峡谷有龙塘山区域的平坑峡谷和双肩坑峡谷，以及顺溪坞区域直源峡谷等。主要有沉积岩、浅变质岩系组成的中山，高差起伏变化大，山脊较厚，河床下切，溯源侵蚀强烈，呈“V”形峡谷，一般深 400~600m，最深 1000m，谷中多陡坎、跌水。小的峡谷有十八龙潭峡谷、天龙峡谷、栈岭峡谷等处。

（4）悬崖

清凉峰保护区有东岙头-清凉峰、龙塘峰-大石门、双肩凹-昭君岩，山脊尖棱坡度陡，基岩多有裸露，参天奇峰雄伟，悬崖陡壁壮丽。特别是清凉峰，主体南侧的佛掌峰高差达数百米之多，为华东地区所罕见。

（5）坞坪

清凉峰保护区山峰林立、巍峨绵延，在高山之间则为地势相对较低的山谷和坞坪。山谷形态各异，在龙塘山保护区域和顺溪坞保护区域，山谷两侧山体陡峭，谷底坡度大，宽度小；而在千顷塘保护区域，山谷两侧山体坡度较缓，谷底地形平坦，宽度也较大，构成坞坪（表2-3）。

表2-3　浙江清凉峰国家级自然保护区主要坞坪概况

区域	坞坪	长度（m）	宽度（m）	概况
龙塘山保护区域	东岙头	1500	50~100	保护区域西侧，介于清凉峰和龙塘山两山体之间，呈北东—南西向延伸。山谷两侧山体陡峻，谷底坡度较两侧山体小，但仍比较陡，谷底的宽度不大。该山谷是东岙沟的源头
	谢家坞	1500	50~150	保护区域东缘北端，呈近南北向延伸，坞坪两侧山体坡度大，但坞坪本身坡度相对平缓
	黄毛坪	600	100	保护区域北缘，坞坪近东西向延伸，坞坪两侧山体坡度较大，但坞坪底部地形平坦，宽度较大
千顷塘保护区域	干坑	3000	100~300	保护区域中南部，近南北向延伸，坞坪两侧山体坡度较平缓，坞坪底部地形平坦，宽度较大，由南向北逐渐变宽，这里原是大面积的草甸和灌丛，现在已改造成杉木、黄山松纯林。沥溪流经此坞坪
	西坞源头	1500	100	保护区域的东部，呈近南北向延伸，坞坪两侧山体陡立，但坞坪地形平坦
	羊场	600	50~100	保护区域的东部，呈北东—南西向分布，两侧山体坡度较平缓，坞坪地形更为平缓
	庙基	1200	150~250	保护区东部，近南北向延伸，坞坪两侧山体坡度平缓，相对高度小，坞坪地形平坦，宽度较大
顺溪坞保护区域	顺溪坞	1500	50	保护区域西部，走向近南北，谷地两侧山体陡峻，谷底相对平缓，但宽度不大，因有顺溪流经此谷，所以称顺溪坞

第三节　土壤

根据浙江省森林土壤和分布，清凉峰保护区划分为浙西北天目山乌龙山中山丘陵黄红壤棕黄壤区和浙西北天目山中山丘陵黄红壤棕黄壤亚区。

一、土壤分布规律性

清凉峰保护区的土壤带变动特征明显，其变动主要同经纬度和海拔高度下的生物气候的更替相协调。具体表现在土壤水平地带性随经纬度节奏变化而变化，土壤垂直地带性随海拔高度节奏变化而变化，土壤地域性随水文、地质和小地形变化而变化。

清凉峰保护区为亚热带常绿阔叶林北缘地带，与其相应的矿物风化类型为硅铝型，胡富比为大型。土壤类型则相应为棕黄壤、黄红壤。随海拔升高，土壤的垂直结构由低到高呈现红壤带、山地黄壤带、山地棕黄壤带及草甸土带的垂直带谱（李明华，2006；宋朝枢，1997）。

二、土壤分类系统

根据 1983 年浙江省森林土壤分类表，清凉峰保护区土壤分类系统共有 5 个土纲，8 个土类，11 个亚类，16 个土属（叶仲节和柴锡周，1986）（表 2-4）。

表 2-4　浙江清凉峰国家级自然保护区森林土壤的分类

<table>
<tr><th>土纲</th><th>土类</th><th>亚类</th><th>土属</th></tr>
<tr><td rowspan="8">富铝土</td><td rowspan="4">红壤</td><td rowspan="1">黄红壤</td><td>硅质黄红壤
砂页岩黄红壤
长石质黄红壤</td></tr>
<tr><td>乌红壤</td><td>硅质乌红壤
长石质乌红壤</td></tr>
<tr><td>幼红壤</td><td>石质幼红壤</td></tr>
<tr style="display:none"></tr>
<tr><td rowspan="3">黄壤</td><td>黄壤</td><td>次生黄壤</td></tr>
<tr><td>乌黄壤</td><td>次生乌黄壤
长石质乌黄壤</td></tr>
<tr><td>幼黄壤</td><td>粗骨幼黄壤</td></tr>
<tr style="display:none"></tr>
<tr><td rowspan="2">淋溶土</td><td rowspan="2">棕黄壤</td><td>棕黄壤</td><td>次生棕黄壤</td></tr>
<tr><td>生草棕黄壤</td><td>次生生草棕黄壤</td></tr>
<tr><td>山地草甸土</td><td>山地草甸土</td><td>山地草甸土</td><td>山地草甸土</td></tr>
<tr><td rowspan="2">岩成土</td><td>红色石灰土</td><td>红色石灰土</td><td>红色石灰土</td></tr>
<tr><td>幼年石灰土</td><td>幼年石灰土</td><td>幼年石灰土</td></tr>
<tr><td>水成土</td><td>沼泽土</td><td>泥炭质沼泽土</td><td>山地泥炭质沼泽土</td></tr>
</table>

1. 红壤

红壤是中亚热带的典型土类，因本区地处北亚热带，过渡类型红壤占主要地位。主要分在海拔 400~600m 以下的山坡。气候温暖湿润，母质有砂页岩等。植被受人为破坏严重，以松、杉、灌木及人工林为主。

本区红壤有黄红壤、乌红壤及幼红壤 3 个亚类，其中以黄红壤居多。同典型红壤的区别是以黄红色为主，黏粒（<0.001mm）含量一般低于 20%，其黏粒硅铝率比典型红壤可以超过 2.50%，黏粒中 K_2O 的含量可达到 3%。

（1）黄红壤多处于次生植被为主，土壤肥力依赖于腐殖质层的厚度，理化性状及一般矿物质养分优于红壤，适合发展经济林和竹林。

（2）乌红壤（乌色黄红壤）是发育在亚热带森林植被保存较好的低山地带，山凹、陡坡、阴坡较为常见。表现为具有层次逐渐过渡的松土层，较高的有机质含量，较低的盐基饱和度和硅铝率。其特点是乌、松、润、肥，是红壤中林木生产率最高的土壤，适合用材林、经济林的发展。

（3）幼红壤土壤剖面层次分异不明显，石砾含量高，土层较浅，多分布低山丘陵地带。表现为硅铝率大和以 2∶1 型次生矿物为主的特点。如果水分充足，幼红壤的矿质养分和有机养分都是相当丰富的。

2. 黄壤

按照分类系统，本区黄壤垂直分布下限为海拔 700m，上限在海拔 1100m。黄壤约占本区土壤面积的一半，可划分为黄壤、乌黄壤和幼黄壤 3 个亚类。

（1）黄壤亚类仅有次生黄壤 1 个土类。次生黄壤是在古红土上发育的黄壤，自然肥力较差。一般分布在缓坡、鞍部脊形坡脚，即集水面积和水流速度小的地方。

（2）乌黄壤自然肥力较高，以落叶阔叶林下的肥力最高，其形态特征是残落物层不厚，小于 5cm，粗松结构的棕色腐殖质层深厚，根系密集范围大，持水性通气性良好。内部性状是腐殖质化程度高，全氮和有机质含量不仅相当丰富而且碳氮比较低，说明矿质化速度是快的。所以其有效养分含量、盐基含量、吸收容量、盐基饱和度是比较高的。

（3）幼黄壤古幼土母质发育的黄壤形态特征是，剖面往往成红黄色，土层较厚，底层紧实。表层可积累较厚的腐殖质，外表看很肥，其实是不大肥的，在雨季表层土还会出现滞水现象。

3. 沼泽土

沼泽土是一种非地带性土壤，在本区仅分布在千顷塘和山顶，海拔 1000~1100m 和 1600~1700m 的平坦低洼地，沼泽土的剖面主要由两个发育层组成，上部为腐殖质层或泥炭层，下部为潜育层。腐殖质层颜色较暗，常呈粒状或鱼印状结构，含有密集的草根。泥炭层一般呈棕褐色，松软，含水较多，混有多量半分解的植物残体和草根，其厚度不一。潜育层呈灰蓝色或浅灰色，质地黏重。沼泽土的有机质含量高，分解不完全，一般呈微酸性。

4. 棕黄壤

棕黄壤属淋溶土纲，是我国北亚热带生物气候条件下形成的地带性土壤（山地棕黄壤），多分布在海拔 1200~1600m 山地的山峰两侧一带，当地气候是风大、温低，湿度较小，岩石风化程度较弱，土壤淋溶较富铝土轻，原生矿物风化不彻底，脱盐基速度较富铝土要慢一些，枯枝落叶层厚，分解慢。所以，优先出现的土壤剖面为黑棕色至淡棕黄色，表层>25cm，质地壤质，黏化层厚度<20cm，而<0.001mm 的黏粒含量约<20%，pH<6.0，植被为落叶阔叶林或落叶矮林。

5. 山地草甸土

山地草甸土在本区分布在海拔 1650m 以上的山顶部、山地上部、阳坡为主。植被以禾草类为优势，禾草盖度 80%~100%，高度 0.5~0.8m，间有灌木散生。土壤一般形态特征为：土层厚 60cm 以上，随地形陡缓略有变化，全层石质含量少；腐殖质层黑褐色，沙壤土，核—粒状，根系集中分布于此层（30cm 左右），腐殖质含量 10%~15%；地表有强度块状侵蚀形成的洼坑。

6. 石灰性土

石灰性土是发育于石灰岩上的土壤，本区有 2 类，即红色石灰土和幼年石灰土。

（1）红色石灰土：是在古气候下形成而残留下来的。目前，自然植被较为稀疏，母岩为石灰岩，有机质少，整个土层都呈红色或红棕色，核状至碎块状结构。<0.001mm 的黏粒含量在 40%以上，质地黏重，土体紧实，其矿质养分含量和化学性质虽与黑色石灰土差不多，但土壤密度大，非毛管孔隙度小，透水性和通气性都很差。

（2）幼年石灰土：是在白云岩的残积物或石灰岩的坡积物上发育而成的，土体中大于 1mm 的砂粒和片状石砾占 50%以上，其成分与母岩的成分差不多。这种土壤保水性差，土层浅薄，分布在荒山的阳坡。

总之，土壤是在母岩、生物、气候、地形（地貌）、年龄（时间）等自然因素以及人类生产活动等综合影响下发生发展起来的，这些自然因素中，母岩和生物是起主导作用的内因，其余是外部条件，在母岩和生物这对主要矛盾中，生物常是主要方面，决定着土壤本身的特征，特别是森林土壤。因此，如果森林植被遭到严重破坏，母岩也可转化成为起主导作用的因素。土壤类型的多样性是因为不同土壤类型的生成物质及其数量是由各种成土因素以多种组合而发生的综合影响所产生的。

第四节　气候

清凉峰保护区地处浙江省西北部、中亚热带季风气候区南缘，属季风型气候，温暖湿润，光照充足，雨量充沛，四季分明。地势西北高，东南倾，冷平流难进易出，暖平流易进难出，形成温暖湿润的气候特色。清凉峰地势高差悬殊，立体气候明显，从山脚至山顶平均气温由 15℃降至 8℃，年温差约 7℃，相当于横跨亚热带和温带两个季风气候带。

根据 2010—2015 年清凉峰、顺溪、天池 3 个自动气象站（表 2-5）监测数据显示，龙塘山年平均气温 12.5℃，极端最高气温 35.3℃，极端最低-15.9℃，年平均降水量 2331.9mm；顺溪年平均气温 14.7℃，极端最高气温 39.9℃，极端最低-10.3℃，年平均降水量 2048. 0mm；千顷塘年平均气温 11. 7℃，极端最高气温 35. 4℃，极端最低-13. 8℃，年平均降水量 1862. 2mm。

表 2-5　龙塘山、顺溪、千顷塘区域气候代表站站点信息表

站名	区站号	站点代表区域	经度	纬度	拔海高度（m）	气象要素
顺溪	K1084	顺溪坞区域	118°56′53″E	30°03′51″N	412	气温、降雨量
清凉峰	K1045	龙塘山区域	118°54′05″E	30°06′40″N	903	气温、降雨量、湿度、气压
天池	K1033	千顷塘区域	119°05′48″E	30°17′27″N	1022	气温、降雨量、湿度

春季，处于冬季风向夏季风转变的交替季节，南北气流交汇频繁，低气压和锋面活动加剧。三、四月份正是气温大幅回升的月份，同时也是冷空气频繁南下的月份。冷空气活动频繁的年份，冷暖气团交汇容易形成春季连阴雨天气，冷空气活动少的年份，气温回升早且回暖快，容易出现倒春寒天气。春季主要气候特点为阴冷多雨。龙塘山春季平均气温 12. 2℃，降水量 647. 4mm；顺溪春季平均气温 14. 4℃，降水量 621. 6mm；千顷塘春季平均气温 11. 7℃，降水量 450. 8mm。清凉峰保护区春季主要气象灾害有低温阴雨和倒春寒。

夏季，随着夏季风环流系统的建立，西北太平洋上的副热带高压活动对天气有着重要的影响，而北方冷空气对清凉峰仍有一定影响。一般 6 月中下旬，清凉峰进入梅汛期，俗称“梅雨”季节，清凉峰是杭州乃至浙江省的梅汛期暴雨中心，极易出现暴雨、大暴雨天气，容易造成山体滑坡等洪涝灾害；从 7 月上旬到 8 月底，受副热带高压影响，易出现晴热高温天气，造成干旱现象，这段时期也是受台风影响的季节，适时的台风能极大地缓解夏季的高温干旱。清凉峰夏季气候特点为气温高、降水量多、光照强。龙塘山夏季平均气温 21. 9℃，降水量 1088. 2mm；顺溪夏季平均气温 25. 0℃，降水量 829. 9mm；千顷塘夏季平均气温 21. 5℃，降水量 888. 4mm。清凉峰保护区主要气象灾害有暴雨、台风、高温、干旱。

秋季，夏季风逐步减弱，气旋活动频繁，锋面降水较多，气温冷暖变化较大。秋季的气候特点是易出现秋高气爽天气，有时会受台风影响。龙塘山秋季平均气温 13. 7℃，降水量 324. 7mm。主要气象灾害有台风、干旱；顺溪秋季平均气温 16. 0℃，降水量 304. 1mm。主要气象灾害有台风、干旱；千顷塘秋季平均气温 13. 1℃，降水量 309. 8mm。清凉峰保护区主要气象灾害有台风、干旱。

冬季，天气受北方冷气团的影响，天气种类相对较少。清凉峰冬季气候特点是晴冷少雨。龙塘山冬季平均气温 2. 0℃，降水量 271. 6mm；顺溪冬季平均气温 3. 4℃，降水量 292. 3mm；千顷塘冬季平均气温 1. 2℃，降水量 213. 2mm。清凉峰保护区主要气象灾害有寒潮、低温冻害、暴雪、大雾。

一、气温

清凉峰保护区气温通常随海拔高度的上升而下降，冬季积雪冰冻明显，并常有雾凇、雨凇奇观。

龙塘山区域年平均气温为 12. 5℃（表 2-6）。最热月出现在 7 月，月平均气温为 23. 2℃，平均最高气温 27. 4℃；最冷月出现在 1 月，月平均气温为 0. 7℃，平均最低气温-2. 2℃。这表明龙塘山夏季气温低，气候比较凉爽，而冬季气温较低，容易出现低温冻害。

表 2-6　龙塘山区域气温分布（单位：℃）

月份	1月	2月	3月	4月	5月	6月	7月	8月	9月	10月	11月	12月
平均气温	0.7	3.2	7.1	12.5	17.0	19.9	23.2	22.6	18.6	13.7	8.7	2.1
最高气温	4.9	7.3	12.2	17.7	21.8	23.9	27.4	27.1	22.9	19.1	13.4	6.8
最低气温	-2.2	0.0	3.2	8.3	13.2	16.9	20.4	19.9	15.8	9.9	5.4	-1.3

顺溪坞区域年平均气温为 14.7℃（表 2-7）。最热月出现在 7 月，月平均气温为 27.0℃，平均最高气温 31.9℃；最冷月出现在 1 月，月平均气温为 2.2℃，平均最低气温-1.0℃。这表明顺溪夏季气温较低，气候比较凉爽，而冬季气温较低，容易出现低温冻害。

表 2-7　顺溪坞区域气温分布（单位：℃）

月份	1月	2月	3月	4月	5月	6月	7月	8月	9月	10月	11月	12月
平均气温	2.2	4.4	9.2	15.0	19.0	22.0	27.0	26.0	22	15.7	10.7	3.7
最高气温	8.2	9.7	15.6	21.3	25.4	27.4	31.9	31.8	27.1	22.6	17.0	10.1
最低气温	-1.0	1.4	4.7	10.0	15.0	19.2	22.4	22.4	18.0	11.4	6.9	0.1

千顷塘区域年平均气温为 11.7℃（表 2-8）。最热月出现在 7 月，月平均气温为 22.8℃，平均最高气温 27.0℃；最冷月出现在 1 月，月平均气温为 0.0℃，平均最低气温-3.1℃。这表明千顷塘夏季气温低，气候比较凉爽，而冬季气温较低，极容易出现低温冻害。

表 2-8　千顷塘区域气温分布（单位：℃）

月份	1月	2月	3月	4月	5月	6月	7月	8月	9月	10月	11月	12月
平均气温	0.0	2.0	6.6	12.0	16.5	19.4	22.8	22.3	17.9	13.0	8.5	1.5
最高气温	4.0	6.2	10.6	17.5	21.2	23.1	27.0	26.4	21.8	17.6	12.8	5.7
最低气温	-3.1	-1.1	2.0	8.0	13.0	16.7	19.9	19.7	15.3	9.9	5.5	-1.6

二、降水量

龙塘山区域年降水量 2331.9mm。冬季降水明显偏小，从 5 月份开始降水量开始增大，特别是 6 月份降水量最大，10 月份降水量开始迅速减少。降水量最多的月份是 5～8 月，占了全面降水量的 56.5%，其中最大月份出现在 6 月，为 446.5mm，并且龙塘山是杭州市乃至浙江省的梅雨期暴雨中心。1 月份的降水量最小，仅有 45.9mm（表 2-9）。

表 2-9　清凉峰保护区 3 大区域降水量（单位：mm）

月份	1月	2月	3月	4月	5月	6月	7月	8月	9月	10月	11月	12月
龙塘山区域	45.9	152.0	224.9	192.4	230.1	446.5	291.1	350.6	132.2	86.0	106.5	73.7
顺溪坞区域	66.4	152.7	219.6	169.1	232.9	387.9	218.1	223.9	143.7	74.5	85.9	73.2
千顷塘区域	51.2	105.2	173.0	130.4	147.4	337.4	266.7	284.3	110.9	123.1	75.8	56.8

顺溪坞区域年降水量 2048.0mm。冬季降水明显偏小，从 5 月份开始降水量开始增大，特别是 6 月份降水量最大，10 月份开始降水量开始迅速减少。降水量最多的月份是 5~8 月，占了全面降水量的 51.9%，其中最大月份出现在 6 月，为 387.9mm。1 月份的降水量最小，仅有 66.4mm。

千顷塘区域年降水量 1862.2mm。春夏季降水量多，秋冬季降水量偏少，从 6 月份开始降水量开始增大，特别是 6 月份降水量最大，10 月份开始降水量开始迅速减少。降水量最多的月份是 6~8 月，占了全面降水量的 47.7%，其中最大月份出现在 6 月，为 337.4mm，1 月份的降水量最小，仅有 51.2mm。

三、湿度

龙塘山年平均相对湿度为 81%。湿度随着季节的变化而变化，一般来说，冬、春季节湿度较小，夏、秋季节湿度稍大。一年中 12 月份的湿度最小，为 66%，湿度最大的月份为 9 月，湿度为 91%，这也是龙塘山秋季容易出现辐射雾的主要原因（表 2-10）。

千顷塘年平均相对湿度为 78%。湿度随着季节的变化而变化，一般来说冬、春季节湿度较小，夏、秋季节湿度稍大。一年中 1 月的湿度最小，为 65%，湿度最大的月份为 9 月，湿度为 88%。

表 2-10　龙塘山和千顷塘区域全年湿度分布（单位：%）

月份	1 月	2 月	3 月	4 月	5 月	6 月	7 月	8 月	9 月	10 月	11 月	12 月
龙塘山区域	68	86	78	75	82	89	86	87	91	79	81	66
千顷塘区域	65	84	75	72	79	83	85	87	88	75	78	67

四、气压

龙塘山年平均气压为 912.0hPa，年间月平均气压呈单波状分布，12 月气压最高，其次为 1 月份，分别为 918.1hPa 和 917.2hPa；6 月份气压最低，其次为 7 月份，分别为 905.2hPa 和 905.8hPa（图 2-1）

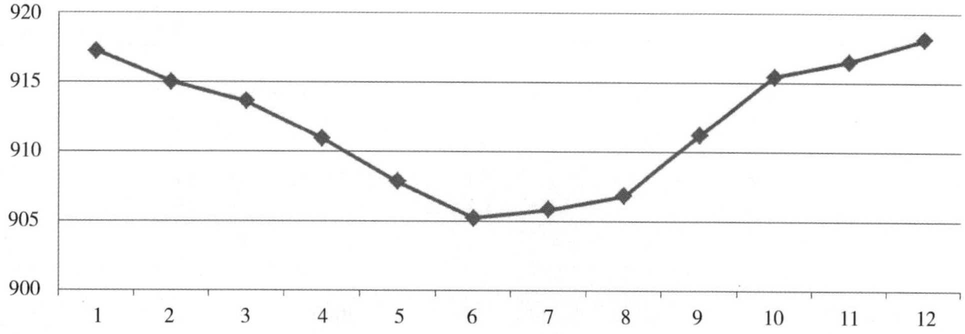

图 2-1　龙塘山区域年气压分布图

五、气象灾害

1. 暴雨

梅雨期的暴雨是清凉峰保护区的重要气象灾害，由于清凉峰海拔高，梅雨锋受到清凉峰山体的阻挡，极易在清凉峰停滞，造成连续降水天气。清凉峰是杭州乃至浙江省的梅汛期暴雨中心，极易出现暴雨、大暴雨天气，容易造成山体滑坡等洪涝灾害。清凉峰保护区龙塘山梅雨期的降水量最大，其次是顺溪，最小的是千顷塘。台风对清凉峰保护区影响也较大，当台风在福建浙江交接附近登陆，在西进北上过程中遇到清凉峰山体的阻挡，由于地形抬升，清凉峰的降水一般较大；如果台风在浙江登陆，在西进北上过程中对清凉峰保护区以北的千顷塘影响较大。

2. 低温冰冻

低温冻害是清凉峰保护区冬季的主要气象灾害，由于清凉峰和天池海拔高的缘故，冬季山区气温比较低，在气温低、雨水多的年份容易出现冻雨、暴雪、电线积冰等天气现象，给交通、电力、林业造成较大的损失，人民的生活受到影响。

第五节　水系与水质

清凉峰保护区是典型的副热带季风气候区。山脉呈西南—东北向，与季风前进方向几成正交。由于山脉抬升作用，使迎风雨量增多。本地区是分水江流域的暴雨中心，也是浙江省主要暴雨中心之一。

一、水系

清凉峰保护区位于昌化溪上游（表 2-11），是昌西溪、颊口溪、杨溪的发源地，区内水资源丰富，其河流的特征主要表现为：水量季节性变化大，水清、流急、落差大；丰水期 3 月下旬开始，6 月达到高峰，枯水期 11 月中旬开始，次年 2 月结束。保护区内主要河流及水系基本特征如下：

昌化溪，为分水江主源，属钱塘江水系。昌化溪全长 106. 9km，比降 8. 6%。流域面积 1440. 2km^2，其中境内长 93km，流域面积 1376. 7km^2，青山殿水文站实测多年平均流量 45. 4m^3/s。

昌北溪，溪源自安徽省山云岭流至新桥乡西舍坞入境至倒龙山称后溪，汇仁里溪后称昌北溪。千顷塘区域西部的桃花溪在太平桥汇入昌北溪，荞麦岭脚汇柘林坑溪，东南流至地塔村有合溪汇入，至汤家湾汇昌西溪，下称昌化溪。昌北溪全长 67. 9km（境内长 54km），比降 12. 3%。集水面积 385. 5km^2（境内 330. 5km^2）。

表 2-11 清凉峰保护区各级河流名称表

区域	干流名称	主流名称	一级支流	二级支流
千顷塘区域	昌化溪	昌北溪	桃花溪 柘林坑溪 黄干溪 沥溪	沿水坑溪
龙塘山区域	昌化溪	昌西溪	杨溪 颊口溪	
顺溪坞区域	昌化溪	昌西溪	杨溪	顺溪

桃花溪，在龙井桥乡，俗传昔溪源多山桃，春来桃花瓣瓣，随流而下，故名，其源一在山屋岭，一在雨头湾岭，皆千顷山之西延山岭。两源合于童玉村后，南流经西坑，至龙井桥纳毕家水，于太平桥入昌北溪。全长 7. 9km，集水面积 22. 6km^2。

柘林坑溪，发源于千顷塘。南流经徐家、许家、胡家，至乔麦岭脚入昌北溪。全长 8. 2km，集水面积 19. 3km^2。

沥溪，昔名历溪，发源于保护区内照君岩，东南流经昌化林场干坑林区，至沥溪村纳冷水坞水，于白牛桥入昌化溪，全长 13. 7km，集水面积 84. 6km^2。

黄干溪，发源于昌化镇大、小坪溪，南流经良源，至双溪口纳沿水坑水，经后葛，至黄干汇沃溪，七里桥入昌化溪，全长 17. 5km。

沿水坑溪，发源于昌化镇道场坪，流经郑家庄上纳东坞，平峰山、西坞诸水，至又溪口入黄干溪。全长 13km。

昌西溪，昔称杨溪、无他溪，为昌化溪最大支流，发源于清凉峰东北与安徽省交界之东岙头，溪源至阳干间称阳溪，东南流经三亩田，至都林山上纳黄岭后、庄沙湾水，下汇云溪，折东北流至长滩里纳龙塘水，长滩口汇顺溪，双溪口纳鸠甫山水，经邵家、侯头至阳干汇郏口溪后称昌西溪，又东流至汤家湾入昌化溪，长 48. 7km，比降 30%，集水面积 372. 8km^2。

颊口溪，源出清凉峰北，自安徽省境野猪岭脚下向北折东，从浙基田入境，流至黄塘丘纳浪广水，至黄石塔纳栈岭水，黄毛坪下纳罗岭坑水，大石门纳刘家水，过小石门至阳建，右纳谢家坞水，经同山、同坑潭、阳干入昌西溪，全长 27. 5km（境内长 22. 5km），集水面积 47km^2。

二、水质

保护区内森林植被丰富，对大气和降水中的污染物有一定的吸附、净化作用，对区域内水质的提高有很大作用。另外，保护区内人类活动非常少，并且只有少量经济林种植，完全没有工业活动影响，保护区内自然环境保护较好，区域内水流水质清澈，简单净化处理、消毒可供饮用。

根据我国生活饮用水卫生标准［GB574985］、地表水环境质量标准 I 类标准

[GB38382002] 和地下水水质标准 GB/T1484893，2016 年 8 月对清凉峰保护区内水系源头水和主要溪流水样品的 pH 值、溶解氧、高锰酸盐指数、总磷、总氮、重金属含量等共计 20 项指标的检测结果（表 2-12）显示，8 处地表水样的 pH 值都在 5~7 之间，符合我国地表水环境质量标准；各水样溶解氧、化学需氧量（COD）、高锰酸盐指数、五日生化需氧量（BOD_5）、总磷、总氮、氨氮、氟化物 8 项检测结果均达到地表水水质标准Ⅰ类水源标准；铜、锌、铅、镉、铬、砷、硒、汞、阴离子表面活性剂，共 9 项毒理或一般化学指标检测结果均达到Ⅰ类水标准，其中铜、硒、汞检测量远低于我国生活饮用水水质标准，锌、铅、镉、铬均未检出；硫化物检出量基本达到Ⅰ类水源标准，远低于Ⅱ类水源标准；粪大肠菌群检出量均符合我国地表水环境质量标准。

根据以上 20 项评价标准进行综合评价，清凉峰保护区地表水水质情况较好，达到国家地表水环境质量标准Ⅰ类水源标准，保护区内水域受污染程度低，保护区内地表水经简单净化处理、消毒后即可供生活饮用。

表 2-12　浙江清凉峰国家级自然保护区水质检测结果

地点	直坑	初六湾	干坑	谢家坞	双肩坑	百步岭	十八龙潭	道场坪
pH 值	6.47	6.18	6.04	6.32	6.15	5.81	5.83	5.75
溶解氧（mg/L）	9.32	8.64	8.45	8.73	8.43	8.75	8.79	9.34
化学需氧量 COD（mg/L）	11.2	9.6	3.2	2.0	3.2	6.4	6.4	3.2
总磷（mg/L）	0.018	0.020	0.018	0.020	0.020	0.019	0.018	0.018
总氮（mg/L）	0.03	0.04	0.07	0.02	0.15	0.01	0.08	0.01
高锰酸盐指数（mg/L）	1.84	1.72	1.24	0.1	1.14	1.48	1.47	1.24
五日生化需氧量 BOD_5（mg/L）	2.82	2.31	1.52	0.53	1.24	1.64	1.45	0.86
氨氮（mg/L）	0.037	0.133	0.113	0.119	0.113	0.105	0.149	0.142
氟化物（mg/L）	1.1	1.1	1.0	1.0	1.0	1.0	1.0	1.0
铜（mg/L）	0.01	0.01	0.01	0.01	0.01	0.01	0.01	0.01
锌（mg/L）	—	—	—	—	—	—	—	—
铅（mg/L）	—	—	—	—	—	—	—	—
镉（mg/L）	—	—	—	—	—	—	—	—
铬（mg/L）	—	—	—	—	—	—	—	—
砷（mg/L）	0.05	—	—	—	0.01	—	—	0.01
硒（mg/L）	—	—	0.01	—	—	—	—	—
硫化物（mg/L）	0.04	—	—	—	—	0.06	0.04	0.04
汞（mg/L）	0.00004	—	—	—	—	—	—	—
阴离子表面活性剂（mg/L）	0.03	0.04	0.05	0.04	0.15	0.13	0.03	0.02
粪大肠菌群（个/L）	40	200	130	170	130	170	170	170

注："—"代表该水样未检测出相应指标含量。

以上参数测定所采用的方法是：pH-玻璃电极法；溶解氧-电化学探头法；化学需氧量（COD）-重铬酸盐法；总磷-钼酸铵分光光度法；总氮-碱性过硫酸钾消解紫外分光光

度法；高锰酸盐指数-GB11892-89 酸性法；五日生化需氧量（BOD_5）-稀释接种法；氨氮-纳氏试剂比色法；氟化物-离子选择电极法；铜、锌、铅、镉、铬、砷、硒、硫化物-均采用电感耦合等离子体发射光谱仪法测定；汞-冷原子荧光法；阴离子表面活性剂-亚甲蓝分光光度法；粪大肠杆菌-多管发酵。

参考文献

1. 李明华. 清凉峰自然保护区志［M］. 长春：吉林人民出版社，2006，1-67.
2. 李志宏. 浙江地区新生代地貌的基本特征及演化［D］. 广州：中山大学，2004.
3. 临安市国土资源局，浙江清凉峰国家级自然保护区管理局. 浙江省临安市清凉峰地区地质遗迹调查评价报告［M］. 2013.
4. 宋朝枢. 浙江清凉峰自然保护区科学考察集［M］. 北京：中国林业出版社，1997.
5. 叶仲节，柴锡周. 浙江林业土壤［M］. 杭州：浙江科学技术出版社，1986.
6. 俞国华. 全国地层多重划分对比研究浙江省岩石地层［M］. 武汉：中国地质大学出版社，1996.
7. 浙江省地质调查院. 浙江省花岗岩地质地貌景观综合研究［M］. 2012.

第三章 植物资源

第一节 植物区系与编目

20 世纪初期，F. N. Meyer、秦仁昌和 H. Migo 等中外学者对本区植物开始了初步的调查（金孝锋和翁东明，2009）。自新中国成立以后，不少学者在本区采集并发现了许多植物新种，如夏蜡梅 *Calycanthus chinensis*（郑万钧等，1963）、昌化槭 *Acer changhuaense*（方文培，1966）、中华景天 *Sedum tosaense* subsp. *sinense*（傅坤俊和饶广远，1988）和浙皖凤仙花 *Impatiens neglecta*（徐耀良和陈艺林，1998）等。近些年来，随着调查采集的不断深入，本区又有不少种子植物浙江省级新记录被发现，如朝鲜薹草 *Carex dickinsii*（金孝锋等，2004）、华榛 *Corylus chinensis*（李根有等，2009）、巴山榧树 *Torreya fargesii*（张宏伟等，2013）和假楼梯草属 *Lecanthus*（张芬耀等，2016）等。

关于本区特别是龙塘山区域，浙江大学郑朝宗教授做了系统的种子植物区系分析，报道共有野生种子植物 144 科 687 属 1356 种（郑朝宗，1996）。浙江省林业厅曾组织专家对该区进行大型综合性考察，出版了《浙江清凉峰自然保护区科学考察》(宋朝枢，1997)，为该区的植物分类和区系研究积累大量珍贵材料。

自 2006 年开始至今，杭州师范大学和浙江清凉峰自然保护区管理局着力于研究该区的植物分类和区系特征，出版了《清凉峰植物》（金孝锋和翁东明，2009）和《清凉峰木本植物志》(金孝锋等，2014)。期间，发表了十字花科新属——华葱芥属 *Sinalliaria*（Zhou et al.，2014)，新种和新变种有：毛果垂枝泡花树 *Meliosma flexuosa* var. *pubicarpa*（王泓等，2008)、清凉峰卷耳 *Cerastium qingliangfengicum*（Zhang et al.，2008)、清凉峰薹草 *Carex qingliangensis*（Weng et al.，2009)、浙江薹草 *Carex zhejiangensis*（Jin et al.，2011）和昌化刺蓼 *Persicaria changhuaensis*（Zhang et al.，2017）等。在这些考察资料积累和野外采集的基础上，主要参考 *Flora of China* 和《浙江植物志》，整理并修订了清凉峰保护区种子植物名录，进而对该区种子植物区系做初步分析。

一、种类组成

现已知清凉峰国家级自然保护区内共有种子植物 171 科 842 属 1939 种（见附录 I），除栽培植物，本区有野生种子植物 157 科 748 属 1758 种。其中，裸子植物有 4 科 8 属 11 种；被子植物中双子叶植物有 129 科 577 属 1431 种，单子叶植物有 25 科 163 属 316 种。科的范围主要根据 *Flora of China*。在进行植物科、属、种的分析时，种下分类群均视作种级对待。

1. 科、属的组成

（1）科的大小级分析

科的大小按种的数量统计见表 3-1。含 50 种以上的科有菊科 Compositae、禾本科 Gramineae、蔷薇科 Rosaceae、唇形科 Labiatae、蝶形花科 Papilionaceae 和莎草科 Cyperaceae，多为世界广布的大科，共计 212 属 499 种，分别占属、种总数的 28.3%和 28.4%。含 31~50 种的有毛茛科 Ranunculaceae、兰科 Orchidaceae、蓼科 Polygonaceae、伞形科 Umbelliferae、虎耳草科 Saxifragaceae 和玄参科 Scrophulariaceae，主要为亚热带和温带的科，共计 103 属 231 种，分别占属、种总数的 13.8%和 13.1%。含 21~30 种的科有十字花科 Brassicaceae、荨麻科 Urticaceae、百合科 Liliaceae 等 9 科，主要为亚热带和温带的科，共计 95 属 237 种，分别占属、种总数的 12.7%和 13.5%。由此可见，清凉峰含 20 种以上的科共有 21 科，共计 410 属 967 种，分别占属、种总数的 54.8%和 55.0%，包含了本区近一半的属、种，成为清凉峰植物区系的主体。小于 5 种的科共有 78 科，计 111 属 162 种。

表 3-1　清凉峰自然保护区种子植物科的大小级

种数	科名（或科的数目）
50 种以上	菊科 Compositae（50/118）*，禾本科 Gramineae（74/107），蔷薇科 Rosaceae（25/101），唇形科 Labiatae（24/58），蝶形花科 Papilionaceae（29/58），莎草科 Cyperaceae（10/57）
31~50 种	毛茛科 Ranunculaceae（13/45），兰科 Orchidaceae（30/41），蓼科 Polygonaceae（7/41），伞形科 Umbelliferae（22/37），虎耳草科 Saxifragaceae（16/34），玄参科 Scrophulariaceae（15/33）
21~30 种	十字花科 Brassicaceae（13/29），荨麻科 Urticaceae（12/29），百合科 Liliaceae（15/28），茜草科 Rubiaceae（16/28），壳斗科 Fagaceae（6/27），大戟科 Euphorbiaceae（11/26），樟科 Lauraceae（7/24），石竹科 Caryophyllaceae（10/23），景天科 Crassulaceae（5/23）
11~20 种	25 科（含 116 属，381 种）
6~10 种	33 科（含 111 属，248 种）
2~5 种	40 科（含 73 属，124 种）
1 种	38 科（含 38 属，38 种）

*注：属数/种数。

（2）属的大小级分析

本区共计 748 属，含 20 种以上的属有薹草属 *Carex*（26 种）和悬钩子属 *Rubus*（22

种)；含 11~20 种的属有槭属 *Acer*（20 种）、蓼属 *Polygonum*（19 种）、堇菜属 *Viola*（19 种）、铁线莲属 *Clematis*（17 种）、景天属 *Sedum*（17 种）等 14 属，计 201 种，占种总数的 11.4%；含 6~10 种的属有蒿属 *Artemisia*（10 种）、樱属 *Cerasus*（10 种）、胡枝子属 *Lespedeza*（10 种）、菝葜属 *Smilax*（10 种）、猕猴桃属 *Actinidia*（9 种）等 44 科，计 315 种，占种总数的 17.9%；含 2~5 种的属有 265 属，计 755 种，占种总数的 42.9%；单种属有 424 属，计 424 种，占种总数的 24.1%。寡种属（2~5 种）和单种属，共计 689 属 1179 种，占属种总数的 92.1%和 67.1%。这些单种属中还有不少单型属，如透骨草属 *Phryma*、显子草属 *Phaenosperma*、香果树属 *Emmenopterys*、连香树属 *Cercidiphyllum* 等。

2. 地理成分

（1）科的分布区类型

按吴征镒的划分标准（吴征镒等，2003），对清凉峰保护区所包含的 147 科植物的分布区类型进行统计（表 3-2）。结果显示，世界广布的有 47 科，占科总数的 29.9%，主要是一些森林群落的地被植物，如禾本科、莎草科、菊科等。热带成分（2~7 项）的科有 67 科，占科总数的 60.9%（去除世界分布，下同），其中以泛热带分布及其变型最多，有 47 科，占科总数的 42.7%，泛热带分布的科主要有樟科 Lauraceae、山茶科 Theaceae、卫矛科 Celastraceae 等；东亚及热带南美间断分布次之，有 11 科，占科总数的 10.0%，主要有杉科 Taxodiaceae、木通科 Lardizabalaceae、冬青科 Aquifoliaceae、省沽油科 Staphyleaceae 等；热带亚洲至热带大洋洲分布及其变型，主要有马钱科 Loganiaceae、百部科 Stemonaceae、姜科 Zingiberaceae 和三尖杉科 Cephalotaxaceae。温带成分（8~14 项）的科有 43 科，占科总数的 39.1%；以北温带分布及其变型最多，有 26 科，占科总数的 23.6%，其中北温带分布主要有松科 Pinaceae、芍药科 Paeoniaceae、列当科 Orobanchaceae 等 8 科；北温带和南温带间断分布主要有杨柳科、胡桃科 Juglandaceae、壳斗科 Fagaceae 等 16 科；东亚和北美间断分布、东亚分布次之，各有 6 科。中国特有科仅杜仲科 Eucommiaceae1 科。

表 3-2　清凉峰国家级自然保护区植物科、属的分布区类型统计

分布区类型	科数	百分比（%）	属数	百分比（%）
1. 世界广布	47	29.9	67	9.0
2. 泛热带分布	38	24.2	97	13.0
2-1. 热带亚洲、大洋洲和热带美洲间断分布	1	0.6	8	1.1
2-2. 热带亚洲、非洲和热带美洲间断分布	3	1.9	6	0.8
2S. 泛热带尤以南半球为主的分布	5	3.2	-	-
3. 热带亚洲和热带美洲间断分布	11	7.0	15	2.0
4. 旧世界热带分布	2	1.3	34	4.5
4-1. 热带亚洲、热带非洲和大洋洲热带间断分布或星散分布	-	-	3	0.4
5. 热带亚洲至热带大洋洲分布	3	1.9	29	3.9
5b. 至大洋洲西南或西部分布	1	0.6	-	-
6. 热带亚洲至热带非洲分布	-	-	15	2.0

（续）

分布区类型	科数	百分比（%）	属数	百分比（%）
6-2. 热带亚洲至东非或马达加斯加间断分布	-	-	1	0.1
6d. 至非洲南部间断分布	1	0.6	-	-
7. 热带亚洲分布	-	-	4	0.5
7-1. 爪哇或苏门答腊，喜马拉雅至华南间断或星散分布	-	-	3	0.4
7-2. 印度热带至华南（或云南南部）分布	-	-	1	0.1
7-3. 缅甸、泰国至华南分布	-	-	2	0.3
7-4. 越南或中南半岛至华南或西南分布	1	0.6	4	0.5
7a. 马来西亚西部越华莱士线分布	-	-	16	2.1
7b. 马来西亚中部分布	-	-	1	0.1
7d. 新几内亚分布	1	0.6	3	0.4
7e. 马来西亚东部分布	-	-	6	0.8
8. 北温带分布	8	5.1	68	9.1
8-2. 北极-高山分布	-	-	3	0.4
8-4. 北温带与南温带间断分布	16	10.2	66	8.8
8-5. 欧亚大陆与南温带间断分布	2	1.3	9	1.2
9. 东亚-北美间断分布	6	3.8	70	9.4
9-1. 东亚与墨西哥间断分布	-	-	2	0.3
10. 旧世界温带分布	2	1.3	40	5.3
10-1. 地中海地区、西亚或中亚与东亚间断分布	1	0.6	14	1.9
10-2. 地中海地区与喜马拉雅间断分布	-	-	3	0.4
10-3. 欧亚与南非（有时与大洋洲）间断分布	1	0.6	8	1.1
11. 温带亚洲分布	-	-	10	1.3
12. 地中海地区至西亚或中亚分布	-	-	1	0.1
12-2. 地中海地区至西亚或中亚和墨西哥或古巴间断分布	-	-	1	0.1
12-3. 地中海地区至温带-热带亚洲、大洋洲和南美洲间断分布	-	-	1	0.1
14. 东亚分布	4	2.5	50	6.7
14SH. 中国-喜马拉雅分布	-	-	11	1.5
14SJ. 中国-日本分布	2	1.3	53	7.1
15. 中国特有分布	1	0.6	23	3.1
共计	157	100	748	100

（2）属的分布区类型

该区的748属按《种子植物分布区类型及其起源和分化》（吴征镒等，2006）的标准来划分，除中亚分布外，其余14个分布区类型都有代表（表3-2）。

世界广布的共有67属，主要为草本植物：荨麻属 *Urtica*、酸模属 *Rumex*、藜属 *Che-*

nopodium、铁线莲属 *Clematis*、獐耳细辛属 *Hepatica*、鼠麴草属 *Gnaphalium*、眼子菜属 *Potamogeton* 等。

热带分布的属（2 项~7 项）共有 248 属，占属总数的 36. 4%。其中泛热带分布（2 项）最多，有 97 属，主要有三尖杉属 *Cephalotaxus*、胡椒属 *Piper*、朴属 *Celtis*、榕属 *Ficus*、苎麻属 *Boehmeria* 等；热带亚洲—大洋洲和热带美洲分布（2 项 2-1）的有 8 属，主要有糙叶树属 *Aphananthe*、冬青属 *Ilex*、柞木属 *Xylosma*、小二仙草属 *Haloragis* 等；热带亚洲—热带非洲—热带美洲分布（2 项 2-2）的有 6 属，主要有冷水花属 *Pilea*、雾水葛属 *Pouzolzia*、桂樱属 *Laurocerasus* 等；东亚（热带、亚热带）及热带美洲间断分布（3 项）有 15 属，主要有青皮木属 *Schoepfia*、樟属 *Cinnamomum*、木姜子属 *Litsea* 等；旧世界热带分布（4 项）有 34 属，主要有楼梯草属 *Elatostema*、槲寄生属 *Viscum*、牛膝属 *Achyranthes*、海桐花属 *Pittosporum* 等；热带亚洲、非洲和大洋洲间断或星散分布（4 项 4-1）仅有水蛇麻属 *Fatoua*、百蕊草属 *Thesium* 和爵床属 *Rostellularia*；热带亚洲至热带大洋洲分布（5 项）有 29 属，主要有柘属 *Cudrania*、糯米团属 *Gonostegia*、新木姜子属 *Neolitsea*、臭椿属 *Ailanthus* 等；热带亚洲至热带非洲分布（6 项）及其变型主要有假楼梯草属 *Lecanthus*、蝎子草属 *Girardinia*、铁仔属 *Myrsine* 等 16 属，其中马蓝属 *Strobilanthes* 延伸至热带亚洲和东非或马达加斯加间断分布（6 项 6-2）；热带亚洲分布（7 项）及其变型共有 40 属，其中西马来分布（7 项 7a）最多，有木莲属 *Manglietia*、南五味子属 *Kadsura*、楠属 *Phoebe* 等 16 属，其余各变型也有一定的代表属。

温带分布的属（8 项~14 项）共有 410 属，占属总数的 60. 2%，明显高于热带分布的属。北温带分布（8 项）及其变型就有 146 属，其中北温带分布最多有松属 *Pinus*、红豆杉属 *Taxus*、桦木属 *Betula* 等 68 属，北温带和南温带间断分布（8 项 8-4）次之，有柳属 *Salix*、杨梅属 *Myrica*、栎属 *Quercus* 等 66 属。东亚—北美间断分布（9 项）及其变型有黄杉属 *Pseudotsuga*、铁杉属 *Tsuga*、榧树 *Torreya*、三白草属 *Saururus* 等 72 属，其中东亚和墨西哥间断分布（9-1 项）仅溲疏属 *Deutzia* 和六道木属 *Abelia*。旧世界温带分布（10 项）及其变型有 65 属，其中旧世界温带分布有荞麦属 *Fagopyrum*、鹅肠菜属 *Myosoton*、瓦松属 *Orostachys*、梨属 *Pyrus* 等 40 属，地中海区、西亚（或中亚）与东亚间断分布（10 项 10-1）有榉属 *Zelkova*、牡丹草属 *Gymnospermium*、窃衣属 *Torilis*、雪柳属 *Fontanesia* 等 14 属，地中海区和喜马拉雅间断分布（10 项 10-2）仅有淫羊藿属 *Epimedium*、野豌豆属 *Vicia* 和鹅绒藤属 *Cynanchum*。温带亚洲分布（11 项）有虎杖属 *Reynoutria*、白鹃梅属 *Exochorda*、锦鸡儿属 *Caragana* 等 10 属。地中海区到西亚或中亚分布（12 项）及其变型都仅有 1 属，分别是菠菜属 *Spinacia*（12 项），黄连木属 *Pistacia*（12 项 12-2）和榕属 *Hedera*（12 项 12-3）。东亚分布（14 项）及其变型在本区共有 114 属，是温带成分第二位，其中全东亚分布（14 项）有蕺菜属 *Houttuynia*、领春木属 *Euptelea*、南天竹属 *Nandina* 等 50 属；中国—喜马拉雅分布（14 项 14SH）有猫儿屎属 *Decaisnea*、鬼臼属 *Dysosma*、冠盖藤属 *Pileostegia* 等 11 属；中国—日本分布（14 项 14SJ）有化香树属 *Platycarya*、刺榆属 *Hemiptelea*、花点草属 *Nanocnide* 等 53 属。

中国特有分布（15 项）有金钱松属 *Pseudolarix*、杉木属 *Cunninghamia*、青钱柳属 *Cyclocarya*、青檀属 *Pteroceltis*、夏蜡梅属 *Sinocalycanthus*、蜡梅属 *Chimonanthus*、血水草属 *Eomecon* 等 23 属，在本区大多数为单型属。

3. 珍稀植物

清凉峰保护区内的珍稀植物（表 3-3），根据国家《重点保护野生植物名录》（第一批）合计共有 21 种，其中国家 I 级重点保护野生植物有南方红豆杉 *Taxus chinensis* var. *mairei* 和银缕梅 *Parrotia subaequalis* 2 种，国家 II 级重点保护野生植物有金钱松、巴山榧树 *Torreya fargesii*、榧树 *Torreya grandis*、台湾水青冈 *Fagus hayatae*、长序榆 *Ulmus elongata*、连香树 *Cercidiphyllum japonicum*、鹅掌楸 *Liriodendron chinense* 等 19 种。曾列入《中国珍稀濒危植物》（国家环保局和中科院植物所，1987），III 级重点保护野生植物有南方铁杉 *Tsuga chinensis* var. *tchekiangensis*、天目木姜子 *Litsea auriculata*、天麻 *Gastrodia elata* 等 16 种。列入《中国植物红皮书》第一册的有南方铁杉 *Tsuga chinensis* var. *tchekiangensis*、短萼黄连 *Coptis chinensis* var. *brevisepala*、八角莲 *Dysosma versipellis*、鹅掌楸 *Liriodendron chinense*、天目木兰 *Magnolia amoena*、夏蜡梅 *Sinocalycanthus chinensis* 等 30 种。列入《浙江省保护植物名录》的有多脉铁木 *Ostrya multinervis*、天目朴 *Celtis chekiangensis*、孩儿参 *Pseudostellaria heterophylla*、三枝九叶草 *Epimedium sagittatum*、天目木姜子 *Litsea auriculata* 等 42 种。

表 3-3　清凉峰国家级自然保护区珍稀植物名录

种名	拉丁名	国家级（1999/1987）	红皮书	省级
金钱松	*Pseudolarix amabilis*	II/II	✓	
南方铁杉	*Tsuga chinensis* var. *tchekiangensis*	–/III		
华东黄杉	*Pseudotsuga gaussenii*	–/II	✓	
南方红豆杉	*Taxus chinensis* var. *mairei*	I/–		
榧树	*Torreya grandis*	II/II		
巴山榧树	*Torreya fargesii*	II/–		
华榛	*Corylus chinensis*	–/III	✓	✓
天目朴树	*Celtis chekiangensis*			✓
台湾水青冈	*Fagus hayatae*	II/III	✓	
青檀	*Pteroceltis tatarinowii*		✓	✓
长序榆	*Ulmus elongata*	II/III	✓	
领春木	*Euptelea pleiospermum*	–/III	✓	
连香树	*Cercidiphyllum japonicum*	II/II	✓	
孩儿参	*Pseudostellaria heterophylla*			✓
毛叶铁线莲	*Clematis lanuginosa*			✓
短萼黄连	*Coptis chinensis* var. *brevisepala*	–/III	✓	✓
草芍药	*Paeonia obovata*			✓
猫儿屎	*Decaisnea insigni*			✓

（续）

种名	拉丁名	国家级（1999/1987）	红皮书	省级
朝鲜淫羊藿	*Epimedium koreanum*			✓
三枝九叶草	*Epimedium sagittatum*			✓
江南牡丹草	*Gymnospermium kiangnanense*			✓
六角莲	*Dysosma pleiantha*			✓
八角莲	*Dysosma versipellis*		✓	✓
鹅掌楸	*Liriodendron chinense*	II/III	✓	
天目木兰	*Magnolia amoena*	-/III	✓	✓
天女木兰	*Magnolia sieboldii*			✓
黄山木兰	*Magnolia cylindrica*	-/III	✓	
蜡梅	*Chimonanthus praecox*			✓
夏蜡梅	*Sinocalycanthus chinensis*	II/-	✓	✓
天目木姜子	*Litsea auriculata*	-/III		✓
樟树	*Cinnamomum camphora*	II/II		
天竺桂	*Cinnamomum japonicum*		✓	
土元胡	*Corydalis humosa*			✓
延胡索	*Corydalis yanhusuo*			✓
黄山梅	*Kirengeshoma palmata*	II/II	✓	
杜仲	*Eucommia ulmoides*	II/II	✓	
鸡麻	*Rhodotypos scandens*			✓
钝叶蔷薇	*Rosa sertata*			✓
野大豆	*Glycine soja*	II/II		
野豇豆	*Vigna vexillata*			✓
膀胱果	*Staphylea holocarpa*			✓
安徽槭	*Acer anhweiense*			✓
天目槭	*Acer sinopurpurascen*			✓
毛柄小勾儿茶	*Berchemiella wilsonii*			✓
三叶崖爬藤	*Tetrastigma hemsleyanu*			✓
中华秋海棠	*Begonia grandis* subsp. *sinensi*			✓
银缕梅	*Parrotia subaequalis*	I/-		
黄山花楸	*Sorbus amabilis*	-/III	✓	
银鹊树	*Tapiscia sinensis*	II/III	✓	
紫茎	*Stewartia sinensis*	II/III	✓	
红淡比	*Ternstroemia japonica*			✓
秋海棠	*Begonia grandis*			✓
明党参	*Changium smyrnioides*	-/III	✓	
香果树	*Emmenopterys henryi*	II/II	✓	

（续）

种名	拉丁名	国家级（1999/1987）	红皮书	省级
大叶三七	*Panax pseudoginseng* var. *japonicus*			✓
七子花	*Heptacodium miconioides*	II/II	✓	
岩茴香	*Ligusticum tachiroei*			✓
睡菜	*Menyanthes trifoliata*			✓
曲轴黑三棱	*Sparganium fallax*			✓
金刚大	*Croomia japonica*	–/III	✓	
薏苡	*Coix lacryma-jobi*			✓
短穗竹	*Brachystachyum densiflorum*	–/III	✓	
天目贝母	*Fritillaria monantha*			✓
华重楼	*Paris polyphylla* var. *chinensis*			✓
狭叶重楼	*Paris polyphylla* var. *stenophylla*			✓
北重楼	*Paris verticillata*			✓
白穗花	*Speirantha gardenii*			✓
延龄草	*Trillium tschonoskii*	–/II	✓	✓
金荞麦	*Fagopyrum dibotrys*	II/II		
天麻	*Gastrodia elata*	–/III	✓	
独花兰	*Changnienia amoena*	II/II	✓	
铁皮石斛	*Dendrobium catenatum*	II/II	✓	
总计		21/31	30	42

二、区系特征

1. 组成丰富

现已知清凉峰保护区共有野生种子植物157科748属1758种，科、属、种的数目分别占浙江省种子植物科、属、种总数的86.3%、59.8%、52.0%，是省内植物种类最丰富的区域之一（古田山648属1426种，西天目山659属1447种，凤阳山659属1448种，百山祖700属1545种）（楼炉焕和金水虎，2000；金孝锋等，2004）。从科、属的分布类型来看，体现了该区地理成分的多样性。科的分布区类型中，15个分布区类型中12个类型都有代表，属的分布区类型除中亚分布外，其他14个类型均有代表。

2. 亚热带山地性质

从经纬度来看，该区地处中亚热带的北缘。根据中国—日本森林植物亚区的划分（Wu and Wu，1996），清凉峰位于华东地区浙闽山地亚地区的北缘。从科的分布区类型来看，热带分布的科明显多（67/47），在科级水平该区体现为热带区系性质。从属的分布区类型来看，温带分布的属明显高于热带分布的属（410/248），这是由于清凉峰保护区3个区域：龙塘山、千顷塘和顺溪坞海拔较高，热带分布的成分开始减少，温带分布的成分增加，例如北温带分布及其变型和东亚分布及其变型在属级水平达到了137属和114属，占属总数的18.3%和15.2%。区系分析表明，清凉峰保护区有较明显的亚热带区系性质，而且为华东北缘山地类型。

3. 特有珍稀植物多

清凉峰保护区有我国特有属 23 属，如金钱松属、杉木属、青钱柳属、夏蜡梅属、蜡梅属、血水草属等，占浙江省特有属总数（48 属）的 47.9%，占全国特有属总数（257 属）的 18.7%。

本区珍稀濒危植物较多，列入《国家重点保护野生植物名录》（第一批）的植物有 21 种，其中 I 级 2 种，II 级 19 种；列入《中国植物红皮书》的有 30 种；列入省保护植物名录有 42 种。这其中有不少都种类古老，地理成分特殊，对植物区系研究具有重要意义的种如鹅掌楸、长序榆、夏蜡梅等，也有不少珍贵药用植物如短萼黄连、杜仲、延龄草等。由此可见，该区在物种多样性保护方面具有很高的价值。

第二节　主要珍稀特色植物种群

一、调查方法

根据早期记录和文献确定调查种群的分布位置，利用全站仪或激光测距仪在调查区域内设置 20m×20m 或 10m×10m 的样地。天然林样地面积一般为 $400m^2$，人工林、灌丛、草甸一般为 $100m^2$。记录样地所在地周边生境情况，包括海拔高度、坡位、坡向、周边环境等，同时测量样地内光照、温湿度、土壤条件等相关环境参数，同时记录样地中心点的 GPS 坐标、记录目标种群的个体数量和径级分布等基本情况。

二、径级结构的划分与类型

1. 种群径级结构划分

因植物种群涉及到不同生长型（乔木，小乔木或灌木），为分析各珍稀植物种群径级结构的特点，所以采取两种径级划分的方式。共同点是将径级结构划分为 5 个等级，以代表该生长型的不同生长发育阶段。具体如下。

（1）乔木种类

Ⅰ级（0cm≤DBH<2.5cm）

Ⅱ级（2.5cm≤DBH<7.5cm）

Ⅲ级（7.5cm≤DBH<22.5cm）

Ⅳ级（22.5cm≤DBH<47.5cm）

Ⅴ级（DBH≥47.5cm）

径级等级采用罗马数字编号。

（2）小乔木或灌木种类

1 级（0cm≤DBH<2.5cm）

2 级（2.5cm≤DBH<5cm）

3 级（5cm≤DBH<7.5cm）

4 级（7.5cm≤DBH<10cm）

5 级（DBH≥10cm）

径级等级采用阿拉伯数字编号。

2. 种群径级结构类型

根据上述径级结构的划分方式，将各树种归纳为 6 个种群结构类型，即单峰型、间歇型、逆 J 型、L 型、倒 L 型和单柱型。

（1）单峰型

径级连续分布，但缺乏或仅有少数几个小径级个体，种群其他个体主要分布在中、高径级。从种群的发展趋势看，属衰退类型。

（2）间歇型

也称多峰型。群落内个体数较多，但径级结构分布呈不连续状，既有较多的小径级更新个体，也有部分高径级个体。从种群的发展趋势看，属间歇性发展型。

（3）逆 J 型

径级结构分布的形状类似倒逆放置的"J"字，个体的径阶分布为连续分布，并呈现出两个峰，即大胸径级处的小峰和小胸径级处的大峰，小径级个体较多。从种群的发展趋势看，为成熟稳定类型。

（4）L 型

径级结构呈连续分布，个体集中分布于小胸径阶处，无大径个体。从种群的发展趋势看，为成长类型。

（5）倒 L 型

径级结构呈连续分布，个体集中分布于中、高胸径阶处，有小径级个体。从种群的发展趋势看，为衰退类型。

（6）单柱型

只有在小径级（I 级或 1 级）有个体分布，无明显的增长趋势。

三、珍稀特色植物种群

1. 华榛

华榛 *Corylus chinensis*，国家Ⅲ级重点保护野生植物。桦木科榛属的落叶高大乔木。为 2009 年浙江新记录树种，清凉峰海拔 886 m 的山坡、山谷林中有分布。在清凉峰保护区内白岩下、十八龙潭、下仁家、栈岭湾等地记录华榛植株共 383 棵，平均胸径为 15cm。华榛种群的径级结构表现为单峰型（图 3-1）。

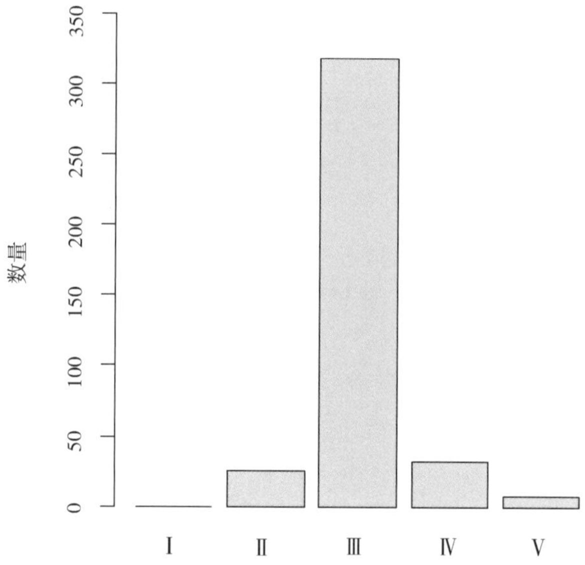

图 3-1　华榛种群的径级结构

2. 台湾水青冈

台湾水青冈 *Fagus hayatae*，为国家Ⅱ级重点保护野生植物。壳斗科水青冈属的落叶乔木。清凉峰龙塘山百步岭保存有一定规模发育良好的台湾水青冈群落，较为罕见，具有较高的保护和研究价值。调查共记录台湾水青冈植株共 452 棵，其径级结构表现为 L 型（图 3-2）。

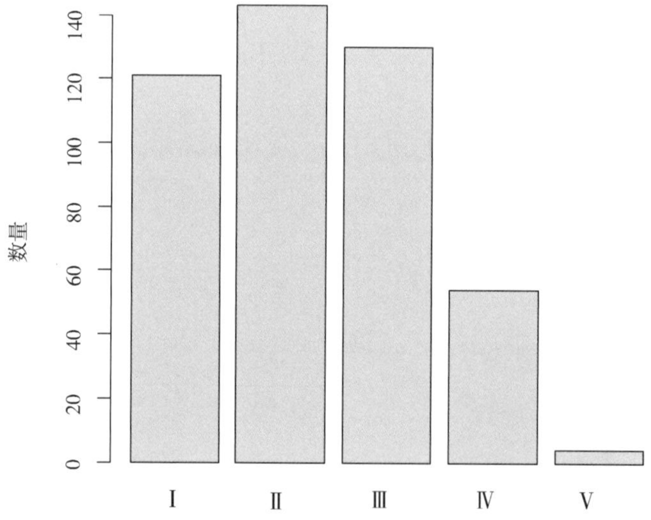

图 3-2　台湾水青冈种群的径级结构

3. 巴山榧树

巴山榧树 *Torreya fargesii*，国家Ⅱ级重点保护野生植物。红豆杉科榧树属的常绿乔木。调查记载浙江清凉峰东岙头有巴山榧树共 7 棵成树，平均胸径 20. 3cm。

4. 香果树

香果树 *Emmenopterys henryi*，国家Ⅱ级重点保护野生植物。茜草科香果树属的落叶乔木。本次调查了浙江清凉峰马啸的31棵香果树植株，平均胸径7.5cm。香果树种群各径级的个体数比较接近（图3-3）。

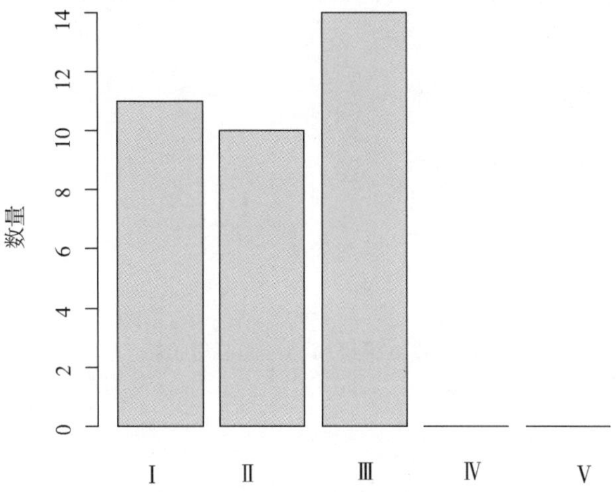

图3-3　香果树种群的径级结构

5. 鹅掌楸

鹅掌楸 *Liriodendron chinense*，国家Ⅱ级重点保护野生植物。木兰科鹅掌楸属的落叶乔木。在清凉峰龙塘山和顺溪坞均有分布，现有调查共记录21棵鹅掌楸个体，其种群的径级结构表现为单峰型（图3-4）。

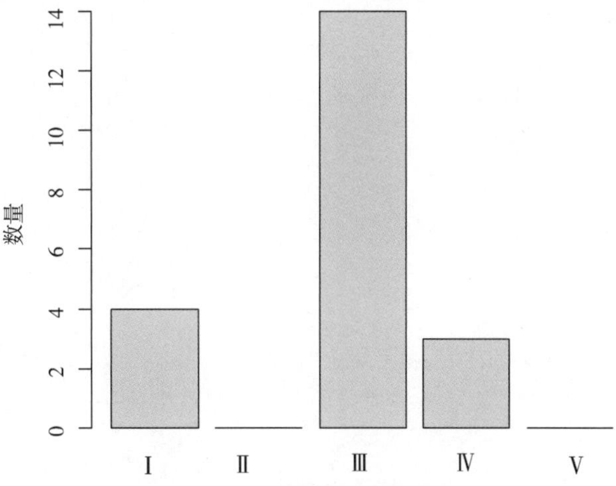

图3-4　鹅掌楸种群的径级结构

6. 银缕梅

银缕梅 *Parrotia subaequalis*，国家Ⅰ级重点保护野生植物。金缕梅科波斯铁木属的落叶灌木。在清凉峰保护区槭树弯分布有一定的银缕梅种群，共记录100多棵银缕梅个体。银缕梅种群的径级结构为L型（图3-5）。

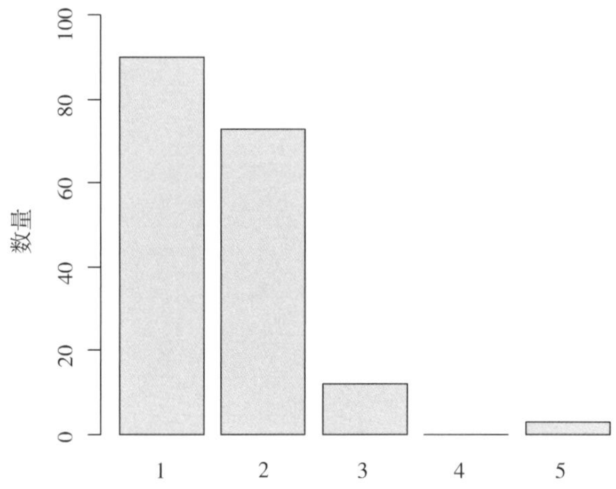

图3-5　银缕梅种群的径级结构

7. 天女木兰

天女木兰 *Magnolia sieboldii*，浙江省级重点保护野生植物。木兰科木兰属的落叶小乔木或灌木。在清凉峰龙塘山分布有一定的天女木兰种群，共记录170多棵天女木兰个体。

8. 黄山梅

黄山梅 *Kirengeshoma palmata*，国家Ⅱ级重点保护野生植物。虎耳草科黄山梅属多年生草本。清凉峰顺溪坞、龙塘山均有分布。

9. 象鼻兰

象鼻兰 *Nothodoritis zhejiangensis*，我国特有种。兰科象鼻兰属矮生植物。分布于清凉峰马啸，附生于山核桃树干或树枝上，共记录16个象鼻兰个体。

参考文献

1. 方文培. 中国槭树科的修订［J］. 植物分类学报，1966，1（2）：139-189.
2. 傅坤俊，饶广远. 中国景天亚属的新分类群和八宝属一新组合［J］. 西北植物学报，1988，8（2）：116-124.
3. 国家环境保护局. 中国珍稀濒危保护植物名录［M］. 北京：科学出版社，1987.
4. 李根有，叶喜阳，马丹丹，等. 发现于清凉峰的浙江新纪录树种——华榛［J］. 浙江林学院学报，2009，26（6）：916-917.
5. 楼炉焕，金水虎. 浙江古田山自然保护区种子植物区系分析［J］. 北京林业大学学报，2000，22（5）：33-39.
6. 金孝锋，丁炳扬，郑朝宗，等. 浙江百山祖自然保护区种子植物区系分析［J］. 云南植物研究，2004，26（6）：605-618.
7. 金孝锋，金水虎，翁东明，等. 清凉峰木本植物志［M］. 杭州：浙江大学出版社，2014.
8. 金孝锋，翁东明. 清凉峰植物［M］. 杭州：浙江大学出版社，2009.

9. 金孝锋，郑朝宗，丁炳扬. 浙江薹草属植物新纪录［J］. 武汉植物研究，2004，22（1）：49-51.

10. 宋朝枢. 浙江清凉峰自然保护区科学考察集［M］. 北京：中国林业出版社，1997.

11. 王泓，金燕，张宏伟，等. 毛果垂枝泡花树——浙江清风藤科一新变种［J］. 浙江林学院学报，2008，25（4）：442-443.

12. 吴征镒，周浙昆，孙航，等. 种子植物分布区类型及其起源和分化［M］. 昆明：云南科学技术出版社，2006.

13. 吴征镒，周浙昆，李德铢，等. 世界种子植物科的分布区类型系统［J］. 云南植物研究，2003，25（3）：245-257.

14. 徐耀良，陈艺林. 浙江凤仙花属新分类群［J］. 植物分类学报，1998，37（2）：194-200.

15. 张芬耀，张宏伟，谢文远，等. 浙江荨麻科植物增补［J］. 杭州师范大学学报，2016，16（1）：25-27.

16. 张宏伟，周莹莹，杨王伟，等. 浙江种子植物新资料（Ⅳ）［J］. 浙江大学学报，2013，40（5）：570-571.

17. 郑朝宗. 浙江龙塘山自然保护区种子植物区系的研究［J］. 杭州大学学报，1996，23（4）：373-380.

18. 郑万钧，章绍尧，洪涛，等. 中国经济树木新种及学名更正［J］. 林业科学，1963，8（1）：1-14.

19. Jin Xiao-feng, Zhao Yin-jia, Zheng Chao-zong, etal.. *Carex zhejiangensis* sp sp. nov. (Cyperaceae) from Zhejiang eastern China [J]. Nordic journal of Botany, 2011, 29 (1): 63-70.

20. Weng Dong-ming, Zhang Hong-wei, Xu Shui-feng, et al.. *Carex qingliangensis* sp. nov. (Cyperaceae) from Zhejiang eastern China [J]. Nordic journal of Botany, 2009, 27 (1): 7-10.

21. Wu Zheng-yi, Wu Su-gong. Aproposal for a new floristic kingdom (realm) —— the E. Asiatic Kingdom, its delineation and characteristies [M]. Beijing: China Higher Education Press, 1996.

22. Zhang Hongwei, Weng Dongming, Jin Xiaofeng. *Cerastium qingliangfengicum* (Caryophyllaceae), a new species from Zhejiang, China [J]. Annales Botanici Fennici, 2008, 45: 307-310.

23. Zhang Hongwei, Xiong Xianhua, Lu Yifei, etal.. Persicaria changhuaensis sp. nov. (Polygonaceae) from northwestern Zhejiang, China [J]. Nordic journal of Botany, 2017, 35 (3): 339-343.

24. Zhou Yingying, Zhang Hongwei, Hu Jiangqin, et al.. *Sinalliaria*, a new genus of Brassicaceae from eastern China, based on morphological and molecular data [J]. Phytotaxa, 2014, 186 (4): 188-198.

第四章
植 被

第一节　植被类型和分布

一、植被调查

根据现场踏查和早期文献确定调查群落的分布位置，利用全站仪或激光测距仪在调查区域内设置水平投影面积 20m×20m 或 10m×10m 的调查样地。天然林样地面积一般为 400m^2，人工林、灌丛、草甸一般为 100m^2。调查共选择了 56 个植物群落样地（表 4-1），其中森林样地调查了乔木层（每木调查）、灌木层和草本层，灌丛样地调查了灌木层和草本层，湿地和草甸样地以草本层调查为主。QLF18 号样地为调查中海拔最高的样地，位于清凉峰主峰附近（海拔 1766m），海拔最低的样地为 QLF27，位于顺溪坞（海拔 427m），两个样地之间的海拔高度差达到 1339m。

表 4-1　清凉峰保护区样地基本信息表

样地名	地点	植被类型	海拔（m）	坡向	坡度（°）	面积（m^2）	优势种
QLF01	千顷塘	阔叶林	1225	26	24	400	灯台树
QLF02	千顷塘	阔叶林	1235	180	20	400	黄山松、华东稠李、灯台树
QLF03	千顷塘	阔叶林	987	290	25	400	毛叶山樱桃、黄檀
QLF04	千顷塘	阔叶林	1162	130	14	400	短柄枹、锥栗
QLF05	千顷塘	灌丛	1137	120	16	100	垂珠花、锥栗
QLF06	龙塘山保护站	阔叶林	921	180	26	400	巴山榧树
QLF07	龙塘山保护站	阔叶林	912	247	18	400	巴山榧树、香果树
QLF08	龙塘山保护站	落叶阔叶林	934	131	5	400	山核桃
QLF09	龙塘山保护站	针阔叶混交林	999	143	22	400	短柄枹、黄山松
QLF10	茶园里	针叶林	792	101	36	100	杉木
QLF11	茶园里	针叶林	793	63	5	100	黄山松

（续）

样地名	地点	植被类型	海拔（m）	坡向	坡度（°）	面积（m^2）	优势种
QLF12	茶园里	针叶林	966	50	30	100	金钱松
QLF13	茶园里	竹林	968	186	30	100	毛竹
QLF14	青松岭	针叶林	1301	162	32	100	黄山松
QLF15	青松岭	针叶林	1300	285	26	100	黄山松，锥栗，玉山竹
QLF16	龙池	草甸	1640	0	0	100	玉蝉花、大披针薹草
QLF17	龙池	针叶林	1660	0	0	100	黄山松
QLF18	清凉峰顶	草甸	1766	0	0	100	玉蝉花、长柱头薹草
QLF19	清凉峰顶	灌丛	1767	0	0	100	华中山楂
QLF20	龙塘山	竹林	566	166	36	100	毛竹
QLF21	龙塘山	竹林	750	140	41	100	毛竹
QLF22	顺溪坞、直源	针叶林	425	230	0	100	马尾松、杉木
QLF23	顺溪坞、直源	阔叶林	613	0	34. 4	100	化香
QLF24	顺溪坞、横源	针阔叶混交林	524	335	31. 2	400	甜槠、杉木、木荷
QLF25	顺溪坞、横源	阔叶林	544	310	41	100	甜槠
QLF26	顺溪坞、横源	针阔叶混交林	500	150	36	400	麻栎、马尾松、青冈
QLF27	顺溪坞	针阔叶混交林	420	10	44. 7	100	马尾松、甜槠、木荷
QLF28	顺溪坞	针阔叶混交林	450	20	41. 2	400	甜槠、马尾松
QLF29	顺溪坞	针阔叶混交林	480	20	28. 5	100	马尾松、麻栎
QLF30	顺溪坞、直源	针叶林	520	320	17. 1	100	杉木
QLF31	顺溪坞、直源	阔叶林	530	300	23	400	木荷、化香
QLF32	顺溪坞、直源	针叶林	590	90	27. 4	100	马尾松
QLF33	顺溪坞、直源	针叶林	530	270	33	100	马尾松
QLF34	龙塘山、马啸	阔叶林	820	270	28	100	华榛
QLF35	龙塘山、马啸	阔叶林	917	30	29. 4	400	华榛
QLF36	千顷塘	针阔叶混交林	651	45	28. 4	100	杉木、枫香
QLF37	千顷塘	阔叶林	870	30	10	400	短尾柯、山鸡椒
QLF38	千顷塘、干坑	针叶林	1040	180	23	100	黄山松
QLF39	千顷塘、干坑	针叶林	920	50	0	100	杉木
QLF40	千顷塘、干坑	针阔叶混交林	990	70	5	400	黄山松、四照花、金钱松
QLF41	龙塘山、马啸	阔叶林	545	65	35. 3	100	山核桃
QLF42	顺溪坞	阔叶林	972	45	32. 1	100	青榨槭、鹅掌楸
QLF43	龙塘山百步岭	针阔叶混交林	1070	180	30. 7	400	黄山松、雷公鹅耳枥
QLF44	龙塘山	针阔叶混交林	1020	230	30. 4	400	黄山松、杉木、木荷、雷公鹅耳枥
QLF45	龙塘山	阔叶林	1515	60	26	100	天女木兰、华东铁杉
QLF46	顺溪坞、直源	阔叶林	445	30	39	400	甜槠、木荷

（续）

样地名	地点	植被类型	海拔（m）	坡向	坡度（°）	面积（m^2）	优势种
QLF47	龙塘山	阔叶林	960	194	41	400	台湾水青冈
QLF48	龙塘山	阔叶林	950	209	38	400	台湾水青冈
QLF49	千顷塘	阔叶林	1121	10	41	400	灯台树、华东野核桃
QLF50	千顷塘	阔叶林	1211	350.3	35.2	400	灯台树、三桠乌药、红果钓樟
QLF51	龙塘山	阔叶林	926	80	37	400	牛鼻栓、豹皮樟、小叶青冈
QLF52	龙塘山	阔叶林	949	110	35	400	山鸡椒、昌化鹅耳枥、臭辣树
QLF53	龙塘山	阔叶林	975	160	37	400	褐叶青冈、木荷
QLF54	龙塘山	阔叶林	978	180	40	400	短柄枹、木荷、青冈
QLF55	千顷塘	草甸	1112	0	0	100	沼原草、戟叶蓼、毛叶沼泽蕨
QLF56	千顷塘	草甸	1112	0	0	100	沼原草

1. 生境记录

记录样地所在地周边生境情况，包括海拔高度、坡位、坡向、周边环境等，同时测量样地内光照、温湿度、土壤条件等相关环境参数。并记录样地中心点的 GPS 坐标。

2. 乔木层调查方法

将 20m×20m 的森林样地划分为 5m×5m 的乔木层每木调查样方，对样方内 DBH ≥ 5cm 的所有木本植物个体进行标记，记录每个个体的物种、高度、胸径（1.3m 高度的主干直径）以及 1.3m 以下分支和根萌的高度和胸径。

3. 灌木层（含更新层）调查方法

在 20m×20m 的森林样地内各选取 8 个 2m×2m 的灌木层样方，以棋盘式分布于 8 个不相邻乔木层小样方的右下角；在 10m×10m 的灌丛样地内 4 个 5m×5m 样方的顶点各选取 1 个 2m×2m 的灌木层样方。调查其中 DBH<5cm 的乔木幼树、幼苗和灌木种类的个体，记录其物种、数量、盖度和高度。

4. 草本层调查方法

在上述每个灌木层样方内设置 1 个 1m×1m 的草本层样方，调查其中草本层个体的物种、数量、盖度和高度。

二、植被类型划分

根据《中国植被》的分类原则（吴征镒，1980），依据群落物种组成、外貌和结构、动态特征，以及各样地优势种和标志种对清凉峰的植被类型进行划分；具体遵循高级分类单位以生态外貌为主，中低级单位采用优势种和标志种相结合的原则。其中优势度用各种类在该层次的重要值表示。重要值的计算方法有 2 种。

1. 乔木层

重要值（IV）=（相对显著度+相对多度+相对频度）/3

相对显著度（Pr）= P（某个种的断面积）/∑P（全部种的总断面积）×100%

相对多度（Dr）= D（某个种的株数）/∑D（全部种的总株数）×100%

相对频度（Fr）= F（某个种的频度）/∑F（全部种的总频度）×100%

2. 灌木层及草本层

重要值（IV）=（相对多度+相对盖度+相对频度）/3

相对盖度（Pr）= P（某个种的盖度）/∑P（全部种的总盖度）×100%

三、植被类型

调查的56个样地中，记录乔木层胸径≥5cm的维管植物共41科，93属，150物种，2436株个体。

根据调查的56个群落样地，清凉峰保护区植被类型可分为针叶林、针阔叶混交林、阔叶林、灌丛、草甸5个植被型组，11个植被型，31个群系组和43个群系（表4-2）。

龙塘山森林生态系统保护区域内共建立样地28个，主要植被类型有落叶阔叶林、常绿落叶阔叶混交林、针阔叶混交林、针叶林、竹林及少量落叶阔叶灌丛和根茎草类沼泽草甸。

千顷塘野生华南梅花鹿保护区域内共建立样地12个，主要植被类型有落叶阔叶林、针叶林、针阔叶混交林及少量常绿阔叶林和丛生草类沼泽草甸。

顺溪坞珍稀濒危植物保护区域内共建立样地14个，主要植被类型有落叶阔叶林、常绿阔叶林、针阔叶混交林及少量针叶林。

表4-2 清凉峰保护区主要植被类型

植被型组	植被型	群系组	群系	名称	样地号
针叶林	暖性常绿针叶林	1		马尾松暖性常绿针叶林	
			（1）	马尾松林	QLF22
		2		杉木暖性常绿针叶林	
			（2）	杉木林	QLF10，QLF30
	温性常绿针叶林	3		黄山松温性常绿针叶林	
			（3）	黄山松林	QLF11，QLF 17，QLF38
			（4）	黄山松-杉木林	QLF39
		4		金钱松温性常绿针叶林	
			（5）	金钱松林	QLF12
		5		黄山松-金钱松温性常绿针叶林	
			（6）	黄山松-金钱松林	QLF40
针阔叶混交林	温性针阔叶混交林	6		黄山松温性针阔叶混交林	
			（7）	黄山松林-毛漆树林	QLF14

（续）

植被型组	植被型	群系组	群系	名称	样地号
			(8)	小叶青冈-黄山松林	QLF06
			(9)	黄山松-短柄枹林	QLF09
			(10)	黄山松-锥栗林	QLF15
			(11)	黄山松-华东稠李-灯台树林	QLF02
			(12)	黄山松-小叶白辛树-檫木林	QLF43
			(13)	黄山松-杉木-木荷林	QLF44
		7		南方铁杉温性针阔叶混交林	
			(14)	南方铁杉-锥栗林	QLF45
	暖性针阔叶混交林	8		马尾松暖性针阔叶混交林	
			(15)	马尾松-甜槠-木荷林	QLF27
			(16)	甜槠-马尾松林	QLF28
			(17)	马尾松-麻栎林	QLF26，QLF29
			(18)	马尾松-檫木林	QLF33
		9		杉木暖性针阔叶混交林	
			(19)	杉木-化香林	QLF31
			(20)	杉木-枫香林	QLF36
阔叶林	落叶阔叶林	10		灯台树落叶阔叶林	
			(21)	灯台树林	QLF01，QLF50
		11		毛叶山樱桃落叶阔叶林	
			(22)	毛叶山樱桃林	QLF03
		12		短柄枹-锥栗落叶阔叶林	
			(23)	短柄枹-锥栗林	QLF04
		13		化香落叶阔叶林	
			(24)	化香林	QLF23
		14		垂珠花落叶阔叶林	
			(25)	垂珠花-缺萼枫香林	QLF05
		15		华榛落叶阔叶林	
			(26)	华榛-臭椿-银鹊树林	QLF34，QLF35
		16		青榨槭落叶阔叶林	
			(27)	青榨槭-鹅掌楸-缺萼枫香林	QLF42
		17		山核桃落叶阔叶林	
			(28)	山核桃林	QLF08，QLF41
		18		台湾水青冈落叶阔叶林	
			(29)	台湾水青冈林	QLF48
		19		华东野核桃落叶阔叶林	
			(30)	华东野核桃-灯台树林	QLF49

（续）

植被型组	植被型	群系组	群系	名称	样地号
		20		昌化鹅耳枥落叶阔叶林	
			（31）	昌化鹅耳枥林	QLF52
	常绿落叶阔叶混交林	21		山核桃常绿阔叶树混交林	
			（32）	山核桃-香果树-小叶青冈林	QLF07
		22		台湾水青冈常绿阔叶树混交林	
			（33）	台湾水青冈-木荷林	QLF47
		23		豹皮樟落叶阔叶树混交林	
			（34）	豹皮樟-化香林	QLF51
		24		短柄枹常绿阔叶树混交林	
			（35）	短柄枹-青冈林	QLF54
	常绿阔叶林	25		栲类林	
			（36）	甜槠林	QLF24，QLF25，QLF46
		26		柯类林	
			（37）	短尾柯林	QLF37
		27		青冈类林	
			（38）	褐叶青冈-木荷林	QLF53
	竹林	28		毛竹林	
			（39）	毛竹林	QLF20，QLF21
			（40）	毛竹-木荷林	QLF13
灌丛	落叶阔叶灌丛	29		温性落叶阔叶灌丛	
			（41）	华中山楂灌丛	QLF19
草甸	根茎草类草甸	30		根茎草类沼泽草甸	
			（42）	玉蝉花草甸	QLF16，QLF18
	丛生草类草甸	31		丛生草类沼泽草甸	
			（43）	沼原草草甸	QLF55，QLF56

四、植被分布

龙塘山森林生态系统保护区域的主要植被类型为针阔叶混交林、落叶阔叶林、常绿落叶阔叶混交林、针叶林、竹林及少量的落叶阔叶灌丛和根茎草类沼泽草甸。

千顷塘野生华南梅花鹿保护区域的主要植被类型为落叶阔叶林、针叶林、针阔叶混交林及少量的常绿阔叶林和丛生草类沼泽草甸。

顺溪坞珍稀濒危植物保护区域的主要植被类型为落叶阔叶林、常绿阔叶林、针阔叶混交林及少量的针叶林。

第二节　主要植被性质

一、针叶林

调查的56个样地中，有9个为针叶林。其中，QLF22号样地为马尾松林，属于马尾松暖性常绿针叶林。QLF10，QLF30为杉木林，属于杉木暖性常绿针叶林。QLF11、QLF17、QLF38号样地为黄山松林，QLF39号样地为黄山松-杉木林，属于黄山松温性针叶林。QLF12号样地为金钱松林，为金钱松温性针叶林；QLF40号样地为黄山松-金钱松林。

1. 马尾松林

马尾松林主要见于顺溪坞。QLF22样地位于顺溪坞直源，海拔425m，坡向230°，坡度0°。乔木层以马尾松占主要优势，平均高8.5m，平均胸径9.4cm，郁闭度0.6。伴生种有木荷、檫木、小叶白辛树、臭椿、甜槠、山桐子、臭辣树、拟赤杨、红楠和老鼠矢等。灌木层有木荷、甜槠、山合欢、窄基红褐柃、臭蜡树、红楠、马银花、青冈、毛花连蕊茶、中国绣球和土茯苓。草本层以薹草和宽羽鳞毛蕨为主。

2. 杉木林

QLF10、QLF30样地为人工栽培植被。QLF10样地位于龙塘山茶园里，海拔792m，坡向为101°，坡度为36°。乔木层以杉木占主要优势，平均高8.8m，平均胸径11.2cm，郁闭度0.75，伴生种有木荷、红枝柴和山胡椒等。灌木层主要有格药柃、山核桃、山橿、木荷、黄檀、短柄枹、细叶青冈、茶和豹皮樟等。草本层有褐绿薹草、横果薹草和求米草等。层间植物有日本薯蓣等。QLF30样地位于顺溪坞直源，海拔520m，坡向为320°，坡度为17.1°。乔木层以杉木占主要优势，平均高9.6m，平均胸径13.8cm，郁闭度0.6，伴生种有板栗等。灌木层有豆腐柴、乌药、山桐子、老鸦糊、檵木、毛花连蕊茶和山橿等。层间有羽叶蛇葡萄和三叶木通等。

3. 黄山松林

黄山松林主要见于龙塘山、千顷塘。QLF11样地位于龙塘山茶园里，海拔793m，坡向63°，坡度5°；QLF 17样地位于龙塘山龙池，海拔1660m，坡向0°，坡度0°；QLF38样地位于千顷塘干坑，海拔1040m，坡向180°，坡度23°。乔木层以黄山松占主要优势，平均高9.2m，平均胸径16.9cm，郁闭度0.6~0.7，主要伴生种有木荷、雷公鹅耳枥、檫木、化香、华山矾、大柄冬青、云锦杜鹃和杜鹃等。灌木层以山橿、中国绣球为主，伴生种有华山矾、秀丽槭、杜鹃、菝葜、蓬蘽、三花莓和掌叶覆盆子等。草本层以求米草为主，伴生种有多花黄精、紫花堇菜、鳞毛蕨、蜜腺小连翘、珍珠菜、疏花野青茅、大狼把草、绵穗苏、老鸦糊和小花鸢尾等。

4. 黄山松-杉木林

黄山松-杉木林多为杉木人工林择伐、废弃后演替形成，外貌呈深绿色，有光泽，林相整齐，林冠呈狭锥形。QLF39 样地位于千顷塘干坑，海拔 920m，坡向 50°，坡度 0°。乔木层以黄山松和杉木占优势，平均高 9m，平均胸径 12.7cm，郁闭度 0.6。主要伴生种有红枝柴、木荷、山胡椒、枫香和板栗等。灌木层主要以山橿、格药柃为主，伴生种有豹皮樟、细叶青冈、大叶胡枝子、中国绣球、毛花连蕊茶、豆腐柴、檵木、菝葜和山莓等。草本层以半岛鳞毛蕨、薹草、箬竹、求米草等占优势，伴生种有水竹、淡竹叶、鼠尾草、金挖耳、粗齿堇菜、心叶堇菜、狗脊蕨、海金沙、井栏边草、龙珠、七星莲、天胡荽、圆菱叶山蚂蝗和长梗黄精等。层间植物有羽叶蛇葡萄、海金沙、大血藤、鸡屎藤、绞股兰、日本薯蓣和紫藤等。

5. 金钱松林

金钱松林主要见于龙塘山。QLF12 样地位于龙塘山茶园里，海拔 966m，坡向为 50°，坡度为 30°。乔木层以金钱松占主要优势，平均高 19m，平均胸径 18cm，郁闭度 0.95，伴生种有山合欢、雷公鹅耳枥。灌木层主要有算盘子、金钱松、枫香、檫木、小叶白辛树、黄山木兰、秀丽槭、垂珠花、山莓、野蔷薇、插田泡和蓬蘽。草本层有求米草、紫花堇菜、心叶堇菜、三脉紫菀、褐绿薹草等。层间植物有绞股蓝等。

6. 黄山松-金钱松林

QLF40 样地位于位于千顷塘干坑，海拔 990m，坡向为 70°，坡度为 5°。乔木层以黄山松、金钱松占主要优势，平均高 7m，平均胸径 12.5cm，郁闭度 0.7，伴生种有四照花、华东野核桃、毛叶山樱桃、灰叶稠李、山鸡椒、中华石楠、苦枥木、微毛柃、山胡椒、华东稠李、华中樱桃、野桐和黄山木兰等。灌木层有中国绣球、华山矾、山橿、微毛柃、庐山乌药、黄檀、灰叶稠李和蓬蘽等。层间有鄂西清风藤等。

二、针阔叶混交林

调查的样地中，有 15 个属于针阔叶混交林。针阔叶混交林可分为两类：暖性针阔叶混交林和温性针阔叶混交林。前者还可细分出马尾松暖性针阔叶混交林（5 个样地）和杉木暖性针阔叶混交林（2 个样地），温性针阔叶混交林指黄山松温性针阔叶混交林（7 个样地）和南方铁杉温性针阔叶混交林（1 个样地）。

1. 黄山松-毛漆树林

QLF14 样地位于龙塘山青松岭，海拔 1300m，坡向 162°，坡度 32°。乔木层平均高 9.5m，平均胸径 17.8cm，郁闭度 0.8，以黄山松占优势，伴生种有毛漆树、垂珠花、雷公鹅耳枥、小叶白辛树和茶荚蒾等。灌木层有杜鹃、山橿、野鸦椿、秀丽槭、毛漆树、华山矾、雷公鹅耳枥、山胡椒、小叶白辛树、小叶青冈、中国绣球、菝葜和山莓等。草本层有过路黄、紫花堇菜、牯岭藜芦和紫萼等。

2. 小叶青冈-黄山松林

QLF06 样地位于龙塘山，海拔为 921m，坡向 180°，坡度 26°。乔木层平均高 9.8m，平均胸径 15.3cm，郁闭度 0.7，以小叶青冈、黄山松占优势。伴生种有短柄枹、山核桃、毛椋、细叶青冈、豹皮樟、色木槭、山皂荚、毛柄勾儿茶、雷公鹅耳枥、缺萼枫香、山合欢、四照花、秀丽槭、华中樱桃、小叶石楠、膀胱果、毛叶山樱桃和巴山榧树等。灌木层有山胡椒、豹皮樟、华瓜木、木蜡树、秀丽槭、细叶青冈、黄檀、牛鼻栓、膀胱果、老鸦糊、微毛柃、色木槭、巴山榧树、省沽油、山莓和匍匐五加等。草本层有小花鸢尾、东南茜草、阔叶麦冬、求米草、疏花野青茅、多花黄精和褐绿薹草等。层间植物有大芽南蛇藤、鹰爪枫、络石、庭藤、珍珠莲、少花蓬莱葛、纤细薯蓣和中华常春藤等。

3. 黄山松-短柄枹林

QLF09 样地位于龙塘山，海拔为 1000m，坡向 143°，坡度 22°。乔木层平均高 8m，平均胸径 14.1cm，郁闭度 0.75，以短柄枹、黄山松占优势，伴生种丰富，有化香、雷公鹅耳枥、锥栗、华中樱桃、枫香、灰白稠李、山合欢、黄檀、格药柃、细齿稠李、杉木、腺蜡瓣花、木荷、窄基红褐柃、毛叶山樱桃和小叶青冈等。灌木层有枫香、八角枫、豹皮樟、杜鹃、黄山松、黄檀、灰叶稠李、荚蒾、木荷、山胡椒、山橿、杉木、省沽油、菝葜和山莓等。草本层有求米草、褐绿薹草、横果薹草、麦冬、山麦冬和兔儿伞等。

4. 黄山松-锥栗林

QLF15 样地位于龙塘山青松岭，海拔 1300m，坡向 285°，坡度 26°。乔木层平均高 10m，平均胸径 15.9cm，郁闭度 0.85，以黄山松、锥栗占优势，伴生种有云锦杜鹃、三桠乌药、雷公鹅耳枥、豹皮樟、华中樱桃和映山红等。灌木层有豹皮樟、茶荚蒾、垂丝卫矛、杜鹃、华山矾、山橿、省沽油、野鸦椿、长叶冻绿、玉山竹、菝葜、山莓等。草本层有求米草和牯岭藜芦等。层间植物有鸡矢藤等。

5. 黄山松-华东稠李-灯台树林

QLF02 样地位于千顷塘，海拔为 1235m，坡向 180°，坡度 20°。乔木层平均高 4.5m，平均胸径 11.2cm，郁闭度 0.6，以黄山松占优势，灯台树、红果钓樟也占有重要的比重。伴生种有华东稠李、三桠乌药、盐肤木、垂珠花、毛叶山樱桃、化香、阔叶稠李和红枝柴等。灌木层有中国绣球、黄檀、红果钓樟、华山矾、粉花绣线菊、野山楂、盐肤木、山胡椒、菝葜、山莓和野蔷薇等。草本层有珍珠菜、柔枝莠竹、日本金星蕨、三叶委陵菜、密腺小连翘、心叶堇菜、求米草、房县野青茅、紫萁和横果薹草等。层间植物有鸡矢藤和日本薯蓣等。

6. 黄山松-小叶白辛树-檫木林

QLF43 样地位于龙塘山百步岭，海拔 1070m，坡向 180°，坡度 30.7°。乔木层平均高 7m，平均胸径 10.1cm，郁闭度 0.7，以黄山松、小叶白辛树、檫木占优势，伴生种有雷公鹅耳枥、山合欢、短柄枹、红脉钓樟、华中樱桃、臭椿、山鸡椒、青冈、柔毛泡花树、小叶青冈、华东稠李、郁香野茉莉、黄山木兰、浙江柿、云山八角枫、红枝柴、褐叶青冈、青榨槭和四照花等。灌木层有茶荚蒾、雷公鹅耳枥、绣线菊、华空木、华山矾、化香、黄檀、赛山梅、山胡椒、山橿、四照花、秀丽槭、映山红、菝葜和软条七蔷薇等。草本层有心叶堇菜、薹草、求米草、兔儿伞和黄精等。

7. 黄山松–杉木–木荷林

QLF44 样地位于龙塘山，海拔 1020m，坡向 230°，坡度 30.4°。乔木层平均高 7.6m，平均胸径 12.3cm，郁闭度 0.7，以黄山松、杉木、木荷占优势，伴生种有雷公鹅耳枥、化香、微毛柃、小叶白辛树、浙江柿、短柄枹、小叶青冈、青冈、豹皮樟、灯台树、檫木、柔毛泡花树、毛叶山樱桃、黄檀、四照花、马银花、中华石楠、华山矾、枫香、金钱松、水榆花楸、臭辣树、树三加、大果冬青、山拐枣、光皮桦、香槐、毛梾、褐叶青冈、秀丽槭和郁香野茉莉等。灌木层有木荷、青冈、黄檀、天目木兰、秀丽槭、山橿、山胡椒、茶荚蒾、长柱紫茎和豹皮樟等。草本层有褐绿薹草、日本薹草、求米草、心叶堇菜和紫花堇菜等。

8. 南方铁杉–锥栗林

QLF45 样地位于龙塘山，海拔 1515m，坡向 60°，坡度 26°。乔木层平均高 7.1m，平均胸径 12.4cm，郁闭度 0.3，以南方铁杉、锥栗占优势，伴生种有雷公鹅耳枥、华东山柳、四照花、黄山松、树三加、毛漆树、黄山栎等。灌木层有天女木兰、圆锥绣球、华山矾、茶荚蒾、野蔷薇、山胡椒、日本紫珠、灯笼花、宜昌荚蒾、玉山竹和箬竹等。草本层有金星蕨等。

9. 马尾松–甜槠–木荷林

QLF27 样地位于顺溪坞，海拔 420m，坡向 10°，坡度 44.7°。乔木层平均高 8.4m，平均胸径 16.1cm，郁闭度 0.7，以马尾松、甜槠、木荷占优势，伴生种有青冈、化香、豹皮樟、黄连木和褐叶青冈等。灌木层有甜槠、麻栎、窄基红褐柃、青冈、毛花连蕊茶、山合欢、鹿角杜鹃、石斑木、化香等。草本层有麦冬等。层间植物有尾叶那藤、土茯苓等

10. 甜槠–马尾松林

QLF28 样地位于顺溪坞，海拔 450m，坡向 20°，坡度 41.2°。乔木层平均高 9.3m，平均胸径 15.4cm，郁闭度 0.7，以甜槠、马尾松占优势，伴生种有木荷、青冈、杉木、褐叶青冈、化香、马银花和鹿角杜鹃等。灌木层有青冈、鹿角杜鹃、石楠、短尾柯、乌药、甜槠、毛花连蕊茶和冬青等。草本层有麦冬等。

11. 马尾松–麻栎林

QLF 26 样地位于顺溪坞横源，海拔 500m，坡向 150°，坡度 36°。乔木层平均高 9.6m，平均胸径 15.1cm，郁闭度 0.7，以麻栎、马尾松占优势，伴生种有青冈、木荷、杉木、黄檀、窄基红褐柃、褐叶青冈、鹿角杜鹃和乌药等。灌木层有青冈、杉木、乌药、檵木、毛花连蕊茶、窄基红褐柃、甜槠、山合欢、赤楠和麻栎等。草本层有斜方复叶耳蕨等。层间植物有尾叶那藤、土茯苓等。QLF29 样地位于顺溪坞，海拔 480m，坡向 20°，坡度 28.5°。乔木层平均高 7.2m，平均胸径 12cm，郁闭度 0.7，以马尾松、麻栎占优势，伴生种有马银花、毛花连蕊茶、短尾柯、山合欢和檵木等。灌木层有鹿角杜鹃、毛花连蕊茶、山胡椒、豹皮樟、木荷、甜槠、黄檀和乌药等。草本层有淡竹叶和薹草等

12. 马尾松-檫木林

QLF33 样地位于顺溪坞直源，海拔 530m，坡向 270°，坡度 33°。乔木层平均高 9.3m，平均胸径 11.5cm，郁闭度 0.65，以马尾松、檫木占优势，伴生种有山桐子、老鼠矢、臭辣树、小叶白辛树、红楠、拟赤杨和木荷等。灌木层有臭辣树、红楠、马银花、青冈、毛花连蕊茶、窄基红褐柃和中国绣球等。草本层有宽羽鳞毛蕨、薹草等。层间植物有土茯苓等。

13. 杉木-化香林

QLF31 样地位于顺溪坞直源，海拔 530m，坡向 300°，坡度 23°。乔木层平均高 7.6m，平均胸径 8.9cm，郁闭度 0.8，以杉木、化香占优势，伴生种有木荷、甜槠、红楠、枫香、小叶白辛树、细叶香桂、雷公鹅耳枥、青钱柳、华东山柳、檫木、山合欢、青榨槭、秀丽槭、野桐、浙江新木姜子、蓝果树、云山八角枫、豹皮樟、香槐、野漆树、老鼠矢、青冈、华山矾、光叶毛果枳椇、红果钓樟、紫弹朴、马银花、鹿角杜鹃、小叶青冈和三尖杉等。灌木层有窄基红褐柃、毛花连蕊茶、青冈、红楠、乌药、山桐子、木荷、甜槠和箬竹等。草本层有麦冬等。

14. 杉木-枫香林

QLF 36 样地位于千顷塘，海拔 651m，坡向 45°，坡度 28.4°。乔木层平均高 10.1m，平均胸径 14.5cm，郁闭度 0.7，仅有杉木和枫香。灌木层有大青、水竹、山橿、木莓、箬竹和山莓等。草本层有求米草、半岛鳞毛蕨和长柱头薹草等。层间植物有紫藤、绞股蓝等。

三、落叶阔叶林

调查的样地中，有 14 个属于落叶阔叶林。其中，QLF01，QLF50 号样地为灯台树林。QLF03 号样地为毛叶山樱桃林。QLF04 号样地为短柄枹-锥栗林。QLF23 号样地为化香林。QLF05 号样地为垂珠花-缺萼枫香林。QLF34，QLF35 号样地为华榛-臭椿-银鹊树林。QLF42 号样地为青榨槭-鹅掌楸-缺萼枫香林。QLF08，QLF41 号样地为山核桃林。QLF48 号样地为台湾水青冈林。QLF49 号样地为华东野核桃-灯台树林。QLF52 号样地为昌化鹅耳枥林。

1. 灯台树林

QLF01、QLF50 样地位于千顷塘，海拔为 1225m、1211m，坡向 26°、350.3°，坡度 24°、35.2°。乔木层平均高 4m，平均胸径 8.7cm，郁闭度 0.7，以灯台树占优势。伴生种丰富，有毛叶山樱桃、黄山松、三桠乌药、暖木、山胡椒、红果钓樟、盐肤木、细齿稠李和苦木等。灌木层有中国绣球、山橿、红果钓樟、四照花、盐肤木、倒卵叶忍冬、粉花绣线菊、水马桑、下江忍冬、华东野核桃、灯台树、暖木、山胡椒、华东稠李、三花莓和菝葜等。草本层有紫花前胡、防己、东风菜、日本薹草、横果薹草、大果落新妇、山薹草、黄山风毛蕨、东南景天、房县野青茅、田基黄、日本凤毛蕨、心叶堇菜、中华蹄盖蕨和乌头等。层间植物有日本薯蓣等。

2. 毛叶山樱桃林

QLF03 样地位于千顷塘，海拔 987m，坡向 290°，坡度 25°。乔木层平均高 7.1m，平均胸径 10.1cm，郁闭度 0.75，以毛叶山樱桃占主要优势，黄檀、山胡椒也占有重要的比重。伴生种丰富，有红果钓樟、华中樱桃、灯台树、算盘子、四照花、山合欢、苦树、华山矾、秀丽槭、三桠乌药、毛果南烛和微毛柃等。灌木层有中国绣球、山胡椒、黄檀、山橿、微毛柃、杜鹃、山鸡椒、化香、红果钓樟、尖叶白蜡树、野山楂和山莓等。草本植物有粉花绣线菊、女萎、求米草、三脉紫菀、心叶堇菜和横果薹草等。层间植物有牯岭蛇葡萄等。

3. 短柄枹-锥栗林

QLF04 样地位于千顷塘，海拔 970m，坡向 130°，坡度 14°。乔木层平均高 7.7m，平均胸径 12.5cm，郁闭度 0.7，乔木以短柄枹占优势，其次锥栗也占有重要的比重。伴生种有黄山松、垂珠花、红果钓樟、小叶白辛树、华东稠李、野山楂和黄山木兰等。灌木层有中国绣球、山橿、华山矾、毛叶山樱桃、山胡椒、杜鹃、山莓和菝葜等。草本植物有求米草、横果薹草、牯岭藜芦、房县野青茅和紫萼等。

4. 化香林

QLF23 样地位于顺溪坞，海拔 613m，坡向 0°，坡度 34.4°。乔木层平均高 7.3m，平均胸径 8.2cm，郁闭度 0.85，乔木以化香占优势。伴生种有青钱柳、枫香、檫木、雷公鹅耳枥、杉木、灰白蜡瓣花、小叶白辛树和木荷等。灌木层有尖连蕊茶、灰白蜡瓣花、山核桃、豹皮樟、甜槠、青冈、微毛柃、满山红、茶和菝葜等。草本层有长梗黄精等。

5. 垂珠花-缺萼枫香林

QLF05 样地位于千顷塘，海拔 1137m，坡向 120°，坡度 16°。乔木层平均高 4.1m，平均胸径 9cm，郁闭度 0.75，乔木以垂珠花、缺萼枫香占优势，伴生种有锥栗、红果钓樟、茅栗和灯台树等。灌木层有杜鹃、茶荚蒾、灯台树、华山矾、山橿、四照花、中国绣球、牯岭悬钩子、三花莓和山莓等。草本植物有房县野青茅、横果薹草、鸭跖草、一枝黄花、长梗黄精和紫花堇菜等。层间植物有华东野葡萄等。

6. 华榛-臭椿-银鹊树林

QLF34，QLF35 样地设于清凉峰龙塘山马啸，海拔分别为 820m、917m，坡向 270°、30°，坡度 28°、29.4°，乔木层平均高 12.5m，平均胸径 7.8cm，郁闭度 0.9，主要以华榛、臭椿、银鹊树占优势，伴生种有大叶稠李、香果树、光叶毛果枳椇、云山八角枫、小叶白辛树、长柱紫茎、秀丽槭、鸡桑、枫香、小叶青冈、八角枫、檫木、建始槭、紫弹朴、华东野核桃、蓝果树、雷公鹅耳枥、野桐、光叶榉、毛八角枫和秀丽槭等。灌木层有毛花连蕊茶、八角枫、光叶榉、光叶毛果枳椇、红枝柴、黄丹木姜子、银鹊树、小叶青冈、圆锥绣球、箬竹、土茯苓、野蔷薇、山莓等。草本植物有东南景天、耳蕨、贯众、金钱蓼、鼠尾草、薹草、苎麻、巴东过路黄、过路黄、孩儿参、金挖耳、蕨、求米草和血见愁等。层间植物有常春藤、络石、白木通等。

7. 青榨槭–鹅掌楸–缺萼枫香林

QLF42 样地位于顺溪坞，海拔 970m，坡向 45°，坡度 32.1°。乔木层平均高 7.5m，平均胸径 9cm，郁闭度 0.7，以青榨槭占主要优势。伴生种有鹅掌楸、缺萼枫香、野桐、华东稠李、臭辣树、灰白蜡瓣花、臭椿、雷公鹅耳枥、泡花树、青钱柳和水马桑等。灌木层有薄叶山矾、黄丹木姜子、绿叶甘橿、山橿、叶萼山矾、浙江山梅花、菝葜、鞘柄菝葜和小果蔷薇等。草本层有耳蕨、绵穗苏、求米草和薹草等。

8. 山核桃林

QLF08 样地位于龙塘山保护站旁，海拔 934m，坡向 131°，坡度 5°。乔木层平均高 8.5m，平均胸径 19cm，郁闭度 0.5，以山核桃占优势。伴生种有巴山榧树，小叶青冈等。灌木层有巴山榧树、胡颓子、毛棟、山合欢、山胡椒、蓬蘽、山莓、小果蔷薇和蛇莓等。草本层有白花前胡、车前草、东亚老鹳草、风轮菜、甘菊、褐绿薹草、横果薹草、黄堇、鸡眼草、绞股蓝、介蕨、阔叶麦冬、林荫凸脉蕨、毛茛、密毛奇蒿、密腺小连翘、南方露珠草、拟横果薹草、牛泷草、牛尾草、奇蒿、求米草、三脉紫菀、疏花野青茅、田麻、透骨草、心叶堇菜、紫花堇菜、鸭跖草、野艾蒿、野黍、一年蓬、长梗冷水花、珍珠菜、竹叶茅和苎麻等。层间植物有常春藤、扶芳藤、黄山栝楼、络石、女萎、异叶爬山虎和乌蔹莓等。QLF41 样地为人工栽培植被，位于龙塘山马啸，海拔 545m，坡向 65°，坡度 35.3°。乔木层平均高 9.2m，平均胸径 24cm，郁闭度 0.5，均为山核桃。

9. 台湾水青冈林

QLF48 样地位于龙塘山百步岭，海拔 950m，坡向 209°，坡度 38°。乔木层平均 4.8m，平均胸径 6.5cm，郁闭度 0.9，伴生种有木荷、马醉木、紫茎、雷公鹅耳枥、蜡瓣花、褐叶青冈、小叶青冈、满山红、马银花、山合欢、华东山柳、锥栗、黄山松、檫木、华中樱桃、树三加、玉兰、白花龙、苦木、腺蜡瓣花、金缕梅、青冈、郁香野茉莉、宜昌荚蒾、毛果南烛、山鼠李、秀丽槭、中华石楠、枫香和白乳木等。灌木层有小叶青冈、映山红、雷公鹅耳枥、台湾水青冈、秀丽槭、合欢和茶荚蒾等。草本层有薹草等。

10. 华东野核桃–灯台树林

QLF49 样地位于千顷塘，海拔 1121m，坡向 10°，坡度 41°。乔木层平均高 5.3m，平均胸径 10.2cm，郁闭度 0.8，以华东野核桃、灯台树占优势。伴生种有水马桑、三桠乌药、红果钓樟、暖木、毛叶山樱桃、黄果朴、华山矾和毛山荆子等。灌木层有中国绣球、华山矾、绣线菊、山橿、山莓和菝葜等。草本层有山薹草、似横果薹草、华东蹄盖蕨、百合、珍珠菜、一年蓬、油点草、莎草、玉簪、多花黄精、三脉紫菀和紫花前胡等。层间植物有薯蓣等。

11. 昌化鹅耳枥林

QLF52 样地位于龙塘山，海拔 949m，坡向 110°，坡度 35°。乔木层平均高 7m，平均胸径 7.3cm，郁闭度 0.8，以昌化鹅耳枥占优势。伴生种有山鸡椒、臭辣树、小叶白辛树、木荷、椿叶花椒、垂珠花、毛叶石楠、檫木、青冈、秀丽槭、褐叶青冈、野鸦椿、青钱柳、山胡椒、缺萼枫香、腺蜡瓣花、化香、四照花、锥栗、小叶青冈和云山八角枫等。灌木层有垂珠花、黄檀、毛花连蕊茶、微毛柃和映山红等。草本层有薹草、蕨、春兰和兔耳草等。

四、常绿阔叶林

常绿阔叶林仅在海拔 1000m 以下有小面积分布，本次调查的样地中，有 5 个属于常绿阔叶林。其中，QLF24，QLF25，QLF46 号样地为甜槠林。QLF37 号样地为短尾柯林。QLF53 号样地为褐叶青冈-木荷林。

1. 甜槠林

顺溪坞区域内分布的常绿阔叶林主要为以甜槠为主要优势种的群落（QLF24，QLF25，QLF46），海拔 400~500m。乔木层以甜槠占优势，平均胸径 13.8cm，平均高度 10.5m，郁闭度为 0.8~0.9。伴生种有杉木、木荷、马尾松、黄檀、檫木、树三加、褐叶青冈、化香、水青冈、鹿角杜鹃、老鼠矢、青冈、短柄枹、山合欢、冬青、豹皮樟、青榨槭和马银花等。灌木层有木荷、窄基红褐柃、鹿角杜鹃、红淡比、甜槠、树三加、石斑木、乌药、杉木、毛花连蕊茶、褐叶青冈、赤杨、薄叶山矾、冬青、红楠、豹皮樟、映山红、土茯苓等。草本层有里白、阔鳞耳蕨等。层间植物有尾叶那藤等。

2. 短尾柯林

QLF37 样地位于千顷塘，海拔 870m，坡向 30°，坡度 10°。乔木层平均高 6.9m，平均胸径 8.2cm，郁闭度 0.8，以短尾柯占优势。伴生种有山鸡椒、黄山木兰、蓝果树、灯台树、雷公鹅耳枥、枫香、木荷、檫木、大叶稠李、短柄枹、红枝柴和山合欢等。灌木层有山鸡椒、中国绣球、黄檀、微毛柃、乌药和中华石楠等。草本层有薹草等。层间植物有日本薯蓣等。

3. 褐叶青冈-木荷林

龙塘山保护区内分布的常绿阔叶林主要为以褐叶青冈、木荷为主要优势种的群落。QLF53 样地位于海拔 975m，坡向 160°，坡度 37°，乔木层以褐叶青冈、木荷占优势，平均高 4.8m，平均胸径 9.1cm，郁闭度 0.6。伴生种有黄山松、苦枥木、锥栗、短柄枹、小叶青冈、青皮木、马醉木、中华石楠、昌化鹅耳枥、冬青、毛叶石楠、尖叶白蜡树、豹皮樟和微毛柃等。灌木层有树三加、满山红、木荷和短柄枹等。草本层有薹草、莎草、华双蝴蝶和鹿蹄草等。

五、常绿落叶阔叶混交林

调查的样地中，有 4 个属于常绿落叶阔叶混交林。其中，QLF 07 样地为山核桃-香果树-小叶青冈林。QLF 47 号样地为台湾水青冈-木荷林。QLF 51 号样地为豹皮樟-化香林。

QLF 54 号样地为短柄枹-青冈林。

1. 山核桃-香果树-小叶青冈林

QLF07 样地位于龙塘山保护站旁，海拔 912m，坡向 247°，坡度 18°。乔木层平均高 8m，平均胸径 15cm，郁闭度 0.8。以山核桃、香果树和小叶青冈占优势，伴生种有杉木、豹皮樟、短柄枹、细叶青冈、华中樱桃、巴山榧树、山胡椒、色木槭、光叶毛果枳椇、化香、黄山木兰、牛鼻栓、四照花、华桑和紫弹朴等。灌木层有水竹、省沽油、小叶青冈、紫金牛、茶、秀丽槭、宁波溲疏、杉木、牛鼻栓、四照花、青钱柳、黄檀、茶荚蒾、南天竹、荚蒾、山胡桃、巴山榧树、下江忍冬、小叶石楠、香果树、华东稠李、色木槭、浙江山梅花、山胡椒、银杏、胡颓子、山莓、木莓、匍匐五加、蔓胡颓子、太平莓、菝葜和钻山风等。草本层有阔叶麦冬、求米草、沿阶草、鱼腥草、半蒴苣苔、北京铁角蕨、褐绿薹草、蕙兰、三叶委陵菜、血见愁、紫花堇菜和庐山石韦等。层间植物有中华常春藤、络石、庭藤、爬山虎、大芽南蛇藤、鄂西清风藤、常春藤、黄独、鹰爪枫和多花蓬莱葛等。

2. 台湾水青冈-木荷林

QLF47 样地位于龙塘山百步岭。乔木层平均高 7m，平均胸径 10.9cm，郁闭度 0.8。以台湾水青冈-木荷占优势，伴生种有雷公鹅耳枥、黄山松、小叶青冈、马醉木、马银花、化香、郁香野茉莉、青皮木、云山八角枫、白乳木、山合欢、庐山白蜡树、紫茎、短柄枹、石灰花楸、枫香、锥栗、茶荚蒾、茅栗、秀丽槭、蜡瓣花、满山红、褐叶青冈、四照花、映山红、毛果南烛和树三加等。灌木层有马银花、树三加、台湾水青冈、八角枫、马醉木、山橿、微毛柃、小叶青冈、秀丽槭和映山红等。草本层有薹草等。

3. 豹皮樟-化香林

QLF51 样地位于龙塘山塔里，乔木层平均高 7m，平均胸径 10.1cm，郁闭度 0.8。以豹皮樟-化香占优势，伴生种有牛鼻栓、小叶青冈、垂珠花、黄檀、褐叶青冈、翅荚香槐、锥栗、青冈、青钱柳、异色泡花树、马银花、木蜡树、云山八角枫、肉花卫矛、野桐、微毛柃、光叶毛果枳椇、蓝果树、山胡椒、华中樱桃、毛果南烛、郁香野茉莉、紫弹树、青皮木、秀丽槭、毛花连蕊茶、红枝柴和苦树等。灌木层有中国绣球、小叶青冈、褐叶青冈等。草本层有兔儿伞、蕨和薹草等。层间植物有大血藤等。

4. 短柄枹-青冈林

QLF54 样地位于龙塘山。乔木层平均高 6m，平均胸径 9.5cm，郁闭度 0.8。以短柄枹和青冈占优势，伴生种有木荷、小叶青冈、褐叶青冈、黄山松、微毛柃、毛叶石楠、檫木、秀丽槭、马银花、拟赤杨、满山红、树三加、多脉青冈、甜槠、鹿角杜鹃、中华石楠、黄山木兰、昌化鹅耳枥、马醉木、冬青、山鸡椒、锥栗、垂珠花、老鼠矢、毛花连蕊茶和映山红等。灌木层有树三加、山鸡椒和毛花连蕊茶等。草本层有薹草、华双蝴蝶、春兰和鹿蹄草等。

六、竹林

龙塘山分布有大片的毛竹林，为人工栽培植被。有 3 个调查样地为毛竹林样地，QLF20、QLF21 样地为纯毛竹林，海拔分别为 566m、750m，坡度分别为 35°、41°。乔木层均为毛竹，平均胸径 10cm，平均高度 10m，郁闭度 0.65~0.7。QLF13 样地乔木层以毛竹为主，伴生种有木荷、黄山松，毛竹平均胸径 8.2cm，平均高度 10m，郁闭度 0.8。灌木层物种主要有野桐、杉木、马银花、檵木、山橿、化香、楤木、短柄枹、野漆树、中国绣球、黄檀、格药柃、山胡椒、野蔷薇和庭藤等。草本层有心叶堇菜、紫花堇菜、褐绿薹草、横果薹草、日本薹草、大披针叶薹草、三脉紫菀、芒、求米草、鹿藿、庐山香科科、龙牙草、油点草、小槐花、多花黄精和鳞毛蕨等。层间植物有日本薯蓣、华东野葡萄等。

七、灌丛

在清凉峰山顶分布有一定规模的华中山楂种群，海拔 1767m，盖度 10%，伴生种有黄山杜鹃、南方六道木、灯笼花、圆锥绣球和玉山竹等。草本层有珍珠菜、玉蝉花、长柱头薹草、野古草、地榆和柔枝莠竹等。

八、草甸

玉蝉花为多年生草本，清凉峰分布有一定面积的玉蝉花群落。QLF16 样地位于龙塘山龙池，海拔 1640m，伴生种有大披针叶薹草、野古草、地榆和珍珠菜等。QLF18 样地设于清凉峰峰顶，海拔 1766m，伴生种有长柱头薹草、地榆、野古草、密腺小连翘、珍珠菜、紫花前胡和东风菜等。

千顷塘天池周边分布有大片的草甸，主要以沼原草为优势种。QLF55、QLF56 样地位于千顷塘天池附近，伴生种有毛叶沼泽蕨、柔枝莠竹、芦苇、天目当归、华东鹿蹄草、戟叶蓼、地榆、野灯芯草、山梗菜、朝鲜薹草、野古草、堇菜、泽芹、浙江薹草、湿地拉拉藤、玉蝉花、鼠妇、突节老鹳草、庐山藨草、泽拉拉藤、小蓼花、水竹叶、问荆、褐绿薹草、薹草、三叶委陵菜、毛茛、林木贼和拂子茅等。

第三节　稀有植物群落

调查的 56 个样地中，有 8 个样地中发现有成规模的珍稀保护植物种群分布。同时另外设立了数个小型灌丛样地对黄山梅和银缕梅群落进行调查。

一、巴山榧树群落

巴山榧树为国家Ⅱ级重点保护野生植物，调查中 QLF06 样地发现了该种，该群落在本地区的分布较为稀有。

QLF06 样地以小叶青冈占主要优势，伴生种有黄山松、短柄枹、山核桃、毛椋、细叶青冈、豹皮樟、色木槭、山皂荚、毛柄勾儿茶、雷公鹅耳枥、缺萼枫香、山合欢、四照花、秀丽槭、华中樱桃、小叶石楠、膀胱果、毛叶山樱桃和巴山榧树等（表 4-3）。巴山榧树在群落中的重要值最低，为 1.55%。

表 4-3　巴山榧树群落物种组成及重要值

物种	重要值（%）	物种	重要值（%）	物种	重要值（%）	物种	重要值（%）
小叶青冈	30.69	豹皮樟	3.45	山合欢	1.71	毛叶山樱桃	1.55
黄山松	23.03	色木槭	3.32	四照花	1.68	巴山榧树	1.55
短柄枹	7.00	山皂荚	2.16	秀丽槭	1.64		
山核桃	4.29	毛柄小勾儿茶	1.92	华中樱桃	1.63		
毛梾	4.01	雷公鹅耳枥	1.87	小叶石楠	1.57		
细叶青冈	3.53	缺萼枫香	1.84	膀胱果	1.57		

二、香果树群落

香果树为国家Ⅱ级重点保护野生植物，本次调查中 QLF07 样地发现了该种，并伴生巴山榧树。该群落在本地区的分布较为稀有。

QLF07 样地以小叶青冈占主要优势，伴生种有山核桃、香果树、杉木、豹皮樟、短柄枹、细叶青冈、华中樱桃、巴山榧树、山胡椒、色木槭、光叶毛果枳椇、化香、黄山木兰、牛鼻栓、四照花、华桑和紫弹朴等（表 4-4）。香果树在群落中的重要值较高，为 12.91%；巴山榧树重要值较低，为 3.20%。

表 4-4　香果树群落物种组成及重要值

物种	重要值（%）	物种	重要值（%）	物种	重要值（%）	物种	重要值（%）
小叶青冈	18.61	短柄枹	5.51	色木槭	2.31	四照花	1.53
山核桃	18.57	细叶青冈	5.07	光叶毛果枳椇	1.82	华桑	1.49
香果树	12.91	华中樱桃	3.31	化香	1.61	紫弹朴	1.47
杉木	9.85	巴山榧树	3.20	黄山木兰	1.55		
豹皮樟	6.71	山胡椒	2.95	牛鼻栓	1.53		

三、鹅掌楸群落

鹅掌楸为国家Ⅱ级重点保护野生植物，调查中 QLF42 样地发现了该种，该群落在本地区的分布较为稀有。样地海拔 970m，乔木层主要以青榨槭占优势，鹅掌楸在群落中重要值为 12.91%。群落伴生种有鹅掌楸、缺萼枫香、野桐、华东稠李、臭辣树、腺蜡瓣花、臭椿、雷公鹅耳枥、泡花树、青钱柳、水马桑等（表 4-5）。

表 4-5　鹅掌楸群落物种组成及重要值

物种	重要值（%）	物种	重要值（%）	物种	重要值（%）	物种	重要值（%）
青榨槭	26.09	华东稠李	4.99	腺蜡瓣花	4.05	青钱柳	3.46
鹅掌楸	12.91	臭辣树	4.81	臭椿	4.05	水马桑	3.44
缺萼枫香	11.15	化香	4.36	雷公鹅耳枥	3.72		
野桐	9.21	糯米椴	4.26	泡花树	3.49		

四、华榛群落

华榛为2009年浙江新记录树种，调查中有两个样地发现华榛，并且样地乔木层以华榛占主要优势。该群落在本地区较为稀有。样地设于清凉峰龙塘山马啸，海拔886m。QLF34样地面积100m^2，样地内有2株华榛，重要值最高，为18.5%；伴生种有大叶稠李、臭椿、银鹊树、香果树、光叶毛果枳椇、云山八角枫、小叶白辛树、长柱紫茎、秀丽槭和鸡桑等（表4-6）。QLF35样地面积400m^2，样地内有4株华榛，重要值为11.2%；伴生种有枫香、银鹊树、小叶青冈、八角枫、檫木、建始槭、紫弹朴、华东野胡桃、蓝果树、雷公鹅耳枥、野桐、光叶榉、毛八角枫、长柱紫茎和秀丽槭等（表4-7）。

表 4-6　华榛（QLF34）群落物种组成及重要值

物种	重要值（%）	物种	重要值（%）	物种	重要值（%）	物种	重要值（%）
华榛	18.46	银鹊树	10.20	云山八角枫	5.43	秀丽槭	4.77
大叶稠李	17.73	香果树	6.41	小叶白辛树	4.93	鸡桑	4.69
臭椿	16.97	光叶毛果枳椇	5.58	长柱紫茎	4.83		

表 4-7　华榛（QLF35）群落物种组成及重要值

物种	重要值（%）	物种	重要值（%）	物种	重要值（%）	物种	重要值（%）
枫香	16.66	蓝果树	8.13	雷公鹅耳枥	1.71	长柱紫茎	1.67
银鹊树	12.32	檫木	4.94	野桐	1.70	秀丽槭	1.67
小叶青冈	12.25	建始槭	4.22	大叶稠李	1.70		
八角枫	11.55	紫弹朴	3.52	光叶榉	1.70		
华榛	11.20	华东野胡桃	3.36	毛八角枫	1.69		

五、南方铁杉-天女木兰群落

南方铁杉为松科铁杉属植物，为我国特有第三纪孑遗种；天女木兰为木兰科木兰属的落叶小乔木或灌木，属于浙江省重点保护野生植物。该群落在本地区极少见。群落伴生种有雷公鹅耳枥、锥栗、华东山柳、四照花和黄山松等（表4-8）。

表 4-8 南方铁杉-天女木兰群落结构

物种	重要值（%）	物种	重要值（%）	物种	重要值（%）	物种	重要值（%）
南方铁杉	18.95	华东山柳	9.16	树三加	7.53	圆锥绣球	6.06
雷公鹅耳枥	9.77	四照花	8.43	天女木兰	7.47	黄山栎	4.89
锥栗	9.71	黄山松	8.26	毛漆树	6.71	华山矾	3.04

六、黄山梅群落

黄山梅，虎耳草科黄山梅属的多年生草本，为国家Ⅱ级重点保护野生植物，在清凉峰顺溪坞、龙塘山均有分布。群落乔木层伴生种有白乳木、枫香、中华石楠、山合欢、山鸡椒、木荷、马醉木和华东山柳等，伴生草本有类头状花序藨草、浙皖粗筒苣苔、林荫泽兰、求米草、天目山薹草、斑叶兰、南山堇菜、三角叶冷水花和紫萼等。

七、银缕梅群落

银缕梅，金缕梅科波斯铁木属的落叶灌木，为国家Ⅰ级重点保护野生植物。调查设置2个银缕梅样地，银缕梅所处群落主要为落叶阔叶林，海拔789m。该群落在本地区的分布较为稀有。

其中一个样地乔木层优势种为山核桃、化香和山合欢，伴生种还有苦茶槭、马棘、野漆树和短柄枹等。灌木层优势种为山胡椒、山橿、野山楂和小果蔷薇等。草本层主要优势种为芒，伴生种有大油芒、瞿麦和三穗薹草等。

另一个样地乔木层优势种为山核桃、三角枫、苦茶槭、化香、铜钱树，伴生种有浙江荚蒾、扁担杆、黄连木和绿叶胡枝子等。灌木层优势种为早园竹、鸡麻、豹皮樟、雪柳和宁波溲疏等，伴生种有山胡椒、圆叶鼠李、野山楂、牯岭勾儿茶和小勾儿茶等。草本层有紫花堇菜、三穗薹草、乌头和野古草等。层间植物有大芽南蛇藤和鹰爪枫等。

八、台湾水青冈群落

台湾水青冈，壳斗科水青冈属的落叶乔木，为国家Ⅱ级重点保护野生植物。调查中QLF47、QLF48两个样地发现了该种。该群落在本地区的分布较为稀有。样地海拔分别为970m、910m。QLF47为常绿落叶阔叶混交林，共记录29个物种，以台湾水青冈、木荷占主要优势，台湾水青冈重要值为22.9%（表4-9）；QLF48为落叶阔叶林，以台湾水青冈占主要优势，重要值为15.6%（表4-10）。2个样地的伴生种有雷公鹅耳枥、黄山松、小叶青冈、马醉木、马银花、化香、郁香野茉莉、青皮木、云山八角枫、白乳木、山合欢、庐山白蜡树等。

表 4-9　台湾水青冈（QLF47）群落物种组成及重要值

物种	重要值（%）	物种	重要值（%）	物种	重要值（%）	物种	重要值（%）
台湾水青冈	22.91	郁香野茉莉	2.41	石灰花楸	1.13	褐叶青冈	0.87
木荷	17.66	青皮木	2.26	枫香	1.06	四照花	0.87
雷公鹅耳枥	11.68	云山八角枫	1.98	锥栗	1.04	映山红	0.87
黄山松	7.92	白乳木	1.76	茶荚蒾	0.96	毛果南烛	0.86
小叶青冈	4.52	山合欢	1.49	茅栗	0.95	树三加	0.86
马醉木	4.03	庐山白蜡树	1.41	秀丽槭	0.94		
马银花	2.62	紫茎	1.32	蜡瓣花	0.92		
化香	2.50	短柄枹	1.29	满山红	0.88		

表 4-10　台湾水青冈（QLF48）群落物种组成及重要值

物种	重要值（%）	物种	重要值（%）	物种	重要值（%）	物种	重要值（%）
台湾水青冈	15.56	满山红	4.38	树三加	1.45	宜昌荚蒾	0.86
木荷	8.67	马银花	4.19	玉兰	1.30	毛果南烛	0.85
马醉木	7.27	山合欢	4.01	白花龙	1.06	山鼠李	0.85
紫茎	6.96	华东山柳	3.42	苦木	1.05	秀丽槭	0.83
雷公鹅耳枥	6.79	锥栗	2.45	腺蜡瓣花	0.95	中华石楠	0.83
蜡瓣花	6.07	黄山松	2.14	金缕梅	0.90	枫香	0.83
褐叶青冈	5.33	檫木	2.05	青冈	0.89	白乳木	0.81
小叶青冈	4.61	华中樱桃	1.74	郁香野茉莉	0.88		

第四节　森林群落物种、谱系和功能多样性

一、数据分析方法

1. 物种多样性

物种多样性（也称为分类多样性）是群落结构的重要特征，它包括物种丰富度和物种均匀度两种含义。种的丰富度是指一个群落或生境中物种数目的多少；种的均匀度是指一个群落或生境中全部个体数在各个种间的分配状况，反映的是各物种个体数目分配的均匀程度（李俊清等，2006）。

本书中物种多样性指数采用 Microsoft Excel 2013 和 R（version 3.3.2）软件对野外收集的数据进行统计分析。以物种丰富度、Simpson 多样性指数、Shannon-Wiener 多样性指数以及 Pielou 均匀度指数来衡量物种多样性。

（1）物种丰富度 S

物种丰富度是一个群落以及一个区域多样性最基本也是最简单的衡量指标。

S =每个样地中出现的物种数。

（2）多样性指数

①辛普森多样性指数

辛普森多样性指数（Simpson's index）又称为优势度指数，是基于在一个无限大小的群落中，随机抽取两个个体，它们属于同一个物种的概率是多少这样的假设而推导出来的（江小蕾等，2003；胡正华等，2006）。

Simpson 指数=随机取样的两个个体属于不同种的概率=1-随机取样的两个个体属于同种的概率

将群落中全部种的概率相加，就可以得到：

Simpson 指数：

$$D = 1 - \sum_{i=1}^{S} P_i^2$$

②香农-威纳多样性指数

香农-威纳多样性指数（Shannon-Weiner index）是用来描述种的个体出现的紊乱和不确定性。不确定性越高则多样性也就越高，其计算公式为：

Shannon-Wiener 指数：

$$H = -\sum_{i=1}^{S} P_i \ln P_i$$

③均匀度指数

群落物种多样性无论如何定义均包括两个方面，即物种丰富度与均匀度，但上述两个多样性指数（Simpson 指数和 Shannon-Wiener 指数）均只考虑了物种丰富度信息，因此还必须同时考虑群落中种的个体均匀程度。一般认为，具有单优势种的群落其均匀度较低，而优势种不明显的群落均匀度较大。

基于 Shannon-Wiener 指数的 Pielou 均匀度指数：

$$Jsw = H/\ln S$$

公式中的 S 即为物种丰富度。

2. 谱系多样性（谱系结构）

群落内物种的构成是进化过程和生态过程共同作用的结果，分析物种间的亲缘关系可以反映现有群落形成的历史过程（黄建雄等，2010）。群落谱系结构结合了物种的进化历史去反映群落的组成特征，对于了解长期的群落构建、种间关系和群落聚群等过程有着重要作用（黄建雄等，2010；牛红玉等，2011）。

群落谱系树构建基于 Zanne 等发表的谱系数据库，该数据库包含全球 30000 多种种子植物的谱系数据（Zanne et al.，2015）。通过结合样地内获取的植物物种信息，参考 Qian 和 Jin 介绍的"Scenario 3"方法，使用软件 S. PhyloMaker 获取各物种谱系位点并构建谱系树（Qian and Jin，2016），相当于 BLADJ（branch length adjuster）方法（Webb et al.，2008）。

研究选择了在谱系结构研究中广泛使用的平均谱系距离（Mean phylogenetic distance，MPD）、最近种间平均谱系距离（Mean nearest taxon distance，MNTD）、净谱系亲缘关系指数（Net relatedness index，NRI）和净最近种间亲缘关系指数（Nearest taxon index，NTI）来代表群落谱系结构（Webb et al.，2002）。MPD 为群落各物种对之间谱系位点距离的平均值，MNTD 为物种谱系位点与其最近物种谱系位点距离的平均值（Webb，2000），这两个指数体现了群落谱系结构的绝对变化（Stevensand Gavilanez，2015），可用于同一群落时间动态上的比较。NRI 是标准化的 MPD，对检验环境过滤更为有效；NTI 则是指标准化的 MNTD，对检验竞争具有更大的统计能力（Swenson et al.，2007；牛红玉等，2011；柴永福和岳明，2016）。NRI 和 NTI 均可用于比较不同取样强度群落的谱系结构差异。

具体计算公式为（Webb et al.，2002；Webb and Donoghue，2005）：

$$MPD = \frac{\sum_{i}^{n}\sum_{j}^{n}\delta_{ij}}{n}, \ i \neq j$$

$$MNTD = \frac{\sum_{i}^{n}\min\delta_{ij}}{n}, \ i \neq j$$

$$NRI = -1 \times \frac{MPD_s - MPD_r}{SD\ (MPD_r)}$$

$$NTI = -1 \times \frac{MNTD_s - MNTD_r}{SD\ (MNTD_r)}$$

其中 n 为群落内物种数，δij 为物种 i 和物种 j 之间的谱系距离，minδij 为物种 i 与群落内其他物种间的最短谱系距离，*MPDs* 和 *MNTDs* 为每个样方中的观察值，*MPDr* 和 *MNTDr* 为每个样方中通过随机模型所获得值的平均值。*NRI* 和 *NTI* 如果小于 0，表明样地中的物种在谱系结构上是发散的，如果大于 0 说明样地中的物种在谱系结构上是聚集的，如果等于 0 则说明是随机的。

3. 群落功能多样性

功能多样性（Functional diversity）是生物多样性中一个非常重要的组分。广泛接受的功能多样性的定义是指：特定生态系统中物种功能特征的数值和范围，也叫功能特征多样性（Functional trait diversity），该定义强调群落中物种功能的差异（Tilman et al.，2001；Petchey et al.，2002；张金屯和范丽宏，2011）。据此定义，功能多样性的测定实质就是功能特征多样性的测定，而功能特征是指那些可影响生态系统功能过程的生物特征。

（1）功能性状选择

选择 11 种植物功能性状：生长型，植株高度，叶质，叶生活型周期，叶型，叶大小，叶缘，果实类型，光耐受性，传粉方式，种子传播方式（表 4-11）。所有功能特征通过查询《中国植物志》及根据以往的研究数据获得。

表 4-11　植物功能特征类型

功能特征类型	数据类型	功能特征
生长型	名称数据	1 小灌木、2 小乔木或灌木、3 乔木
植株高度	数值数据	以米为单位
叶质	二元数据	0 纸质、1 革质
叶生活型周期	二元数据	0 落叶、1 常绿
叶型	二元数据	0 单叶、1 复叶
叶大小	名称数据	1 细型叶、2 小型叶、3 中型叶、4 大型叶、5 巨型叶
叶缘	二元数据	0 全缘、1 非全缘
果实类型	名称数据	1 核果、2 蒴果、3 坚果、4 小坚果、5 荚果、6 球果、7 翅果、8 蓇葖果、9 浆果、10 梨果、11 聚花果、12 聚合果
光耐受性	二元数据	0 耐阴、1 喜光
传粉方式	二元数据	0 风媒、1 虫媒
种子传播方式	名称数据	1 重力、2 风力、3 动物

（2）功能多样性

功能多样性主要可划分为功能丰富度、功能均匀度和功能离散度（Mason and Setälä, 2005）三类。本书从中各选择一个具体指数来计算功能多样性（宋彦涛等, 2011）。

①功能丰富度指数

多维功能丰富度指数（Multidimensional functional richness, FRic）：FRic 利用性状空间内存在的一个最小凸多边形（Convex hull），使所有物种的点在其范围内或边上，计算物种性状空间的总体积，计算公式如下（Schleuter et al. , 2010）：

$$f_i(x) = -\frac{1}{2}(x-u_i)^T \sum_i^{-1} (x-u_i)$$

$$\text{FRic} = \int_i^{max} [f_i(x)]\,dx$$

式中，x 为性状值，u_i为物种 i 的平均性状值，$f_i(x)$ 为群落中所有物种性状空间的从属函数。

②功能均匀度指数

多维功能均匀度指数（Multidimensional functional evenness, FEve）：FEve 通过计算所有成对物种的多度权重距离，生成一个最小的生成树，然后测量最小生成树分支长度的均匀性，计算公式如下（Villéger et al. , 2008）：

$$EW_l = \frac{dist(i,\ j)}{w_i + w_j}$$

$$PEW_l = \frac{EW_l}{\sum_{i=1}^{s-1} EW_l}$$

$$FEve = \frac{\sum_{i=1}^{S-1}\left(PEW_l,\ \frac{1}{S-1}\right) - \frac{1}{S-1}}{1 - \frac{1}{S-1}}$$

式中，S 为物种数，EW 为均匀度权重，$dist(i,\ j)$ 是物种 i 与物种 j 之间的欧式距离，w_i、w_j为物种 i 或 j 的相对多度，l 为分支长，PEW_l为分支长权重。

FEve 的值为 0~1，并且不依赖于凸包体积，当物种多度分布不均匀或物种间功能距离不均匀的时候，FEve 减小（Mouchet et al.，2008）。

③功能离散度指数

Rao's 二次熵指数（Rao's quadratic entropy，FD_Q）：FD_Q 指数主要用来描述物种间距离的变异（Schleuter et al.，2010）。1982 年，Rao 利用二次熵方程测量种群内和种群间的多样性和差异；2005 年，Botta-Dukat 提出把它用于功能性状多样性的计算，计算公式如下（Rao，1982；Bottadukat，2005）：

$$d_{ij} = x = \frac{1}{n}\sum_{k=1}^{n} (X_{ij} - X_{jk})^2$$

$$FD_Q = \sum_{i=1}^{S-1}\sum_{j=i+1}^{S} d_{ij}\, p_i\, p_j$$

式中，n 为性状数，S 为物种数，X_{ik}、X_{ij}为物种 i 或 j 的 k 性状值，d_{ij}为物种 i 和物种 j 的差异，P_i、P_j为物种 i 或 j 的相对多度。

④功能性状均值

功能性状均值用群落特征加权平均数指数（Community weighted mean，CWM）来计算，计算公式如下：

$$CWM = \sum_{i=1}^{S} d_{ij}\, p_i$$

式中，S 为物种数，d_{ij}为物种 i 和物种 j 的差异，P_i为物种相对多度。

二、物种多样性

各群落乔木层的 Simpson 指数、Shannon-Wiener 指数和均匀度指数都以常绿落叶阔叶混交林最高，针叶林最低，而落叶阔叶林与针阔叶混交林的各多样性指数无差异（图 4-1、4-2、4-3）。

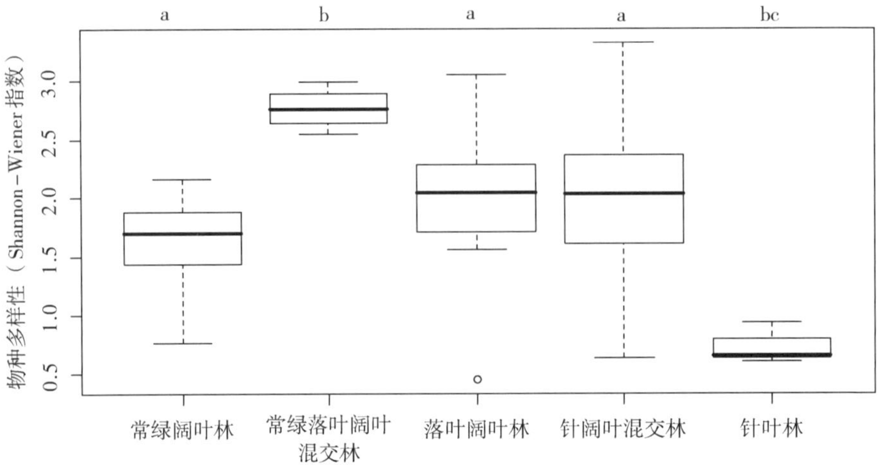

图 4-1　不同植物群落乔木层 Shannon-Wiener 指数

注：不同字母表示存在显著性差异

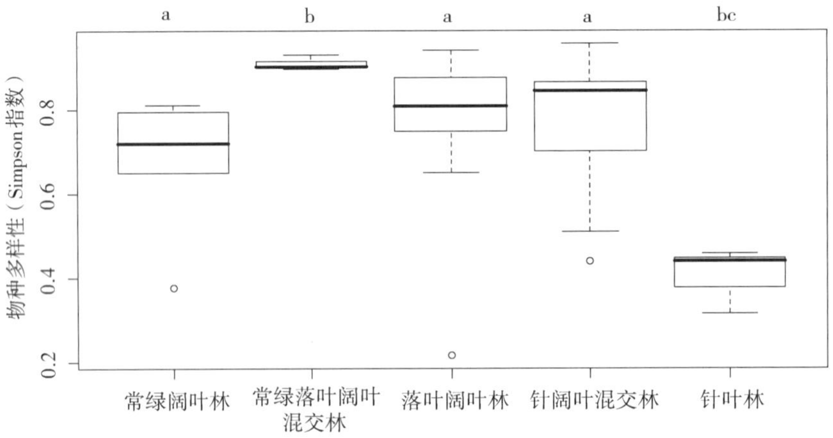

图 4-2　不同植物群落乔木层 Simpson 指数

注：不同字母表示存在显著性差异

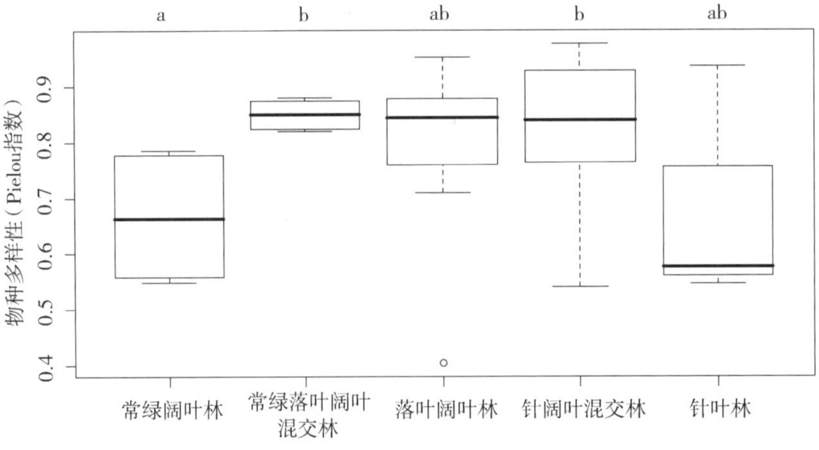

图 4-3　不同植物群落乔木层均匀度指数

注：不同字母表示存在显著性差异

三、谱系多样性

不同森林群落类型的 NRI、NTI 数值差异很大（图 4-4）。在落叶阔叶林中，稀有植物群落的 NRI、NTI 均大于 0，群落总体谱系结构表现为聚集，且 NRI 数值均高于其他落叶阔叶林，而 NTI 数值较其他阔叶林较小。在常绿落叶阔叶混交林中，一个稀有植物群落的 NRI 小于 0，另一稀有植物群落 NRI 大于 0，而所有群落 NTI 均大于 0，谱系结构表现为聚集。在针阔叶混交林中，所有植物群落 NRI 均小于 0，群落总体谱系结构表现为分散，且稀有植物群落 NRI 数值为中位数，而部分其他针阔叶混交林 NTI 大于 0，稀有植物群落 NTI 小于 0。

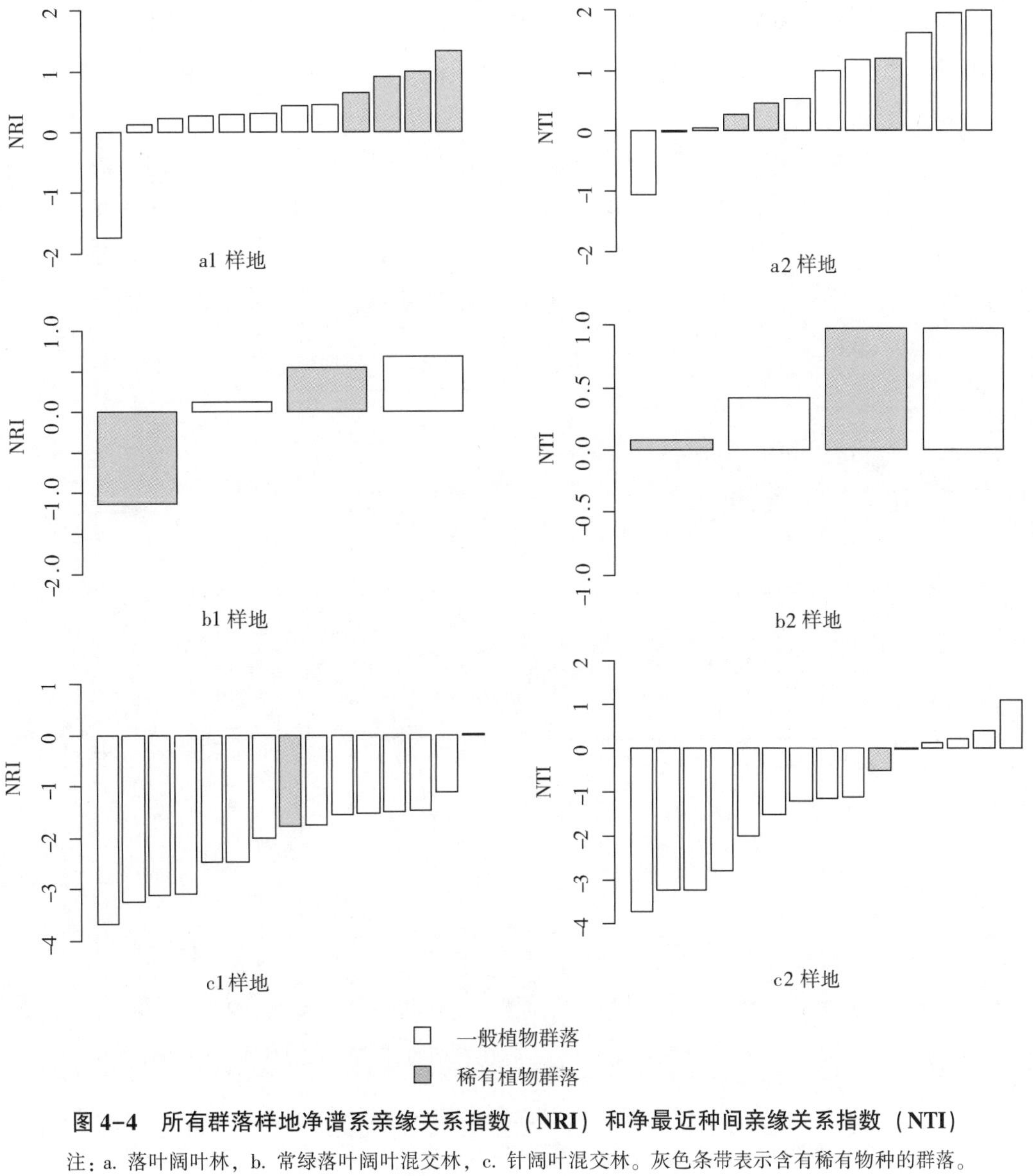

图 4-4　所有群落样地净谱系亲缘关系指数（NRI）和净最近种间亲缘关系指数（NTI）

注：a. 落叶阔叶林，b. 常绿落叶阔叶混交林，c. 针阔叶混交林。灰色条带表示含有稀有物种的群落。

在落叶阔叶林中，稀有植物群落的 NRI、NTI 大于 0，表现为谱系聚集，且 NRI 数值高于其他群落。这主要是由于所涉及的珍稀植物多为落叶树种，且稀有植物群落的物种多样性比一般落叶阔叶林群落要高。从稀有植物群落内物种的重要值可以看出，群落内物种重要值较为相近。

在针阔叶混交林中，所有植物群落 NRI 小于 0，且稀有植物群落 NRI 数值处于中间位置。这表明由于在针阔叶混交林中，针叶树种在群落中占有一定的优势，对谱系结构的影响较大。

四、功能多样性

由于功能多样性指数本身受物种多样性的影响，为了精确反映它们之间的关系，本书利用回归的方法进行研究。从图 4-5a，4-6a，4-7a 可知，功能多样性指数随着物种多样性的增加而增加。

由于不同森林群落类型下物种多样性不同，进而影响了功能多样性。如图 4-5a 所示，在所有植物群落的 FRic 指数与物种多样性的关系中，稀有植物群落物种多样性偏高，然而只有 2 个群落位于置信区间内。因此进一步分析不同植被群落下 FRic 指数与物种多样性的关系，在落叶阔叶林及针阔叶混交林中，所有稀有植物群落位于置信区间内（图 4-5）。

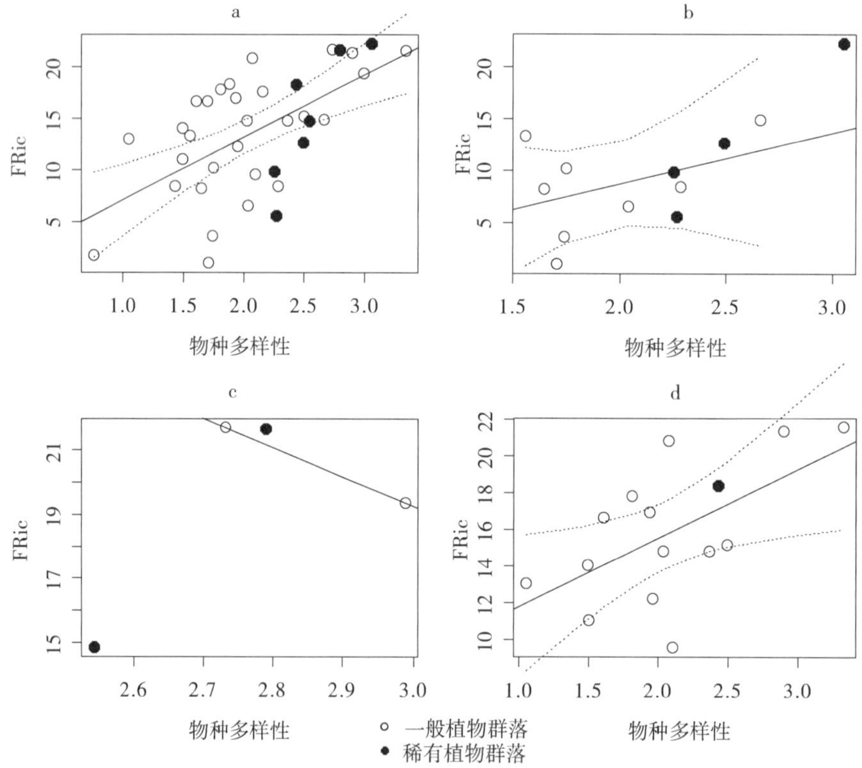

图 4-5 FRic 指数与物种多样性线性回归图

注：a. 所有植物群落，b. 落叶阔叶林，c. 常绿落叶阔叶混交林，d. 针阔叶混交林
直线为一般植物群落的线性回归线，虚线内区间为线性回归的置信区间
黑点表示含有稀有物种的群落

线性关系为一般植物群落线性关系，置信区间为一般植物群落线性关系的置信区间。

在所有群落的 FEve 指数与物种多样性的线性关系中，3 个稀有植物群落位于置信区间内，3 个群落超出。在落叶阔叶林中，所有稀有植物群落只有 2 个位于置信区间内，2 个超出；在针阔叶混交林中，稀有植物群落位于置信区间内（图 4-6）。

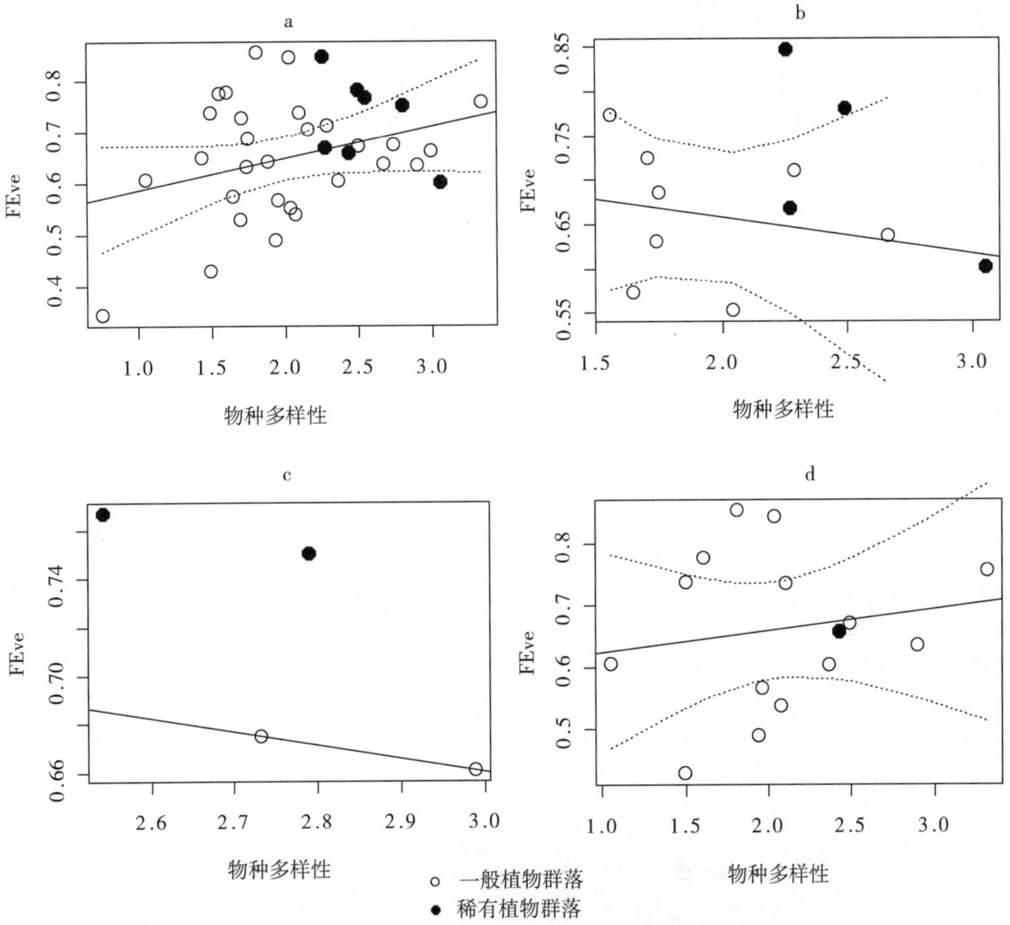

图 4-6 FEve 指数与物种多样性线性回归图

注：a. 所有植物群落，b. 落叶阔叶林，c. 常绿落叶阔叶混交林，d. 针阔叶混交林
直线为一般植物群落的线性回归线，虚线内区间为线性回归的置信区间
黑点表示含有稀有物种的群落

在所有群落的 Rao_Q 指数与物种多样性的线性关系中，只有一个稀有植物群落没有位于置信区间内。在落叶阔叶林及针阔叶混交林中，所有稀有植物群落位于置信区间内（图 4-7）。

从植物功能性状 CWM 指数分析看（图 4-8），稀有植物群落的叶面大小与种子传播方式性状与一般植物群落相比有显著的差异，即稀有植物群落的叶面大小指数比一般植物群落大，而种子传播方式指数比一般植物群落大。其他功能性状稀有植物群落与一般植物群落没有差异。

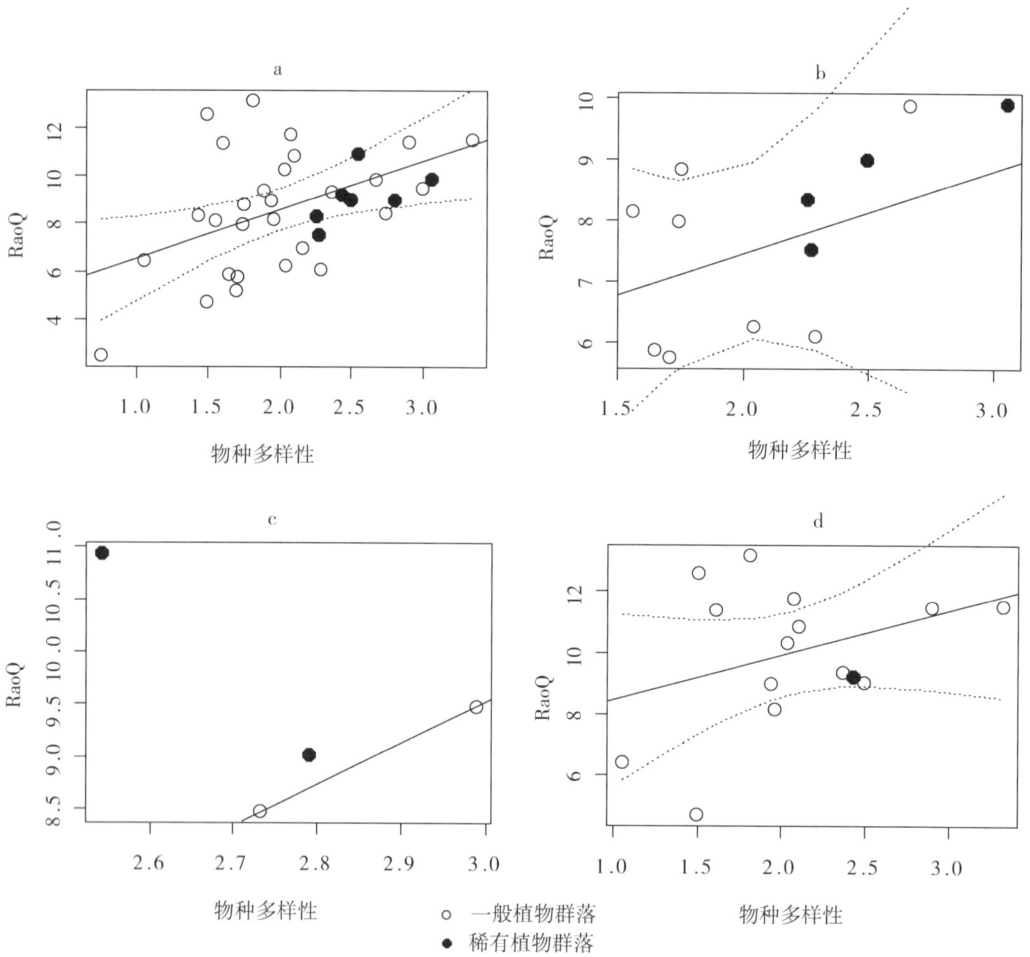

图 4-7　Rao_Q指数与物种多样性线性回归图

注：a. 所有植物群落，b. 落叶阔叶林，c. 常绿落叶阔叶混交林，d. 针阔叶混交林

直线为一般植物群落的线性回归线，虚线内区间为线性回归的置信区间

黑点表示含有稀有物种的群落

在所有群落样地功能丰富度中，有 3 个稀有植物群落的功能丰富度不在置信区间内，说明群落系统稳定性较差，对干扰的耐受性较差。而通过不同植被类型的分析发现，稀有植物群落与一般植物群落功能多样性没有显著差异。在所有群落样地和落叶阔叶林样地的功能均匀度分析中，有部分稀有植物群落样地的功能均匀度较高，说明这几个群落的功能性状分布较为均匀，对资源有较高的利用。从功能离散度分析看，稀有植物群落与一般植物群落功能离散度并没有区别。

通过分析稀有植物群落与一般植物群落的功能性状，发现稀有植物群落的叶面积比其他一般植物群落大，而种子传播方式比一般植物群落小。植物间叶片大小的差异往往与气候、地理位置、海拔、压力胁迫、低温胁迫等有关。而所调查的珍稀植物一般生活在高海拔地区。稀有植物群落物种的种子传播方式指数较低，说明稀有植物群落中物种主要依靠自身重力传播种子，传播范围较小，这对珍稀植物的种子传播及繁衍造成了一定的影响。

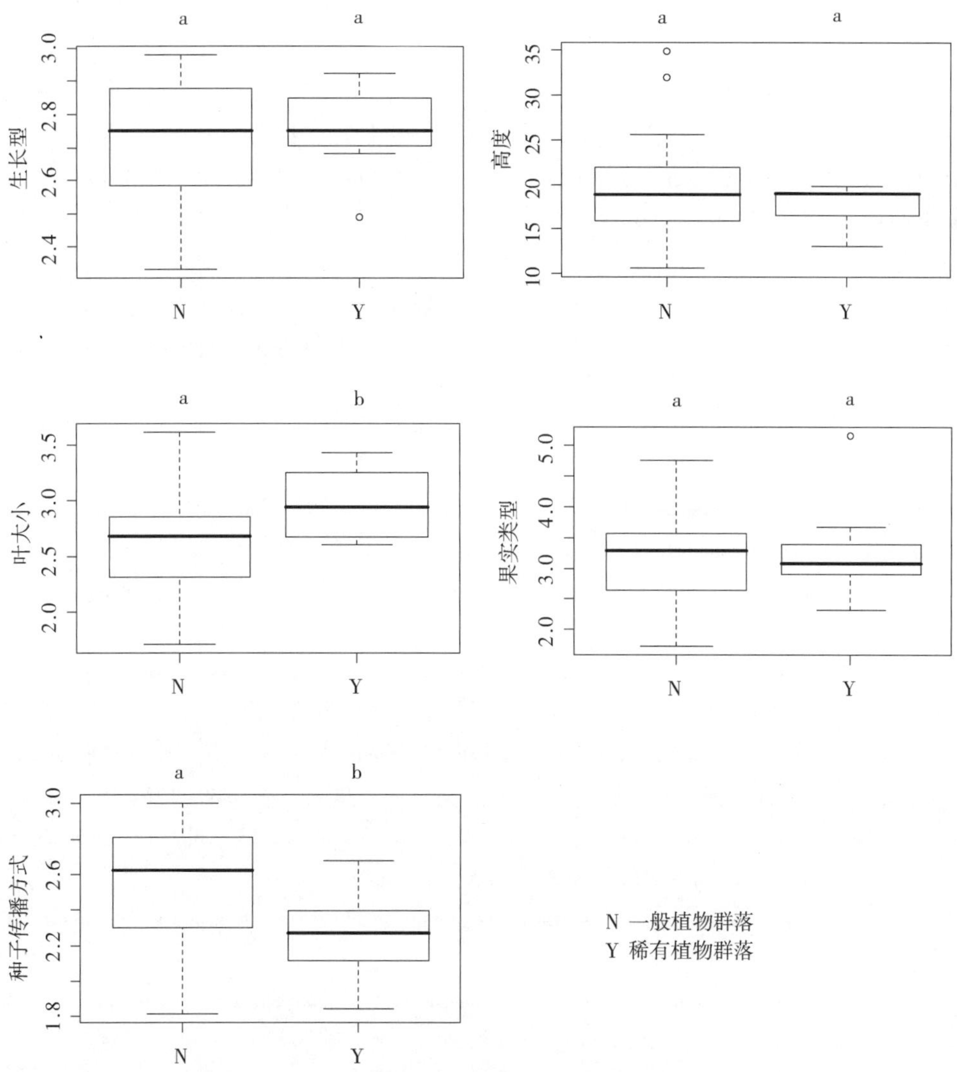

图 4-8　群落功能性状 CWM 指数

注：不同字母表示存在显著性差异

参考文献

1. 柴永福，岳明. 植物群落构建机制研究进展［J］. 生态学报，2016，36：4557-4572.
2. 胡正华，于明坚. 浙江古田山常绿阔叶林演替序列研究：群落物种多样性［J］. 生态学杂志，2006，25：603-606.
3. 黄建雄，郑凤英，米湘成. 不同尺度上环境因子对常绿阔叶林群落的谱系结构的影响［J］. 植物生态学报，2010，34：309-315.
4. 江小蕾，张卫国，杨振宇，等. 不同干扰类型对高寒草甸群落结构和植物多样性的影响［J］. 西北植物学报，2003，23：1479-1485.
5. 李俊清，牛树奎，刘艳红. 森林生态学［M］. 北京：高等教育出版社，2006.
6. 牛红玉，王峥峰，练琚愉，等. 群落构建研究的新进展：进化和生态相结合的群落谱系结构研究［J］.

生物多样性，2011，19：275-283.

7. 宋彦涛，王平，周道玮. 植物群落功能多样性计算方法 [J]. 生态学杂志，2011，30：2053-2059.
8. 吴征镒. 中国植被 [M]. 科学出版社，1980.
9. 张金屯，范丽宏. 物种功能多样性及其研究方法 [J]. 山地学报，2011，29：513-519.
10. Bottadukat Z. Rao's quadratic entropy as a measure of functional diversity based on multiple traits [J]. Journal of Vegetation Science, 2005, 16: 533-540.
11. Mason NWH, Setälä H. Functional richness, functional evenness and functional divergence: The primary components of functional diversity [J]. Oikos, 2005, 111: 112-118.
12. Mouchet M, Guilhaumon F, Villéger S, et al. Towards a consensus for calculating dendrogram-based functional diversity indices [J]. Oikos, 2008, 117: 794-800.
13. Petchey OL, Gaston KJ. Functional diversity (FD), species richness and communitycomposition [J]. Ecology Letters, 2002, 5: 402-411.
14. Qian H, Jin Y. An updated megaphylogeny of plants, a tool for generating plant phylogenies and an analysis of phylogenetic community structure [J]. Journal of Plant Ecology, 2016, 9: 233-239.
15. Rao CR. Diversity and dissimilarity coefficients: A unified approach [J]. Theoretical Population Biology, 1982, 21: 24-43.
16. Schleuter D, Daufresne M, Massol F, et al. A user's guide to functional diversity indices [J]. Ecological Monographs, 2010, 80: 469-484.
17. Stevens RD, Gavilanez MM. Dimensionality of community structure: phylogenetic, morphological and functional perspectives along biodiversity and environmental gradients [J]. Ecography, 2015, 38: 861-875.
18. Swenson NG, Enquist BJ, Thompson J, et al. The influence of spatial and size scale on phylogenetic relatedness in tropical forest communities [J]. Ecology, 2007, 88: 1770-1780.
19. Tilman D, Reich PB, Knops J, et al. Diversity and productivity in a long-term grassland experiment [J]. Science, 2001, 294: 843-845.
20. Villéger S, Mason NWH, Mouillot D. New multidimensional functional diversity indives for a multifaceted framework in functional ecology [J]. Ecology, 2008, 89: 2290.
21. Webb CO. Exploring the phylogenetic structure of ecological communities: an example for rain forest trees [J]. The American Naturalist, 2000, 156: 145-155.
22. Webb CO, Ackerly DD, McPeek MA, et al. Phylogenies and Community Ecology [J]. Annual review of ecology and systematics, 2002, 33: 475-505.
23. Webb CO, Donoghue MJ. Phylomatic: tree assembly for applied phylogenetics [J]. Molecular Ecology Notes, 2005, 5: 181-183.
24. Webb CO, Ackerly DD, Kembel SW. Phylocom: software for the analysis of phylogenetic community structure and trait evolution [J]. Bioinformatics, 2008, 24: 2098-2100.
25. Zanne AE, Tank DC, Cornwell WK, et al. Three keys to the radiation of angiosperms into freezing environments [J]. Nature, 2015, 506: 89-92.

第五章
无脊椎动物

第一节 蜘蛛

蜘蛛属节肢动物门（Arthropoda）蛛形纲（Arachnida）蜘蛛目（Araneae），是常见的中小型或极小型动物（李枢强和林玉成，2015），在保持生态平衡和控制农林害虫方面发挥着重要的作用（宋大祥等，2001；Nyffeler & Birkhofer，2017）。有关浙江省蜘蛛区系研究起步较早，在20世纪70年代后相关研究非常活跃，如宋大祥、朱传典、尹长民、陈樟福和张贞华等省内外学者均做了研究工作。1991年出版了《浙江动物志·蜘蛛类》（陈樟福和张贞华，1991），书中共记载了浙江省蜘蛛39科167属367种。

2012年，河北大学科研人员曾对清凉峰保护区开展过蜘蛛区系的研究工作，并共记录到蜘蛛87种。在此基础上，选取清凉峰保护区千顷塘区域、龙塘山区域和顺溪坞区域内多个研究地点，采取样线搜寻、样方陷阱和扫网法对保护区内蜘蛛区系进行系统调查。同时，结合以往调查数据对保护区内蜘蛛区系进行分析，以期确定保护区内蜘蛛物种分布格局，为清凉峰保护区蜘蛛物种多样性保护与管理提供对策和理论依据。

alpha和beta多样性是描述和解释物种多样性在地理上的分布格局的重要途径，也是生态学、生物地理学和保护生物学中经久不衰的课题之一（Harrison et al.，1992；Angeler，2013）。alpha多样性指的是特定群落内物种多样性，beta多样性指的是不同群落间物种组成差异（Whittaker，1960）。由于alpha多样性只考虑物种数量，在探讨多样性格局时往往显得较为迟钝（Lennon et al.，2001）。例如，种-面积关系通常只关注物种数随着面积的增大而增加，然而在这个过程中还伴随着物种的丧失或获得（species loss or gain）。仅考虑物种的净增加（species net gain）会忽视影响物种多样性的潜在过程，因而难以科学地解释物种多样性维持机制（Lennon et al.，2001）。因此，有必要综合考虑物种丧失和物种获得过程在生物多样性中的重要作用（Harrison et al.，1992；Lennon et al.，2001；Andrew et al.，2012）。beta多样性由物种空间替换和物种丧失或获得两个不同生态学过程决定（Lennon et al.，2001；Koleff et al.，2003；Baselga，2010；Baselga，2012）。物种替换是由于环境分类（environmental sorting）或历史方面的因素造成的限制（historical constrains）使得地点间的一些物种被另外一些物种替换的过程（Qian et al.，2005；Baselga，2010）。物种丧失是选择性灭绝（selective extinction）、迁入（colonization）或扩散限制（dispersal limitation）等机制所导致（Ulrich et al.，2009）。beta 多样性分解方法不仅为解释群落聚集机制提供了新的思路（Baselga，2010），而且为阐明生物群落物种组成差异的隐含过程提供了有效技术手段（Svenning et al.，2011；Baselga，2012；Gutiérrez-Cánovas et al.，2013）。

一、调查方法

采用样线搜寻、样方陷阱和扫网法对保护区范围内千顷塘保护区域、龙塘山保护区域和顺溪坞保护区域内多个研究地点上蜘蛛物种进行调查，野外采集分别在蜘蛛生长季高峰期（2016 年 6 月初至 7 月下旬）和生长季末期（2015 年 11 月中旬至 12 月初、2016 年 9 月初至 11 月初）完成。

1. 地表蜘蛛调查

采用地表陷阱法调查地表蜘蛛物种多样性（Bolger et al.，2008）。依据千顷塘、龙塘山和顺溪坞 3 个区域的面积及地形地貌特征等，共设置了 41 个 30m × 30m 调查样方进行地表蜘蛛调查。其中千顷塘区域 21 个、龙塘山区域 16 个和顺溪坞区域 4 个（表 5-1）。每个 30m × 30m 样方内共设置 8 个陷阱。

陷阱由类似圆柱形的透明塑料杯制成（体积 200ml，直径 7.5cm）（Bolger et al.，2008），陷阱的杯口与地表齐平。每个陷阱正上方支撑起一个圆形塑料盖（直径 11.3cm，离地面高度约 10cm），以防雨水和落叶等杂物落入陷阱内。在陷阱杯口下方约 3cm 处打若干小孔，以避免雨季雨水落满塑料杯而导致标本流失。为了避免陷阱挖掘对采集造成的不利影响（Greenslade，1973），陷阱安放好一周后才开始地表蜘蛛群落的采集。待陷阱静置一周后，每次开始采集时，往陷阱内倒入约 100ml 乙醇-乙二醇混合溶液（体积比 3∶1）（Bolger et al.，2008），每个采集周期为 7 天左右。把收集到的标本带回实验室分拣、分类，将完好的蜘蛛标本存放于 70%酒精内留存鉴定（Bolger et al.，2008）。每个采集期内避免暴雨、强风等恶劣天气。

表 5-1 清凉峰保护区蜘蛛调查样方

调查区域	样方数量（个）	陷阱总数量（个）	样线总长度（km）	海拔（m）
千顷塘区域	21	168	9.02	886~1220
龙塘山区域	16	128	6.25	743~1216
顺溪坞区域	4	32	1.45	469~538

2. 结网蜘蛛和植株游猎型蜘蛛调查

分别采用目视搜寻法和扫网法，调查样线 2m 范围内的结网蜘蛛和植株游猎型蜘蛛（Miyashita et al.，1998；Kapoor，2008），并将上述 41 个样方沿途行进的小道设置为结网蜘蛛调查样线。

考虑到调查的完全性，每次调查均在晴好无风天气调查（白天），调查人员以恒定速度（0.2km/h）沿着样线搜寻所看到的结网蜘蛛。对于能在野外识别的蜘蛛，记录下蜘蛛的物种名及数量；对于在野外不能识别的蜘蛛，将其采集并保存于随身携带的 70%的酒精内留存鉴定。

3. 蜘蛛标本鉴定

依据一些可信赖的形态特征（例如雄性触肢器与雌性外雌器的外部形态和结构，以及步足跗节末端爪数、刚毛、背甲花纹、眼排列方式、纺器和腹部形状等）对采集的蜘蛛标本进行鉴定（Zhao，1993；Foelix，2011；Schuldt et al.，2011），命名法参照《中国生物物种名录：蛛形纲（蜘蛛目）》（李枢强和林玉成，2015）。采集到的成体标本均鉴定到描述种或形态种。由于亚成体个体，尤其是幼龄个体较难鉴定到种水平，因此调查时只将成体蜘蛛标本的鉴定结果进行最终的数据分析。

数据分析：首先，采用 R 软件中‘*betapart*’包（Baselga，2010；Baselga & Orme，2012）计算千顷塘区域、龙塘山区域和顺溪坞区域蜘蛛物种组成相异性（β_{SOR}）；然后，再将 β_{SOR} 分解为物种空间替换部分（β_{SIM}）和因嵌套而产生的部分（β_{SNE}），$\frac{\beta_{SIM}}{\beta_{SOR}}$ 的数值大小反映物种替换成分占总相异性的相对重要性。若 $\frac{\beta_{SIM}}{\beta_{SOR}} > 0.5$，需要保护更多的生境类型或海拔梯度区域；若 $\frac{\beta_{SIM}}{\beta_{SOR}} < 0.5$，只需要保护物种较多的生境类型或海拔梯度区域（Baselga，2010）。

同时，采用 R 软件中‘*betapart*’包（Baselga，2010；Baselga & Orme，2012）计算千顷塘区域、龙塘山区域和顺溪坞区域两两之间蜘蛛物种组成相异性（β_{sor}），以及 β_{sor} 所包含的物种空间替换部分（β_{sim}）和因嵌套而产生的部分（β_{sne}），比较两区域蜘蛛物种组成差异。

二、物种多样性

经整理和鉴定，结合历史记录，得知清凉峰保护区内共有蜘蛛 138 种，隶属于 26 科（表 5-2、表 5-3）。其中，千顷塘区域 42 种、龙塘山区域 55 种和顺溪坞区域 81 种。比以前的调查新增 3 科，54 种。同时对清凉峰保护区已有蜘蛛名录中 11 科、21 物种信息进行了修订（表 5-2）。

表 5-2 清凉峰自然保护区蜘蛛物种与分布

科名		种名	A	B	C
+地蛛科 Atypidae	1	卡氏地蛛 *Atypus karschi* Dönitz，1887	■		
	2	†异囊地蛛 *Atypus heterothecus* Zhang，1985			■
线蛛科 Nemesiidae	3	†雷文蛛属 sp. *Raveniola* sp.			■
幽灵蛛科 Pholcidae	4	+西奇幽灵蛛 *Pholcus zichyi* Kulczyński，1901			■
	5	+曼纽尔幽灵蛛 *Pholcus manueli* Gertsch，1937		■	

（续）

科名		种名	A	B	C
⁺长纺蛛科 Hersiliidae	6	白斑长纺蛛 *Hersilia albomaculata* Wang & Yin, 1985		■	
⁺蜘蛛科 Uloboridae	7	⁺东方长蜘蛛 *Miagrammopes orientalis* Bösenberg & Strand, 1906		■	■
	8	⁺麻花涡蛛 *Octonoba serratula* Dong, Zhu & Yoshida, 2005		■	
球蛛科 Theridiidae	9	星斑丽珠 *Chrysso scintillans* Thorell, 1895			■
	10	秀山丘腹蛛 *Episinus xiushanicus* Zhu, 1998			■
	11	尾短跗蛛 *Moneta caudifera* Dönitz & Strand, 1906		■	
	12	笠腹拟肥腹蛛 *Parasteatoda galeiforma* Zhu, Zhang & Xu, 1991		■	
	13	温室拟肥腹蛛 *Parasteatoda tepidariorum* C. L. Koch, 1841	■	■	■
	14	双斑肥腹蛛 *Steatoda bipunctata* Linnaeus, 1758		■	
	15	长肢球蛛 *Theridion longipalpum* Zhu, 1998			■
	16	†丽蛛属 sp. *Chrysso* sp.		■	
皿蛛科 Linyphiidae	17	膨大吻额蛛 *Aprifrontalia afflata* Ma & Zhu, 1991	■		
	18	柔弱指蛛 *Bathyphantes gracilis* Blackwall, 1841			■
	19	塔克额角蛛 *Gnathonarium taczanowskii* O. P. -Cambridge, 1873		■	
	20	长肢盖蛛 *Neriene longipedella* Bösenberg & Strand, 1906		■	■
	21	⁺护龙瘤胸蛛 *Oedothorax hulongensis* Zhu & Wen, 1980		■	
	22	†河南华皿蛛 *Sinolinyphia henanensis* Hu, Wang & Wang, 1991	■	■	
	23	†华丽盖蛛 *Neriene nitens* Zhu & Chen, 1991		■	
	24	†日本盖蛛 *Neriene japonica* Oi, 1960		■	
	25	†大井盖蛛 *Neriene oidedicata* van Helsdingen, 1969		■	
	26	†草间钻头蛛 *Hylyphantes graminicola* Sundevall, 1830			■
肖蛸科 Tetragnathidae	27	大熊双胜蛛 *Diphya okumae* Tanikawa, 1995	■		
	28	⁺唐氏锯螯蛛 *Dyschiriognatha tangi* Zhu, Song & Zhang, 2003	■		
	29	⁺西里银鳞蛛 *Leucauge celebesiana* Walckenaer, 1841		■	■
	30	武陵银鳞蛛 *Leucauge wulingensis* Song & Zhu, 1992		■	■
	31	美丽麦蛛 *Menosira ornata* Chikuni, 1955	■		
	32	柔弱粗螯蛛 *Pachygnatha tenera* Karsch, 1879	■		
	33	尖尾肖蛸 *Tetragnatha caudicula* Karsch, 1879	■		
⁺园蛛科 Araneidae	34	褐吊叶蛛 *Acusilas coccineus* Simon, 1895			■
	35	黄斑园蛛 *Araneus ejusmodi* Bösenberg & Strand, 1906			■
	36	大腹园蛛 *Araneus ventricosus* L. Koch, 1878			■
	37	银斑艾蛛 *Cyclosa argentata* Tanikawa & Ono, 1993		■	■
	38	银背艾蛛 *Cyclosa argenteoalba* Bösenberg & Strand, 1906		■	■
	39	八瘤艾蛛 *Cyclosa octotuberculata* Karsch, 1879			■
	40	⁺宽肩普园蛛 *Plebs astridae* Strand, 1917			■

（续）

科名		种名	A	B	C
	41	+羽足普园蛛 *Plebs plumiopedellus* Yin, Wang & Zhang, 1987			■
	42	卡氏毛园蛛 *Eriovixia cavaleriei* Schenkel, 1963			■
	43	皖高亮腹蛛 *Hypsosinga wanica* Song, Qian & Gao, 1996		■	
	44	山地亮腹蛛 *Singa alpigena* Yin, Wang & Li, 1983			■
	45	†横纹金蛛 *Argiope bruennichi* Scopoli, 1772			■
	46	†悦目金蛛 *Argiope amoena* L. Koch, 1878		■	
	47	†园蛛属 sp. *Araneus* sp.	■	■	
	48	†梅氏新园蛛 *Neoscona mellotteei* Simon, 1895	■	■	
	49	†嗜水新园蛛 *Neoscona nautica* Koch, 1875		■	
	50	†新园蛛属 sp. *Neoscona* sp.			■
	51	†摩鹿加云斑蛛 *Cyrtophora moluccensis* Doleschall, 1857		■	
	52	†壮头蛛属 sp. 1 *Chorizopes* sp. 1		■	
	53	†壮头蛛属 sp. 2 *Chorizopes* sp. 2		■	
狼蛛科 Lycosidae	54	刺舞蛛 *Alopecosa aculeata* Clerck, 1757		■	■
	55	细纹舞蛛 *Alopecosa cinnameopilosa* Schenkel, 1963	■		
	56	+广陵熊蛛 *Arctosa kwangreungensis* Paik & Tanaka, 1986	■		
	57	片熊蛛 *Arctosa laminata* Yu & Song, 1988	■		
	58	后凹熊蛛 *Arctosa recurva* Yu & Song, 1988		■	
	59	锯齿熊蛛 *Arctosa serrulata* Mao & Song, 1985		■	
	60	黑腹狼蛛 *Lycosa coelestis* L. Koch, 1878			■
	61	星豹蛛 *Pardosa astrigera* L. Koch, 1878	■		
	62	金平豹蛛 *Pardosa jinpingensis* Yin et al., 1997	■	■	■
	63	沟渠豹蛛 *Pardosa laura* Karsch, 1879	■	■	■
	64	†克氏小水狼蛛 *Piratula clercki* Bösenberg & Strand, 1906		■	
	65	†细毛小水狼蛛 *Piratula tenuisetacea* Chai, 1987		■	
	66	†小水狼蛛属 sp. *Piratula* sp.		■	
	67	†唇形狼蛛 *Lycosa labialis* Mao & Song, 1985			■
	68	†旋囊脉狼蛛 *Venonia spirocysta* Chai, 1991			■
	69	†琴形豹蛛 *Pardosa lyrifera* Schenkel, 1936			■
	70	†武夷豹蛛 *Pardosa wuyiensis* Yu & Song, 1988	■	■	■
	71	†拟环纹豹蛛 *Pardosa pseudoannulata* Bösenberg & Strand, 1906			■
	72	†江西熊蛛 *Arctosa kiangsiensis* Schenkel, 1963			■
	73	†熊蛛属 sp. *Arctosa* sp.	■	■	
	74	†奇异獾蛛 *Trochosa ruricola* De Geer, 1778			■
盗蛛科 Pisauridae	75	锚盗蛛 *Pisaura ancora* Paik, 1969			■

（续）

科名		种名	A	B	C
	76	驼盗蛛 *Pisaura lama* Bösenberg & Strand, 1906			■
漏斗蛛科 Agelenidae	77	+卡尺长隙蛛 *Longicoelotes karschi* Wang, 2002		■	■
	78	†森林漏斗蛛 *Agelena silvatica* Oliger, 1983	■	■	
	79	†丝毛类隙蛛 *Pireneitega luctuosa* L. Koch, 1878			■
	80	†迷宫漏斗蛛 *Agelena labyrinthica* Clerck, 1757			■
	81	†龙角蛛属 sp. *Draconarius* sp.			■
褛网蛛科 Psechridae	82	+广褛网蛛 *Psechrus senoculatus* Yin, Wang & Zhang, 1985			■
+猫蛛科 Oxyopidae	83	+盾形猫蛛 *Oxyopes sushilae* Tikader, 1965			■
+米图蛛科 Miturgidae	84	不规则红螯蛛 *Cheiracanthium taegense* Paik, 1990			■
	85	+浙江红螯蛛 *Cheiracanthium zhejiangense* Hu & Song, 1982			■
	86	†草栖毛丛蛛 *Prochora practicola* Bösenberg & Strand, 1906	■	■	
圆颚蛛科 Corinnidae	87	+羽状刺蛛 *Echinax panache* Deeleman-Reinhold, 2001		■	
	88	†黄膝纯蛛 *Castianeira flavipatellata* Yin et al., 1996	■	■	
	89	†纯蛛属 sp. *Castianeira* sp.			■
+管巢蛛科 Clubionidae	90	褶管巢蛛 *Clubiona corrugata* Bösenberg & Strand, 1906	■		
	91	龚氏管巢蛛 *Clubiona gongi* Zhang et al., 1997			■
	92	软管巢蛛 *Clubiona lena* Bösenberg & Strand, 1906			■
	93	通道管巢蛛 *Clubiona tongdaoensis* Zhang et al., 1997	■		
	94	†林氏管巢蛛 *Clubiona linea* Xie et al., 1996			■
拟平腹蛛科 Zodariidae	95	唇形马利蛛 *Mallinella labialis* Song & Kim, 1997			■
转蛛科 Trochanteriidae	96	中华扁蛛 *Plator sinicus* Zhu & Wang, 1963	■		
平腹蛛科 Gnaphosidae	97	显眼枝疣蛛 *Cladothela oculinotata* Bösenberg & Strand, 1906			■
	98	锯齿掠蛛 *Drassodes serratidens* Schenkel, 1963		■	
	99	+三门近狂蛛 *Drassyllus sanmenensis* Platnick & Song, 1986	■	■	■
	100	利氏平腹蛛 *Gnaphosa licenti* Schenkel, 1953	■		
	101	†亚洲狂蛛 *Zelotes asiaticus* Bösenberg & Strand, 1906	■	■	■
	102	†三门狂蛛 *Zelotes sanmen* Platnick & Song, 1986			■
	103	†矛平腹蛛 *Gnaphosa hastata* Fox, 1937			■
	104	†大围合蛛 *Synaphosus daweiensis* Yin et al., 2002			■
	105	†查哈粗狂蛛 *Trachyzelotes jaxartensis* Kroneberg, 1875			■
	106	†武昌狂蛛 *Zelotes wuchangensis* Schenkel, 1963			■
	107	†胡氏狂蛛 *Zelotes hui* Platnick & Song, 1986			■
	108	†郑氏狂蛛 *Zelotes Zhengi* Platnick & Song, 1986			■
	109	†本渡齿掠蛛 *Odontodrassus hondoensis* Saito, 1939			■
	110	†健蛛属 sp. *Sanitubius* sp.			■

（续）

科名		种名	A	B	C
+逍遥蛛科 Philodromidae	111	红棕逍遥蛛 *Philodromus rufus* Walckenaer, 1826	■		
	112	土黄逍遥蛛 *Philodromus subaureolus* Bösenberg & Strand, 1906	■		
	113	东方长逍遥蛛 *Tibellus orientis* Efimik, 1999		■	■
蟹蛛科 Thomisidae	114	†狩蟹蛛属 sp. *Diaea* sp.		■	
	115	+三突伊氏蛛 *Ebrechtella tricuspidata* Fabricius, 1775	■		■
	116	冲绳绿蟹蛛 *Oxytate hoshizuna* Ono, 1978	■		
	117	+条纹绿蟹蛛 *Oxytate striatipes* L. Koch, 1878	■		■
	118	+旋卷峭腹蛛 *Tmarus circinalis* Song & Chai, 1990			■
	119	朝鲜峭腹蛛 *Tmarus koreanus* Paik, 1973	■		
	120	波纹花蟹蛛 *Xysticus croceus* Fox, 1937		■	■
	121	†鞍形花蟹蛛 *Xysticus ephippiatus* Simon, 1880	■	■	■
	122	†千岛花蟹蛛 *Xysticus kurilensis* Strand, 1907	■	■	
跳蛛科 Salticidae	123	华南菱头蛛 *Bianor angulosus* Karsch, 1879			■
	124	白斑猎蛛 *Evarcha albaria* L. Koch, 1878			■
	125	+横纹蝇狮 *Marpissa pulla* Karsch, 1879			■
	126	台蚁蛛 *Myrmarachne formosicola* Strand, 1910	■	■	
	127	卡氏金蝉蛛 *Phintella cavaleriei* Schenkel, 1963	■	■	■
	128	盘触拟蝇虎 *Plexippoides discifer* Schenkel, 1953	■	■	
	129	毛垛兜跳蛛 *Ptocasius strupifer* Simon, 1901			■
	130	蓝翠蛛 *Siler cupreus* Simon, 1889	■		■
	131	+笔状跃蛛 *Sitticus penicillatus* Simon, 1875		■	■
	132	安氏合跳蛛 *Synagelides annae* Bohdanowicz, 1979	■		
	133	曲雅蛛 *Yaginumaella flexa* Song & Chai, 1992	■		
	134	†条纹蝇虎 *Plexippus setipes* Karsch, 1879			■
†络新妇科 Nephilidae	135	†斑络新妇 *Nephila pilipes* Fabricius, 1793			■
	136	†棒络新妇 *Nephila clavata* L. Koch, 1878			■
†栉足蛛科 Ctenidae Keyserling	137	†福纳阿希塔蛛 *Anahita fauna* Karsch, 1879			■
†栅蛛科 Hahniidae Bertkau	138	†浙江栅蛛 *Hahnia zhejiangensis* Song & Zheng, 1982			■

A：千顷塘区域，B：龙塘山区域，C：顺溪坞区域；†：新增科或物种，+：科或物种信息被修订。后三列中阴影部分有或无，表示该物种在千顷塘区域、龙塘山区域和顺溪坞区域出现或不出现。

保护区内蜘蛛物种丰富度较高的科是狼蛛科、园蛛科和平腹蛛科，分别占保护区蜘蛛物种总数的 15.22%、14.49%和 10.14%（表 5-3）。

表 5-3 清凉峰自然保护区蜘蛛物种组成特征

科名	物种数	占物种总数百分比（%）	科名	物种数	占物种总数百分比（%）
地蛛科	2	1.45	猫蛛科	1	0.72
线蛛科	1	0.72	米图蛛科	3	2.17
幽灵蛛科	2	1.45	圆颚蛛科	3	2.17
长纺蛛科	1	0.72	管巢蛛科	5	3.62
蟱蛛科	2	1.45	拟平腹蛛科	1	0.72
球蛛科	8	5.80	转蛛科	1	0.72
皿蛛科	10	7.25	平腹蛛科	14	10.14
肖蛸科	7	5.07	逍遥蛛科	3	2.17
园蛛科	20	14.49	蟹蛛科	9	6.52
狼蛛科	21	15.22	跳蛛科	12	8.70
盗蛛科	2	1.45	络新妇科	2	1.45
漏斗蛛科	5	3.62	栉足蛛科	1	0.72
褛网蛛科	1	0.72	栅蛛科	1	0.72

三、不同区域蜘蛛物种组成相异性

进一步分析清凉峰保护区不同区域间的物种组成相异性可知，不同区域间蜘蛛物种空间替换部分占总相异性的相对重要性（$\frac{\beta_{SIM}}{\beta_{SOR}}$）为0.91（图5-1），这表明千顷塘区域、龙塘山区域和顺溪坞区域蜘蛛物种组成相异性主要由物种空间替换决定。

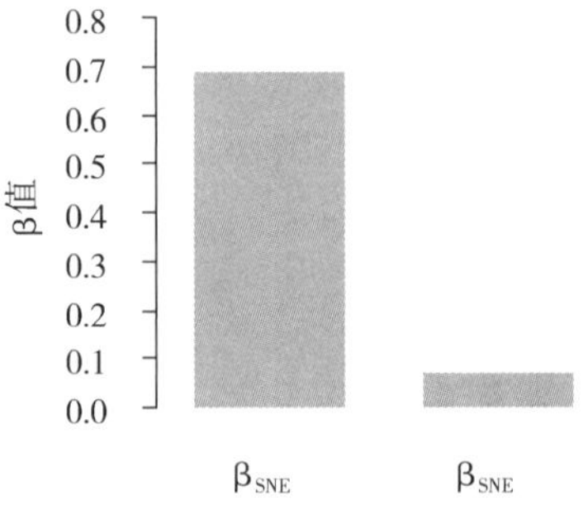

图 5-1 清凉峰自然保护区不同区域蜘蛛物种空间替换和因嵌套而产生的相异性指数

β_{SIM}：物种空间替换相异性指数；β_{SNE}：因嵌套而产生的相异性指数

每两个区域蜘蛛物种组成相异性结果显示：千顷塘区域与龙塘山区域蜘蛛物种组成总相异性最小，与顺溪坞区域蜘蛛物种组成总相异性最大（表5-4）。同样地，千顷塘区域与龙塘山区域蜘蛛物种空间替换最小，与顺溪坞区域蜘蛛物种空间替换最大（表5-4）。

表 5-4 清凉峰自然保护区两两区域间蜘蛛物种组成相异性

(a) 物种组成相异性 β_{sor}		
	千顷塘区域	龙塘山区域
龙塘山区域	0. 63	
顺溪坞区域	0. 82	0. 72
(b) 物种空间替换部分 β_{sim}		
	千顷塘区域	龙塘山区域
龙塘山区域	0. 57	
顺溪坞区域	0. 74	0. 65
(c) 嵌套部分 β_{sne}		
	千顷塘区域	龙塘山区域
龙塘山区域	0. 06	
顺溪坞区域	0. 08	0. 07

千顷塘、龙塘山和顺溪坞每两个区域蜘蛛物种组成相异性结果显示，不同区域内蜘蛛物种空间替换部分较高，也即是蜘蛛物种对栖息地具有一定的选择性，表明了不同种蜘蛛对清凉峰保护区特定区域具有依赖性，这可能与各区域的海拔差异和生境异质性有关。此结果在一定程度上反映出海拔和生境异质性对于清凉峰保护区蜘蛛物种丰富度和组成差异的重要影响。调查证实了清凉峰保护区不同海拔梯度、不同生境区域对蜘蛛物种多样性维持起着十分重要的作用。

调查展示，清凉峰保护区蜘蛛物种组成相异性主要由物种空间替换决定（>90%），由嵌套而产生的相异性贡献较小（<10%），此结果进一步表明了 3 个保护区域内的蜘蛛资源均为清凉峰保护区蜘蛛物种多样性的组成部分，均具有重要的保护意义，应同等对待。本结论为清凉峰自然保护区蜘蛛物种多样性保护与管理提供了重要的技术指导和理论依据。

第二节 昆虫

一、调查方法

2008 年 5 月至 2013 年 12 月，中国科学院动物研究所、西北农林科技大学、浙江农林大学等 20 个科研单位 100 余位昆虫分类学者，分别在清凉峰自然保护区的龙塘山、顺溪坞和千顷塘 3 个不同保护区域设置了 9 条路线，采用网捕法、马氏网诱集法、灯诱诱集法、黄盘诱捕法、陷阱法等诸多方法，对保护区内的昆虫资源进行了野外调查及昆虫标本的鉴定。其中马氏网按照不同海拔高度和植被类型的特点进行安装。

二、物种多样性

调查期间，共采集及鉴定昆虫标本 20 万余号，通过文献资料的收集（宋朝枢，1997；

许丽娟等，2008）及采集物种的鉴定，查清保护区内昆虫共 27 目 256 科 1598 属 2561 种（附录 3）。其中《国家重点保护野生动物名录》列入二级重点保护野生动物和浙江省重点保护陆生野生动物的有 6 种，分别是中华虎凤蝶 *Luehdorfia chinensis huashanensis*、拉步甲 *Carabus*（*Coptolabrus*）*lafossei*、硕步甲 *Carabus*（*Apotopterus*）*davidi*、阳彩臂金龟 *Cheirotonus jansoni*、宽尾凤蝶 *Agehana elwesi* 和黑紫蛱蝶 *Sasakia funebris*。

在清凉峰保护区内昆虫组成中（表 5-5），科和物种数量较多的目为鳞翅目、鞘翅目、膜翅目、双翅目和半翅目，这 5 个目的科数占总科数的 52.73%。其中，鳞翅目和鞘翅目科数最多，分别占总科数的 17.19%和 12.50%，同翅目次之，占 9.38%；5 个目的种数占总种数的 76.26%，种数比率由大到小依次为鳞翅目（25.42%）、鞘翅目（15.81%）、膜翅目（13.08%）、双翅目占（11.71%）和同翅目（10.23%）。可见，这 5 个目为浙江清凉峰保护区的优势目昆虫。

表 5-5 清凉峰自然保护区昆虫组成特征

目	科		属		种	
	数量	比率（%）	数量	比率（%）	数量	比率（%）
石蛃目 Archaeognatha	1	0.39	2	0.13	2	0.08
衣鱼目 Zygentoma	1	0.39	3	0.19	3	0.12
蜉蝣目 Ephemeroptera	8	3.13	18	1.13	24	0.94
蜻蜓目 Odonata	15	5.86	70	4.38	99	3.87
襀翅目 Plecoptera	5	1.95	11	0.69	28	1.09
蜚蠊目 Blattaria	4	1.56	12	0.75	22	0.86
等翅目 Isoptera	2	0.78	8	0.50	13	0.51
螳螂目 Mantedea	3	1.17	9	0.56	11	0.43
革翅目 Dermaptera	6	2.34	10	0.63	17	0.66
直翅目 Orthoptera	12	4.69	73	4.57	91	3.55
竹节虫目 Phasmatodea	2	0.78	6	0.38	10	0.39
虫齿目 Psocoptera	3	1.17	7	0.44	14	0.55
食毛目 Mallophaga	4	1.56	9	0.56	9	0.35
虱目 Anoplura	6	2.34	6	0.38	8	0.31
缨翅目 Thysanoptera	2	0.78	21	1.31	45	1.76
同翅目 Homoptera	24	9.38	188	11.77	262	10.23
半翅目 Hemiptera	25	9.77	93	5.82	127	4.96
广翅目 Megaloptera	1	0.39	4	0.25	8	0.31
蛇蛉目 Raphidioptera	1	0.39	1	0.06	1	0.04
脉翅目 Neuroptera	6	2.34	12	0.75	19	0.74
鞘翅目 Coleoptera	32	12.50	239	14.90	411	15.81
长翅目 Mecoptera	2	0.78	3	0.19	13	0.51
双翅目 Diptera	19	7.42	164	10.27	300	11.71

（续）

目	科		属		种	
	数量	比率（%）	数量	比率（%）	数量	比率（%）
蚤目 Siphonaptera	6	2.34	16	1.00	18	0.70
毛翅目 Trichoptera	6	2.34	12	0.75	26	1.02
鳞翅目 Lepidoptera	44	17.19	416	26.05	651	25.42
膜翅目 Hymenoptera	16	6.25	185	11.58	335	13.08
合计	256	100.00	1598	100.00	2567	100.00

以5个优势目为例，进一步分析其属种多度特征可知，5目中属多度较高的科分别为：鳞翅目的尺蛾科 Geometridae（66属）、弄蝶科 Hesperiidae（32属）和蛱蝶科 Nymphalidae（29属）；鞘翅目的天牛科 Cerambycidae（65属）、负泥虫科 Crioceridae（27属）和瓢虫科 Coccinellidae（22属）；膜翅目的茧蜂科 Braconidae（53属）、叶蜂科 Tenthredinidae（62属）和蚁科 Formicidae（24属）；双翅目的寄蝇科 Tachinidae（29属）、摇蚊科 Chironomidae（25属）和蝇科 Muscidae（13属）；同翅目的叶蝉科 Cicadellidae（60属）、蚜科 Aphididae（25属）和蝉科 Cicadidae（15属）。而物种数较多的科分别为：鳞翅目的尺蛾科 Geometridae（75种）、蛱蝶科 Nymphalidae（54种）和弄蝶科 Hesperiidae（47种）；鞘翅目的天牛科 Cerambycidae（90种）、瓢虫科 Coccinellidae（46种）和负泥虫科 Crioceridae（44种）；膜翅目的茧蜂科 Braconidae（108种）、叶蜂科 Tenthredinidae（96种）和蚁科 Formicidae（53种）；双翅目的寄蝇科 Tachinidae（55种）、摇蚊科 Chironomidae（31种）和虻科 Tabanidae（27种）；同翅目的叶蝉科 Cicadellidae（81种）、蚜科 Aphididae（35种）和蝉科 Cicadidae（18种）。

将5个优势目各科所含的属种数划分为若干等级，对其科在各等级中所占比例进行比较分析（图5-2、5-3）可知，5个优势目的属数主要集中分布在1~10属之间，种数则分布在1~15种之间。由此可见，5个优势目中各科类群在属种组成中的比例主要表现为类群小而数量多的结构。

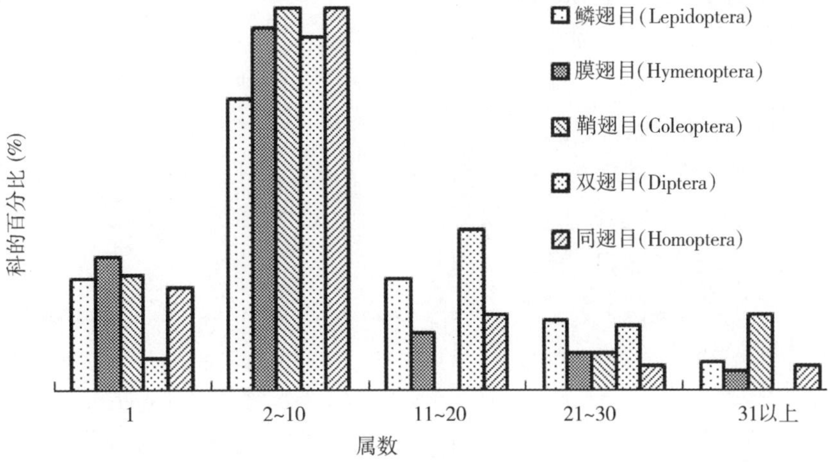

图5-2 清凉峰自然保护区昆虫优势目的属数数量等级与科的关系

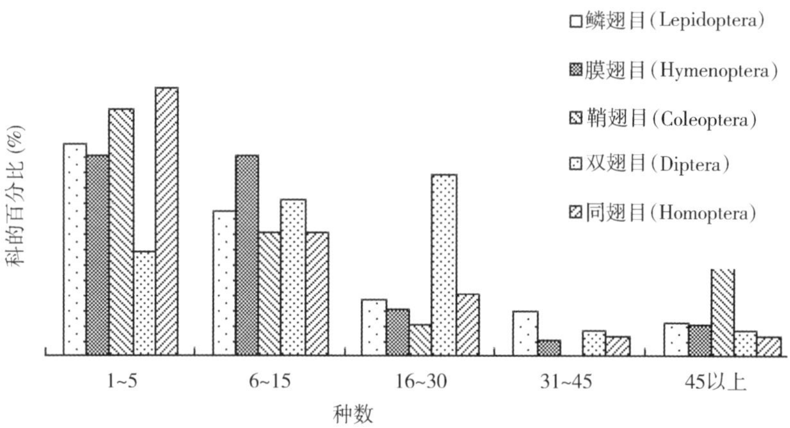

图 5-3　清凉峰自然保护区昆虫优势目的种数数量等级与科的关系

三、区系特征

按照世界陆地动物地理区划以及中国陆地动物地理区划的特点，结合本地区昆虫研究资料，可将清凉峰保护区内昆虫划分为 4 种区系成分（表 5-6）。

（1）东洋成分。典型的东洋区分布种。主要包括我国南部省份分布，特别是西南、华中区南部及华南区分布为主。国外向南向西分布于印度半岛、中南半岛、马来半岛、斯里兰卡、菲律宾群岛以及印度尼西亚等亚热带、热带地区的种。

（2）古北成分。广泛分布于古北区和新北区的种类。其分布主要是在我国秦岭以北特别是东北、华北北部、西北地区分布。国外分布于中亚、西亚、北亚、西伯利亚、欧洲大陆、非洲北部及北美洲等地区的种。

（3）广布成分。主要是横跨古北、东洋两大区，甚至多区或全球性分布的种。这类种类的分布通常包括至少两个或者两个以上不同气候带的大区。

（4）东亚成分。主要是亚洲东部地区分布的种。包括中国东部、南部，朝鲜和日本。根据其分布范围的大小，又分为 3 种情况。

a. 清凉峰分布，仅分布于清凉峰及其邻近地区的种类。

b. 中国分布，仅限于中国分布，尚无国外分布记录的种类。

c. 中国—日本分布，指中国分布，并扩及朝鲜、日本的种类。

从表 5-6 可得，清凉峰保护区昆虫区系中东洋成分合计占 20. 61%，古北成分合计占 9. 23%，广布成分合计占 8. 96%。在东亚成分中，清凉峰分布占 1. 75%，中国分布占 48. 19%，中国-日本分布占 11. 38%。

各目的区系组成差异较大。其中，东洋成分高于其整体值的有广翅目 Megaloptera、鞘翅目 Coleoptera、鳞翅目 Lepidoptera、膜翅目 Hymenoptera。但石蛃目 Archaeognatha、衣鱼目 Zygentoma、蜉蝣目 Ephemeroptera、襀翅目 Plecoptera、等翅目 Isoptera、蛇蛉目 Raphidioptera 未见东洋成分。古北成分中，除石蛃目、衣鱼目、蜚蠊目 Blattaria、等翅目、虫齿

表 5-6 清凉自然保护区昆虫区系分析

目	种数	东洋成分		古北成分		广布成分		东亚成分					
								清凉峰		中国		中国-日本	
		数量	比率（%）	数量	比率（%）	数量	比率（%）	数量	比率（%）	数量	比率（%）	数量	比率（%）
石蛃目 Archaeognatha	2									2	100.00		
衣鱼目 Zygentoma	3					3	100.00						
蜉蝣目 Ephemeroptera	24			2	8.33	2	8.33			20	83.33		
蜻蜓目 Odonata	99	7	7.07	1	1.01					78	78.79	13	13.13
襀翅目 Plecoptera	28			1	3.57	2	7.14			25	89.29		
蜚蠊目 Blattaria	22	1	4.55			5	22.73			16	72.73		
等翅目 Isoptera	13					5	38.46			7	53.85		
螳螂目 Mantedea	11	1	9.09	3	27.27	1	9.09			6	54.55		
革翅目 Dermaptera	17	3	17.65	3	17.65	2	11.76			7	41.18		
直翅目 Orthoptera	91	6	6.59	5	5.49	4	4.40			61	67.03	15	16.48
竹节虫目 Phasmatodea	10	1	10.00	1	10.00	1	10.00			7	70.00		
虫齿目 Psocoptera	14	1	7.14			1	7.14			11	78.57	1	7.14
食毛目 Mallophaga	9	1	11.11	1	11.11	5	55.56			2	22.22		
虱目 Anoplura	8	3	37.50	1	12.50	1	12.50			3	37.50		
缨翅目 Thysanoptera	45	8	17.78	6	13.33	10	22.22			19	42.22	2	4.44
同翅目 Homoptera	262	29	11.07	22	8.40	26	9.92			117	44.66	68	25.95
半翅目 Hemiptera	127	22	17.32	19	14.96	21	16.54			48	37.80	22	17.32
广翅目 Megaloptera	8	2	25.00							6	75.00		
蛇蛉目 Raphidioptera	1									1	100.00		
脉翅目 Neuroptera	19	3	15.79	2	10.53	4	21.05			10	52.63		
鞘翅目 Coleoptera	411	112	27.25	22	5.35	31	7.54	5	1.22	209	50.85	33	8.03
长翅目 Mecoptera	13	2	15.38	1	7.69	1	7.69			9	69.23		
双翅目 Diptera	300	34	11.33	29	9.67	22	7.33	4	1.33	161	53.67	50	16.67
蚤目 Siphonaptera	18	3	16.67	1	5.56	1	5.56			10	55.56	3	16.67
毛翅目 Trichoptera	26	5	19.23	2	7.69	3	11.54			15	57.69	1	3.85
鳞翅目 Lepidoptera	651	186	28.57	77	11.83	53	8.14	1	0.15	281	43.16	53	8.14
膜翅目 Hymenoptera	335	99	29.55	38	11.34	26	7.76	35	10.45	106	31.64	31	9.25
合计	2567	529	20.61	237	9.23	230	8.96	45	1.75	1237	48.19	292	11.38

目 Psocoptera、广翅目、蛇蛉目未见古北成分外，其余各目均存在古北成分。广布成分相对偏少，未见分布的有石蛃目、蜻蜓目 Odonata、广翅目、蛇蛉目。东亚成较为广泛，调查中除衣鱼目外，其余各个目均有分布。

在 4 种分布类型中，东亚成分的比重最大，其占整个区系组成的 61.32%。其中，占比较大的目有石蛃目（100%）、蛇蛉目（100%）、蜻蜓目（91.92%）、襀翅目（89.29）、虫齿目（85.71%）、直翅目（Orthoptera，83.51）、蜉蝣目（Ephemeroptera，83.33%）、广翅目（75%）、蜚蠊目（72.73%）、蚤目（Siphonaptera，72.23%）、同翅目（72.31%）、双翅目（Diptera，70.34%）、竹节虫目（Phasmatodea，70%）。所占较低的类群是食毛目（Mallophaga，22.22%），其余均在 30%以上。东亚成分分为清凉峰分布、中国分布、中国—日本分布，在调查中东亚成分又以中国分布所占比重最大、中国—日本分布次之，清凉峰分布最少。其中中国分布中百分比超过 50%的就有 18 个目。依据所占比例大小依次为石蛃目、蛇蛉目、襀翅目、蜉蝣目、蜻蜓目、虫齿目、广翅目、蜚蠊目、竹节虫目、长翅目（Mecoptera）、直翅目、毛翅目（Trichoptera）、蚤目、螳螂目（Mantedea）、等翅目、双翅目、脉翅目（Neuroptera）、鞘翅目。相比而言，食毛目（Mallophaga）和虱目（Anoplura）等类群的中国分布种所占百分比较小。这进一步证明了中国分布种所占比例越高，越显示其区系的特有性和古老性的推论。

四、特有昆虫和资源昆虫

对昆虫资源的调查共发现 1 新属 45 新种，其中已发表 21 新种和 1 新组合（Huang，et al.，Lin，et al.，Shi K，et al.，Wu，et al.，柳萌萌等，2016；刘若思，2015；朱建青，2012）；此外，还发表 18 个中国新记录属种，12 种浙江新记录种（表 5-7），共涉及 6 目 17 科。除少数种类模式产地同时分布于国内其他地区外，均为特有昆虫。

表 5-7 清凉峰自然保护区特有昆虫及资源昆虫统计

类别	目	种
新种	双翅目（Diptera）	尖刺突眼蕈蚊 *Dolichosciara oxyacantha* Wu et Shi，2013
		直刺突眼蕈蚊 *Dolichosciara rectspinosa* Wu et Shi，2013
		密毛突眼蕈蚊 *Dolichosciara multisetosa* Wu et Shi，2013
		清凉峰突眼蕈蚊 *Dolichosciara qingliangfengana* Wu et Shi，2013
		三刺伪轭眼蕈蚊 *Pseudozygoneura triacantha* Huang et Shi，2015
		粗刺伪轭眼蕈蚊 *Pseudozygoneura robustispina* Huang et Shi，2015
		Sinodorcadion punctuscapum，Xie，Shi & Wang，2013
		Compterosmittia procera Lin，Yao，Liu & Wang，2013
		Stenochironomus linanensis Qi，Lin，Liu & Wang，2015
		清凉峰小异长足虻 *Chrysotus qingliangfengus* Liu，2015

（续）

类别	目	种
新种	膜翅目（Hymenoptera）	浅窝锤角叶蜂 *Leptocimbex afoveata* Wei & Yan，2014
		中华唇锤角叶蜂 *Labriocimbex sinica* Wei & Deng，2014
		双点光柄叶峰 *T enthredo biminutidota Liu*&Wei，2016
		光头腮扁蜂 *Cephalcia glabroceps* Wei，2014
		突唇阿扁蜂 *Acantholyda convexiclypea* Wei，2014
		黄腹犁瘿蜂 *Diplolepis flaviabdomenis* Wang et Guo，2013
	鞘翅目（Coleoptera）	朱氏突眼隐翅虫 *Stenus zhujianqingi* Tang，Li & Wang，2012
		清凉峰突眼隐翅虫 *Stenus qingliangfengus* Tang & Jiang ，2017
		刻柄华草天牛 *Sinodorcadion punctuscapum* Xie，Shi & Wang，2013
	鳞翅目（Lepidoptera）	天目孔弄蝶 *Polytremis jigongi* Song，2013
新组合	双翅目（Diptera）	长喙窄眼蕈蚊 *Spathobdella longirostris*（Yang，Zhang et Yang，1995）
中国新记录种	双翅目（Diptera）	阿尔泰突眼蕈蚊 *Dolichosciara hippai* Komarova et Vilkamaa，2006
		中叶突眼蕈蚊 *Dolichosciara intermedialis* Antonova，1977
		日本突眼蕈蚊 *Dolichosciara megumiae*（Sasakawa，1994）
		芬兰突眼蕈蚊 *Dolichosciara orcina* Tuomikoski，1960
		饰尾突眼蕈蚊 *Dolichosciara ornata*（Winnertz，1867）
		凯伪轭眼蕈蚊 *Pseudozygoneura kirkspriggsi* Hippa，Vilkamaa et Heinakroon，1998
		芬兰配眼蕈蚊 *Peyerimhoffia vagabunda*（Winnertz，1867）
		伊拉布盘腹蚁 *Apheanogaster erabu* Nishizono et Yamane，1991
		冲绳近北摇蚊 *Paraboreochlus okinawanus* Kobayshi & Kuranishi，1999
		叶突哈摇蚊 *Harnischia tenuitubercula* Chaudhuri & Chattopadhyay，1990
	膜翅目（Hymenoptera）	窄盾狭背瘿蜂 *Omalaspis latreillii*（Hartig，1840）
		异剑狭背瘿蜂 *Prosaspicera confusa* Ros-Farré，2006，
		达氏矩盾狭背瘿蜂 *Callaspidia dalbohmi*，Ros-Farré & Pujade-Villar，2009
		津谷弓背蚁 *Camponotus amamianus* Terayama，1991
		淡基弓背蚁 *Camponotus coxalis* F. Smith，1859
	鞘翅目（Coleoptera）	黄点环斑金龟 *Paratrichius guttatus* Iwase，1993
	鳞翅目（Lepidoptera）	花溪丽细蛾 *Caloptilia*（*Rhadinoptilia*）*camphorae* Kumata，1982
		黄腹丽细蛾 *Caloptilia*（*Caloptilia*）*variegata* Kuznetzov & Baryshnikova，2001

资源昆虫主要包括能够直接为人类所利用的工业原料昆虫、食用昆虫、药用昆虫、饲料昆虫、传粉昆虫等；另外还包括能够间接被人类所利用能够满足某种特质的需求或精神享受的观赏娱乐昆虫、天敌昆虫、科研用昆虫和环境保护昆虫等。清凉峰保护区昆虫资源丰富、种类繁多，根据其用途和价值来看，主要包括天敌昆虫、食用昆虫、药用昆虫和观赏昆虫。调查的结果分析表明（表 5-8）清凉峰保护区天敌昆虫有 45 科 360 种，占整个清凉峰昆虫种数的 14.1%；食用昆虫有 17 科 63 种，占整个清凉峰昆虫种数的 2.5%，药

用昆虫 12 科 39 种，占整个清凉峰昆虫种数的 1.5%；观赏昆虫有 44 科 245 种，占整个清凉峰昆虫种数的 9.6%。

表 5-8 清凉峰自然保护区资源昆虫统计

目	天敌昆虫		食用昆虫		药用昆虫		观赏昆虫	
	科	种	科	种	科	种	科	种
蜻蜓目 Odonata	7	32					2	10
蜚蠊目 Blattaria					1	1		
螳螂目 Mantedea	1	4					2	3
革翅目 Dermaptera	3	8						
直翅目 Orthoptera			2	7			2	5
竹节虫目 Phasmatodea			1	2			1	1
同翅目 Homoptera			2	4	4	13	4	8
半翅目 Hemiptera	2	35	2	7	1	1	1	2
广翅目 Megaloptera	1	4						
蛇蛉目 Raphidioptera	1	1						
脉翅目 Neuroptera	4	13			1	1	1	1
鞘翅目 Coleoptera	9	58	2	5	2	8	8	45
长翅目 Mecoptera	1	2						
双翅目 Diptera	8	78	2	3				
鳞翅目 Lepidoptera			3	23	3	7	20	155
膜翅目 Hymenoptera	8	125	3	12	2	8	3	15
合计	45	360	17	63	12	39	44	245

参考文献

1. 陈樟福，张贞华. 浙江动物志·蜘蛛类［M］. 杭州：浙江科学技术出版社，1991.

2. 李枢强，林玉成. 中国生物物种名录：蛛形纲（蜘蛛目）［M］. 北京：科学出版社，2015.

3. 刘若思. 中国异长足虻亚科的系统分类研究（双翅目：长足虻科）［D］. 中国农业大学，2015.

4. 柳萌萌，吴肖彤，肖炜，等. 中国叶蜂属二新种（膜翅目：叶蜂科）［J］. Entomotaxonomia，2016，38（4）：315-324.

5. 宋朝枢. 浙江清凉峰自然保护区科学考察集［M］. 北京：中国林业出版社，1997.

6. 宋大祥，朱明生，陈军. 河北动物志：蜘蛛类［M］. 石家庄：河北科学技术出版社，2001.

7. 许丽娟，刘伟，翁东明，等. 浙江清凉峰蝶类资源初探［J］. 南昌大学学报，2008，suppl：191-193.

8. 朱建青. 中国刺胫弄蝶族分类研究（鳞翅目：弄蝶科：弄蝶亚科）［D］. 上海师范大学，2012.

9. Andrew，M. E.，Wulder，M. A.，Coops，N. C. et al. Beta-diversity gradients of butterflies along productivity axes［J］. Global Ecology and Biogeography，2012，21（3）：352-364.

10. Angeler，D. G. Revealing a conservation challenge through partitioned long-term beta diversity：increasing turnover and decreasing nestedness of boreal lake metacommunities［J］. Diversity and Distributions，2013，19（7）：772-781.

11. Baselga, A. & Orme, C. D. L. Betapart: an R package for the study of beta diversity [J]. Methods in Ecology and Evolution, 2012, 3: 808-812.

12. Baselga, A. Partitioning the turnover and nestedness components of beta diversity [J]. Global Ecology and Biogeography, 2010, 19 (1): 134-143.

13. Baselga, A. The relationship between species replacement, dissimilarity derived from nestedness, and nestedness [J]. Global Ecology and Biogeography, 2012, 19 (12): 134-143.

14. Bolger, D. T., Beard, K. H., Suarez, A. V., et al. Increased abundance of native and non-native spiders with habitat fragmentation [J]. Diversity and Distributions, 2008, 14: 655-665.

15. Gutiérrez-Cánovas, C., Millán, A., Velasco, J., et al. Contrasting effects of natural and anthropogenic stressors on beta diversity in river organisms [J]. Global Ecology and Biogeography, 2013, 22 (7): 796-805.

16. Foelix, R. F. Biology of spiders, 3rd edn [M]. Oxford: Oxford University Press, 2011.

17. Greenslade, P. J. M. Sampling ants with pitfall traps: digging-in effects [J]. Insectes Sociaux, 1973, 20 (4): 343-353.

18. Harrison, S., Ross, S. J., Lawton, J. H. Beta diversity on geographic gradients in Britain [J]. Journal of Animal Ecology, 1992, 61 (1): 151-158.

19. Huang Jun-hao, Shi Kai, Li Ze-jian, et al. Review of The Genus Pseudozygoneura Steffan (Diptera, Sciaridae) From China [J]. Entomological News, 2015, 125 (2): 77-95.

20. Kapoor, V. Effects of rainforest fragmentation and shade-coffee plantations on spider communities in the Western Ghats, India [J]. Journal of Insect Conservation, 2008, 12 (1): 53-68.

21. Koleff, P., Gaston, K. J., Lennon, J. K. Measuring beta diversity for presence-absence data [J]. Journal of Animal Ecology, 2003, 72, 367-382.

22. Lennon, J. J., Koleff, P., Greenwood, J. J. D., et al. The geographical structure of British bird distributions: diversity, spatial turnover and scale [J]. Journal of Animal Ecology, 2001, 70 (6): 966-979.

23. Lin Xiao-long, Yao Yuan-yuan, Liu Wen-bin, et al. A review of the genus Compterosmittia Sæther, 1981, (Diptera: Chironomidae) from China [J]. Zootaxa, 2013, 3669 (2): 129-138.

24. Miyashita, T., Shinkai, A., Chida, T. The effects of forest fragmentation on web spider communities in urban areas [J]. Biological Conservation, 1998, 86 (3): 357-364.

25. Nyffeler, M., Birkhofer, K. An estimated 400-800 million tons of prey are annually killed by the global spider community [J]. Naturwissenschaften, 2017, 104 (3-4): 30.

26. Qian, H., Ricklefs, R. E., White, P. S. Beta diversity of angiosperms in temperate floras of eastern Asia and eastern North America [J]. Ecology Letters, 2005, 8 (1): 15-22.

27. Schuldt, A., Both, S., Bruelheide, H., et al. Predator diversity and abundance provide little support for the enemies hypothesis in forests of high tree diversity [J]. PLoS ONE, 2011, 6 (7): e22905.

28. Shi K, Huang J, Zhang S, et al. Taxonomy of the genus PeyerimhoffiaKieffer from Mainland China, with a description of seven new species (Diptera, Sciaridae) [J]. ZooKeys, 2014, 382 (382): 67-83.

29. Svenning, J. C., Flojgaard, C., Baselga, A. Climate, history and neutrality as drivers of mammal beta diversity in Europe: insights from multiscale deconstruction [J]. Journal of Animal Ecology, 2011, 80 (2): 393-402.

30. Ulrich, W., Almeida-Neto, M., Gotelli, N. J. A consumer's guide to nestedness analysis [J]. Oikos,

2009, 118 (1): 3-17.

31. Whittaker, R. H. Vegetation of the Siskiyou Mountains, Oregon and California [J]. Ecological Monographs, 1960, 30, 280-338.

32. Wu Hong, Shi Kai, Huang Jun-hao, et al. Review of the genus DolichosciaraTuomikoski (Diptera, Sciaridae) from China [J]. ZooKeys, 2013, 3745 (3): 343-364.

33. Zhao Jingzhao. Spiders in the cotton fields in China [M]. Wuhan: Wuhan Publishing House, 1993.

第六章 脊椎动物

第一节 鱼 类

清凉峰的鱼类据《唐昌大龙塘山志》载有金鱼、鲤鱼、石斑 3 种；曾国霖编《昌化县志》载有鲤、鲢、鲇、鳗、鲭、鳍、鲈、鲫、石斑等 10 种。毛节荣和徐寿山（1991）在《浙江动物志 · 淡水鱼类》中记录了分布于临安昌化地区的部分鱼类种类；《浙江清凉峰自然保护区科学考察集》（宋朝枢，1997）整理的文献资料，记录了清凉峰地区（昌化、顺溪、鸠甫、乐平）的鱼类 5 目 11 科 43 种；《清凉峰动物》（陈水华和童彩亮，2012）记录了清凉峰保护区陆生脊椎动物 243 种，未包含鱼类。从现有的文献资料看，浙江清凉峰国家级自然保护区的鱼类物种多样性还未做过系统的调查和评估。

一、调查方法

采用样线法（样带法）对清凉峰保护区的鱼类进行调查，在保护区三大区块范围以及行政中心昌化镇区块范围内水系流域（杨溪、柘林坑溪、顺溪、昌化溪）分别设置 2~3 个采样点：龙塘山（直坑、双涧坑、十门峡、都林山），千顷塘（童玉村、天池、干坑），顺溪坞（顺溪），昌化（昌化溪）；以采样点为基点沿溪流设置 300~500m 的样线进行采样（表 6-1）。

表 6-1　清凉峰自然保护区及周边水域鱼类多样性调查位点及信息

位点	所属水系	经纬度*	海拔（m）	备注
干坑	柘林坑溪	30°15′5. 89″N 119° 7′7. 11″E	960	保护区实验区 昌北溪支流
天池	柘林坑溪	30°17′50. 22″N 119° 7′5. 71″E	1120	保护区实验区 昌北溪支流
童玉村	柘林坑溪	28°33′25. 61″N 120°36′01. 53″E	570	保护区实验区 昌北溪支流
顺溪坞	杨溪	30° 2′28. 69 ″N 118°56′12. 20″E	440	保护区实验区 昌西溪支流

（续）

位点	所属水系	经纬度*	海拔（m）	备注
十门峡	杨溪	30° 9′6.16″N 118°52′10.28″E	650	保护区实验区 昌西溪支流
双涧坑	杨溪	30° 6′16.00″N 118°53′3.88″E	900	保护区实验区 昌西溪支流
直坑	杨溪	30° 6′16.91″N 118°55′19.29″E	450	保护区实验区 昌西溪支流
昌化镇	昌化溪	30°10′4.60″N 119°12′50.32″E	150	昌化溪干流

*经纬度：所记录的经纬度为所选样线（约 300～500m）的基点。

2014 年 9 月至 2017 年 7 月，项目组对上述采样点进行了详细的鱼类资源调查和评估。分别在春季、夏季、秋季和冬季每季各调查一次，其具体方法如下。

（1）在上游或源头河段，采用低电压的背包式电鱼仪（符合国家规定和执行标准）进行鱼类取样。在水深小于 0.6m 的可涉水河段，利用拦网拦截一定距离的河段，通过电鱼设备反复电捕，直至再无新种类的鱼被捕获，在下游拦网处利用网兜收集捕到的鱼类。现场处理部分死亡的鱼类，把未死亡的鱼类放置于装水的容器中，通过氧气泵加氧以保证其短时间内不死亡。

（2）口头或调查问卷方式询问保护区工作人员、当地村民、钓鱼爱好者、农家乐餐馆从业人员等，了解当地水域的鱼类种类，近些年来渔获量的变化情况。

（3）在保护区外围区域有渔民捕鱼的溪段，连续多次跟踪调查渔民捕获的渔获物，包括渔具渔法、渔获时间、渔获量、种类组成、个体大小等。

将采集到的鱼类现场鉴定到种（陈宜喻，1998；乐佩琦，2000；毛节荣和徐寿山，1991）。现场不能确定的鱼类，则用 5%福尔马林固定后带回实验室再做分类；对于某些特有或稀有的鱼类，在相关条件下制作成鱼类标本并带回实验室。选作标本的鱼类要新鲜、体型完整，鳞片、鳍条无缺。在标本未固定前要详细观测记录鱼体各部位色彩。在某一采样断面，每种鱼类标本采集数量 5～8 尾，稀有、珍贵种类采集数量根据现实情况而定。采集到的标本在尾柄或下颌部位系上编号标签，逐号登记，做好野外记录。

二、物种多样性

调查期间，项目组在清凉峰保护区及其周边水域共收集到鱼类 300 余尾，共 56 种，隶属于 6 目 15 科 47 属（表 6-2）。56 种鱼类中，鲤形目 Cypriniformes 鱼类是主体，共 35 种，占所有调查区域鱼类总种数的 62.5%；鲈形目 Perciformes 次之，有 11 种，占总种数的 19.6%；鲶形目 Siluriformes 有 6 种，占总种数的 10.7%；鳉形目 Cyprinodontiformes 有 2 种，占总种数的 3.6%；鳗丽目 Anguilliformes 和合鳃鱼目 Synbranchiformes 各仅 1 种，各占总种数的 1.8%。

除日本鳗鲡 *Anguilla japonica* 外，清凉峰保护区内共有内陆鱼类 55 种，其区系组成主要以江南平原鱼类区系复合体和热带平原鱼类区系复合体为主（李思忠，1981）：属于江河平原鱼类区系复合体的鱼类有马口鱼 *Opsariichthys bidens*，宽鳍鱲 *Zacco platypus*，赤眼鳟 *Squaliobarbus curriculus*，𩾃 *Hemiculter leucisculus*，大眼华鳊 *Sinibrama macrops*，小鳈 *Sarcocheilichthys parvus*，似鮈 *Pseudogobio vaillanti*，点纹银鮈 *Squalidus wolterstorffi*，鲤 *Cyprinus carpio*，鲫 *Carassius auratus auratus*，圆吻鲴 *Distoechodon tumirostris*，中华鳑鲏 *Rhodeus sinensis*，高体鳑鲏 *Rhodeus ocellatus*，唇䱻 *Hemibarbus labeo*，花䱻 *Hemibarbus maculatus* 和细纹颌须鮈 *Gnathopogon taeniellus* 等共 26 种，占 46.4%；属于热带平原鱼类区系复合体的有光唇鱼 *Acrossocheilus fasciatus*，台湾白甲鱼 *Onychostoma barbatulum*，子陵吻虾虎鱼 *Rhinogobius similis*，神农吻虾虎鱼 *Rhinogobius brunneus*，天台扁尾薄鳅 *Leptobotia tientainensis*，黄鳝 *Monopterus albus*，食蚊鱼 *Gambusia affinis*，盎堂拟鲿 *Pseudobagrus ondon*，白边拟鲿 *Pseudobagrus albomarginatus* 和黄颡鱼 *Tachyurus fulvidraco* 等 21 种，占 37.5%；属于北方平原鱼类复合体的有中华花鳅 *Cobitis sinensis* 1 种，占 1.8%；属于北方山区鱼类区系复合体的有尖头尖头鱥 *Phoxinus oxycephalus*1 种，占 1.8%；属于上第三纪鱼类区系复合体的有麦穗鱼 *Pseudorasbora parva*，泥鳅 *Misgurnus anguillicaudatus*，大鳞副泥鳅 *Paramisgurnus dabryanus*，鲶 *Silurus asotus* 和南方大口鲶 *Silurus meridionalis*5 种，占 8.9%；属于中印山区鱼类区系复合体的有原缨口鳅 *Vanmanenia stenosoma* 和白缘鉠 *Liobagrus marginatus*2 种，占 3.6%。

表 6-2 浙江清凉峰国家级自然保护区及其周边水域鱼类物种名录

种类	龙塘山	千顷塘	顺溪坞	昌化镇	受威胁程度*
一、鳗丽目 Anguilliformes					
（一）鳗鲡科 Anguillidae					
1. 日本鳗鲡 *Anguilla japonica*				+	EN
二、鲤形目 Cypriniformes					
（二）鲤科 Cyprinidae					
2. 马口鱼 *Opsariichthys bidens*	+++	+++	++	+++	
3. 宽鳍鱲 *Zacco platypus*	+++	+++	++	+++	
4. 尖头鱥 *Phoxinus oxycephalus*	+++	+++		++	
5. 草鱼 *Ctenopharyngodon idellus*				+++	
6. 赤眼鳟 *Squaliobarbus curriculus*				++	
7. 大眼华鳊 *Sinibrama macrops*				++	
8. 圆吻鲴 *Distoechodon tumirostris*		+		+++	
9. 细鳞鲴 *Xenocypris macrolepis*				++	
10. 大鳍鱊 *Acheilognathus macropterus*				++	
11. 高体鳑鲏 *Rhodeus ocellatus*				++	
12. 中华鳑鲏 *Rhodeus sinensis*				++	
13. 台湾白甲鱼 *Onychostoma barbatulum*	+	++			
14. 光倒刺鲃 *Spinibarbus hollandi*				++	
15. 光唇鱼 *Acrossocheilus fasciatus*	+++	+++	+	+++	

（续）

种类	龙塘山	千顷塘	顺溪坞	昌化镇	受威胁程度*
16. 鲫 *Carassius auratus auratus*	+	+	+	++	
17. 鲤 *Cyprinus carpio*				++	
18. 䱗 *Hemiculter leucisculus*		++		++	
19. 翘嘴鲌 *Erythroculter ilishaeformis*		+		++	
20. 似䱻 *Belligobio nummifer*				++	
21. 唇䱻 *Hemibarbus labeo*				++	
22. 花䱻 *Hemibarbus maculatus*				++	
23. 黑鳍鳈 *Sarcocheilichthys n. nigripinnis*				++	
24. 小鳈 *Sarcocheilichthys parvus*				++	
25. 麦穗鱼 *Pseudorasbora parva*	++	++		+++	
26. 棒花鱼 *Abbottina rivularis*				+++	
27. 细纹颌须鮈 *Gnathopogon taeniellus*	++		+	++	
28. 似鮈 *Pseudogobio vaillanti*				+	
29. 点纹银鮈 *Squalidus wolterstorffi*			+	++	
30. 福建小鳔鮈 *Microphysogobio fukiensis*				++	
（三）鳅科 Cobitidae					
31. 中华花鳅 *Cobitis sinensis*	+		+	++	
32. 天台扁尾薄鳅 *Leptobotia tientainensis*	++			++	
33. 宽斑薄鳅 *Leptobotia tchangi*				+	
34. 泥鳅 *Misgurnus anguillicaudatus*	+	++	+	+++	
35. 大鳞副泥鳅 *Paramisgurnus dabryanus*				++	
（四）平鳍鳅科 Homalopteridae					
36. 原缨口鳅 *Vanmanenia stenosoma*	++	+++	+	++	
三、鲶形目 Siluriformes					
（五）鲶科 Siluridae					
37. 鲶 *Silurus asotus*				++	
38. 南方大口鲶 *Silurus meridionalis*				++	
（六）鲿科 Bagridae					
39. 黄颡鱼 *Tachyurus fulvidraco*				+++	
40. 盎堂拟鲿 *Pseudobagrus ondon*	++	++	+	++	
41. 白边拟鲿 *Pseudobagrus albomarginatus*				++	
（七）鲀科 Amblycipitidae					
42. 白缘䱀 *Liobagrus marginatus*			+	+	
四、鳉形目 Cyprinodontiformes					
（八）鳉科 Cyprinodontidae					
43. 青鳉 *Oryzias latipes*	+			++	

（续）

种类	龙塘山	千顷塘	顺溪坞	昌化镇	受威胁程度*
（九）花鳉科 Poeciliidae					
44. 食蚊鱼 *Gambusia affinis*	+	+		++	
五、合鳃鱼目 Synbranchiformes					
（十）合鳃科 Synbranchidae					
45. 黄鳝 *Monopterus albus*	++	++	+	++	
六、鲈形目 Perciformes					
（十一）真鲈科 Percichthyidae					
46. 鳜 *Siniperca chuatsi*		+		+++	
47. 波纹鳜 *Siniperca undulate*				+	
48. 大眼鳜 *Siniperca kneri*				+	
49. 斑鳜 *Siniperca scherzeri*		+		++	
（十二）虾虎科 Gobiidae					
50. 小黄黝鱼 *Micropercops swinhonis*		+		++	
51. 河川沙塘鳢 *Odontobutis potamophila*	++	++	+	+++	
52. 子陵吻虾虎鱼 *Rhinogobius similis*	+++	++	+	+++	
53. 黑吻虾虎鱼 *Rhinogobius ogasawaraensis*	+++	++	+	++	
（十三）刺鳅科 Mastacembelidae					
54. 中华刺鳅 *Sinobdella sinensis*				++	
（十四）斗鱼科 Belontiidae					
55. 圆尾斗鱼 *Macropodus ocellatus*				++	
（十五）太阳鱼科 Centrarchidae					
56. 大口黑鲈 *Micropterus salmoides*		++		+++	
合计：6目15科47属	19	22	15	55	2

*受威胁程度（濒危等级）：灭绝（EX）、野外灭绝（EW）、区域灭绝（RE）、极危（CR）、濒危（EN）、易危（VU）、近危（NT）、无危（LC）和数据缺乏（DD）；+++种群丰富度高，优势种；++种群丰富度一般，常见种；+种群丰富度低，偶见种。

三、分布特点

56种鱼类中，分布于保护区范围内的鱼类有28种。龙塘山、千顷塘和顺溪坞分别记录鱼类19种、22种和15种。28种鱼类以适应山区溪流环境的小型溪流性鱼类为主，有21种，如宽鳍鱲、尖头鱥、台湾白甲鱼、光唇鱼、细纹颌须鮈、中华花鳅、天台扁尾薄鳅、原缨口鳅、盎堂拟鲿等，还包含部分江河定居性鱼类，如草鱼、鲫、麦穗鱼、泥鳅、黄鳝等。昌化镇共记录鱼类55种。

从海拔高度分布来看，高海拔水域鱼类种类较少，低海拔水域鱼类种类和种群数量较高海拔水域丰富。海拔800m（平均海拔，下同）以上鱼类种类较少，在双涧坑（900m）溪流中仅采集到台湾白甲鱼1种，但在保护站区域存在小型水库，也记录到鲫鱼、麦穗鱼、草鱼等静水性鱼类；在千顷塘（1120m）溪流中仅采集到尖头鱥1种，千顷塘水库周边及水库中采集记录到泥鳅、黄鳝、鳘、大口黑鲈（加州鲈鱼，引进养殖种类）等4种静水性鱼类。海拔200~800m之间的十门峡（800m）、直坑（450m）、顺溪坞（440m）、童玉村（570m）采集记录到的鱼类种类最多（28种），以溪流性鱼类为主。昌化镇（150m）位于昌化溪的干流区域，调查到的鱼类包含了昌化溪干流及其支流的鱼类，鱼类标本来源相对广泛，记录鱼类种数较多，共记录鱼类55种。

四、珍稀濒危物种

曹亮等（2016）对中国目前已鉴定的1443种内陆鱼类受威胁现状进行了评估，其中共有299种被列入红色名录，包括灭绝3种、区域灭绝1种、极危65种、濒危101种、易危129种。清凉峰保护区及其周边水域已经调查到的56种鱼类中，列入此红色名录的有日本鳗鲡和神农吻虾虎鱼共2种，受威胁种比例占调查到的物种总数的3.6%。日本鳗鲡为典型降河洄游鱼类，生长于河口、沼泽、河溪、湖塘、水库等。性情凶猛，昼伏夜出，捕食鱼、虾等小动物，性成熟后便由江河的上、中游移向下游，群集与河口处入海，到海中去产卵繁殖；孵出的幼体，慢慢向大陆浮游，在进入河口前变成像火柴杆一样的白色透明鳗苗，俗称为鳗线或玻璃鳗；然后再逆流而上，返回大陆淡水江河溪流中发育成长。钱塘江水系历史上日本鳗鲡种群数量较多（陈马康等，1990），但由于水体污染、过度捕捞、拦河建坝等原因阻断了日本鳗鲡的正常洄游通道，致使日本鳗鲡的资源量急剧下降，与花鳗鲡共同被列为濒危（EN）物种。神农吻虾虎鱼被认为是汉江水系（神农架）的特有种，亦被列为濒危（EN）等级，鉴定为此种的钱塘江水系种群的分类地位需要进一步研究。

第二节　两栖类

1985年，清凉峰建立省级自然保护区之初，浙江自然博物馆对原昌化林场进行过一次两栖类和爬行类资源调查；1993年，浙江自然博物馆联合杭州大学、浙江省林业科学院研究院等单位对龙塘山进行过一次较为全面的两栖类和爬行类资源本底调查（宋朝枢，1997）。2006—2008年，2010—2012年，浙江自然博物馆又对保护区范围内的两栖类开展了系统调查（陈苍松等，2010；陈水华和童彩亮，2012）。在此基础上，项目组于2014年6月至2018年6月，采用样带法和样方法，对清凉峰国家级自然保护区内两栖类动物资源和多样性进行调查。同时，结合访问调查、文献查阅等来了解两栖类的种类、分布和数量等情况，并对两栖类动物的区系组成和生态类型进行了分析。

一、调查方法

调查共设置17条样线（表6-3），根据不同生境类型，在龙塘山设置样线5条，在千顷塘设置样线6条，在顺溪坞设置样线6条。样线长500~1000m，宽10m，白天样线调查通过目击确定所调查区域两栖类的种类、数量和分布状况；夜晚调查通过辨听两栖类的鸣叫声，确定所调查区域两栖类的种类、数量和分布状况；对于现场不能确定的种类，通过捕捉标本进一步鉴定。

表 6-3 清凉峰自然保护区两栖类调查样线分布表

编号	长度（m）	地名	起止位点	样线海拔（≈m）	生境类型	栖息地现状	主要干扰因素
1	800	高速桥下	30°2′57.54″N，118°54′53.04″E 30°2′42.66″N，118°54′52.56″E	302 320	小溪	自然状态	挖沙
2	1000	云溪坞	30°2′29.4″N，118°55′3.96″E 30°2′20.28″N，118°55′13.5″E	415 435	湖泊	自然状态	人工湖泊
3	1000	顺溪坞保护站	30°2′48.3″N，118°54′51.24″E 30°2′38.16″N，118°55′0.3″E	313 365	河流	自然状态	少
4	800	无	30°2′41.22″N，118°55′0.06″E 30°2′33.06″N，118°55′1.32″E	392 422	山涧溪流	自然状态	少
5	800	无	30°3′13.56″N，118°56′15.36″E 30°2′36.48″N，118°56′15.36″E	341 398	山涧溪流	自然状态	少
6	1000	苏坞尖下	30°2′16.86″N，118°56′1.02″E 30°2′4.08″N，118°55′51.6″E	451 500	山涧溪流	自然状态	少
7	1000	桃花溪	30°15′50.94″N，119°4′15.24″E 30°15′59.7″N，119°4′15.66″E	291 333	村落溪流	自然状态	生活污水
8	1000	戴家	30°16′23.94″N，119°4′13.86″E 30°16′25.44″N，119°4′14.22″E	467 425	村落溪流	自然状态	生活污水
9	1000	休息站	30°17′33.6″N，119°4′41.28″E 30°17′40.44″N，119°4′50.22″E	533 587	山路	自然状态	游客
10	500	主入口	30°17′49.38″N，119°6′55.32″E 30°17′51.66″N，119°6′56.58″E	1073 1080	山涧溪流	自然状态	游客
11	1000	千顷塘保护站	30°17′55.98″N，119°6′59.34″E 30°18′3.24″N，119°7′4.86″E	1085 1095	高山湿地	自然状态	游客
12	1000	千顷塘	30°18′18″N，119°7′11.28″E 30°18′21.84″N，119°6′53.4″E	1099 1095	高山湿地	自然状态	游客
13	800	龙塘山保护站	30°6′41.22″N，118°54′1.44″E 30°6′37.8″N，118°53′52.32″E	903 914	阔叶林	自然状态	少
14	1000	水库	30°6′33.3″N，118°54′1.5″E 30°6′26.82″N，118°54′0.12″E	853 845	水库	自然状态	少
15	1000	无	30°6′46.92″N，118°53′49.8″E 30°6′44.04″N，118°53′37.02″E	945 965	山路	自然状态	少
16	1000	无	30°6′22.14″N，118°53′8.88″E 30°6′25.86″N，118°53′12.66″E	925 949	山路	自然状态	少
17	800	停车场下	30°6′17.28″N，118°53′2.7″E 30°6′26.82″N，118°54′0.12″E	842 951	山涧溪流	自然状态	少

同时，在龙塘山高山湿地龙池内设置6个5m×5m的样方（表6-4），在样方内调查所有两栖动物。

表6-4 清凉峰自然保护区安吉小鲵繁殖水坑

样方编号	繁殖水坑面积（m^2）	水深（m）	植物覆盖度（%）	pH
1	5	0.3	10	5.02
2	0.8	0.6	60	5.18
3	0.5	0.5	60	4.95
4	0.4	0.5	60	5.63
5	3	0.2	30	5.52
6	12	0.4	70	5.32

通过收集与整理周边地区的历史资料、动物资源调查报告和参考文献，进行数据补充。

在野外调查的过程中，采用下述方法进行物种调查和识别。

1. 目测法

将肉眼看到的物种记录下来，原则上不记录无法识别的物种。

2. 捕捉法

对于现场无法确定种类的个体，可利用工具捕捉，暂时放入标本袋中。回来后洗净浸入10%的福尔马林溶液中固定，然后根据参考文献进行鉴定。

3. 鸣叫声记录法

两栖类雄性在繁殖季节出现鸣叫行为，以吸引雌性并建立繁殖领域，因此可由鸣叫声来鉴定种类和数量。该方法仅适用于会发出求偶叫声的种类，因此在调查过程中通常辅助其他调查方法，在已知物种的情况下调查物种相对数量。

4. 卵块和巢计数法

具有相对固定繁殖时间的大多数两栖类动物的卵，会在水面聚集为团状或串状，这些在野外都很容易辨认出来。记录野外观察到的卵的堆数，根据产卵物种的产卵量及频次，估算相对应种类的种群数量。

调查过程中，对于现场无法识别的物种，通过采集标本及利用相关资料，带回实验室鉴定。标本鉴定依据《中国动物志·两栖纲（下卷）》《中国两栖动物及其分布彩色图鉴》《中国两栖动物检索及图解》《浙江动物志·两栖类爬行类》等书籍。

二、物种组成与区系特征

1. 物种组成

结合历史数据（陈水华和童彩亮，2012），清凉峰保护区内共记录两栖类28种，隶属2目8科（表6-5），其中有尾目2科4种、无尾目6科24种。28种两栖类中，安吉小鲵 *Hynobius amjiensis*、中国瘰螈 *Paramesotriton chinensis*、三港雨蛙 *Hyla sanchiangensis*、中国雨蛙 *Hyla chinensis*、沼水蛙 *Hyla guentheri*、大绿臭蛙 *Odorrana graminea*、天台粗皮蛙

Glandirana tientaiensis、镇海林蛙 *Rana zhenhaiensis*、大树蛙 *Rhacophorus dennysi* 属于罕见种类，数量稀少；东方蝾螈 *Cynops orientalis*、挂墩角蟾 *Megophrys*（*Panophrys*）*kuatunensis*、阔褶水蛙 *Hylarana latouchii*、小竹叶蛙 *Odorrana exiliversabilis*、金线侧褶蛙 *Pelophylax plancyi*、棘胸蛙 *Quasipaa spinosa*、布氏泛树蛙 *Polypedates braueri*、小弧斑姬蛙 *Microhyla heymonsi* 具有一定的数量，属于偶见种类；秉志肥螈 *Pachytriton granulosus*、淡肩角蟾 *Megophrys*（*Panophrys*）*boettgeri*、中华蟾蜍 *Bufo gargarrizans*、弹琴蛙 *Nidirana adenopleura*、泽陆蛙 *Fejervarya multistriata*、花臭蛙 *Odorrana schmackeri*、天目臭蛙 *Odorrana tianmuii*、黑斑侧褶蛙 *Pelophylax nigromaculatus*、九龙棘蛙 *Quasipaa jiulongensis*、华南湍蛙 *Amolops ricketti*、饰纹姬蛙 *Microhyla fissipes* 数量较多，属于常见种类，也是清凉峰两栖类中的优势种。

表 6-5 清凉峰自然保护区两栖类名录

分类地位	动物区系	优势度	保护等级	生态类型	依据
有尾目 Urodela					
小鲵科 Hynobiidae					
安吉小鲵 *Hynobius amjiensis*	②	+	Z	TQ	D
蝾螈科 Salamandridae					
中国瘰螈 *Paramesotriton chinensis*	②	+	Z	R	W
秉志肥螈 *Pachytriton labiatus*	①	+++	Z	R	D
东方蝾螈 *Cynops orientalis*	②	++	Z	Q	D
无尾目 Anura					
角蟾科 Pelobatidae					
淡肩角蟾 *Megophrys boettgeri*	①	+++	Y	TR	D
挂墩角蟾 *M. kuatunensis*	①	++	Y	TR	D
蟾蜍科 Bufonidae					
中华蟾蜍 *Bufo gargarrizans*	③	+++		TQ	D
雨蛙科 Hylidae					
三港雨蛙 *Hyla sanchiangensis*	②	+	Z	T	W
中国雨蛙 *H. chinensis*	③	+	Z	T	D
蛙科 Ranidae					
弹琴蛙 *Hylarana adenopleura*	①	+++	Y	Q	D
沼水蛙 *H. guentheri*	②	+	Z	Q	D
阔褶水蛙 *H. latouchii*	①	++	Y	Q	D
泽陆蛙 *Fejervarya multistriata*	③	+++	Y	A	D
大绿臭蛙 *Odorrana livida*	②	+	Z	R	D
花臭蛙 *O. schmackeri*	①	+++	Y	R	D
天目臭蛙 *O. tianmuii*		+++	Z	R	D
小竹叶蛙 *O. exiliversabilis*	②	++		R	D
黑斑侧褶蛙 *Pelophylax nigromaculata*		+++	Y	Q	D
金线侧褶蛙 *P. plancyi*	①	++	Y	Q	D
棘胸蛙 *Quasipaa spinosa*	①	++	Z	R	D

（续）

分类地位	动物区系	优势度	保护等级	生态类型	依据
九龙棘蛙 *Q. jiulongensis*	①	+++	Z	R	D
天台粗皮蛙 *Rugosa tientaiensis*		+	Z	R	W
镇海林蛙 *Rana zhenhaiensis*		+	Y	A	D
华南湍蛙 *Amolops ricketti*	①	+++	Y	R	D
树蛙科 Rhacophoridae					
布氏泛树蛙 *Polypedates braueri*		++		T	D
大树蛙 *Rhacophorus dennysi*	①	+	Z	T	W
姬蛙科 Microhyldae					
小弧斑姬蛙 *Microhyla heymonsi*	②	++	Y	TQ	D
饰纹姬蛙 *M. fissipes*	②	+++	Y	TQ	D

保护等级："Z" 浙江省重点保护陆生野生动物。"Y" 浙江省一般保护陆生野生动物。

动物区系：①东洋界华中区，②东洋界华中华南区，③广布种。

生态类型："R" 溪流类群，"A" 林栖静水繁殖型，"TQ" 穴栖静水繁殖型，"TR" 林栖流溪繁殖型，"T" 树栖类型。

依据："D" 本次调查记录，"W" 文献记载 。

据《浙江动物志 · 两栖类爬行类》《中国两栖动物彩色图鉴》及其他文献记载，浙江已知的两栖动物有49种，隶属于2目9科，分别是有尾目3科、无尾目6科。清凉峰保护区内两栖动物种类占全省两栖类动物总数的51%（表6-6）。

表6-6 清凉峰自然保护两栖类资源与浙江省两栖类资源的比较

分类阶元	清凉峰保护区	浙江省	清凉峰保护区占全省比例（%）
目	2	2	100
科	8	9	88.9
种	28	49	57.1

2. 两栖类分布区系

根据中国动物地理区划，清凉峰位于东洋界华中区的东南部丘陵地区。在清凉峰保护区记录的28种两栖动物中，从地理型分析，东洋界华中区物种占大多数（14种），占总数的50%；东洋界华中华南区物种次之（9种），占总数的32.1%；小部分属于广布种类（4种），占总数的14.3%。

3. 珍稀濒危两栖动物

安吉小鲵隶属两栖纲（Amphibian）有尾目（Caudata）小鲵科（Hynobiidae）小鲵属（*Hynobius*），是在安吉龙王山发现的小鲵属新种（顾辉清，1992），全球仅在安吉龙王山千亩田、临安清凉峰、临安百丈岭和安徽清凉峰有分布记录（顾辉清等，1999；傅萃长等，2003a；陈苍松等，2010；费梁等，2012），被IUCN列为极危物种（汪松，2009；IUCN，2020）。近10年来，由于人类活动对其栖息地的破坏，气候的变迁和鲫 *Carassius auratus* 等外来生物入侵，导致安吉小鲵的野外种群数量进一步下降，现有种群数量不足600条，濒临灭绝。

在清凉峰保护区有分布记录的28种两栖类中，安吉小鲵、秉志肥螈、大树蛙等13种为浙江省重点保护野生动物，淡肩角蟾、东方蝾螈、泽陆蛙等 11 种为浙江省一般保护动物。

三、资源分布和保护

1. 资源分布

调查发现，由于清凉峰保护区所处地海拔落差大，小流域众多，为两栖类动物提供了良好的栖息环境。清凉峰保护区内两栖类群数量大，密度高。在昱岭关、龙塘山、天池等生态环境较好的地区，适合两栖类繁殖的溪流环境丰富，是两栖动物种群密度较高的区域。

安吉小鲵为浙江特有种，也是世界极危动物，全球仅在浙江安吉龙王山、临安清凉峰临安百丈岭、安徽清凉峰有分布记录。调查显示，安吉小鲵对环境依赖度较高，龙塘山大小龙池是目前安吉小鲵的主要栖息地之一。

两栖类的幼体、蝌蚪必须生活在水中，而成体一般栖息在山溪中或在水体附近比较潮湿的草丛、石穴或土洞里，这些环境应该能够满足其保持身体湿润以及获得丰富昆虫食物的要求。随着经济的发展，土地利用带来了景观格局的变迁，虽然清凉峰大部分地区的环境质量好，但也存在局部环境遭破坏现象，在顺溪坞的部分山区还有采沙现象，采沙会导致两栖动物栖息地的直接丧失或栖息地质量下降。

调查发现，人为捕捉依然是威胁两栖类动物资源的重要因素。那些大型的蛙类，如棘胸蛙、黑斑侧褶蛙等仍然存在被部分不法分子捕捉的现象。由于长期以来形成的农村吃石鸡现象十分普遍，这需要加强针对民众的野生动物知识普及和保护的宣传教育。另外，在保护区内仍然有户外运动爱好者进行登山活动，会在保护区内使用液化气等可燃物，其活动会对两栖类造成一定影响，应引起重视。

调查发现，部分地方存在野外放生养殖大鲵的情况。在清凉峰，历史上有大鲵分布记录，但是近 20 年的野外调查均无发现。养殖大鲵野外放生可能会对本地其他两栖动物造成一定影响，应引起重视。

2. 保护建议

两栖动物具有其特定的生物学和生态学特征，一直被作为生态环境监测的重要指示类群。2004 年，科学家公布了一个令人沮丧的全球性评估结果：5743 种已知两栖动物中，有 32%以上的物种受到灭绝的威胁，现有两栖动物中有很多物种将在 21 世纪消亡。目前，两栖动物种群衰减已成为国际研究的一个热点问题。2007 年，我国科学家对国内两栖动物濒危现状进行的总体分析发现，两栖动物的生存现状不容乐观！现生的 365 个物种中，有 100 个物种（27.6%）已濒临灭绝（不包括 18%的数据缺乏物种）。生境丧失与退化、全球性变化、人类活动、污染、过度捕捉等致危因素是导致我国两栖动物濒危的重要原因。

针对威胁两栖类资源的几个主要因素，如栖息地丧失等，管理部门应该严格执法，禁止区域内捕猎野生动物，尤其是非法捕捉蛙类的行为，同时禁止户外运动爱好者进入保护区核心区。

开展多种形式的野生动物保护宣传。可充分利用爱鸟周、野生动物保护月等活动形式，发放宣传手册，进行野生动物保护和生态环境保护宣传，提高公众保护野生动物的自觉性和积极性，提高群众保护野生动物意识，积极引导和动员全民自觉参与到野生动物保护中来，举全社会之力开展野生动物保护。

对外来物种的引入实施严格管理，减少个体逃逸现象，禁止各种目的的放生行为，有效控制外来物种的危害。

第三节　爬行类

在已有多次历史调查的基础上（黄美华等，1990；宋朝枢，1997；陈苍松等，2010；陈水华和童彩亮，2012），为了持续监测种群动态，发现新分布物种，2014 年 6 月至 2018 年 6 月，对清凉峰保护区内爬行类动物的种类、数量、分布状况，以及受威胁情况等进行了全面调查。

一、调查方法

调查共设置 17 条样线（表 6-7），根据不同生境类型，在龙塘山设置样线 5 条，在千顷塘设置样线 6 条，在顺溪坞设置样线 6 条。样线长 500~1000m，宽 10m，分别在白天与夜晚进行调查，白天与夜晚调查的样带面积为 1∶1。白天样带调查通过目击确定所调查区域种类、数量和分布状况；夜晚用搜索灯、捕蛇器等工具沿事先设定路线进行调查，采用 GPS 手持定位仪定位观察爬行类，确定所调查区域的种类、数量和分布状况；对于现场不能确定的种类，通过捕捉标本进一步鉴定。

进行野外调查的同时，在昱岭头、吴越古道、茅山头村等地向当地村民进行访问调查 5 次，访问护林员 10 次，取得有效调查记录 15 份。

结合项目组成员 2010—2012 年在清凉峰的调查资料，并收集浙江自然博物馆蔡春抹等人在 20 世纪 80 年代、90 年代的历史资料，参考清凉峰及周边地区的历史资料、动物资源调查报告、参考文献，对调查数据进行整理补充。

在野外调查的过程中，采用下述方法进行物种调查和识别。

1. 目测法

将肉眼看到的物种记录下来，原则上不记录无法识别的物种。

2. 捕捉法

对于现场无法确定种类的个体，可利用工具捕捉，暂时放入标本袋中。带回洗净后浸入 10% 的福尔马林溶液中固定，然后根据参考文献进行鉴定。

3. 巢计数法

部分爬行类动物有筑巢下蛋的习性，这些在野外都很容易辨认出来。爬行类不仅具有相对固定的繁殖时间，而且在繁殖期内的怀卵量和排卵频次亦相对稳定，记录野外观察到的卵（或蛋）的堆数，根据产卵（或蛋）物种的产卵量及频次，估算相对应种类的种群数量。

4. 访问调查法

对于一些特殊种类如蛇类、龟类等，可访问保护区内的工作人员，确定保护区内可能存在的物种和相对数量。

调查过程中对于现场无法识别的物种，通过采集标本及利用相关资料，带回实验室鉴定。标本鉴定依据《中国爬行动物图鉴》《中国蛇类》《龟鳖分类图鉴》《中国贸易龟类检索图鉴》《中国动物志》《浙江动物志》等书籍。

表 6-7　清凉峰自然保护区爬行类调查样线分布表

编号	长度（m）	地名	起止位点	样线海拔（≈m）	生境类型	栖息地现状	主要干扰因素
1	800	高速桥下	30°2′57.54″N，118°54′53.04″E 30°2′42.66″N，118°54′52.56″E	302 320	小溪	自然状态	挖沙
2	1000	云溪坞	30°2′29.4″N，118°55′3.96″E 30°2′20.28″N，118°55′13.5″E	415 435	湖泊	自然状态	人工湖泊
3	1000	顺溪坞保护站	30°2′48.3″N，118°54′51.24″E 30°2′38.16″N，118°55′0.3″E	313 365	河流	自然状态	少
4	800	无	30°2′41.22″N，118°55′0.06″E 30°2′33.06″N，118°55′1.32″E	392 422	山涧溪流	自然状态	少
5	800	无	30°3′13.56″N，118°56′15.36″E 30°2′36.48″N，118°56′15.36″E	341 398	山涧溪流	自然状态	少
6	1000	苏坞尖下	30°2′16.86″N，118°56′1.02″E 30°2′4.08″N，118°55′51.6″E	451 500	山涧溪流	自然状态	少
7	1000	桃花溪	30°15′50.94″N，119°4′15.24″E 30°15′59.7″N，119°4′15.66″E	291 333	村落溪流	自然状态	生活污水
8	1000	戴家	30°16′23.94″N，119°4′13.86″E 30°16′25.44″N，119°4′14.22″E	467 425	村落溪流	自然状态	生活污水
9	1000	休息站	30°17′33.6″N，119°4′41.28″E 30°17′40.44″N，119°4′50.22″E	533 587	山路	自然状态	游客
10	500	主入口	30°17′49.38″N，119°6′55.32″E 30°17′51.66″N，119°6′56.58″E	1073 1080	山涧溪流	自然状态	游客
11	1000	千顷塘保护站	30°17′55.98″N，119°6′59.34″E 30°18′3.24″N，119°7′4.86″E	1085 1095	高山湿地	自然状态	游客
12	1000	千顷塘	30°18′18″N，119°7′11.28″E 30°18′21.84″N，119°6′53.4″E	1099 1095	高山湿地	自然状态	游客
13	800	龙塘山保护站	30°6′41.22″N，118°54′1.44″E 30°6′37.8″N，118°53′52.32″E	903 914	阔叶林	自然状态	少
14	1000	水库	30°6′33.3″N，118°54′1.5″E 30°6′26.82″N，118°54′0.12″E	853 845	水库	自然状态	少

（续）

编号	长度（m）	地名	起止位点	样线海拔（≈m）	生境类型	栖息地现状	主要干扰因素
15	1000	无	30°6′46.92″N，118°53′49.8″E	945	山路	自然状态	少
			30°6′44.04″N，118°53′37.02″E	965			
16	1000	无	30°6′22.14″N，118°53′8.88″E	925	山路	自然状态	少
			30°6′25.86″N，118°53′12.66″E	949			
17	800	停车场下	30°6′17.28″N，118°53′2.7″E	842	山涧溪流	自然状态	少
			30°6′26.82″N，118°54′0.12″E	951			

二、物种组成与区系特征

1. 物种组成

清凉峰保护区历史上共记录爬行动物48种。本次调查共记录清凉峰保护区内有爬行动物32种，隶属于3目9科（表6-8），其中龟鳖目3科3种，蜥蜴目3科6种，蛇目3科23种。游蛇科为优势科。

表6-8 清凉峰自然保护区爬行动物名录

种属	种名	区系	优势度	保护等级	依据
龟鳖目	**TESTUDINATA**				
平胸龟科	**Platysternidae**				
平胸龟	*Platysternon megacephalum*	②	+	Z	F
地龟科	**Geoemydidae**				
乌龟	*Mauremys reevesii*	③	++	Y	F
鳖科	**Trionychidae**				
中华鳖	*Pelodiscus sinensis*	③	+	Y	F
蜥蜴目	**LACERTIFORMES**				
壁虎科	**Gekkonidae**				
铅山壁虎	*Gekko hokouensis*	①	++		D
多疣壁虎	*G. japonicus*	①	++		D
石龙子科	**Scincidae**				
中国石龙子	*Plestiodon chinensis*	②	++		D
蓝尾石龙子	*P. elegans*	②	+++	Y	D
铜蜓蜥	*Sphenomorphus indicus*	②	+++	Y	D
蜥蜴科	**Lacertidae**				
北草蜥	*Takydromus septentrionalis*	③	+++	Y	D
蛇目	**SERPENTIFORMES**				
蝰科	**Viperidae**				

（续）

种属	种名	区系	优势度	保护等级	依据
蝮亚科	**Crotalinae**				
尖吻蝮	*Deinagkistrodon acutus*	②	++	Z	D
短尾蝮	*Gloydius brevicaudus*	③	+	Y	D
山烙铁头蛇	*Ovophis monticola*	②	+	Y	F
福建竹叶青	*Trimeresurus stejnegeri*	②	+++	Y	D
游蛇科	**Colubridae**				
游蛇亚科	**Colubrinae**				
绞花林蛇	*Boiga kraepelini*	②	+		D
赤链蛇	*Lycodon rufozonatum*	③	+	Y	D
黄链蛇	*L. flavozonatum*	②	+	Y	D
王锦蛇	*Elaphe carinata*	②	++	Z	D
玉斑蛇	*Euprepiophis mandarina*	②	+	Z	D
黑眉晨蛇	*Orthriophis taeniurus*	③	++	Z	D
灰鼠蛇	*Ptyas korros*	②	+		W
滑鼠蛇	*P. mucosus*	②	+	Z	W
颈棱蛇	*Macropisthodon rudis*	③	+	Y	D
赤链华游蛇	*Sinonatrix annularis*	②	++		D
环纹华游蛇	*S. aequifasciata*	②	+	Y	D
乌华游蛇	*S. percrinata*	②	++		D
锈链腹链蛇	*Amphiesma craspedogaster*	①	+	Y	D
虎斑颈槽蛇	*Rhabdophis tigrina*	③	+		D
饰纹小头蛇	*Oligodon chinensis*	①	+		D
翠青蛇	*Cyclophiops major*	②	+		D
乌梢蛇	*Ptyas dhumnodes*	②	++	Y	D
眼镜蛇科	**Elapidae**				
银环蛇	*Bungarus multicinctus*	②	+	Y	D
舟山眼镜蛇	*Naja atra*	②	+	Z	F
合计	3 目 9 科 32 种				

动物区系：①东洋界华中区，②东洋界华中华南区，③广布种。

数量状况："+" 野外目击数量<5 或只有访问记录，"++" 5<野外目击数量<10，"+++" 野外目击数量>10。

保护等级："Y" 为浙江省级一般保护动物，"Z" 为浙江省重点保护动物。

依据："D" 为本次调查记录，"F" 为访问，"W" 为文献记载。

据《浙江动物志·两栖爬行动物卷》记载，浙江已知的爬行动物有 82 种，隶属于 4 目 15 科，分别是龟鳖目 4 科 11 种、蜥蜴目 4 科 11 种、蛇目 6 科 59 种、鳄目 1 科 1 种。

清凉峰保护区爬行动物种类占浙江省爬行动物种类的 39.0%（表 6-9）。

表 6-9　清凉峰保护区爬行动物与浙江省爬行动物的比较

分类阶元	清凉峰保护区	浙江省	清凉峰保护区占全省比例（%）
目	3	4	75
科	8	15	53.3
种	32	82	39.0

2. 区系特征

根据中国动物地理区划，清凉峰位于东洋界华中区的东南部丘陵地区。清凉峰保护区记录的 32 种爬行动物中，从地理型分析，东洋界华中区物种 4 种，占总数的 12.5%；东洋界华中华南区物种 20 种，占总数的 62.5%；广布种共 8 种，占总数的 25.0%。

3. 珍稀濒危爬行动物

在清凉峰保护区调查记录到的 32 种爬行动物中，属于浙江省重点保护动物的有 7 种：平胸龟 *Platysternon megacephalum*、尖吻蝮 *Deinagkistrodon acutus*、王锦蛇 *Elaphe carinata*、玉斑蛇 *Euprepiophis mandarinus*、黑眉晨蛇 *Orthriophis taeniura*、滑鼠蛇 *Ptyas mucosa*、舟山眼镜蛇 *Naja atra*；属于浙江省一般保护动物的有 15 种：乌龟 *Mauremys reevesii*、中华鳖 *Pelodiscus sinensis*、蓝尾石龙子 *Plestiodon elegans*、铜蜓蜥 *Sphenomorphus indicus*、北草蜥 *Takydromus septentrionalis*、短尾蝮 *Gloydius brevicaudus*、山烙铁头 *Ovophis monticola*、福建竹叶青 *Trimeresurus stejnegeri*、赤链蛇 *Dinodon rufozonatum*、黄链蛇 *Lycodon flavozonatum*、颈棱蛇 *Macropisthodon rudis*、环纹华游蛇 *Sinonatrix aequifasciata*、锈链腹链蛇 *Amphiesma craspedogaster*、乌梢蛇 *Ptyas dhumnodes*、银环蛇 *Bungarus multicinctus*。

三、资源分布和保护

清凉峰地处东南沿海季风区中山丘陵，特殊的地理位置，形成了较为特殊的小气候环境，为不同栖息类群的爬行动物提供了良好的栖息环境。调查发现，清凉峰保护区内爬行类种群数量大，尽管区域面积不大，但物种多样性程度高。

人为捕捉是威胁清凉峰保护区爬行类资源的重要因素。那些大型龟鳖类和蛇类，如大头平胸龟、王锦蛇、乌梢蛇、尖吻蝮等仍然是部分不法分子捕捉的对象。民众在野外见到龟类，不论出于什么目的，很少不捕捉回去的。这对野生龟类资源是一个严重的威胁。此外，也存在少数有目的捕捉野生龟类的现象。在调查中没有龟类的目击观察记录，在访问记录中也很少出现，其中不排除人为捕捉的因素。这说明目前清凉峰保护区龟类资源现状不容乐观，应该引起管理部门的警惕。此外，由于长期以来形成的人们对蛇类的偏见而导致的不加区分对蛇类滥杀的现象十分普遍。鉴于清凉峰保护区爬行动物的受胁现状，提出如下保护对策：

第一，开展多种形式的野生动物保护宣传。要转变见蛇不打三分罪的错误认识。蛇与自然界的其他物种一样，是生态系统的组成部分，有着自己的生态位和生态价值。清凉峰保护区分布的蛇类除了尖吻蝮、短尾蝮、福建竹叶青，其他都是无毒蛇，可能对人造成危害是偶然的、有限的，也是可以预防的，而它们对人类和自然生态系统所起的作用和作出的贡献是主要的和不可缺少的。

第二，对清凉峰区域发展实施科学规划，避免造成对爬行动物栖息地的破坏和威胁。

第三，管理部门应该严格执法，杜绝捕捉蛇类和龟类的违法行为。

第四节　鸟　类

清凉峰保护区成立以来，保护区管理局先后多次组织杭州大学、浙江林学院、浙江自然博物馆和浙江师范大学等单位对自然保护区内的自然资源进行综合性调查，内容均涉及鸟类资源（宋朝枢，1997；陈水华和童彩亮，2012）。同时，陈静等人对清凉峰保护区的鸟类多样性和季节变化进行过研究（陈静等，2012），章叔岩等报道了在清凉峰发现的浙江省鸟类新记录——北领角鸮 *Otus semitorques*（章叔岩等，2015），程樟峰等人利用红外相机陷阱技术对龙塘山区域的鸟兽物种进行了监测（程樟峰等，2016）。

一、调查方法

2014 年至 2016 年繁殖季和冬季（2014 年 12 月、2015 年 8 月和 12 月、2016 年 8 月和 12 月），采用固定距离样线法，珍稀鸟类则辅以痕迹法、访问法和红外相机监测法，对清凉峰保护区鸟类资源进行调查。根据不同的生境特点以及地形地貌的实际情况，在清凉峰保护区共调查样线 26 条（表 6-10），样线单侧宽度 50m。其中以针阔混交林为主的样线 11 条，针叶林样线 5 条，阔叶林样线 4 条，农田灌丛样线 6 条。夏季和冬季各样线重复调查 38 次和 29 次，合计 67 次。

表 6-10　清凉峰自然保护区鸟类调查样线

样线号	样线地点	平均海拔（m）	样线长度（km）	主要生境类型	调查次数 夏季	冬季	合计	起始坐标	终点坐标
1	顺溪坞	550	2.0	阔叶林	2	1	3	30° 2′41.01″N，118°56′15.44″E	30° 2′6.12″N，118°56′55.23″E
2	顺溪坞	550	2.2	针阔混交林	2	1	3	30° 2′41.01″N，118°56′15.44″E	30° 1′41.31″N，118°55′47.10″E
3	道场坪	650	3.9	阔叶林	1	1	2	30°16′43.69″N，119°13′5.54″E	30°16′15.87″N，119°13′16.48″E
4	马啸乡（谢家坞）	750	2.6	农田灌丛	2	1	3	30° 8′25.29″N，118°56′17.18″E	30° 7′21.95″N，118°55′42.74″E
5	十八龙潭	750	4.2	针阔混交林	2	1	3	30° 9′8.56″N，118°52′12.30″E	30° 7′44.81″N，118°52′25.18″E
6	石长城村委会	750	4.0	农田灌丛	1	0	1	30° 8′27.99″N，118°55′26.49″E	30° 8′20.45″N，118°56′17.97″E

（续）

样线号	样线地点	平均海拔（m）	样线长度（km）	主要生境类型	调查次数 夏季	冬季	合计	起始坐标	终点坐标
7	野猪塘保护站方向	750	9.7	针阔混交林	1	0	1	30° 9′12.49″N，118°52′7.33″E	30° 9′16.08″N，118°51′41.90″E
8	徽杭古道	750	6.5	针叶林	1	1	2	30° 9′15.06″N，118°52′6.54″E	30° 9′0.71″N，118°51′18.41″E
9	茶园里	850	3.0	农田灌丛	2	1	3	30° 6′19.91″N，118°53′3.26″E	30° 5′4.09″N，118°53′39.42″E
10	浙西之巅	850	3.4	针阔混交林	2	1	3	30° 6′22.19″N，118°53′8.44″E	30° 6′50.66″N，118°52′4.72″E
11	龙塘山保护站周围	850	2.6	阔叶林	2	1	3	30° 6′38.11″N，118°54′3.71″E	30° 6′44.47″N，118°54′28.96″E
12	大裴里方向	850	2.3	农田灌丛	1	0	1	30°9′7.47″N，118°52′13.24″E	30° 9′13.47″N，118°53′34.99″E
13	干坑站前公路	950	1.5	农田灌丛	3	2	5	30°15′18.55″N，119° 7′7.27″E	30°14′44.81″N，119° 6′57.34″E
14	干坑保护站-三转洞	950	4.6	阔叶林	2	2	4	30°15′18.55″N，119° 7′7.27″E	30°17′13.58″N，119° 7′2.88″E
15	干坑保护站-金鸡奄	950	4.3	针阔混交林	2	2	4	30°15′18.55″N，119° 7′7.27″E	30°14′48.34″N，119° 7′53.42″E
16	干坑保护站-大原塘	950	6.3	针阔混交林	2	2	4	30°15′18.55″N，119° 7′7.27″E	30°16′34.33″N，119° 7′19.02″E
17	干坑保护站-大坪地	950	3.9	针阔混交林	1	1	2	30°15′18.55″N，119° 7′7.27″E	30°16′34.05″N，119° 7′20.15″E
18	千顷塘保护区-军区旁土路（靠下）	1050	2.0	针叶林	0	2	2	30°18′5.01″N，119° 7′6.48″E	30°17′17.50″N，119° 6′48.34″E
19	千顷塘保护站-大坪溪	1050	4.6	针阔混交林	1	2	3	30°18′4.10″N，119°7′6.36″E	30°17′42.90″N，119°8′18.50″E
20	千顷塘保护站-干坑方向	1050	2.0	针阔混交林	0	1	1	30°18′3.90″N，119°7′5.64″E	30°17′8.81″N，119° 7′0.35″E
21	千顷塘保护站-老庙	1050	6.0	针叶林	1	0	1	30°18′3.16″N，119°7′4.65″E	30°18′3.16″N，119°7′4.65″E
22	千顷塘保护站-乐利山	1050	2.4	针阔混交林	1	1	2	30°18′7.09″N，119°7′8.80″E	30°18′12.89″N，119°8′21.09″E
23	千顷塘保护站-天龙大峡谷	1050	4.5	针阔混交林	1	0	1	30°18′7.36″N，119°7′8.26″E	30°16′18.10″N，119°5′48.64″E

（续）

样线号	样线地点	平均海拔（m）	样线长度（km）	主要生境类型	调查次数 夏季	冬季	合计	起始坐标	终点坐标
24	千顷塘保护站-吴越古道	1050	3.9	针叶林	2	2	4	30°18′7.20″N，119°7′8.31″E	30°19′28.11″N，119° 6′48.11″E
25	千顷塘公路	1050	2.2	针叶林	1	1	2	30°18′3.66″N，119°7′6.37″E	30°17′22.05″N，119° 6′15.27″E
26	千顷塘天池	1050	2.9	农田灌丛	2	2	4	30°18′3.16″N，119°7′4.65″E	30°18′3.16″N，119° 7′4.65″E

调查选在天气晴朗、少雾、无大风的日子进行。调查时由2~3人组成一个小组，步行调查，记录样线两侧见到或听到的鸟类种类与数量，并使用便携式卫星定位仪（GPS）记录样线位点及距离。调查时间一般为上午6：00~10：00和下午15：00~18：00，调查时使用8倍双目望远镜对鸟类进行观察。

鸟类种群密度按下式计算：

$$D = N / 2LW$$

式中，D：密度（只/km^2）；N：实际记录的数量（只）；L：样线长度（km）；W：样线宽度（km）。

二、鸟类区系

根据历史记录（陈水华和童彩亮，2012）和本次调查结果，清凉峰保护区共记录有鸟类188种（表6-11）。

清凉峰保护区内记录有国家一级重点保护鸟类3种，分别为白颈长尾雉 *Syrmaticus ellioti*、中华秋沙鸭 *Mergus squamatus*、东方白鹳 *Ciconia boyciana*；国家二级重点保护鸟类共有30种，分别为勺鸡 *Pucrasia macrolopha*、白鹇 *Lophura nycthemera*、小天鹅 *Cygnus columbianus*、鸳鸯 *Aix galericulata*、褐翅鸦鹃 *Centropus sinensis*、白枕鹤 *Grus vipio*、黑冠鹃隼 *Aviceda leuphotes*、蛇雕 *Spilornis cheela*、鹰雕 *Nisaetus nipalensis*、林雕 *Ictinaetus malaiensis*、乌雕 *Aquila clanga*、白腹隼雕 *Aquila fasciata*、凤头鹰 *Accipiter trivirgatus*、赤腹鹰 *Accipiter soloensis*、日本松雀鹰 *Accipiter gularis*、松雀鹰 *Accipiter virgatus*、雀鹰 *Accipiter nisus*、苍鹰 *Accipiter gentilis*、黑鸢 *Milvus migrans*、灰脸𫛭鹰 *Butastur indicus*、普通𫛭 *Buteo japonicus*、领角鸮 *Otus lettia*、北领角鸮、红角鸮 *Otus sunia*、领鸺鹠 *Glaucidium brodiei*、斑头鸺鹠 *Glaucidium cuculoides*、长耳鸮 *Asio otus*、短耳鸮 *Asio flammeus*、草鸮 *Tyto longimembris*、红隼 *Falco tinnunculus*。中国特有种鸟类8种，分别为白颈长尾雉、灰胸竹鸡 *Bambusicola thoracicus*、领雀嘴鹎 *Spizixos semitorques*、栗背短脚鹎 *Hemixos castanonotus*、华南斑胸钩嘴鹛 *Erythrogenys swinhoei*、画眉 *Garrulax canorus*、棕噪鹛 *Garrulax berthemyi*、黄腹山雀 *Pardaliparus venustulus*。IUCN红色名录受胁等级为濒危（EN）和易危（VU）的鸟类共6种，分别为中华秋沙鸭、白枕鹤、东方白鹳、乌雕、白喉林鹟 *Cyornis brunneatus* 和田鹀 *Emberiza rustica*，中国脊椎动物红色名录列为濒危和易危的鸟类共计7种，分别为白颈长尾雉、白枕鹤、东方白鹳、林雕、乌雕、白腹隼雕和白喉林鹟。

表6-11 清凉峰自然保护区鸟类区系名录

目科种	居留型	地理型	保护等级	IUCN红色名录	中国红色名录	中国特有
一、鸡形目 GALLIFORMES						
1. 雉科 Phasianidae						
(1) 灰胸竹鸡 *Bambusicola thoracicus*	R	O		LC	LC	是
(2) 勺鸡 *Pucrasia macrolopha*	R	O	II	LC	LC	
(3) 白鹇 *Lophura nycthemera*	R	O	II	LC	LC	
(4) 白颈长尾雉 *Syrmaticus ellioti*	R	O	I	NT	VU	是
(5) 环颈雉 *Phasianus colchicus*	R	E		LC	LC	
二、雁形目 ANSERIFORMES						
2. 鸭科 Anatidae						
(6) 小天鹅 *Cygnus columbianus*	W	P	II	LC	NT	
(7) 鸳鸯 *Aix galericulata*	W	P	II	LC	NT	
(8) 绿翅鸭 *Anas crecca*	W	P		LC	LC	
(9) 普通秋沙鸭 *Mergus merganser*	W	P		LC	LC	
(10) 中华秋沙鸭 *Mergus squamatus*	W	P	I	EN	NT	
三、䴙䴘目 PODICIPEDIFORMES						
3. 䴙䴘科 Podicipedidae						
(11) 小䴙䴘 *Tachybaptus ruficollis*	R	E		LC	LC	
四、鸽形目 COLUMBIFORMES						
4. 鸠鸽科 Columbidae						
(12) 山斑鸠 *Streptopelia orientalis*	R	O		LC	LC	
(13) 灰斑鸠 *Streptopelia decaocto*	V	O		LC	LC	
(14) 珠颈斑鸠 *Streptopelia chinensis*	R	O		LC	LC	
五、鹃形目 CUCULIFORMES						
5. 杜鹃科 Cuculidae						
(15) 褐翅鸦鹃 *Centropus sinensis*	R	O	II	LC	LC	
(16) 八声杜鹃 *Cacomantis merulinus*	S	O		LC	LC	
(17) 大鹰鹃 *Hierococcyx sparverioides*	S	O		LC	LC	
(18) 小杜鹃 *Cuculus poliocephalus*	S	O		LC	LC	
(19) 四声杜鹃 *Cuculus micropterus*	S	O		LC	LC	
(20) 中杜鹃 *Cuculus saturatus*	S	O		LC	LC	
6. 秧鸡科 Rallidae						
(21) 红脚田鸡 *Zapornia akool*	R	O		LC	LC	
六、鹤形目 GRUIFORMES						

（续）

目科种	居留型	地理型	保护等级	IUCN红色名录	中国红色名录	中国特有
7. 鹤科 Gruidae						
（22）白枕鹤 *Grus vipio*	W	P	II	VU	EN	
七、鸻形目 CHARADRIIFORMES						
8. 反嘴鹬科 Recurvirostridae						
（23）反嘴鹬 *Recurvirostra avosetta*	P	P		LC	LC	
9. 鸻科						
（24）凤头麦鸡 *Vanellus vanellus*	W	P		NT	LC	
（25）长嘴剑鸻 *Charadrius placidus*	P	P		LC	LC	
（26）金眶鸻 *Charadrius dubius*	S	P		LC	LC	
10. 彩鹬科 Rostratulidae						
（27）彩鹬 *Rostratula benghalensis*	R	O		LC	LC	
11. 鹬科 Scolopacidae						
（28）丘鹬 *Scolopax rusticola*	W	P		LC	LC	
（29）矶鹬 *Actitis hypoleucos*	W	P		LC	LC	
12. 鸥科 Laridae						
（30）灰翅浮鸥 *Chlidonias hybrida*	P	E		LC	LC	
八、鹳形目 CICONIIFORMES						
13. 鹳科 Ciconiidae						
（31）东方白鹳 *Ciconia boyciana*	W	P	I	EN	EN	
九. 鹈形目 PELECANIFORMES						
14. 鹭科 Ardeidae						
（32）黑苇鳽 *Ixobrychus flavicollis*	S	O		LC	LC	
（33）绿鹭 *Butorides striata*	S	O		LC	LC	
（34）池鹭 *Ardeola bacchus*	S	O		LC	LC	
（35）牛背鹭 *Bubulcus ibis*	R	O		LC	LC	
（36）中白鹭 *Ardea intermedia*	S	E		LC	LC	
（37）白鹭 *Egretta garzetta*	S	O		LC	LC	
十、鹰形目 ACCIPITRIFORMES						
15. 鹰科 Accipitridae						
（38）黑冠鹃隼 *Aviceda leuphotes*	S	O	II	LC	LC	
（39）蛇雕 *Spilornis cheela*	R	O	II	LC	NT	
（40）鹰雕 *Nisaetus nipalensis*	R	O	II	LC	NT	
（41）林雕 *Ictinaetus malaiensis*	R	O	II	LC	VU	
（42）乌雕 *Clanga clanga*	W	P	II	VU	EN	
（43）白腹隼雕 Aquila fasciata	R	E	II	LC	VU	

（续）

目科种	居留型	地理型	保护等级	IUCN红色名录	中国红色名录	中国特有
（44）凤头鹰 *Accipiter trivirgatus*	R	O	II	LC	NT	
（45）赤腹鹰 *Accipiter soloensis*	R	O	II	LC	LC	
（46）日本松雀鹰 *Accipiter gularis*	W	P	II	LC	LC	
（47）松雀鹰 *Accipiter virgatus*	R	P	II	LC	LC	
（48）雀鹰 *Accipiter nisus*	R	P	II	LC	LC	
（49）苍鹰 *Accipiter gentilis*	W	E	II	LC	NT	
（50）黑鸢 *Milvus migrans*	R	E	II	LC	LC	
（51）灰脸𫛭鹰 *Butastur indicus*	W	P	II	LC	NT	
（52）普通𫛭 *Buteo japonicus*	W	O	II	LC	LC	
十一、鸮形目 STRIGIFORMES						
16. 鸱鸮科 Strigidae						
（53）领角鸮 *Otus lettia*	R	O	II	LC	LC	
（54）北领角鸮 *Otus semitorques*	V	P	II	LC	DD	
（55）红角鸮 *Otus sunia*	R	P	II	LC	LC	
（56）领鸺鹠 *Glaucidium brodiei*	R	O	II	LC	LC	
（57）斑头鸺鹠 *Glaucidium cuculoides*	R	O	II	LC	LC	
（58）长耳鸮 *Asio otus*	W	E	II	LC	LC	
（59）短耳鸮 *Asio flammeus*	W	E	II	LC	NT	
17. 草鸮科 Tytonidae						
（60）草鸮 *Tyto longimembris*	W	E	II	LC	DD	
十二、佛法僧目 CORACIIFORMES						
18. 佛法僧科 Coraciidae						
（61）三宝鸟 *Eurystomus orientalis*	S	O		LC	LC	
19. 翠鸟科 Alcedinidae						
（62）白胸翡翠 *Halcyon smyrnensis*	R	O		LC	LC	
（63）蓝翡翠 *Halcyon pileata*	S	O		LC	LC	
（64）普通翠鸟 *Alcedo atthis*	R	O		LC	LC	
（65）冠鱼狗 *Megaceryle lugubris*	R	E		LC	LC	
（66）斑鱼狗 *Ceryle rudis*	R	O		LC	LC	
十三、啄木鸟目 PICIFORMES						
20. 拟啄木鸟科 Megalaimidae						
（67）大拟啄木鸟 *Psilopogon virens*	R	O		LC	LC	
21. 啄木鸟科 Picidae						
（68）斑姬啄木鸟 *Picumnus innominatus*	R	O		LC	LC	
（69）星头啄木鸟 *Dendrocopos canicapillus*	R	E		LC	LC	

（续）

目科种	居留型	地理型	保护等级	IUCN 红色名录	中国红色名录	中国特有
（70）大斑啄木鸟 *Dendrocopos major*	R	O		LC	LC	
（71）灰头绿啄木鸟 *Picus canus*	R	O		LC	LC	
十四、隼形目 FALCONIFORMES						
22. 隼科 Falconidae						
（72）红隼 *Falco tinnunculus*	R	E	II	LC	LC	
十五、雀形目 PASSERIFORMES						
23. 黄鹂科 Oriolidae						
（73）黑枕黄鹂 *Oriolus chinensis*	S	O		LC	LC	
24. 莺雀科 Vireonidae						
（74）淡绿䴗鹛 *Pteruthius xanthochlorus*	R	O		LC	NT	
25. 山椒鸟科 Campephagidae						
（75）暗灰鹃䴗 *Lalage melaschistos*	S	O		LC	LC	
（76）小灰山椒鸟 *Pericrocotus cantonensis*	S	O		LC	LC	
（77）灰喉山椒鸟 *Pericrocotus solaris*	R	O		LC	LC	
26. 卷尾科 Dicruridae						
（78）黑卷尾 *Dicrurus macrocercus*	S	O		LC	LC	
（79）发冠卷尾 *Dicrurus hottentottus*	S	O		LC	LC	
27. 伯劳科 Laniidae						
（80）红尾伯劳 *Lanius cristatus*	S	P		LC	LC	
（81）棕背伯劳 *Lanius schach*	R	O		LC	LC	
28. 鸦科 Corvidae						
（82）松鸦 *Garrulus glandarius*	R	P		LC	LC	
（83）红嘴蓝鹊 *Urocissa erythroryncha*	R	O		LC	LC	
（84）灰树鹊 *Dendrocitta formosae*	R	O		LC	LC	
（85）喜鹊 *Pica pica*	R	P		LC	LC	
（86）大嘴乌鸦 *Corvus macrorhynchos*	R	P		LC	LC	
29. 山雀科 Paridae						
（87）煤山雀 *Periparus ater*	R	O		LC	LC	
（88）黄腹山雀 *Pardaliparus venustulus*	R	O		LC	LC	是
（89）大山雀 *Parus cinereus*	R	P		LC	LC	
（90）黄颊山雀 *Machlolophus spilonotus*	R	O		LC	LC	
30. 扇尾莺科 Cisticolidae						
（91）纯色山鹪莺 *Prinia inornata*	R	O		LC	LC	
31. 鳞胸鹪鹛科 Pnoepygidae						
（92）小鳞胸鹪鹛 *Pnoepyga pusilla*	R	O		LC	LC	

（续）

目科种	居留型	地理型	保护等级	IUCN红色名录	中国红色名录	中国特有
32. 蝗莺科 Locustellidae						
（93）棕褐短翅蝗莺 *Locustella luteoventris*	R	O		LC	LC	
（94）矛斑蝗莺 *Locustella lanceolata*	P	P		LC	LC	
33. 燕科 Hirundinidae						
（95）家燕 *Hirundo rustica*	S	O		LC	LC	
（96）烟腹毛脚燕 *Delichon dasypus*	S	P		LC	LC	
（97）金腰燕 *Cecropis daurica*	S	O		LC	LC	
34. 鹎科 Pycnonotidae						
（98）领雀嘴鹎 *Spizixos semitorques*	R	O		LC	LC	是
（99）黄臀鹎 *Pycnonotus xanthorrhous*	R	O		LC	LC	
（100）白头鹎 *Pycnonotus sinensis*	R	O		LC	LC	
（101）绿翅短脚鹎 *Ixos mcclellandii*	R	O		LC	LC	
（102）栗背短脚鹎 *Hemixos castanonotus*	R	O		LC	LC	是
（103）黑短脚鹎 *Hypsipetes leucocephalus*	S	O		LC	LC	
35. 柳莺科 Phylloscopidae						
（104）黄腰柳莺 *Phylloscopus proregulus*	P	P		LC	LC	
（105）黄眉柳莺 *Phylloscopus inornatus*	P	P		LC	LC	
（106）极北柳莺 *Phylloscopus borealis*	P	P		LC	LC	
（107）淡脚柳莺 *Phylloscopus tenellipes*	P	P		LC	LC	
（108）冠纹柳莺 *Phylloscopus claudiae*	S	O		LC	LC	
（109）白眶鹟莺 *Seicercus affinis*	S	O		LC	LC	
（110）比氏鹟莺 *Seicercus valentini*	S	P		LC	LC	
（111）栗头鹟莺 *Seicercus castaniceps*	S	O		LC	LC	
36. 树莺科 Cettiidae						
（112）棕脸鹟莺 *Abroscopus albogularis*	R	O		LC	LC	
（113）远东树莺 *Horornis canturians*	S	P		LC	LC	
（114）强脚树莺 *Horornis fortipes*	R	O		LC	LC	
（115）黄腹树莺 *Horornis acanthizoides*	R	O		LC	LC	
37. 长尾山雀科 Aegithalidae						
（116）红头长尾山雀 *Aegithalos concinnus*	R	O		LC	LC	
38. 莺鹛科 Sylviidae						
（117）棕头鸦雀 *Sinosuthora webbiana*	R	O		LC	LC	
（118）短尾鸦雀 *Neosuthora davidiana*	R	O		LC	NT	
（119）灰头鸦雀 *Psittiparus gularis*	R	O		LC	LC	
（120）点胸鸦雀 *Paradoxornis guttaticollis*	R	O		LC	LC	
39. 绣眼鸟科 Zosteropidae						
（121）栗耳凤鹛 *Yuhina castaniceps*	R	O		LC	LC	

（续）

目科种	居留型	地理型	保护等级	IUCN 红色名录	中国红色名录	中国特有
（122）暗绿绣眼鸟 *Zosterops japonicus*	S	P		LC	LC	
40. 林鹛科 Timaliidae						
（123）华南斑胸钩嘴鹛 *Erythrogenys swinhoei*	R	O		LC	LC	是
（124）棕颈钩嘴鹛 *Pomatorhinus ruficollis*	R	O		LC	LC	
（125）红头穗鹛 *Cyanoderma ruficeps*	R	O		LC	LC	
41. 幽鹛科 Pellorneidae						
（126）灰眶雀鹛 *Alcippe morrisonia*	R	O		LC	LC	
42. 噪鹛科 Leiothrichidae						
（127）画眉 *Garrulax canorus*	R	O		LC	NT	是
（128）黑脸噪鹛 *Garrulax perspicillatus*	R	O		LC	LC	
（129）小黑领噪鹛 *Garrulax monileger*	R	O		LC	LC	
（130）黑领噪鹛 *Garrulax pectoralis*	R	O		LC	LC	
（131）棕噪鹛 *Garrulax berthemyi*	R	O		LC	LC	是
（132）红嘴相思鸟 *Leiothrix lutea*	R	O		LC	LC	
43. 河乌科 Cinclidae						
（133）褐河乌 *Cinclus pallasii*	R	O		LC	LC	
44. 椋鸟科 Sturnidae						
（134）八哥 *Acridotheres cristatellus*	R	O		LC	LC	
（135）丝光椋鸟 *Spodiopsar sericeus*	R	O		LC	LC	
（136）灰椋鸟 *Spodiopsar cineraceus*	W	P		LC	LC	
（137）黑领椋鸟 *Gracupica nigricollis*	R	P		LC	LC	
45. 鸫科 Turdidae						
（138）橙头地鸫 *Geokichla citrina*	R	O		LC	LC	
（139）白眉地鸫 *Geokichla sibirica*	P	P		LC	LC	
（140）虎斑地鸫 *Zoothera aurea*	W	O		LC	LC	
（141）灰背鸫 *Turdus hortulorum*	W	P		LC	LC	
（142）乌鸫 *Turdus mandarinus*	R	O		LC	LC	
（143）白腹鸫 *Turdus pallidus*	W	P		LC	LC	
（144）斑鸫 *Turdus eunomus*	P	P		LC	LC	
46. 鹟科 Muscicapidae						
（145）红喉歌鸲 *Calliope calliope*	P	P		LC	LC	
（146）红胁蓝尾鸲 *Tarsiger cyanurus*	P	P		LC	LC	
（147）鹊鸲 *Copsychus saularis*	R	O		LC	LC	
（148）北红尾鸲 *Phoenicurus auroreus*	R	P		LC	LC	
（149）红尾水鸲 *Rhyacornis fuliginosa*	R	P		LC	LC	
（150）紫啸鸫 *Myophonus caeruleus*	S	O		LC	LC	
（151）小燕尾 *Enicurus scouleri*	R	O		LC	LC	

（续）

目科种	居留型	地理型	保护等级	IUCN 红色名录	中国红色名录	中国特有
（152）灰背燕尾 *Enicurus schistaceus*	R	O		LC	LC	
（153）白额燕尾 *Enicurus leschenaulti*	R	O		LC	LC	
（154）黑喉石䳭 *Saxicola maurus*	R	P		LC	LC	
（155）灰林䳭 *Saxicola ferreus*	R	O		LC	LC	
（156）蓝矶鸫 *Monticola solitarius*	R	O		LC	LC	
（157）栗腹矶鸫 *Monticola rufiventris*	R	O		LC	LC	
（158）灰纹鹟 *Muscicapa griseisticta*	P	P		LC	LC	
（159）乌鹟 *Muscicapa sibirica*	P	P		LC	LC	
（160）北灰鹟 *Muscicapa dauurica*	P	P		LC	LC	
（161）白眉姬鹟 *Ficedula zanthopygia*	S	P		LC	LC	
（162）鸲姬鹟 *Ficedula mugimaki*	P	P		LC	LC	
（163）白腹蓝鹟 *Cyanoptila cyanomelana*	P	P		LC	LC	
（164）白喉林鹟 *Cyornis brunneatus*	S	O		VU	VU	
47. 梅花雀科 Estrildidae						
（165）白腰文鸟 *Lonchura striata*	R	O		LC	LC	
（166）斑文鸟 *Lonchura punctulata*	R	O		LC	LC	
48. 雀科 Passeridae						
（167）山麻雀 *Passer cinnamomeus*	R	O		LC	LC	
（168）麻雀 *Passer montanus*	R	E		LC	LC	
49. 鹡鸰科 Motacillidae						
（169）山鹡鸰 *Dendronanthus indicus*	P	P		LC	LC	
（170）灰鹡鸰 *Motacilla cinerea*	S	P		LC	LC	
（171）白鹡鸰 *Motacilla alba*	R	P		LC	LC	
（172）树鹨 *Anthus hodgsoni*	W	P		LC	LC	
（173）红喉鹨 *Anthus cervinus*	W	P		LC	LC	
（174）黄腹鹨 *Anthus rubescens*	W	P		LC	LC	
（175）水鹨 *Anthus spinoletta*	W	P		LC	LC	
50. 燕雀科 Fringillidae						
（176）燕雀 *Fringilla montifringilla*	P	P		LC	LC	
（177）金翅雀 *Chloris sinica*	R	E		LC	LC	
51. 鹀科 Emberizidae						
（178）凤头鹀 *Melophus lathami*	R	O		LC	LC	
（179）三道眉草鹀 *Emberiza cioides*	R	P		LC	LC	
（180）白眉鹀 *Emberiza tristrami*	W	P		LC	NT	
（181）栗耳鹀 *Emberiza fucata*	P	P		LC	NT	
（182）小鹀 *Emberiza pusilla*	W	P		LC	LC	
（183）黄眉鹀 *Emberiza chrysophrys*	P	P		LC	LC	

（续）

目科种	居留型	地理型	保护等级	IUCN 红色名录	中国红色名录	中国特有
（184）田鹀 *Emberiza rustica*	W	P		VU	LC	
（185）黄喉鹀 *Emberiza elegans*	W	P		LC	LC	
（186）栗鹀 *Emberiza rutila*	P	P		LC	LC	
（187）灰头鹀 *Emberiza spodocephala*	W	P		LC	LC	
（188）灰鹀 *Emberiza variabilis*	P	P		LC	LC	

分布型：O 表示东洋种，P 表示古北种，E 表示广布种

居留型：W 表示冬候鸟，S 表示夏候鸟，R 表示留鸟，M 表示旅鸟，V 表示迷鸟

保护级别（参考《国家重点保护野生动物名录》）：Ⅰ表示国家一级重点保护野生动物，Ⅱ表示国家二级重点保护野生动物

IUCN 红色名录（参考 IUCN Red List of Threatened Species：https：//www. iucnredlist. org）：LC 表示无危，NT 表示近危，VU 表示易危，EN 表示濒危

中国红色名录（参考蒋志刚等《中国脊椎动物红色名录》）：LC 表示无危，NT 表示近危，VU 表示易危，EN 表示濒危

＊名录中物种名等信息以郑光美《中国鸟类分类与分布名录（第三版）》为准

＊分布型、居留型参考张祖荣《中国动物地理》及诸葛阳《浙江动物志》

清凉峰保护区记录到的 188 种鸟隶属于 15 目 51 科，雀形目鸟类最多，为 29 科 116 种，占保护区鸟类物种总数的 61.70%（表 6-12）。

表 6-12　清凉峰自然保护区鸟类物种目、科、种组成数

目	科	种	百分比（%）
鸡形目	1	5	2.66
雁形目	1	5	2.66
䴙䴘目	1	1	0.53
鸽形目	1	3	1.60
鹃形目	2	7	3.72
鹤形目	1	1	0.53
鸻形目	5	8	4.26
鹳形目	1	1	0.53
鹈形目	1	6	3.19
鹰形目	1	15	7.98
鸮形目	2	8	4.26
佛法僧目	2	6	3.19
啄木鸟目	2	5	2.66
隼形目	1	1	0.53
雀形目	29	116	61.70

清凉峰保护区的鸟类区系分布以东洋界种为主（表 6-13），有 104 种，占 55.62%；其次为古北界种，计 69 种，占 36.70%；广布种数量较少，有 15 种，占 7.98%。雀形目

鸟类中，东洋界种占大部分，有65种，古北界种48种，广布种2种。

居留型则以留鸟为多，计99种，占52.13%；夏候鸟和冬候鸟分别为34种和31种，各占18.08%和16.49%；旅鸟23种，占12.23%。留鸟与夏候鸟为繁殖鸟，合计132种，占总种数的70.21%。留鸟中，雀形目种数最多，计63种，占留鸟种数的64.28%。

表6-13　清凉峰自然保护区鸟类区系特征

类型	组成	种类	百分比（%）
分布型	广布种	15	7.98
	东洋界种	104	55.32
	古北界种	69	36.70
居留型	旅鸟	23	12.23
	留鸟	98	52.13
	夏候鸟	34	18.08
	迷鸟	2	1.06
	冬候鸟	31	16.49

本次调查共记录有鸟类99种（表6-14），其中样线法调查到鸟类96种，隶属于8目31科；红外相机调查到鸟类20种，隶属于4目13科；只被红外相机调查到的鸟类3种，分别为斑文鸟 *Lonchura punctulata*，丘鹬 *Scolopax rusticola*，黑领噪鹛 *Garrulax pectoralis*。

表6-14　清凉峰国家级自然保护区鸟类名录（2014—2016年）

目科种	居留型	分布型	保护级别	IUCN红色名录	中国红色名录	调查方式
一、鸡形目 GALLIFORMES						
1. 雉科 Phasianidae						
（1）灰胸竹鸡 *Bambusicola thoracicus*	R	O		LC	LC	L
（2）勺鸡 *Pucrasia macrolopha*	R	O	II	LC	LC	L、C
（3）白鹇 *Lophura nycthemera*	R	O	II	LC	LC	L、C
（4）白颈长尾雉 *Syrmaticus ellioti*	R	O	I	NT	VU	L、C
（5）环颈雉 *Phasianus colchicus*	R	E		LC	LC	L、C
二、鸽形目 COLUMBIFORMES						
2. 鸠鸽科 Columbidae						
（6）山斑鸠 *Streptopelia orientalis*	R	O		LC	LC	L、C
（7）灰斑鸠 *Streptopelia decaocto*	V	O		LC	LC	L
（8）珠颈斑鸠 *Streptopelia chinensis*	R	O		LC	LC	L
三、鹃形目 CUCULIFORMES						
3. 杜鹃科 Cuculidae						
（9）大鹰鹃 *Cuculus sparverioides*	S	O		LC	LC	L

（续）

目科种	居留型	分布型	保护级别	IUCN 红色名录	中国红色名录	调查方式
（10）小杜鹃 *Cuculus poliocephalus*	S	O		LC	LC	L
四、鸻形目 CHARADRIIFORMES						
4. 彩鹬科 Rostratulidae						
（11）彩鹬 *Rostratula benghalensis*	R	O		LC	LC	L
5. 鹬科 Scolopacidae						
（12）丘鹬 *Scolopax rusticola*	W	P		LC	LC	C
五、鹰形目 ACCIPITRIFORMES						
6. 鹰科 Accipitridae						
（13）乌雕 *Aquila clanga*	W	P	II	VU	EN	L
（14）赤腹鹰 *Accipiter soloensis*	R	O	II	LC	LC	L
（15）日本松雀鹰 *Accipiter gularis*	W	P	II	LC	LC	L
（16）松雀鹰 *Accipiter virgatus*	R	P	II	LC	LC	L
（17）雀鹰 *Accipiter nisus*	R	P	II	LC	LC	L
（18）黑鸢 *Milvus migrans*	R	E	II	LC	LC	L
六、佛法僧目 CORACIIFORMES						
7. 翠鸟科 Alcedinidae						
（19）普通翠鸟 *Alcedo atthis*	R	O		LC	LC	L
七、啄木鸟目 PICIFORMES						
8. 啄木鸟科 Picidae						
（20）斑姬啄木鸟 *Picumnus innominatus*	R	O		LC	LC	L
（21）大斑啄木鸟 *Dendrocopos major*	R	O		LC	LC	L
（22）灰头绿啄木鸟 *Picus canus*	R	O		LC	LC	L
（23）灰喉山椒鸟 *Pericrocotus solaris*	R	O		LC	LC	L
八、雀形目 PASSERIFORMES						
9. 卷尾科 Dicruridae						
（24）黑卷尾 *Dicrurus macrocercus*	S	O		LC	LC	L
（25）发冠卷尾 *Dicrurus hottentottus*	S	O		LC	LC	L
10. 伯劳科 Laniidae						
（26）红尾伯劳 *Lanius cristatus*	S	P		LC	LC	L
（27）棕背伯劳 *Lanius schach*	R	O		LC	LC	L
11. 鸦科 Corvidae						
（28）松鸦 *Garrulus glandarius*	R	P		LC	LC	L、C
（29）红嘴蓝鹊 *Urocissa erythrorhyncha*	R	O		LC	LC	L、C
（30）灰树鹊 *Dendrocitta formosae*	R	O		LC	LC	L
12. 山雀科 Paridae						

（续）

目科种	居留型	分布型	保护级别	IUCN 红色名录	中国红色名录	调查方式
（31）煤山雀 *Parus ater*	R	O		LC	LC	L
（32）黄腹山雀 *Parus venustulus*	R	O		LC	LC	L
（33）大山雀 *Parus major*	R	P		LC	LC	L、C
13. 蝗莺科 Locustellidae						
（34）棕褐短翅蝗莺 *Bradypterus luteoventris*	R	O		LC	LC	
14. 燕科 Hirundinidae						
（35）家燕 *Hirundo rustica*	S	O		LC	LC	L
（36）烟腹毛脚燕 *Delichon dasypus*	S	P		LC	LC	L
（37）金腰燕 *Cecropis daurica*	S	O		LC	LC	L
15. 鹎科 Pycnonotidae						
（38）领雀嘴鹎 *Spizixos semitorques*	R	O		LC	LC	L
（39）黄臀鹎 *Pycnonotus xanthorrhous*	R	O		LC	LC	L
（40）白头鹎 *Pycnonotus sinensis*	R	O		LC	LC	L
（41）绿翅短脚鹎 *Hypsipetes mcclellandii*	R	O		LC	LC	L
（42）栗背短脚鹎 *Hemixos castanonotus*	R	O		LC	LC	L
（43）黑短脚鹎 *Hypsipetes leucocephalus*	S	O		LC	LC	L
16. 柳莺科 Phylloscopidae						
（44）黄腰柳莺 *Phylloscopus proregulus*	P	P		LC	LC	L
（45）黄眉柳莺 *Phylloscopus inornatus*	P	P		LC	LC	L
（46）极北柳莺 *Phylloscopus borealis*	P	P		LC	LC	L
（47）淡脚柳莺 *Phylloscopus tenellipes*	P	P		LC	LC	L
（48）白眶鹟莺 *Seicercus affinis*	S	O		LC	LC	L
17. 树莺科 Cettiidae						
（49）栗头鹟莺 *Seicercus castaniceps*	S	O		LC	LC	L
（50）棕脸鹟莺 *Abroscopus albogularis*	R	O		LC	LC	L、C
（51）强脚树莺 *Cettia fortipes*	R	O		LC	LC	L
18. 长尾山雀科 Aegithalidae						
（52）红头长尾山雀 *Aegithalos concinnus*	R	O		LC	LC	L、C
19. 莺鹛科 Sylviidae						L、C
（53）棕头鸦雀 *Paradoxornis webbianus*	R	O		LC	LC	L
（54）短尾鸦雀 *Paradoxornis davidianus*	R	O		LC	NT	L
（55）灰头鸦雀 *Paradoxornis gularis*	R	O		LC	LC	L
20. 绣眼鸟科 Zosteropidae						
（56）栗耳凤鹛 *Yuhina castaniceps*	R	O		LC	LC	L
（57）暗绿绣眼鸟 *Zosterops japonicus*	S	P		LC	LC	L

（续）

目科种	居留型	分布型	保护级别	IUCN红色名录	中国红色名录	调查方式
21. 林鹛科 Timaliidae						
（58）华南斑胸钩嘴鹛 *Erythrogenys swinhoei*	R	O		LC	LC	
（59）棕颈钩嘴鹛 *Pomatorhinus ruficollis*	R	O		LC	LC	L、C
（60）红头穗鹛 *Stachyris ruficeps*	R	O		LC	LC	L
22. 幽鹛科 Pellorneidae						
（61）灰眶雀鹛 *Alcippe morrisonia*	R	O		LC	LC	L
23. 噪鹛科 Leiothrichidae						
（62）画眉 *Garrulax canorus*	R	O		LC	NT	L、C
（63）黑脸噪鹛 *Garrulax perspicillatus*	R	O		LC	LC	L
（64）小黑领噪鹛 *Garrulax monileger*	R	O		LC	LC	L
（65）黑领噪鹛 *Garrulax pectoralis*	R	O		LC	LC	C
（66）棕噪鹛 *Garrulax poecilorhynchus*	R	O		LC	LC	L、C
（67）红嘴相思鸟 *Leiothrix lutea*	R	O		LC	LC	L、C
24. 河乌科 Cinclidae						
（68）褐河乌 *Cinclus pallasii*	R	O		LC	LC	L
25. 椋鸟科 Sturnidae						L
（69）丝光椋鸟 *Sturnus sericeus*	R	O		LC	LC	L
26. 鸫科 Turdidae						
（70）灰背鸫 *Turdus hortulorum*	W	P		LC	LC	L
（71）乌鸫 *Turdus merula*	R	O		LC	LC	L
（72）斑鸫 *Turdus eunomus*	P	P		LC	LC	L、C
27. 鹟科 Muscicapidae						
（73）红喉歌鸲 Calliope calliope	P	P		LC	LC	L
（74）红胁蓝尾鸲 *Tarsiger cyanurus*	P	P		LC	LC	L、C
（75）鹊鸲 *Copsychus saularis*	R	O		LC	LC	L
（76）北红尾鸲 *Phoenicurus auroreus*	R	P		LC	LC	L
（77）红尾水鸲 *Rhyacornis fuliginosa*	R	P		LC	LC	L
（78）紫啸鸫 *Myophonus caeruleus*	S	O		LC	LC	L
（79）小燕尾 *Enicurus scouleri*	R	O		LC	LC	L
（80）灰背燕尾 *Enicurus schistaceus*	R	O		LC	LC	L
（81）白额燕尾 *Enicurus leschenaulti*	R	O		LC	LC	L
（82）灰林䳭 *Saxicola ferreus*	R	O		LC	LC	
（83）栗腹矶鸫 *Monticola rufiventris*	R	O		LC	LC	L
（84）乌鹟 *Muscicapa sibirica*	P	P		LC	LC	L
（85）北灰鹟 *Muscicapa dauurica*	P	P		LC	LC	L

（续）

目科种	居留型	分布型	保护级别	IUCN 红色名录	中国红色名录	调查方式
28. 梅花雀科 Estrildidae						
（86）白腰文鸟 *Lonchura striata*	R	O		LC	LC	L
（87）斑文鸟 *Lonchura punctulata*	R	O		LC	LC	C
29. 雀科 Passeridae						
（88）山麻雀 *Passer rutilans*	R	O		LC	LC	L
（89）麻雀 *Passer montanus*	R	E		LC	LC	L
30. 鹡鸰科 Motacillidae						
（90）灰鹡鸰 *Motacilla cinerea*	S	P		LC	LC	L
（91）白鹡鸰 *Motacilla alba*	R	P		LC	LC	L
31. 燕雀科 Fringillidae						L
（92）燕雀 *Fringilla montifringilla*	P	P		LC	LC	L、C
（93）金翅雀 *Carduelis sinica*	R	E		LC	LC	L
32. 鹀科 Emberizidae						
（94）三道眉草鹀 *Emberiza cioides*	R	P		LC	LC	L
（95）小鹀 *Emberiza pusilla*	W	P		LC	LC	L
（96）田鹀 *Emberiza rustica*	W	P		VU	LC	L
（97）黄喉鹀 *Emberiza elegans*	W	P		LC	LC	L
（98）灰鹀 *Emberiza variabilis*	P	P		LC	LC	L
（99）灰头鹀 *Emberiza spodocephala*	W	P		LC	LC	L

分布型：O 表示东洋种，P 表示古北种，E 表示广布种

居留型：W 表示冬候鸟，S 表示夏候鸟，R 表示留鸟，M 表示旅鸟，V 表示迷鸟

保护级别（参考《国家重点保护野生动物名录》）：Ⅰ表示国家一级重点保护野生动物，Ⅱ表示国家二级重点保护野生动物

IUCN 红色名录（参考 IUCN Red List of Threatened Species：https：//www. iucnredlist. org）：LC 表示无危，NT 表示近危，VU 表示易危，EN 表示濒危

中国红色名录（参考蒋志刚等《中国脊椎动物红色名录》）：LC 表示无危，NT 表示近危，VU 表示易危，EN 表示濒危

＊名录中物种名等信息以郑光美《中国鸟类分类与分布名录（第三版）》为准

＊名录中物种名等信息以郑光美《中国鸟类分类与分布名录（第三版）》为准

＊分布型、居留型参考张祖荣《中国动物地理》及诸葛阳《浙江动物志》

与历史记录相比，调查新记录到的鸟类物种有 15 种，分别为灰斑鸠 *Streptopelia decaocto*、小杜鹃 *Cuculus poliocephalus*、鹰鹃 *Cuculus sparverioides*、彩鹬 *Rostratula benghalensis*、丘鹬、小黑领噪鹛 *Garrulax monileger*、灰背燕尾 *Enicurus schistaceus*、红喉歌鸲 *Luscinia calliope*、白眶鹟莺 *Seicercus affinis*、淡脚柳莺 *Phylloscopus tenellipes*、棕褐短翅蝗莺 *Locustella luteoventris*、极北柳莺 *Phylloscopus borealis*、北灰鹟 *Muscicapa dauurica*、小鹀 *Emberiza pusilla* 和灰鹀 *Emberiza variabilis*。而本次调查未记录到的鸟类有 89 种，其中雀形目 39 种，鹰形目 9 种，鸮形目 8 种，鸻形目和鹈形目各 6 种，雁形目、佛法僧目和鹃形目各 5 种，啄木

鸟目 2 种，鹳形目、鹈鹕目、鹤形目和隼形目各 1 种；未记录到国家重点保护鸟类 12 种，其中有国家一级重点保护鸟类中华秋沙鸭，国家二级重点保护鸟类红隼、苍鹰、小天鹅、白枕鹤、鸳鸯、褐翅鸦鹃、长耳鸮、红角鸮、日本领角鸮、斑头鸺鹠和领鸺鹠等。未记录到 IUCN 红色名录受胁等级为濒危和易危鸟种 4 种，分别为中华秋沙鸭、白枕鹤、东方白鹳和白喉林鹟；未记录到中国脊椎动物红色名录濒危和易危物种共 5 种，为白枕鹤、东方白鹳、林雕、白腹隼雕和白喉林鹟。调查有 89 种鸟类未记录到的主要原因有两个方面：一是本次调查关注的是森林鸟类，未开展湿地水鸟的调查；其次是已有的鸟类区系是自 20 世纪 90 年代以来长期的数据积累的结果，但由于鸟类物种多样性组成存在一定的周转率，所以仅凭一次的调查只能记录到区系组成中的部分物种。

三、种群数量密度

样线法调查结果显示，清凉峰保护区内灰眶雀鹛 *Alcippe morrisonia*、红头长尾山雀 *Aegithalos concinnus* 的种群密度都超过了 10 只/km^2，分别为 32.97 只/ km^2、26.49 只/ km^2。而种群密度超过 5 只/ km^2 的鸟类还有棕头鸦雀 *Paradoxornis webbianus*、红嘴蓝鹊 *Urocissa erythrorhyncha*、大山雀 *Parus major*、金腰燕 *Cecropis daurica*、领雀嘴鹎 *Spizixos semitorques*、棕噪鹛 *Garrulax poecilorhynchus*、白头鹎 *Pycnonotus sinensis*、红嘴相思鸟 *Leiothrix lutea*、栗背短脚鹎 *Hemixos castanonotus*、黑短脚鹎 *Hypsipetes leucocephalus*、灰树鹊 *Dendrocitta formosae*、烟腹毛脚燕 *Delichon dasypus*（表 6-15）。

表 6-15　清凉峰自然保护区鸟类种群密度（2014—2016 年）

物种名	密度（只/km^2）	百分比（%）	优势度
灰眶雀鹛	32.97	13.42	+++
红头长尾山雀	26.49	10.78	+++
棕头鸦雀	21.71	8.84	++
红嘴蓝鹊	13.89	5.65	++
大山雀	12.65	5.15	++
金腰燕	9.57	3.89	++
领雀嘴鹎	8.44	3.43	++
棕噪鹛	7.82	3.18	++
白头鹎	6.84	2.78	++
红嘴相思鸟	6.84	2.78	++
栗背短脚鹎	6.79	2.76	++
黑短脚鹎	6.17	2.51	++
灰树鹊	5.76	2.35	++
烟腹毛脚燕	5.61	2.28	++
画眉	4.73	1.93	++
黄腹山雀	4.42	1.80	++
松鸦	4.11	1.68	++
白鹡鸰	4.06	1.65	++

（续）

物种名	密度（只/km^2）	百分比（%）	优势度
麻雀	3.91	1.59	++
棕颈钩嘴鹛	3.86	1.57	++
绿翅短脚鹎	3.75	1.53	++
灰头鸦雀	3.50	1.42	++
暗绿绣眼鸟	2.83	1.15	++
棕脸鹟莺	2.73	1.11	++
黄喉鹀	2.62	1.07	++
红尾水鸲	2.52	1.03	++
强脚树莺	2.52	1.03	++
红头穗鹛	2.16	0.88	+
栗耳凤鹛	2.06	0.84	+
灰鹡鸰	2.01	0.82	+
黄臀鹎	1.44	0.59	+
山麻雀	1.39	0.57	+
山斑鸠	1.29	0.52	+
黄腰柳莺	1.18	0.48	+
北红尾鸲	1.13	0.46	+
家燕	1.03	0.42	+
三道眉草鹀	0.87	0.36	+
短尾鸦雀	0.82	0.34	+
小燕尾	0.82	0.34	+
白腰文鸟	0.77	0.31	+
发冠卷尾	0.77	0.31	+
煤山雀	0.72	0.29	+
白额燕尾	0.67	0.27	+
环颈雉	0.62	0.25	+
棕背伯劳	0.57	0.23	+
褐河乌	0.51	0.21	+
小黑领噪鹛	0.51	0.21	+
黄眉柳莺	0.46	0.19	+
灰胸竹鸡	0.41	0.17	+
白鹇	0.36	0.15	+
斑姬啄木鸟	0.36	0.15	+
灰喉山椒鸟	0.36	0.15	+
灰林鵖	0.36	0.15	+
华南斑胸钩嘴鹛	0.31	0.13	+
金翅雀	0.31	0.13	+
栗头鹟莺	0.31	0.13	+
燕雀	0.31	0.13	+

（续）

物种名	密度（只/km^2）	百分比（%）	优势度
斑鸫	0.21	0.08	+
红尾伯劳	0.21	0.08	+
普通翠鸟	0.21	0.08	+
小鹀	0.21	0.08	+
大斑啄木鸟	0.15	0.06	+
黑脸噪鹛	0.15	0.06	+
红胁蓝尾鸲	0.15	0.06	+
勺鸡	0.15	0.06	+
小杜鹃	0.15	0.06	+
紫啸鸫	0.15	0.06	+
淡脚柳莺	0.10	0.04	+
黑鸢	0.10	0.04	+
红喉歌鸲	0.10	0.04	+
灰背燕尾	0.10	0.04	+
极北柳莺	0.10	0.04	+
雀鹰	0.10	0.04	+
鹊鸲	0.10	0.04	+
日本松雀鹰	0.10	0.04	+
乌雕	0.10	0.04	+
珠颈斑鸠	0.10	0.04	+
白颈长尾雉	0.05	0.02	+
白眶鹟莺	0.05	0.02	+
北灰鹟	0.05	0.02	+
彩鹬	0.05	0.02	+
赤腹鹰	0.05	0.02	+
黑卷尾	0.05	0.02	+
灰斑鸠	0.05	0.02	+
灰头绿啄木鸟	0.05	0.02	+
灰头鹀	0.05	0.02	+
栗腹矶鸫	0.05	0.02	+
丝光椋鸟	0.05	0.02	+
松雀鹰	0.05	0.02	+
田鹀	0.05	0.02	+
乌鸫	0.05	0.02	+
乌鹟	0.05	0.02	+
鹰鹃	0.05	0.02	+
棕褐短翅蝗莺	0.05	0.02	+

优势度：+++表示优势种（≥10%）；++为常见种（1%≤x<10%）；+为偶见种（<1%）。

四、鸟类物种多样性与生境

进一步分析不同生境类型中鸟类物种多样性可知（图 6-1），物种丰富度由高到低依次为针阔叶混交林（74 种鸟），农田灌丛（61 种鸟），针叶林（56 种鸟），阔叶林（52 种鸟）。

针阔叶混交林因其植被环境复杂，空间异质性高，小生境丰富多样，因此允许更多的物种共存。农田周围多为森林或草地、灌木，或被路径隔断，因此具有多个处于群落过渡地带的生态交错区，如农田—森林生态交错区，生态交错区环境条件较复杂，能为不同种类的鸟提供定居和隐蔽场所，同时人类活动也吸引许多与人类伴生的鸟类物种。针叶林和阔叶林的生境类型相对来说较为单一，鸟类物种数目相对较少；但由于调查样线所涉及的针叶林林下灌层发育较好，适合鸟类隐蔽，使得鸟类物种数高于阔叶林。

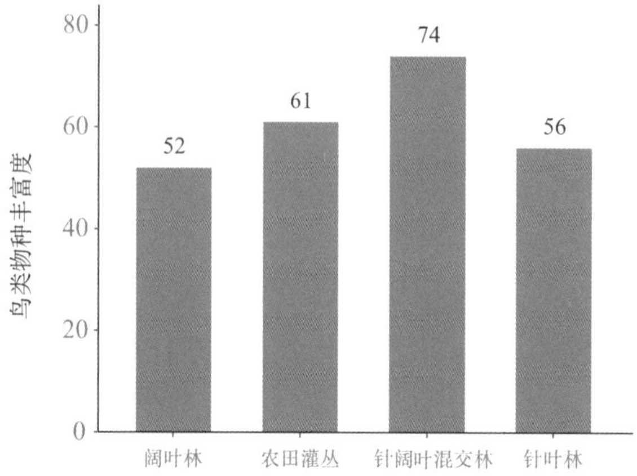

图 6-1　清凉峰自然保护区不同生境类型中鸟类物种丰富度

五、鸟类物种多样性与海拔高度

调查结果显示，不同海拔高度的鸟类物种丰富度不同。其中 550m 高度的海拔地带鸟类为 25 种；650m 高度的海拔地带鸟类为 21 种；750m 高度的海拔地带鸟类为 56 种；850m 高度的海拔地带鸟类为 41 种；950m 高度的海拔地带鸟类为 61 种；1050m 高度的海拔地带鸟类为 63 种。

进一步的线性回归分析结果表明，海拔高度对鸟类物种丰富度有显著影响（$r^2=0.71$，$p=0.03$），即在清凉峰保护区内，鸟类物种丰富度随海拔高度的升高而增加（图 6-2）。

相对多度统计结果表明，各个海拔高度带上相对多度较高的物种多为雀形目鸟类。不同海拔高度带上的优势种组成存在差异，其中大山雀、白头鹎、红嘴蓝鹊和灰眶雀鹛等均较为常见（图 6-3）。

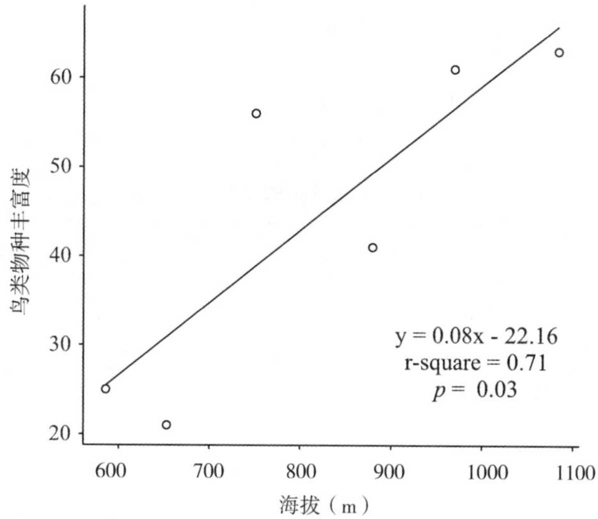

图 6-2　清凉峰自然保护区鸟类多样性与海拔关系

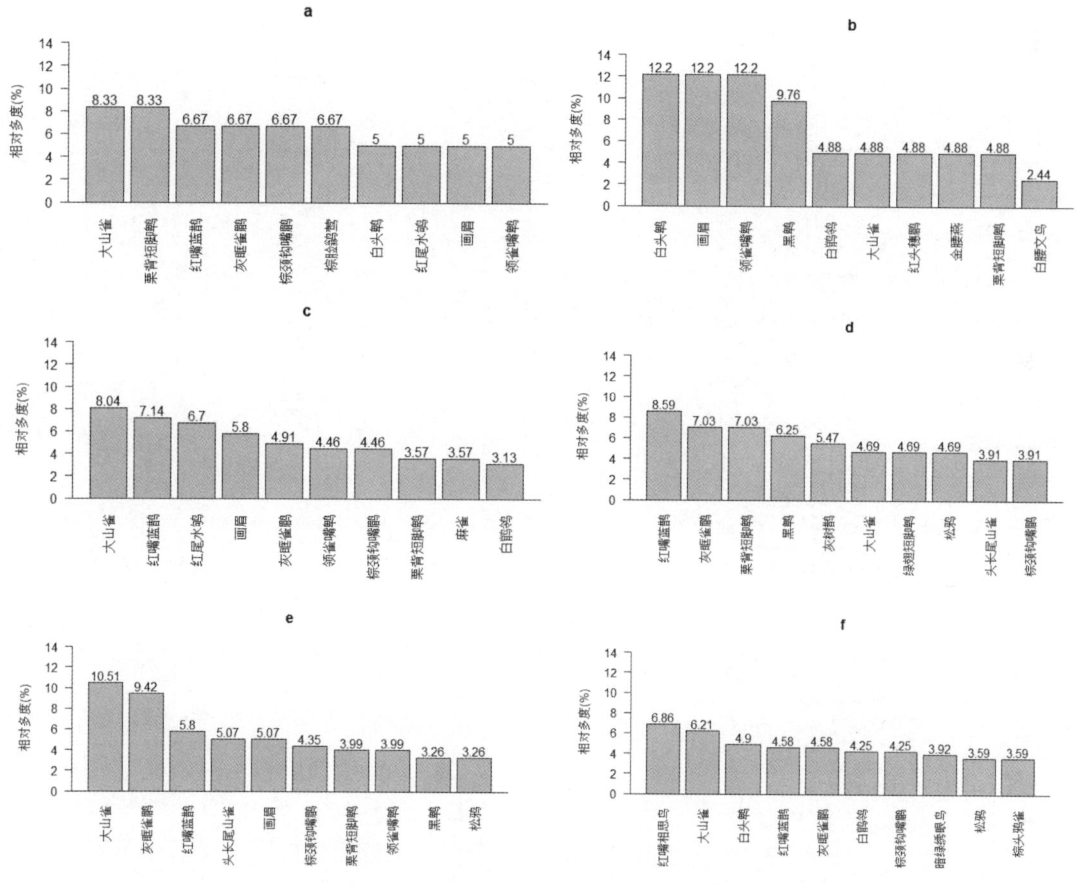

图 6-3　清凉峰自然保护区各海拔优势种

a：500~600m；b：600~700m；c：700~800m；d：800~900m；e：900~1000m；f：1000~1100m

六、不同保护区域的鸟类物种多样性

清凉峰保护区由龙塘山、千顷塘和顺溪坞 3 个保护区域组成。本次调查在龙塘山、千顷塘和顺溪坞 3 个保护区域分别记录到鸟类 64 种、80 种和 25 种（表 6–16）。

表 6–16　各保护区域鸟类组成情况

物种	龙塘山	千顷塘	顺溪坞
一、鸡形目 GALLIFORMES			
1. 雉科 Phasianidae			
（1）灰胸竹鸡 *Bambusicola thoracicus*	√	√	√
（2）勺鸡 *Pucrasia macrolopha*		√	
（3）白鹇 *Lophura nycthemera*	√	√	
（4）白颈长尾雉 *Syrmaticus ellioti*		√	
（5）环颈雉 *Phasianus colchicus*	√	√	
二、鸽形目 COLUMBIFORMES			
2. 鸠鸽科 Columbidae			
（6）山斑鸠 *Streptopelia orientalis*		√	
（7）灰斑鸠 *Streptopelia decaocto*		√	
（8）珠颈斑鸠 *Streptopelia chinensis*		√	
三、鹃形目 CUCULIFORMES			
3. 杜鹃科 Cuculidae			
（9）大鹰鹃 *Cuculus sparverioides*	√		
（10）小杜鹃 *Cuculus poliocephalus*	√		
四、鸻形目 CHARADRIIFORMES			
4. 彩鹬科 Rostratulidae			
（11）彩鹬 *Rostratula benghalensis*		√	
5. 鹬科 Scolopacidae			
（12）丘鹬 *Scolopax rusticola*			
五、鹰形目 ACCIPITRIFORMES			
6. 鹰科 Accipitridae			
（13）乌雕 *Aquila clanga*		√	
（14）赤腹鹰 *Accipiter soloensis*	√	√	
（15）日本松雀鹰 *Accipiter gularis*		√	
（16）松雀鹰 *Accipiter virgatus*		√	
（17）雀鹰 *Accipiter nisus*		√	
（18）黑鸢 *Milvus migrans*			
六、佛法僧目 CORACIIFORMES			
7. 翠鸟科 Alcedinidae			

（续）

物种	龙塘山	千顷塘	顺溪坞
(19) 普通翠鸟 *Alcedo atthis*	√	√	
七、啄木鸟目 PICIFORMES			
8. 啄木鸟科 Picidae			
(20) 斑姬啄木鸟 *Picumnus innominatus*		√	
(21) 大斑啄木鸟 *Dendrocopos major*	√	√	
(22) 灰头绿啄木鸟 *Picus canus*		√	
(23) 灰喉山椒鸟 *Pericrocotus solaris*	√	√	
八、雀形目 PASSERIFORMES			
9. 卷尾科 Dicruridae			
(24) 黑卷尾 *Dicrurus macrocercus*		√	
(25) 发冠卷尾 *Dicrurus hottentottus*	√	√	
10. 伯劳科 Laniidae			
(26) 红尾伯劳 *Lanius cristatus*	√	√	
(27) 棕背伯劳 *Lanius schach*	√	√	
11. 鸦科 Corvidae			
(28) 松鸦 *Garrulus glandarius*	√	√	
(29) 红嘴蓝鹊 *Urocissa erythrorhyncha*	√	√	√
(30) 灰树鹊 *Dendrocitta formosae*	√	√	√
12. 山雀科 Paridae			
(31) 煤山雀 *Parusater*	√		
(32) 黄腹山雀 *Parus venustulus*	√	√	
(33) 大山雀 *Parus major*	√	√	√
13. 蝗莺科 Locustellidae			
(34) 棕褐短翅蝗莺 *Bradypterus luteoventris*		√	
14. 燕科 Hirundinidae			
(35) 家燕 *Hirundo rustica*	√	√	
(36) 烟腹毛脚燕 *Delichon dasypus*		√	
(37) 金腰燕 *Cecropis daurica*	√	√	√
15. 鹎科 Pycnonotidae			
(38) 领雀嘴鹎 *Spizixos semitorques*	√	√	√
(39) 黄臀鹎 *Pycnonotus xanthorrhous*	√	√	
(40) 白头鹎 *Pycnonotus sinensis*	√	√	√
(41) 绿翅短脚鹎 *Hypsipetes mcclellandii*	√	√	
(42) 栗背短脚鹎 *Hemixos castanonotus*	√	√	√
(43) 黑短脚鹎 *Hypsipetes leucocephalus*	√	√	√
16. 柳莺科 Phylloscopidae			

（续）

物种	龙塘山	千顷塘	顺溪坞
（44）黄腰柳莺 *Phylloscopus proregulus*	√	√	
（45）黄眉柳莺 *Phylloscopus inornatus*	√	√	√
（46）极北柳莺 *Phylloscopus borealis*		√	
（47）淡脚柳莺 *Phylloscopus tenellipes*		√	
（48）白眶鹟莺 *Seicercus affinis*		√	
17. 树莺科 Cettiidae	√		
（49）栗头鹟莺 *Seicercus castaniceps*		√	
（50）棕脸鹟莺 *Abroscopus albogularis*	√	√	√
（51）强脚树莺 *Cettia fortipes*	√	√	
18. 长尾山雀科 Aegithalidae			
（52）红头长尾山雀 *Aegithalos concinnus*	√	√	√
19. 莺鹛科 Sylviidae			
（53）棕头鸦雀 *Paradoxornis webbianus*	√	√	√
（54）短尾鸦雀 *Paradoxornis davidianus*	√		
（55）灰头鸦雀 *Paradoxornis gularis*	√	√	
20. 绣眼鸟科 Zosteropidae			
（56）栗耳凤鹛 *Yuhina castaniceps*	√		√
（57）暗绿绣眼鸟 *Zosterops japonicus*	√	√	
21. 林鹛科 Timaliidae			
（58）华南斑胸钩嘴鹛 *Erythrogenys swinhoei*	√		
（59）棕颈钩嘴鹛 *Pomatorhinus ruficollis*	√	√	√
（60）红头穗鹛 *Stachyris ruficeps*	√	√	√
22. 幽鹛科 Pellorneidae			
（61）灰眶雀鹛 *Alcippe morrisonia*	√	√	√
23. 噪鹛科 Leiothrichidae			
（62）画眉 *Garrulax canorus*	√	√	√
（63）黑脸噪鹛 *Garrulax perspicillatus*	√	√	
（64）小黑领噪鹛 *Garrulax monileger*		√	
（65）黑领噪鹛 *Garrulax pectoralis*			
（66）棕噪鹛 *Garrulax poecilorhynchus*	√	√	√
（67）红嘴相思鸟 *Leiothrix lutea*	√	√	
24. 河乌科 Cinclidae			
（68）褐河乌 *Cinclus pallasii*			√
25. 椋鸟科 Sturnidae			
（69）丝光椋鸟 *Sturnus sericeus*	√		
26. 鸫科 Turdidae			

（续）

物种	龙塘山	千顷塘	顺溪坞
（70）灰背鸫 *Turdus hortulorum*			
（71）乌鸫 *Turdus merula*	√		
（72）斑鸫 *Turdus eunomus*		√	
27. 鹟科 Muscicapidae			
（73）红喉歌鸲 *Calliope calliope*	√		
（74）红胁蓝尾鸲 *Tarsiger cyanurus*	√	√	
（75）鹊鸲 *Copsychus saularis*		√	
（76）北红尾鸲 *Phoenicurus auroreus*	√	√	√
（77）红尾水鸲 *Rhyacornis fuliginosa*	√	√	√
（78）紫啸鸫 *Myophonus caeruleus*	√		
（79）小燕尾 *Enicurus scouleri*	√	√	√
（80）灰背燕尾 *Enicurus schistaceus*	√	√	
（81）白额燕尾 *Enicurus leschenaulti*	√	√	√
（82）灰林䳭 *Saxicola ferreus*	√	√	
（83）栗腹矶鸫 *Monticola rufiventris*	√		
（84）乌鹟 *Muscicapa sibirica*		√	
（85）北灰鹟 *Muscicapa dauurica*		√	
28. 梅花雀科 Estrildidae			
（86）白腰文鸟 *Lonchura striata*	√	√	
（87）斑文鸟 *Lonchura punctulata*			
29. 雀科 Passeridae			
（88）山麻雀 *Passer rutilans*	√	√	
（89）麻雀 *Passer montanus*	√		
30. 鹡鸰科 Motacillidae			
（90）灰鹡鸰 *Motacilla cinerea*	√	√	
（91）白鹡鸰 *Motacilla alba*	√	√	√
31. 燕雀科 Fringillidae			
（92）燕雀 *Fringilla montifringilla*		√	
（93）金翅雀 *Carduelis sinica*	√	√	
32. 鹀科 Emberizidae			
（94）三道眉草鹀 *Emberiza cioides*	√	√	
（95）小鹀 *Emberiza pusilla*		√	
（96）田鹀 *Emberiza rustica*		√	
（97）黄喉鹀 *Emberiza elegans*	√	√	
（98）灰头鹀 *Emberiza spodocephala*		√	
（99）灰鹀 *Emberiza variabilis*			

调查结果显示，3个保护区域的优势种组成亦不相同。其中龙塘山保护区域调查记录到64种，只有4种鸟类的种群密度超过10只/ km²，分别为灰眶雀鹛、红嘴蓝鹊、灰树鹊和棕噪鹛（表6-17）；千顷塘保护区域调查记录到80种鸟类，其中有7种超过10只/km²，即灰眶雀鹛、红头长尾山雀、棕头鸦雀、大山雀、红嘴蓝鹊、红嘴相思鸟和金腰燕（表6-18）；顺溪坞保护区域总计调查有25种，却有10种鸟超过10只/km²，为大山雀、灰眶雀鹛、红嘴蓝鹊、栗背短脚鹎、灰树鹊、领雀嘴鹎、金腰燕、白头鹎、红头长尾山雀和棕头鸦雀（表6-19）。

表6-17 龙塘山保护区域鸟类种群密度

物种名	密度（只/km²）	百分比（%）	优势度
灰眶雀鹛	18. 28	10. 40	+++
红嘴蓝鹊	13. 45	7. 65	++
灰树鹊	11. 23	6. 39	++
棕噪鹛	10. 31	5. 87	++
麻雀	9. 92	5. 65	++
大山雀	9. 01	5. 13	++
红头长尾山雀	8. 75	4. 98	++
金腰燕	8. 36	4. 75	++
栗背短脚鹎	6. 40	3. 64	++
领雀嘴鹎	6. 40	3. 64	++
绿翅短脚鹎	5. 87	3. 34	++
黑短脚鹎	5. 09	2. 90	++
栗耳凤鹛	4. 96	2. 82	++
棕头鸦雀	4. 57	2. 60	++
红尾水鸲	4. 18	2. 38	++
画眉	3. 79	2. 15	++
灰头鸦雀	3. 79	2. 15	++
棕颈钩嘴鹛	2. 74	1. 56	++
棕脸鹟莺	2. 48	1. 41	++
白鹡鸰	2. 22	1. 26	++
白头鹎	2. 09	1. 19	++
短尾鸦雀	2. 09	1. 19	++
红头穗鹛	2. 09	1. 19	++
家燕	1. 96	1. 11	++
发冠卷尾	1. 83	1. 04	++
煤山雀	1. 83	1. 04	++
黄腰柳莺	1. 70	0. 97	+
黄腹山雀	1. 57	0. 89	+
小燕尾	1. 57	0. 89	+
山麻雀	1. 44	0. 82	+

（续）

物种名	密度（只/km^2）	百分比（%）	优势度
松鸦	1.44	0.82	+
强脚树莺	1.31	0.74	+
红嘴相思鸟	1.17	0.67	+
白腰文鸟	1.04	0.59	+
褐河乌	1.04	0.59	+
黄喉鹀	1.04	0.59	+
白鹇	0.78	0.45	+
华南斑胸钩嘴鹛	0.78	0.45	+
白额燕尾	0.65	0.37	+
北红尾鸲	0.52	0.30	+
灰鹡鸰	0.52	0.30	+
金翅雀	0.52	0.30	+
环颈雉	0.39	0.22	+
小杜鹃	0.39	0.22	+
紫啸鸫	0.39	0.22	+
暗绿绣眼鸟	0.26	0.15	+
红喉歌鸲	0.26	0.15	+
红胁蓝尾鸲	0.26	0.15	+
灰喉山椒鸟	0.26	0.15	+
灰胸竹鸡	0.26	0.15	+
三道眉草鹀	0.26	0.15	+
山斑鸠	0.26	0.15	+
棕背伯劳	0.26	0.15	+
赤腹鹰	0.13	0.07	+
大斑啄木鸟	0.13	0.07	+
黑脸噪鹛	0.13	0.07	+
红尾伯劳	0.13	0.07	+
黄眉柳莺	0.13	0.07	+
黄臀鹎	0.13	0.07	+
灰背燕尾	0.13	0.07	+
栗腹矶鸫	0.13	0.07	+
普通翠鸟	0.13	0.07	+
丝光椋鸟	0.13	0.07	+
乌鸫	0.13	0.07	+
鹰鹃	0.13	0.07	+

表 6-18　千顷塘区域鸟类种群密度

物种名	密度（只/km^2）	百分比（%）	优势度
灰眶雀鹛	43.57	14.76	+++
红头长尾山雀	39.92	13.52	+++
棕头鸦雀	34.36	11.64	+++
大山雀	14.04	4.75	++
红嘴蓝鹊	13.40	4.54	++
红嘴相思鸟	11.30	3.83	++
金腰燕	10.03	3.40	++
烟腹毛脚燕	9.93	3.37	++
白头鹎	9.66	3.27	++
领雀嘴鹎	9.30	3.15	++
黑短脚鹎	7.11	2.41	++
黄腹山雀	6.74	2.28	++
棕噪鹛	6.56	2.22	++
松鸦	6.29	2.13	++
栗背短脚鹎	6.20	2.10	++
白鹡鸰	5.47	1.85	++
画眉	5.38	1.82	++
暗绿绣眼鸟	4.83	1.64	++
棕颈钩嘴鹛	4.37	1.48	++
黄喉鹀	3.92	1.33	++
灰头鸦雀	3.55	1.20	++
强脚树莺	3.55	1.20	++
灰鹡鸰	3.19	1.08	++
棕脸鹟莺	2.64	0.90	+
绿翅短脚鹎	2.55	0.86	+
黄臀鹎	2.46	0.83	+
山斑鸠	2.10	0.71	+
红头穗鹛	2.01	0.68	+
北红尾鸲	1.55	0.52	+
山麻雀	1.46	0.49	+
三道眉草鹀	1.37	0.46	+
红尾水鸲	1.09	0.37	+
灰树鹊	1.09	0.37	+
黄腰柳莺	0.91	0.31	+
小黑领噪鹛	0.91	0.31	+
环颈雉	0.82	0.28	+

（续）

物种名	密度（只/km²）	百分比（%）	优势度
棕背伯劳	0.82	0.28	+
白腰文鸟	0.64	0.22	+
斑姬啄木鸟	0.64	0.22	+
黄眉柳莺	0.64	0.22	+
灰林鹏	0.64	0.22	+
白额燕尾	0.55	0.19	+
栗头鹟莺	0.55	0.19	+
燕雀	0.55	0.19	+
灰喉山椒鸟	0.46	0.15	+
灰胸竹鸡	0.46	0.15	+
家燕	0.46	0.15	+
斑鸫	0.36	0.12	+
小鹀	0.36	0.12	+
红尾伯劳	0.27	0.09	+
普通翠鸟	0.27	0.09	+
勺鸡	0.27	0.09	+
大斑啄木鸟	0.18	0.06	+
淡脚柳莺	0.18	0.06	+
黑脸噪鹛	0.18	0.06	+
黑鸢	0.18	0.06	+
极北柳莺	0.18	0.06	+
金翅雀	0.18	0.06	+
雀鹰	0.18	0.06	+
鹊鸲	0.18	0.06	+
日本松雀鹰	0.18	0.06	+
乌雕	0.18	0.06	+
珠颈斑鸠	0.18	0.06	+
白颈长尾雉	0.09	0.03	+
白眶鹟莺	0.09	0.03	+
白鹇	0.09	0.03	+
北灰鹟	0.09	0.03	+
彩鹬	0.09	0.03	+
发冠卷尾	0.09	0.03	+
黑卷尾	0.09	0.03	+
红胁蓝尾鸲	0.09	0.03	+
灰斑鸠	0.09	0.03	+

（续）

物种名	密度（只/km²）	百分比（%）	优势度
灰背燕尾	0.09	0.03	+
灰头绿啄木鸟	0.09	0.03	+
灰头鹀	0.09	0.03	+
松雀鹰	0.09	0.03	+
田鹀	0.09	0.03	+
乌鹟	0.09	0.03	+
小燕尾	0.09	0.03	+
棕褐短翅莺	0.09	0.03	+

表 6-19 顺溪坞鸟类种群密度

物种名	密度（只/km²）	百分比（%）	优势度
大山雀	27.38	11.92	+++
灰眶雀鹛	27.38	11.92	+++
红嘴蓝鹊	23.81	10.36	+++
栗背短脚鹎	17.86	7.77	++
灰树鹊	16.67	7.25	++
领雀嘴鹎	15.48	6.74	++
金腰燕	14.29	6.22	++
白头鹎	13.10	5.70	++
红头长尾山雀	11.90	5.18	++
棕头鸦雀	11.90	5.18	++
棕颈钩嘴鹛	7.14	3.11	++
红尾水鸲	5.95	2.59	++
棕脸鹟莺	5.95	2.59	++
红头穗鹛	4.76	2.07	++
画眉	4.76	2.07	++
黑短脚鹎	3.57	1.55	++
小燕尾	3.57	1.55	++
白额燕尾	2.38	1.04	++
白鹡鸰	2.38	1.04	++
褐河乌	2.38	1.04	++
栗耳凤鹛	2.38	1.04	++
北红尾鸲	1.19	0.52	+
黄眉柳莺	1.19	0.52	+
灰胸竹鸡	1.19	0.52	+
棕噪鹛	1.19	0.52	+

第五节　兽　类

从 20 世纪 50 年代后期开始，许多学者在浙江省西部相邻的安徽皖南（盛和林等，1963；黄文几等，1978）、浙西山区（盛和林和吴天荣，1981）、临安（朱曦，1987）对清凉峰保护区的哺乳动物区系组成进行了调查。1986 年、1987 年、1993 年、1998 年、2010 年分别由浙江省林业厅和清凉峰保护区管理局组织了杭州大学、浙江林学院、浙江自然博物馆、浙江师范大学等单位，对清凉峰保护区自然资源进行了综合性调查，中国科学院动物研究所、北京林业大学、华东师范大学等单位的动物学专家也多次开展了考察工作。通过这些调查，基本掌握了清凉峰保护区哺乳动物的资源状况，相继出版了《浙江清凉峰自然保护区科学考察集》（宋朝枢，1997）、《清凉峰动物》（陈水华和童彩亮，2012）等专著。清凉峰保护区是华南梅花鹿 *Cervus pseudaxis* 最重要的分布区，目前已开展了华南梅花鹿历史变迁、分布、现状及保护对策（徐荣章，1983；徐宏发和顾长明，1998；孟莉英和徐荣章，2003；程樟峰等，2012；章叔岩等，2016）、资源调查（陈征海等，2002）、种群数量与分布（于江傲等，2006;）、栖息地的特征（杨月伟等，2002）、栖息地利用（马继飞等，2004）、采食（董良钜等，2009）、食物资源特征（游卫云等，2007）等方面的研究，取得了系列成果。程樟峰等（2016）利用红外相机陷阱技术对龙塘山区域的鸟兽物种进行了监测。另外，也开展了野猪 *Sus scrofa* 种群现状与保护对策（盛碧云等，2008）、小麂 *Muntiacus reevesi* 和野猪的生境选择（鲁庆彬等，2007a）、小麂生境选择影响因子（鲁庆彬等，2007b）、小麂采食种类及部位（游卫云等，2010）等研究。

一、调查方法

2014 年 12 月至 2015 年 12 月，通过文献查阅法、社会访问法、鼠夹法、样带法以及 2014 年 12 月至 2016 年 12 月通过红外相机法对清凉峰保护区的兽类进行了调查。

通过走访附近居民，调查近年来发现的动物实体种类、数量及时间、地点等信息，了解有关动物的分布、数量、栖息地等。

1. 鼠夹法

采用鼠夹法对清凉峰保护区千顷塘区域的小型兽类进行调查，根据地形分布特点，分别在童玉（海拔 700m）、狮子岩（海拔 800m）、千顷塘（海拔 1100m）、宁国方向（1200m）以及天龙大峡谷（海拔 900m）选择阔叶林、针阔混交林、灌木林、竹林、草地、农田等不同生境，采用鼠夹法（中号铁板夹）捕捉小型兽类。以生花生米作为诱饵，每隔 5m 放置 1 个鼠夹，晚放晨收。

2. 样带法

采用样带法与痕迹法对清凉峰保护区的大型兽类进行调查，并分别以千顷塘、龙塘山和顺溪 3 个区域为中心，向不同方向延伸设置调查样带。其中千顷塘 6 条、龙塘山 6 条、顺溪3条（表6-20）。沿样带两侧仔细搜索和观察动物的活动痕迹，如足迹、粪便、卧迹、啃食痕迹、拱迹、洞巢穴等，对所发现的痕迹，根据形状、大小等特征进行分析，判断兽类的种类。

表6-20 兽类调查样带

调查区域	调查路线	调查面积（km^2）
千顷塘	千顷塘保护站—昭君岩	0.62
	千顷塘保护站—癞痢尖	0.61
	千顷塘—天龙大峡谷	0.66
	千顷塘—小平溪	1.08
	千顷塘—芋头湾	0.76
	千顷塘—童玉	1.05
龙塘山	龙塘山—清凉峰顶山脚	0.67
	龙塘山北坡—浙川村	0.47
	清凉峰顶—三祖源	0.75
	清凉峰植物园—峰顶	1.02
	龙塘山植物园—小石林	0.51
	清凉峰植物园—饿狼谷	0.42
顺溪	顺溪镇—保护站	0.58
	顺溪1	0.44
	顺溪2	0.47
合计		10.11

3. 红外相机法

程樟峰等（2016）已在清凉峰自然保护区的龙塘山区域开展了红外相机调查，故本次红外相机只布设在千顷塘区域，其布设的方法、数量、时间等参见第七章。由于红外相机在夜间只能以黑白照片（非彩色）的形式进行影像记录，尽管啮齿目的鼠类在夜间也能被红外相机记录到，但因其个体小、鉴定特征不明显等原因难以分类，因此本书没有对该类群进行进一步的物种鉴定。

二、物种多样性与生态类群

1. 物种多样性

调查结果与文献记载表明，清凉峰保护区共有兽类8目18科49种（表6-21），占浙江省兽类总数的49.5%；其中东洋界种类34种，占69.4%，古北界种类15种，占30.6%。在保护区的兽类资源中，列为国家一级重点保护野生动物有5种（云豹 *Neofelis nebulosa*、金钱豹 *Panthera pardus*、华南梅花鹿、黑麂 *Muntiacus crinifrons*、中华穿山甲 *Manis pentadactyla*），占10.2%；国家二级重点保护野生动物9种（猕猴 *Macaca mulatta*、豺 *Cuon alpinus*、青鼬

Martes flavigula、水獭 *Lutra lutra*、小灵猫 *Viverricula indica*、大灵猫 *Viverra zibetha*、金猫 *Felis temminckii*、中华鬣羚 *Naemorhedus sumatraensis*、中华斑羚 *Naemorhedus caudatus*)，占 18.4%。

表 6-21　清凉峰自然保护区兽类名录

动物名称	从属区系		国家保护等级		浙江省保护等级		调查方法
	东洋界	古北界	Ⅰ	Ⅱ	重点	一般	
一、食虫目 INSECTIVORA							
(一) 猬科 Erinaceidae							
1. 东北刺猬 *Erinaceus amurensis*		+				+	样带法
(二) 鼩鼱科 Soricidae							
2. 山东小麝鼩 *Crocidura shantungensis*		+					访问法
3. 臭鼩鼱 *Suncus murinus*	+						鼠夹法
(三) 鼹鼠科 Talpidae							
4. 华南缺齿鼹 *Mogera insularis*	+						样带法
二、翼手目 CHIROPTERA							
(四) 菊头蝠科 Rhinolophidae							
5. 皮氏菊头蝠 *Rhinolophus pearsoni*	+					+	文献
(五) 蝙蝠科 Vespertilionidae							
6. 东亚伏翼 *Pipistrellus abramus*		+				+	文献
7. 亚洲长翼蝠 *Miniopterus fuliginosus*	+					+	文献
三、灵长目 PRIMATES							
(六) 猴科 Cercopithecidae							
8. 猕猴 *Macaca mulatta*	+			+			访问法、文献
四、鳞甲目 PHOLIDOTA							
(七) 穿山甲科 Manidae							
9. 中华穿山甲 *Manis pentadactyla*	+		+				访问法、文献
五、兔形目 LAGOMORPHA							
(八) 兔科 Leporidae							
10. 华南兔 *Lepus sinensis*	+					+	样带法 红外相机法
六、啮齿目 RODENTIA							
(九) 松鼠科 Sciuridae							
11. 赤腹松鼠 *Callosciurus erythraeus*	+					+	鼠夹法、样带法 红外相机法
12. 珀氏长吻松鼠 *Dremomys pernyi*	+					+	样带法
13. 倭花鼠 (豹鼠) *Tamiops maritimus*	+					+	样带法
(十) 鼠科 Muridae							
14. 黑线姬鼠 *Apodemus agrarius*		+					鼠夹法
15. 中华姬鼠 *Apodemus draco*	+						文献
16. 小家鼠 *Mus musculus*		+					访问法
17. 黄胸鼠 *Rattus tanezumi*	+						访问法
18. 褐家鼠 *Rattus norvegicus*		+					鼠夹法

（续）

动物名称	从属区系		国家保护等级		浙江省保护等级		调查方法
	东洋界	古北界	Ⅰ	Ⅱ	重点	一般	
19. 黄毛鼠 *Rattus lossea*	+						鼠夹法
20. 北社鼠 *Niviventer confucianus*	+						鼠夹法
21. 针毛鼠 *Niviventer fulvescens*	+						鼠夹法
22. 白腹巨鼠 *Leopoldamys edwardsi*	+						鼠夹法
（十一）豪猪科 Hystricidae							
23. 中国豪猪 *Hystrix brachyuran*	+				+		红外相机法
七、食肉目 CARNIVORA							
（十二）犬科 Canidae							
24. 狼 *Canis lupus*		+			+		文献
25. 赤狐 *Vulpes vulpes*		+			+		文献
26. 貉 *Nyctereutes procyonoides*		+			+		文献
27. 豺 *Cuon alpinus*		+		+			文献
（十三）鼬科 Mustelidae							
28. 青鼬 *Martes flavigula*		+		+			访问法、文献
29. 黄鼬 *Mustela sibirica*		+			+		红外相机法
30. 黄腹鼬 *Mudtela kathiah*	+				+		访问法、文献
31. 鼬獾 *Melogale moschata*	+					+	红外相机法
32. 亚洲狗獾 *Meles meles*		+				+	访问法、文献
33. 猪獾 *Arctonyx collaris*	+					+	红外相机法
34. 水獭 *Lutra lutra*	+			+			文献
（十四）灵猫科 Viverridae							
35. 小灵猫 *Viverricula indica*	+			+			文献
36. 大灵猫 *Viverra zibetha*	+			+			文献
37. 果子狸 *Paguma larvata*	+				+		红外相机法
38. 食蟹獴 *Herpestes urva*	+				+		红外相机法
（十五）猫科 Felidae							
39. 金猫 *Felis temminckii*	+			+			文献
40. 云豹 *Neofelis nebulosa*	+		+				文献
41. 金钱豹 *Panthera pardus*	+		+				文献
42. 豹猫 *Prionailurus bengalensis*	+				+		访问法、文献
八、偶蹄目 ARTIODACTYLA							
（十六）猪科 Suidae							
43. 野猪 *Sus scrofa*		+				+	样带法、红外相机法
（十七）鹿科 Cervidae							
44. 小麂 *Muntiacus reevesi*	+					+	样带法、红外相机法

（续）

动物名称	从属区系		国家保护等级		浙江省保护等级		调查方法
	东洋界	古北界	Ⅰ	Ⅱ	重点	一般	
45. 黑麂 *Muntiacus crinifrons*	+		+				样带法、文献
46. 毛冠鹿 *Elaphodus cephalophus*	+				+		访问法、文献
47. 华南梅花鹿 *Cervus pseudaxis*		+	+				样带法、红外相机法
（十八）牛科 Bovidae							
48. 中华鬣羚 *Naemorhedus sumatraensis*	+			+			样带法、红外相机法
49. 中华斑羚 *Naemorhedus caudatus*	+			+			文献

2. 生态类群

清凉峰保护区的兽类可分为5种生态类群。

（1）地栖生态类群

该类群包括绝大多数的兽类，其形态特征表现为四肢发达，善于奔跑。共有40种，占兽类物种的81.6%。有主要生活在山区和丘陵的东北刺猬 *Erinaceus amurensis*、中华穿山甲、华南兔 *Lepus sinensis*、中华姬鼠 *Apodemus draco*、黄毛鼠 *Rattus lossea*、北社鼠 *Niviventer confucianus*、针毛鼠 *Niviventer fulvescens*、白腹巨鼠 *Leopoldamys edwardsi*、中国豪猪 *Hystrix brachyuran*、狼 *Canis lupus*、赤狐 *Vulpes vulpes*、貉 *Nyctereutes procyonoides*、豺狼 *Cuon alpinus*、青鼬、黄腹鼬 *Mudtela kathiah*、鼬獾 *Melogale moschata*、猪獾 *Arctonyx collaris*、小灵猫、大灵猫、果子狸 *Paguma larvata*、食蟹獴 *Herpestes urva*、金猫、云豹、金钱豹、豹猫 *Prionailurus bengalensis*、野猪 *Sus scrofa*、小麂、黑麂、毛冠麂 *Elaphodus cephalophus*、华南梅花鹿、中华鬣羚、中华斑羚等；生活千田野及附近的山东小麝鼩 *Crocidura shantungensis*、臭鼩 *Suncus murinus*、黑线姬鼠 *Apodemus agrarius*、黄鼬 *Mustela sibirica*、狗獾 *Meles meles* 等；主要生活于居民住宅及附近的褐家鼠 *Rattus norvegicus*、黄胸鼠 *Rattus tanezumi* 和小家鼠 *Mus musculus* 等。

（2）地下栖息生态类群

本类群种类较少，仅华南缺齿鼹 *Mogera insulari* 1种，占清凉峰保护区兽类物种的2%。

（3）树栖生态类群

形态结构适于树栖生活，如猕猴、赤腹松鼠 *Callosciurus erythraeus*、珀氏长吻松鼠 *Dremomys pernyi* 和倭花鼠 *Tamiops maritimus* 等4种，占清凉峰保护区兽类物种的8.2%。

（4）飞行生态类群

包括翼手目的皮氏菊头蝠 *Rhinolophus pearsoni*、东亚伏翼 *Pipistrellus abramus*、亚洲长翼蝠 *Miniopterus fuliginosus* 等3种，占清凉峰保护区兽类物种的6.1%。

（5）水栖生态类群

只有食肉目鼬科的水獭，占清凉峰保护区兽类物种的2%。

三、资源分析

1. 大型兽类

猕猴：在野外调查中未见到灵长目动物，而在访问调查时，当地居民反映有猕猴的分布，但数量不多。

中华穿山甲：在保护区内有一定数量的分布，虽然很少见到实体，但有时也能发现其生活的洞穴。

食肉目：以往文献中所记载的狼、狐、貉、豺、亚洲狗獾、水獭、小灵猫、大灵猫、金猫、云豹和金钱豹均未见到。特别是犬科动物和除豹猫之外的其他猫科动物，当地居民反映已多年未发现活动踪迹。所用的红外相机法调查中，仅拍摄到黄鼬、鼬獾、猪獾、果子狸和食蟹獴的照片，其中独立照片数量以猪獾（188 张）和果子狸（35 张）为最多，其他种类较少。2013 年 6 月至 2014 年 10 月在龙塘山区域的红外相机法调查中拍摄到黄鼬、青鼬、猪獾、果子狸的照片。访问调查中，证实有黄腹鼬和豹猫的分布，其数量都较少。

华南梅花鹿：是清凉峰保护区的特色物种，也是最重要的保护对象（华南梅花鹿资源状况分析见第七章）。

黑麂：在清凉峰保护区的数量较少。调查中，在千顷塘区域布放的红外相机未拍摄到黑麂的照片，但在千顷塘保护站—昭君岩的调查样带上发现了黑麂的粪便；在龙塘山和顺溪的样带调查中，均发现了较多的黑麂活动痕迹和粪便。2013 年 6 月至 2014 年 10 月在龙塘山区域的红外相机法调查中也拍摄到黑麂。据此分析，黑麂主要分布在龙塘山和顺溪区域，而在千顷塘区域的数量极少。

中华鬣羚：在千顷塘区域拍摄到照片，而在龙塘山和顺溪区域的样带调查中均发现其活动痕迹，说明整个保护区范围内均有中华鬣羚的分布，但数量较少。

中华斑羚：本次调查中，红外相机法、样带调查法和访问调查法均未发现有中华斑羚分布。

毛冠鹿：在红外相机调查和样带调查中均未发现，但在访问中有人反映偶尔能看到。因此毛冠鹿在清凉峰保护区内还有分布，但数量极少。

小麂：是清凉峰保护区数量最多的鹿科动物，红外相机拍摄的独立照片数为 1067 张，是其他鹿科动物的主要竞争者。

野猪：数量较多，红外相机拍摄的独立照片数为 307 张，对当地的作物有一定的危害。

2. 小型兽类

食虫类：在调查所知的东北刺猬、山东小麝鼩、臭鼩和华南缺齿鼹中，以臭鼩数量最多，是食虫目的优势种。

翼手类：本次调查工作没有专门对翼手目进行详细调查。据文献记载清凉峰有皮氏菊头蝠、东亚伏翼、亚洲长翼蝠 3 种。

华南兔：样带调查中常常可见到华南兔的粪便。红外相机拍摄的独立照片数为 385 张。在清凉峰保护区内分布很广，数量也多，能在各类生境中生存。

啮齿目：啮齿目是种类和数量最多的一个类群。3 种松鼠中以赤腹松鼠为优势种，倭花鼠（豹鼠）的数量最少。

对千顷塘区域进行了为期一年的鼠类调查，共捕获 139 只鼠，其中北社鼠 65 只，占 46.76%；针毛鼠 29 只，占 20.86%；黑线姬鼠 25 只，占 17.98%；白腹巨鼠 13 只，占 9.35%；褐家鼠 6 只，占 4.32%；黄毛鼠 1 只，占 0.72%。

在野外环境，鼠科中的北社鼠、针毛鼠 *Niviventer fulvescens* 和黑线姬鼠 *Apodemus agrarius* 为优势种，褐家鼠和白腹巨鼠为常见种，而中华姬鼠、黄毛鼠 *Rattus lossea* 为稀有种；在室内环境未做专门的调查，从访问的结果看，以褐家鼠为优势种，小家鼠为常见种，黄胸鼠数量较少。

表 6-22 中可看到，狮子岩的鼠类种类数最多，然后依次为天龙大峡谷和千顷塘天池、童玉和千顷关。北社鼠在千顷关、天龙大峡谷和千顷塘天池所占比例均为最高，而在童玉和狮子岩位居第二；白腹巨鼠仅在童玉和狮子岩捕获，在童玉所占比例最高；针毛鼠除童玉外，均有捕获，在狮子岩所占比例最高；黑线姬鼠除童玉外都有较高的比例；褐家鼠在狮子岩和千顷关未有捕获，在其他捕获点均为常见种；黄毛鼠数量极少，只在狮子岩有分布。

表 6-22　不同捕获点的鼠类组成

地点	鼠夹数	北社鼠（只,%）	白腹巨鼠（只,%）	黄毛鼠（只,%）	黑线姬鼠（只,%）	褐家鼠（只,%）	针毛鼠（只,%）	合计（只,%）	捕获率（%）
童玉	900	10（45）	11（50）	0（0）	0（0）	1（5）	0（0）	22（100）	2.44
狮子岩	800	5（22）	2（9）	1（4）	4（17）	0（0）	11（48）	23（100）	2.87
天龙大峡谷	800	15（52）	0（0）	0（0）	6（21）	2（7）	6（21）	29（100）	3.63
千顷塘天池	1000	17（43）	0（0）	0（0）	10（25）	3（8）	10（25）	40（100）	4.00
千顷关	800	18（72）	0（0）	0（0）	5（20）	0（0）	2（8）	25（100）	3.13

在不同的生境类型中（表 6-23），北社鼠在各种植被类型中都有分布，特别是在阔叶林、针阔混交林、灌木林、草地占有最大的组成比；针毛鼠和白腹巨鼠主要分布在阔叶林和针阔混交林中；黑线姬鼠主要分布在草地和农田生境。

表 6-23　不同生境的鼠类组成

生境	鼠夹数	北社鼠（只,%）	白腹巨鼠（只,%）	黄毛鼠（只,%）	黑线姬鼠（只,%）	褐家鼠（只,%）	针毛鼠（只,%）	合计（只,%）	捕获率（%）
针阔混交林	2000	46（53）	11（13）	1（1）	7（8）	0（0）	21（16）	86（100）	4.30
灌木丛	500	5（50）	1（10）	0（0）	4（40）	0（0）	0（0）	10（100）	2.00
草地	800	12（44）	1（4）	0（0）	12（44）	1（4）	1（30）	27（100）	3.38
竹林	500	1（14）	0（0）	0（0）	2（29）	1（14）	3（43）	7（100）	1.40
居民区	500	1（11）	0（0）	0（0）	0（0）	4（44）	4（44）	9（100）	1.80

鼠类数量的季节消长（表6-24），表现为春季的捕获率最高，其次是夏季和秋季，最低在冬季；从捕获的种类数分析，春季捕获到的种类最多，夏季和秋季次之，冬季最少，与数量消长趋势相同。

表6-24　不同季节的鼠类捕获率

季节	鼠夹数	北社鼠（只,%）	白腹巨鼠（只,%）	黄毛鼠（只,%）	黑线姬鼠（只,%）	褐家鼠（只,%）	针毛鼠（只,%）	合计（只,%）	捕获率（%）
春季	1200	30（54）	5（9）	1（2）	10（18）	2（4）	8（14）	56（100）	4.67
夏季	1200	23（46）	6（12）	0（0）	8（16）	2（4）	11（22）	50（100）	4.17
秋季	1000	8（33）	2（8）	0（0）	5（21）	1（4）	8（33）	24（100）	2.40
冬季	900	4（44）	0（0）	0（0）	2（22）	1（11）	2（22）	9（100）	1.00

四、面临的问题与保护

从清凉峰国家级自然保护区的兽类组成分析，目前狼、狐、貉、豺、水獭、小灵猫、大灵猫、金猫、云豹、金钱豹等中、大型食肉目兽类基本消失。在生态系统的食物链顶端，除了少数几种猛禽外，无捕食性的猛兽存在，对初级消费者以及一些次级消费者的调控能力下降，使华南兔、小麂、野猪等兽类的数量增长加快。因此，建议加强对保护区及周边地区的中、大型食肉目兽类的保护工作，同时采取相应措施，适当控制中、小型兽类的数量，从而丰富保护区的生物多样性。

建议继续开展华南梅花鹿的研究与保护，除了重点研究华南梅花鹿的繁殖、栖息地等内容，建议关注华南梅花鹿与黑麂、毛冠鹿、小麂的种间关系，缓解相互之间的竞争关系，使这4种鹿科动物能够和平共处，维持相对平衡。

保护区内翼手目动物的资源状况还比较欠缺，建议开展较为全面、深入的专项调查。

参考文献

1. 曹亮，张鹗，臧春鑫. 等. 通过红色名录评估研究中国内陆鱼类受威胁现状及其成因［J］. 生物多样性，2016，24（5）：598-609.
2. 陈苍松，范忠勇，陈水华，等. 杭州地区两栖动物多样性及其受胁现状［A］. 计翔. 两栖爬行动物学研究. 南京：东南大学出版社，2010，44-49.
3. 陈静，王玉军，武丙琳，鲁庆彬. 清凉峰旅游区鸟类多样性及季节变动［J］. 南京林业大学学报（自然科学版），2012，3（36）：37-42.
4. 陈马康，童合一，俞泰济，等. 钱塘江鱼类资源［M］. 上海：上海科技文献出版社，1990.
5. 陈水华，童彩亮. 清凉峰动物［M］. 杭州：浙江大学出版社，2012.
6. 陈宜喻. 中国动物志・硬骨鱼纲・鲤形目（中卷）［M］. 北京：科学出版社，1998.
7. 陈征海，朱曦，鲍毅新. 浙江野生梅花鹿资源调查研究［A］. 浙江省林业厅. 浙江林业自然资源：野生动物卷［C］. 北京：中国农业科学技术出版社，2002，325-339.
8. 程樟峰，郭瑞，翁东明，等. 基于红外相机陷阱技术的浙江清凉峰国家级自然保护区龙塘山区域鸟兽物种监测初报［J］. 四川动物，2016，35（5）：753-758.

9. 程樟峰，翁东明，俞平新. 浙江清凉峰自然保护区华南梅花鹿保护现状与对策［J］. 防护林科技，2012，(6)：57-58，91.
10. 董良钜，游卫云，周圻，等. 清凉峰自然保护区华南梅花鹿采食研究［J］. 浙江林业科技，2009，29（4）：41-46.
11. 费梁，胡淑琴，叶昌媛，等. 中国动物志·两栖纲（下卷）［M］. 北京：科学出版社，2009.
12. 费梁，叶昌媛，黄永昭，等. 中国两栖动物检索及图解［M］. 成都：四川科学技术出版社，2005，137-143.
13. 费梁，叶昌媛，江建平. 中国两栖动物及其分布彩色图鉴［M］. 成都：四川出版集团·四川科学技术出版社，2012，1-619.
14. 傅萃长，孙娴斐，王心怡，等. 大小等级和大小组合差异对盆养安吉小鲵幼体同种相残率的影响［J］. 动物学研究，2003a，24（6）：407-412.
15. 傅萃长，饶韧，吴纪华，等. 密度和饵料投放量对安吉小鲵幼体生长与同种相残率的影响［J］. 动物学研究，2003b，24（3）：186-190.
16. 顾辉清. 小鲵属一新种——安吉小鲵［J］. 动物科学研究. 1992：39-43.
17. 顾辉清，马小梅，王珏，等. 安吉小鲵种群数量和数量动态的研究［J］. 四川动物，1999，18（3）：104-106.
18. 国家林业和草原局. 国家重点保护野生动物名录［EB/OL］. 1989-1-14［2020-7-18］. http://www.forestry.gov.cn/main/3954/content-1063883.html
19. 黄美华，金贻郎，蔡春抹，等. 浙江动物志：两栖类爬行类［M］. 杭州：浙江科学技术出版社，1990，1-306.
20. 黄文几，温业新，黄正一，等. 安徽省哺乳动物调查和地理区划［J］. 复旦大学学报（自然科学版），1978，(1)：86-104.
21. 季达明，温世生. 中国爬行动物图鉴［M］. 郑州：河南科学技术出版社，2002，1-347.
22. 蒋志刚，江建平，王跃招，等. 中国脊椎动物红色名录［J］. 生物多样性，2016，24（5）：500-551.
23. 乐佩琦. 中国动物志·硬骨鱼纲·鲤形目［M］. 北京：科学出版社，2000.
24. 李思忠. 中国淡水鱼类分布区划［M］. 北京：科学出版社，1981.
25. 鲁庆彬，游卫云，高欣，等. 清凉峰小鹿生境选择影响因子评价［J］. 浙江林业科技，2007，27（1）：28-32.
26. 鲁庆彬，于江傲，高欣，等. 冬季清凉峰山区小麂和野猪的生境选择及差异［J］. 兽类学报，2007，27（1）：45 -52.
27. 马继飞，张恩迪，章叔岩，等. 清凉峰自然保护区梅花鹿秋季对栖息地利用的初步分析［J］. 动物学杂志，2004，39（5）：35-39.
28. 毛节荣. 徐寿山. 浙江动物志——淡水鱼类［M］. 杭州：浙江科学技术出版，1991.
29. 孟莉英，徐荣章. 临安野生梅花鹿的历史变迁、现状及保护［J］. 杭州师范大学学报（自然科学版），2003，2（5）：38-41.
30. 盛碧云，张良斌，许丽娟，等. 清凉峰保护区野猪种群现状与保护对策研究［J］. 华东森林经理，2008，22（3）：64-69.
31. 盛和林，吴光，李冬馥，等. 皖南陆生哺乳动物的区系组成及其经济意义［J］. 华东师范大学学报（自然科学版），1963，(1)：93-100.
32. 盛和林，吴天荣. 浙西山区的黑麂、小麂、毛冠鹿和梅花鹿的资源［J］. 野生动物，1981，（2）：

33-34
33. 宋朝枢. 浙江清凉峰自然保护区科学考察集［M］. 北京：中国林业出版社，1997.
34. 汪松，解焱. 中国物种红色名录［M］. 北京：高等教育出版社，2004：189-222.
35. 徐宏发，顾长明. 华南梅花鹿的分布和现状［J］. 生物多样性，1998，6（2）：87-91.
36. 徐荣章. 天目山区的野生梅花鹿［J］. 森林与人类，1983，（1）：16-17
37. 汪松. 中国物种红色名录（第2卷）（脊椎动物）（上）［M］. 高等教育出版社，2009.
38. IUCN. The IUCN Red List of Threatened Species［EB/OL］. 2020-2［2020-7-18］. https：//www.iucnredlist.org
39. 杨月伟，章叔岩，程爱兴. 华南梅花鹿冬春栖息地的特征［J］. 东北林业大学学报，2002，30（6）：57-60.
40. 游卫云，朱小梅，董良鉅，等. 浙江省清凉峰自然保护区黄鹿采食种类及部位研究［J］. 现代农业科技，2010，（5）：289-290，292
41. 游卫云，董良钜，于江傲，等. 清凉峰华南梅花鹿冬季食物资源特征研究［J］. 浙江林业科技，2007，27（4）：13-16.
42. 于江傲，鲁庆彬，刘长国，等. 清凉峰自然保护区华南梅花鹿种群数量与分布研究［J］. 浙江林业科技，2006，26（5）：1-4.
43. 张荣祖. 中国动物地理［M］. 北京：科学出版社，2011.
44. 章叔岩，郭瑞，程樟峰. 浙江省鸟类新纪录——日本领角鸮［J］. 四川动物，2015，34（6）：851-851.
45. 章叔岩，郭瑞，刘伟，等. 华南梅花鹿研究现状及展望［J］. 浙江林业科技，2016，36（2）：90-94.
46. 郑光美. 中国鸟类分类与分布名录（第三版）［M］. 北京：科学出版社，2017.
47. 赵尔宓. 中国蛇类［M］. 合肥：安徽科技出版社，2005，103-318.
48. 朱曦. 浙江省临安、安吉低山丘陵地区陆生脊椎动物的初步调查［J］. 浙江林学院学报，1987，4（2）：87-92.
49. 诸葛阳. 浙江动物志-鸟类［M］. 杭州：浙江科学技术出版社，1990.

第七章 清凉峰华南梅花鹿专项报告

第一节 引 言

栖息地是物种赖以生存的地方。如果一个地区的资源（生物和非生物）和环境状况可以同时满足动物生存与繁殖上的需求，便可视为该动物的栖息地。这些需求通常包含了遮蔽、食物和水三类（Morrison et al.，2007）。然而，由于动物栖息的环境往往是不同的，所以其分布状况会因资源条件而有所差异。所以，对于动物和栖息地之间关系的研究，不仅要以动物为主体，找寻与其出现相关的栖息地特征的方法，还需要考虑到环境异质性，将环境划分成不同栖息地类型，比较动物利用或分布状况的不同。

将栖息地的研究设计归纳为3类：栖息地特征设计、栖息地可利用度设计、种群动态学反应设计。栖息地特征设计主要是以动物作为主体，经过比较动物已使用与未使用（或随机）地点的栖息地特征，找出可预测或说明动物出现与否的栖息地条件。若要仔细研究环境中有哪些特征与动物的出没有关，则需透过栖息地特征设计的研究方法来了解。栖息地可利用度设计，是通过对动物在不同类型栖息地的使用频次和时间比例进行比较，来了解动物选择使用的栖息地类型。种群动态学反应设计是通过对比不同类型栖息地中动物的密度、存活率或繁殖率，以此来评判栖息地的品质。栖息地可利用度设计和种群动态学反应设计均考虑到环境异质性。通过对栖息地特征设计的研究，找到和动物分布相关的环境因子，可以作为后续研究的基础及经营管理的依据。

影响动物选择栖息地的因素是复杂的，既要考虑栖息地本身的特征，还要考虑动物的本身特性、食物的有效性以及捕食和竞争等因素。当动物的种群密度较低时，可能未完全利用喜好的栖息地，当动物的种群密度较高时，可能会利用不太喜好的栖息地。随着外界环境条件的改变，对有蹄类动物选择栖息地有影响的主要因子和次要因子会互相转化，甚至原本作用并不显著的因子会变得很重要（孙儒泳，2001）。栖息地的生物与非生物因子之间复杂的关系，竞争、气候、遮蔽等都有可能在动物的栖息地选择上占重要性（Luo et al.，1998）。想要测量所有因子几乎是不可能的，关于栖息地选择的这些因素的相对重要性的测定也非常复杂，在大多数环境中往往是难以测定的（Ward and Porter，1993）。所以在有限的研究中，选择与问题有关并具有代表性的因子是必要的（Morrison et al.，2007）。

动物选择栖息地的影响因子一般可分为两类，一类是具有生存意义的基本因子，包括食物、隐蔽物和种间竞争等；另一类是引起动物选择栖息地的近因子，主要包括地形、地貌等（Lack，1933）。有蹄类动物选择栖息地是由于多种生态因子的共同作用的结果，并不是因为单种因子的作用，但是其中可能有影响其栖息地选择的主导因子。

梅花鹿 *Cervus nippon*，隶属哺乳纲偶蹄目鹿科鹿属，是东亚季风区特有的鹿类，主要分布在中国大陆及台湾，日本、朝鲜以及俄罗斯、越南等地。Whitehead（1993）通过形态学特征将世界上分布的梅花鹿分为13个亚种。郭延蜀和郑惠珍（2000）通过采集梅花鹿标本，在对已有标本的形态及地理分布进行研究的基础上，将我国的梅花鹿订正为6个亚种：东北亚种 *C. n. hortulorum*、华南亚种 *C. n. kopschi*、四川亚种 *C. n. sichuanicus*、台湾亚种 *C. n. taiouanus*、山西亚种 *C. n. grassianus*、华北亚种 *C. n. mandarinus*，其中山西亚种和华北亚种在20世纪20年代灭绝。2011年，Groves 和 Grubb 将中国境内分布的梅花鹿由亚种提升为种，即东北梅花鹿 *C. hortulorum*、华南梅花鹿 *C. pseudaxis*、四川梅花鹿 *C. sichuanicus*、台湾梅花鹿 *C. taiouanus* 4个物种，本书中采纳这一分类系统。

梅花鹿在1988年被列入国家一级重点保护野生动物名录，1998年《中国濒危动物红皮书》中被列为“濒危级”（汪松，1998）。蒋志刚等（2016）在中国生物多样性物种红色名录中，将东北梅花鹿、华南梅花鹿、四川梅花鹿、台湾梅花鹿都评定为“极危级”物种，具有极高的灭绝风险。

根据前期调查结果，华南梅花鹿在浙江省主要分布在天目山脉浙皖交界处，在浙江清凉峰国家级自然保护区、浙江龙王山国家级自然保护区和浙江天目山国家级自然保护区都发现有野生梅花鹿，其中清凉峰国家级自然保护区为野生梅花鹿集中分布区。浙江清凉峰国家级自然保护区内华南梅花鹿主要分布在千顷塘区域，该区域面积5690hm^2，是一条海拔600~1470m、沿浙皖省界呈东西走向的狭长地带，整个区域由塘、湾、坳、凹、沟、山坡和洼地组成。在自然保护区建立前，清凉峰地区的野生梅花鹿面临的主要威胁是猎杀。1985年建立自然保护区及1998年晋升为国家级自然保护区后，保护区管理局在保护宣传、野外巡查、禁伐禁猎、禁放牧、禁烧碳等方面取得了良好成效，华南梅花鹿种群及栖息地得到较好保护。

2003年9~11月，马继飞等（2004）在浙江省清凉峰国家级自然保护区设定固定样线，对梅花鹿栖息地的利用进行了研究。将植被类型、郁闭度、食物丰富度、灌木盖度、坡度、坡向、坡位、海拔和人为干扰距离作为影响华南梅花鹿分布的生态因子。并得出以下结论：梅花鹿倾向于选择草甸—沼泽和灌丛、郁闭度较低、食物资源丰富、上坡位、海拔高于1200m、人为干扰距离大于1000m、向阳以及坡度平缓的环境。

与浙江清凉峰国家级自然保护区的华南梅花鹿不同，江西桃红岭国家级自然保护区的华南梅花鹿喜生活在海拔300~450m的环境。2005年3~5月，付义强等（2006）参照了马继飞的测定方法，根据栖息地利用的实际情况做了相应的更改，并添加了距水源距离作为生态因子。选择因子的结果表明，梅花鹿喜欢灌丛和灌草丛、郁闭度较低、灌木盖度较小、食物丰富度高、半阴半阳及向阳、中坡位、坡度平缓、水源距离较近、人为干扰距离大于 800m 和海拔高度在 300~450m 的环境。

李佳等（2014）在 2011 年曾对桃红岭自然保护区华南梅花鹿栖息地进行了野外调查，选取海拔、坡度、坡向、植被类型、森林采伐运柴道路、主要道路、居民点以及农田 8 个生态因子，结果显示，梅花鹿选择海拔高于 400m、坡度较平缓、向阳、草丛和灌丛、到采伐运柴道路大于 600m、到主要道路距离大于 1500m、到居民点距离大于 1500m 以及到农田距离大于 1200m 的环境。

在栖息地破碎化日益严重的背景下，野生华南梅花鹿受到很大的影响，不利于保护该物种。因此，用红外相机拍摄华南梅花鹿出现位点，并选择合适的生境因子，利用 MAXENT 模型对华南梅花鹿的栖息地进行评价，同时预测其潜在栖息地，为保护华南梅花鹿现有栖息地及潜在栖息地提供科学理论和实践意义。

第二节　研究对象

华南梅花鹿 *Cervus pseudaxis*（Gervais 1841）曾被认为是梅花鹿 *Cervus nippon*（Temminck 1838）的华南亚种 *C. n. kopschi*，2015 年被提升为种（蒋志刚等，2015），是我国一级重点保护野生动物。

浙江清凉峰国家级自然保护区内的华南梅花鹿种群主要分布于千顷塘保护区域。千顷塘保护区域主要由西部的山湾岭、雨头湾、大湾里、千顷塘、干坑、大源塘，中部的小坪溪、大坪溪，东部的西坞、黄洋塘、道场坪等组成（图 7-1）。

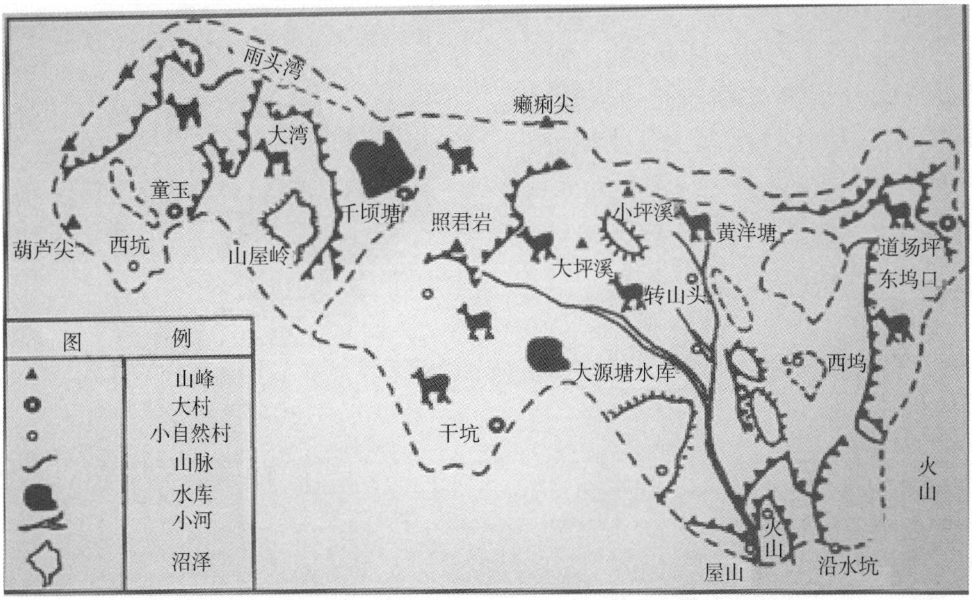

图 7-1　清凉峰国家级自然保护区千顷塘保护区域地理位置图

清凉峰国家级自然保护区的华南梅花鹿分布区域是一条东西长、南北窄，且沿浙皖省界走向的狭长地带。该区域是一个海拔 600~1470m 的中山地带，由大片坡度在 25 度以下的草甸、灌丛、沼泽地和部分梯田、梯地组成的中山盆地。整个区域由塘、湾、坳、凹、沟、山坡、高低洼地多样性地貌组成，是一个独特的生态系统。保护区内有丰富的植物资源，种类极其丰富。据本书的生物多样性调查结果显示，保护区内共有野生种子植物 157 科 748 属 1758 种，其中裸子植物有 11 种，被子植物中双子叶植物有 1431 种，单子叶植物有 316 种。保护区内水资源丰富，横向分布有 4 座水库，且常年不干枯，可供华南梅花鹿饮用。2013 年森林资源调查数据显示，千顷塘保护区域现有乔木林面积为 $3218hm^2$（其中针叶林面积为 $1530hm^2$，阔叶林面积为 $1688hm^2$），占总面积的 56.6%，灌木林面积为 $1228hm^2$，占总面积的 21.6%，其他为 $1244hm^2$，占总面积的 21.8%。

第三节　研究方法

一、红外线自动相机技术

红外线自动相机技术（Infrared Camera）（本章中简称为红外相机），属野生动物监测自动相机技术（Automated-Camera Wildlife Monitoring Technology）的一种，即指通过被动式或主动式红外线触发相机系统来获取野生动物图像数据（如照片或视频），这些图像数据可用来分析野生动物的物种组成、分布、种群数量、行为和生境利用等基础信息，从而为野生动物保护管理和资源利用提供重要参考资料（Rowcliffe & Carbone，2008；O' Connell et al.，2011；章书声，2013；肖治术等，2014）。

华南梅花鹿个体大，警惕性高，数量稀少，在野外很难观察到实体。与传统的野生动物种群调查、监测方法（如样线法、标记-重捕法、痕迹法、轰赶法、访问法等）相比，红外相机作为一种非伤害性的野生动物监测技术，具有人为因素限制少、对动物影响较小、可 24h 全天候持续工作等优点（Karanth & Nichols，1998；Carbone et al.，2001；徐爱春等，2014）。

目前市场上红外相机品牌、型号众多，根据前期开展的野外研究工作经验，调查时选择 Ltl5210mc（图 7-2）。

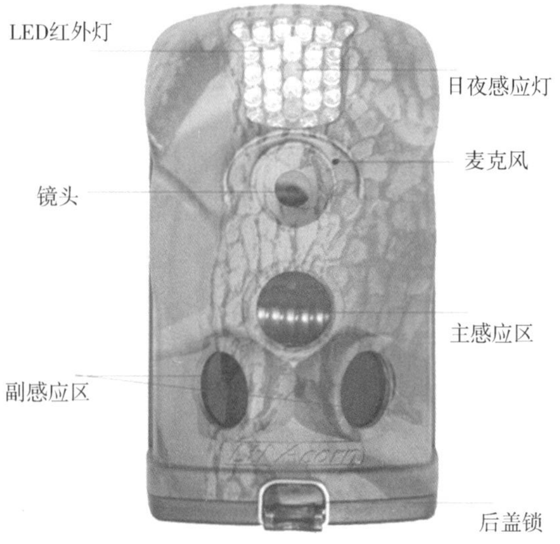

图 7-2　用于本项研究的红外相机 Ltl5210mc 正面图

1. 红外相机布设方法

采用公里网格法（Rowcliffe & Carbone，2008；O' Connell et al.，2011；章书声，2013；肖治术等，2014）布设红外相机。首先将保护区调查区域（千顷塘）用 ArcGIS 按 1km×1km 面积划分为网格（图 7-3），

在每个网格中心位置预设相机布设位点。如果网格涵盖的保护区面积大于 50%，则调整该网格相机布设位点于保护区范围内，涵盖的面积小于 50%则放弃放置相机。记录每个网格预设相机布设位点的 GPS 经纬度。相机布设密度为 1 台/hm^2。

图 7-3　调查区域拟布设红外相机的公顷网格

2. 相机的安放

通过手持 GPS 引导，在野外找到每个网格的预设相机布设位点，在其附近 20 m 范围内选择实际相机布设位点（主要考虑靠近动物活动痕迹及路径的位置），确定和记录每个相机实际布设位点的经度、纬度和海拔等基本信息（表 7-1）。

表 7-1　红外触发相机环境及野生动物记录表

安放时间：　年　月　日　时，安放人：　相机 GPS 位点：＿°＿′＿″N　＿°＿′＿″E

海拔　(m)、坡度　、坡位　、坡向　、植被类型盖度　(%)、相机编号　、相机型号　、存储卡号　、装卡人　、

取卡人　、装卡时间：　年　月　日　时；取卡时间：　年　月　日　时；照相总时数：　时

照片序号	动物名称	动物数量	拍摄日期	拍摄时间	连拍数量	备注

安放相机前对相机进行设置，然后将红外触发相机捆绑在粗细合适的树木底部，距离地面高度约 60~80cm（图 7-4）。本调查中没有使用任何诱饵。每台相机放置南孚 5 号一次性电池 8 节，SCAN 8G 储存卡 1 张。电池、卡约 120 天更换一次，如果发现丢失、不工作或存储卡已经写满的相机，立即撤换。更换电池时对相机视场内影响相机工作的嫩枝、小草、蕨类植物和蜘蛛网等进行一并清理。

3. 照片的判读

取回的相机卡及时进行判读。在判读过程中，发现调查区域兽类活动高峰期主要发生

图 7-4 在调查地区放置的红外触发相机

在夜间，而在夜间红外相机只能以黑白照片（非彩色）的形式进行影像记录。因此，尽管啮齿目的各种鼠类在夜间也能被红外触发相机记录到，但由于其个体小、鉴定特征不明显等原因，没有对该类群进行进一步的物种鉴定（Tobler et al.，2008）。

对所有梅花鹿的照片进行详细鉴定和分类（诸葛阳，1989；盛和林，1999；Smith & 解焱，2009），并记录其拍摄时间、连拍张数等信息（表 7-1）。

二、栖息地因子的选择

根据前人研究结果，选择海拔、坡度、坡向、植被类型、归一化植被指数、距居住点距离、距道路距离、距河流距离等 8 个环境因子，结合红外相机记录到的华志梅花鹿分布点数据，利用 ARCGIS 和 MAXENT 软件对千顷塘区域内华南梅花鹿的生境适宜性进行了评价。

1. 海拔、坡度和坡向

由中国科学院科学数据库 30m 分辨率的 DEM 计算提取得到。

2. 植被因子数据

包括植被类型和植被指数，利用 ERDAS9.1 遥感影像处理软件，采用监督分类方法对 2018 年千顷塘的 TM 影像进行分类处理，将其分为农田、针叶林、针阔叶混交林、竹林、草甸和落叶阔叶林 6 类，用 ENVI 软件计算千顷塘植被指数。

3. 归一化植被指数

食物是梅花鹿维持自身生存最主要的资源，归一化植被指数主要是反映当地的食物丰富度。

4. 距居民点距离

包括居住点、道路和水源，从千顷塘矢量地图提取获得，用 ARCGIS 求得各因子的距离图层。

5. 距道路距离

道路同样是人为干扰，且可能会阻隔梅花鹿的迁徙路径，对梅花鹿的分布也有很重要的影响。

6. 距水源距离

水是所有动物赖以生存的资源，所以梅花鹿会选择距离水源较近的地方作为栖息地。

第四节　数据统计

一、独立照片

由于动物个体在红外触发相机监测区域内觅食或者行走过程中会持续触发红外触发相机，会连续拍摄多张照片（Kauffman et al.，2007）。因此，为了排除因同一只动物个体而产生的连续照片的干扰，可把同一个相机同种物种相隔 30 分钟以上的照片认为是独立照片（independent photograph）（O´Brien et al.，2003；Si et al.，2014；徐爱春等，2014）。

二、种群密度与数量

采用随机相遇模型（random encounter model）来估算种群密度与数量，该模型常被用于估算那些难以进行个体识别的动物（如有蹄类）的种群密度（Rowcliffe et al，2008；章书声等，2013；肖治术等，2014）。该模型假设动物个体像气体分子一样随机运动，并认为动物与相机的接触率（拍到的照片数）与动物的种群密度、运动速度、相机布设的时间、相机监测的面积呈正比。

种群密度计算公式（随机相遇模型）：

$$D = \frac{y}{t}\frac{\pi}{vr(2+\theta)}$$

式中，D 为种群密度，y 为独立照片数量，t 为调查时间（调查时数），π 为常数，v 为动物移动速度（通常以天为单位），r 为相机扇形探测区域半径，θ 为相机扇形探测区夹角（通常以弧度值 rad 表示）。

对于华南梅花鹿每日移动速度/距离参数 v 值，主要依据：①根据红外相机调查结果及日常巡护观察，保护区内没有虎、熊、豹、狼等食肉动物分布，红外相机照片显示梅花鹿多呈现行走、采食行为而未见其呈现奔跑状态；②据《中国鹿类动物》（盛和林等，1992），华南梅花鹿从隐蔽地至食物基地的距离在 200m 以内，至水源的距离为 150m 以内，食物至水源相距不足 550m。因此将华南梅花鹿获得食物和水所需要的基本移动距离设为 1km，每日 3 次为 3km，产生的距离冗余估算为 2km，据此将华南梅花鹿每日移动速度/距离设为 3 个参数，即 1 km/d、3km/d 和 5km/d。

三、活动节律

分别以日活动差异指数 α，昼行性指数 β，季节性活动强度指数 γ 对华南梅花鹿活动节律进行研究，计算公式如下：

$$\alpha=\sum_{i=1}^{n}r_i^2 \quad \beta=\sum_{i=6}^{18}r_i \quad \gamma=\frac{P_{i-3}}{N_3}$$

将每天的时间划分为连续的 24 个单位取样间隔（例如 00：00~01：00 等）。

i：记录时间点数目，时间间隔为 1h，全天拍摄华南梅花鹿的日活动模式。

t_i：第 i 个数据点的时间值，如 8：00~9：00 的时间值为 8，17：00~18：00 的时间值为 17。

P_i：每个月 t_i时刻拍摄到的华南梅花鹿独立照片数，P_{i-3}表示每个季度 t_i时刻拍摄到华南梅花鹿的独立照片数。

N：表示每个月内拍摄到华南梅花鹿的总独立照片数，N_3表示每个季度内拍摄到梅花鹿的总独立照片数。

r_i：表示 t_i时刻的相对活动强度，定义为 t_i时刻内拍摄到的华南梅花鹿独立照片数占 N 的比例。

日活动差异指数 α 可以用于衡量动物日活动时间分配的均匀程度，α 的数值越大，则表明华南梅花鹿一天的活动时间分配越不平均。昼行性指数 β 则用于判别华南梅花鹿究竟属于昼行性还是夜行性。如果 β 的数值接近 13/24（约为 0.54），表示活动没有明显的昼夜差别；β>13/24，表明华南梅花鹿以昼行性为主；β<13/24，表明以夜行性为主。γ 指标适于比较华南梅花鹿活动峰型的季节变化。

四、种群分布

每个网格放置的红外相机如获得梅花鹿的影像，可认为该网格所覆盖的地区为华南梅花鹿的分布区，反之则不是其分布区；将每个网格中相机所获得的华南梅花鹿独立照片 p_i 累加后与独立照片总数 P_i的比值作为华南梅花鹿分布强度参数 F，即：

$$F=\sum_{i=1}^{n}p_i/\sum_{i=1}^{N}P_i \times 100\%$$

五、栖息地适宜性模型构建

MAXENT 模型只需要动物实际出现点的数据，根据动物的实际分布数据与环境因子数据得到物种的生境特征，以此来研究整个研究区域的环境特征与物种分布区的相互关系。而且 MAXENT 模型只需要“出现点”数据并具有较高的精度（Stachuraskierczyn´ Ska et al.，2009；Haegeman and Etienne，2010；Li et al.，2008），能对生境进行很好的评价分析，在华南梅花鹿“未出现点”数据难以获取的情况下，其结果更加精确。

第五节　结果与讨论

一、相机安放数量及安放位点

清凉峰国家级自然保护区千顷塘保护区域共设置了 63 个网格，实际放置了 58 台红外相机（表 7-2），占所有网格的 92.1%。其中 14 号网格涵盖的保护区面积小于 50%，没有放置相机；30、53、56、57 号网格因在放置过程中发现红外相机故障且无备份而未放置；59~63 号相机位点位于保护区设置的梅花鹿补饲食物基地里，主要种植萝卜作物。

红外相机位点海拔最低点为 45 号位点（614m），最高点为 15 号位点（1259m），海拔垂直梯度变化为 645m（表 7-2）。红外相机放置位点的植被类型共 7 种（表 7-3），基本涵盖调查区域的主要植被类型，其他的植被型如灌草丛、草甸等由于不易安放及视野开阔相机容易丢失等原因没有进行相机的放置。

2015—2017 年共收回相机内存卡 12 次，发现 12 号、63 号、46 号、47 号相机丢失，所以实际工作的相机共有 54 台。

表 7-2　千顷塘保护区域红外相机放置位点

相机编号	北纬（N）	东经（E）	海拔（m）	植被类型
1	30°18′06.08″	119°3′42.0″	1031	落叶阔叶林
2	30°18′46.0″	119°4′07.2″	850	暖性针叶林
3	30°18′14.07″	119°4′08.7″	804	暖性针叶林
4	30°17′59.06″	119°4′19.22″	862	暖性针叶林
5	30°17′47.29″	119°4′53.88″	710	暖性针叶林
6	30°18′07.96″	119°05′03.29″	805	暖性针叶林
7	30°18′40.01″	119°4′57.79″	1095	落叶阔叶林
8	30°19′17.41″	119°4′56.26″	1183	温性针叶林
9	30°19′02.03″	119°5′47.02″	1038	落叶阔叶林
10	30°18′41.62″	119°5′41.59″	915	暖性针叶林
11	30°18′12.46″	119°5′35.85″	763	针阔混交林
12	30°17′38.46″	119°5′36.62″	912	常绿阔叶林
13	30°17′18.55″	119°5′34.80″	937	暖性针叶林
15	30°17′49.19″	119°6′24.33″	1259	温性针叶林
16	30°18′17.21″	119°6′28.71″	1207	温性针叶林
17	30°18′45.39″	119°6′24.58″	1202	针阔混交林
18	30°18′40.23″	119°6′55.41″	1175	落叶阔叶林
19	30°18′16.66″	119°7′10.39″	1123	落叶阔叶林
20	30°17′43.27″	119°7′02.62″	1163	落叶阔叶林

（续）

相机编号	北纬（N）	东经（E）	海拔（m）	植被类型
21	30°17′07. 27″	119°7′01. 37″	1188	针阔混交林
22	30°16′43. 18″	119°7′04. 99″	1047	针阔混交林
23	30°16′15. 17″	119°7′05. 05″	1037	针阔混交林
24	30°15′45. 84″	119°7′06. 14″	1027	暖性针叶林
25	30°15′21. 47″	119°6′59. 04″	1015	暖性针叶林
26	30°15′25. 07″	119°7′40. 20″	850	暖性针叶林
27	30°15′46. 61″	119°7′47. 39″	922	暖性针叶林
28	30°16′04. 02″	119°7′54. 33″	1154	落叶阔叶林
29	30°16′41. 70″	119°7′49. 64″	1234	针阔混交林
31	30°17′46. 8″	119°07′54. 9″	1108	落叶阔叶林
32	30°18′15. 0″	119°07′54. 2″	1240	落叶阔叶林
33	30°18′17. 1″	119°8′38. 9″	1063	落叶阔叶林
34	30°17′44. 2″	119°8′36. 3″	965	落叶阔叶林
35	30°17′16. 4″	119°8′37″	882	落叶阔叶林
36	30°16′43. 01″	119°8′36. 64″	1151	落叶阔叶林
37	30°16′16. 96″	119°8′36. 80″	1107	针阔混交林
38	30°16′17. 1″	119°9′27. 2″	922	针阔混交林
39	30°16′40. 0″	119°9′17. 5″	884	针阔混交林
40	30°17′13. 5″	119°9′16. 2″	1127	落叶阔叶林
41	30°17′51. 9″	119°9′21. 4″	1146	落叶阔叶林
42	30°17′53. 7″	119°09′48. 4″	1032	常绿阔叶林
43	30°17′36. 1″	119°09′46. 4″	1038	针阔混交林
44	30°16′49. 98″	119°9′55. 03″	842	落叶阔叶林
45	30°16′14. 09″	119°10′09. 97″	614	暖性针叶林
46	30°16′15. 02″	119°10′58. 94″	968	针阔混交林
47	30°16′47. 28″	119°10′57. 82″	1103	落叶阔叶林
48	30°17′17. 63″	119°10′54. 11″	1173	落叶阔叶林
49	30°17′36. 84″	119°10′47. 48″	1159	温性针叶林
50	30°17′30. 4″	119°11′36. 0″	1006	落叶阔叶林
51	30°16′44. 8″	119°11′24. 9″	840	灌木林
52	30°16′05. 4″	119°11′37. 1″	717	针阔混交林
54	30°17′18. 4″	119°12′43. 6″	821	灌木林
55	30°17′44. 70″	119°12′25. 61″	902	落叶阔叶林
58	30°17′17. 7″	119°12′57. 7″	824	灌木林
59	30°16′49. 97″	119°06′57. 46″	1160	萝卜种植地
60	30°16′02. 15″	119°07′06. 02″	970	萝卜种植地
61	30°16′20. 70″	119°07′00. 58″	1093	萝卜种植地
62	30°16′39. 91″	119°06′56. 65″	1158	萝卜种植地
63	30°15′37. 23″	119°07′57. 85″	1011	萝卜种植地

表 7-3　红外相机放置位点植被类型

植被类型	数量	植被类型	数量
落叶阔叶林	20	针阔混交林	12
暖性针叶林	12	温性针叶林	4
灌木林	3	常绿落叶阔叶混交林	1
竹林	1	人工种植地	5

二、拍摄率与独立照片

2015 年 1 月至 2017 年 12 月，共收回相机内存卡 12 次。根据照片及实地查看发现，由于受红外相机前的杂草生长、镜头前昆虫结网活动、枯枝坠落等环境影响，红外相机有 73. 5%的误拍率。2015—2017 年期间共获得有华南梅花鹿影像的照片 14340 张，其中独立照片为 1893 张（表 7-4），占华南梅花鹿照片总数的 13. 2%。

表 7-4　千顷塘保护区域红外相机记录华南梅花鹿独立照片数

相机编号	梅花鹿独立照片数（张）			相机编号	梅花鹿独立照片数（张）		
	2015 年	2016 年	2017 年		2015 年	2016 年	2017 年
1	5	8	3	32	82	18	45
2	3	2	4	33	11	11	40
3	-	3	13	34	5	11	3
4	5	5	3	35	3	5	1
5	46	53	43	36	7	12	2
6	23	-	-	37	5	5	9
7	4	33	-	38	5	12	-
8	19	8	-	39	-	-	-
9	20	11	11	40	-	1	2
10	9	9	11	41	2	4	1
11	2	2	-	42	15	23	46
12	-	-	-	43	8	8	18
13	1	1		44	1	1	3
14	-	-	-	45	1	-	2
15	93	71	46	46	-	-	-
16	12	8	16	47	-	-	-
17	57	29	35	48	3	7	8
18	37	71	18	49	6	7	7
19	53	38	37	50	7	4	2
20	17	16	7	51	1	6	7
21	9	-	-	52	-	1	-

（续）

相机编号	梅花鹿独立照片数（张）			相机编号	梅花鹿独立照片数（张）		
	2015 年	2016 年	2017 年		2015 年	2016 年	2017 年
22	19	2	3	53	–	–	–
23	5	–	7	54	–	–	–
24	12	10	14	55	5	6	
25	6	4	1	56	4	–	2
26	1	–	–	57	–	–	–
27	1	1	4	58	–	3	–
28	18	17	22	59	1	–	–
29	12	29	15	60	–	–	–
30	–	–	–	61	–	–	–
31	82	18	45	62	–	–	–

三、种群密度及数量

经过 3 年红外相机的调查，由 3 个华南梅花鹿每日移动速度（1km/d、3km/d、5km/d）参数，得出清凉峰国家级自然保护区千顷塘区域华南梅花鹿的种群密度分别为 D_1 = 17.45±1.33 只/km^2、D_2 = 3.48±0.27 只/km^2、D_3 = 1.74±0.13 只/km^2（表 7-5）。据《中国鹿类动物》（盛和林等，1992），梅花鹿"从隐蔽地至食物基地的距离在 200m 以内，至水源的距离为 150m 以内，食物至水源相距不足 550m"，结合现实的野外实际调查，可以认为梅花鹿种群密度 D2（3.48±0.27 只/km^2）最为符合实际。

表 7-5　用红外相机估算千顷塘保护区域华南梅花鹿的种群密度

年份	月份	相机日	鹿独立照片(张) y	监测时数(h) t	种群密度(只/km^2) D1	种群密度(只/km^2) D2	种群密度(只/km^2) D3
2015	1	31	20	744	6.471	1.294	0.647
	2	28	25	672	8.956	1.791	0.896
	3	31	32	744	10.354	2.071	1.035
	4	30	69	720	23.07	4.614	2.307
	5	31	35	744	11.325	2.265	1.132
	6	30	53	720	17.721	3.544	1.772
	7	31	64	744	20.708	4.142	2.071
	8	31	79	744	25.562	5.112	2.556
	9	30	136	720	45.472	9.094	4.547
	10	31	91	744	29.445	5.889	2.944
	11	30	37	720	12.371	2.474	1.237
	12	31	22	744	7.119	1.424	0.712

（续）

年份	月份	相机日	鹿独立照片(张) y	监测时数(h) t	种群密度(只/km²) D1	种群密度(只/km²) D2	种群密度(只/km²) D3
2016	1	31	22	744	7.119	1.424	0.712
	2	29	29	696	10.031	2.006	1.003
	3	31	62	744	20.061	4.012	2.006
	4	30	66	720	22.067	4.413	2.207
	5	31	39	744	12.619	2.524	1.262
	6	30	49	720	16.383	3.277	1.638
	7	31	54	744	17.473	3.495	1.747
	8	31	84	744	27.18	5.436	2.718
	9	30	70	720	23.405	4.681	2.34
	10	31	73	744	23.621	4.724	2.362
	11	30	30	720	10.031	2.006	1.003
	12	31	48	744	15.531	3.106	1.553
2017	1	31	55	744	17.796	3.559	1.78
	2	28	34	672	12.18	2.436	1.218
	3	31	45	744	14.561	2.912	1.456
	4	30	52	720	17.386	3.477	1.739
	5	31	55	744	17.796	3.559	1.78
	6	30	58	720	19.393	3.879	1.939
	7	31	63	744	20.385	4.077	2.038
	8	31	49	744	15.855	3.171	1.585
	9	30	81	720	27.083	5.417	2.708
	10	31	58	744	18.767	3.753	1.877
	11	30	58	720	19.393	3.879	1.939
	12	15	5	360	3.344	0.669	0.334
平均密度					17.45±1.33	3.48±0.26	1.74±0.13

据此，对千顷塘保护区域华南梅花鹿的种群数量进行计算。结果显示，千顷塘保护区域共有野生华南梅花鹿 198.53±15.17 只，即 183~214 只。

依据各功能区的面积大小，核心区区域有 57.17±4.52 只，缓冲区有 16.821±1.29 只，实验区有 105.72±8.08 只（表 7-6）。

表 7-6　用红外相机估算千顷塘野生梅花鹿保护区域华南梅花鹿的种群数量

保护区总面积（km^2）	实验区面积（km^2）	缓冲区面积（km^2）	核心区面积（km^2）	月份	种群数量（只）S	实验区种群数量（只）Se	缓冲区种群数量（只）Sb	核心区种群数量（只）Sc
56.9	30.3	9.64	16.96	1	178.587	95.1	30.256	53.231
56.9	30.3	9.64	16.96	2	177.338	94.435	30.045	52.859
56.9	30.3	9.64	16.96	3	255.914	136.277	43.357	76.279
56.9	30.3	9.64	16.96	4	355.763	189.448	60.273	106.041
56.9	30.3	9.64	16.96	5	237.503	126.473	40.238	70.792
56.9	30.3	9.64	16.96	6	304.396	162.095	51.571	90.73
56.9	30.3	9.64	16.96	7	333.24	177.455	56.458	99.328
56.9	30.3	9.64	16.96	8	390.314	207.848	66.127	116.34
56.9	30.3	9.64	16.96	9	546.011	290.758	92.505	162.748
56.9	30.3	9.64	16.96	10	408.725	217.652	69.246	121.827
56.9	30.3	9.64	16.96	11	237.809	126.637	40.29	70.883
56.9	30.3	9.64	16.96	12	147.902	78.76	25.058	44.085
平均值±标准误					198.53±15.17	105.72±8.08	16.821±1.29	57.17±4.52

四、分布

调查中，有 49 个位点监测到华南梅花鹿照片，另有 7 个位点未记录到华南梅花鹿影像。根据所有红外相机的华南梅花鹿分布强度参数（图 7-5），绘制了千顷塘保护区域华南梅花鹿分布图（图 7-6）和分布强度图（图 7-7）。从图中可以发现，华南梅花鹿在千顷塘区域的核心区、缓冲区和实验区都有不同程度的分布，在其边界区域也有着华南梅花鹿的出没，说明千顷塘保护区域是合适华南梅花鹿生存和繁殖的区域。尤其是在核心区，水资源丰富的天池和大源塘是华南梅花鹿的最主要分布区，可以满足华南梅花鹿对水源的需求。此外，虽然位于保护区核心区内的千顷塘水库周边地区是华南梅花鹿的集中分布区和高活动区，但是华南梅花鹿的活动范围正在逐渐增加，并且有向保护区外围扩散的趋势。

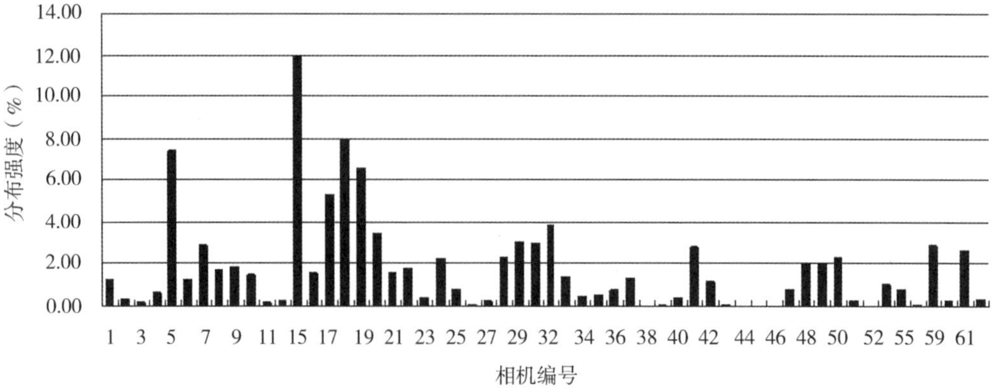

图 7-5　千顷塘保护区域华南梅花鹿分布强度指数

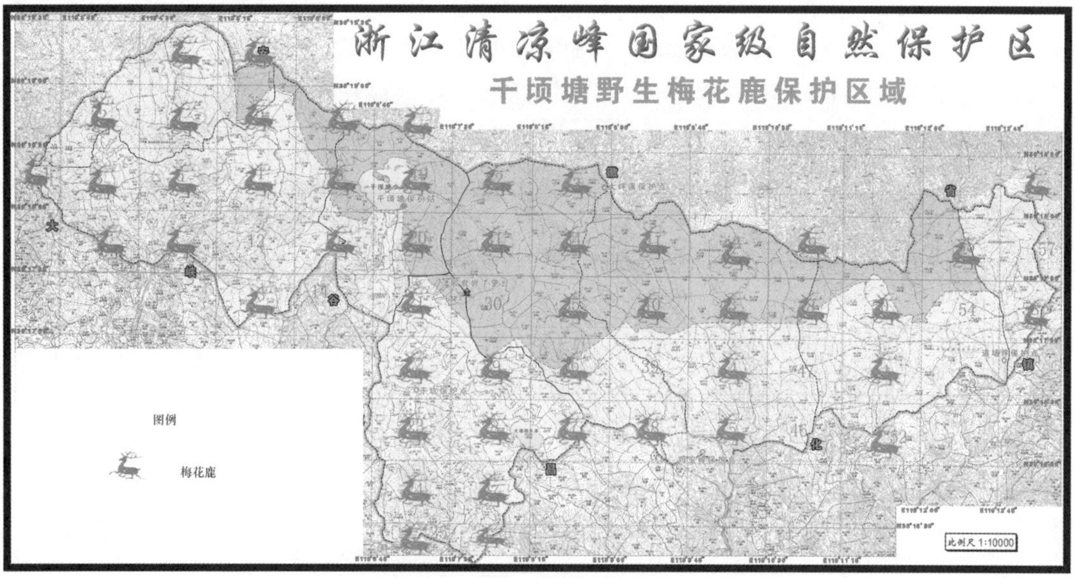

图 7-6　千顷塘区域华南梅花鹿分布图

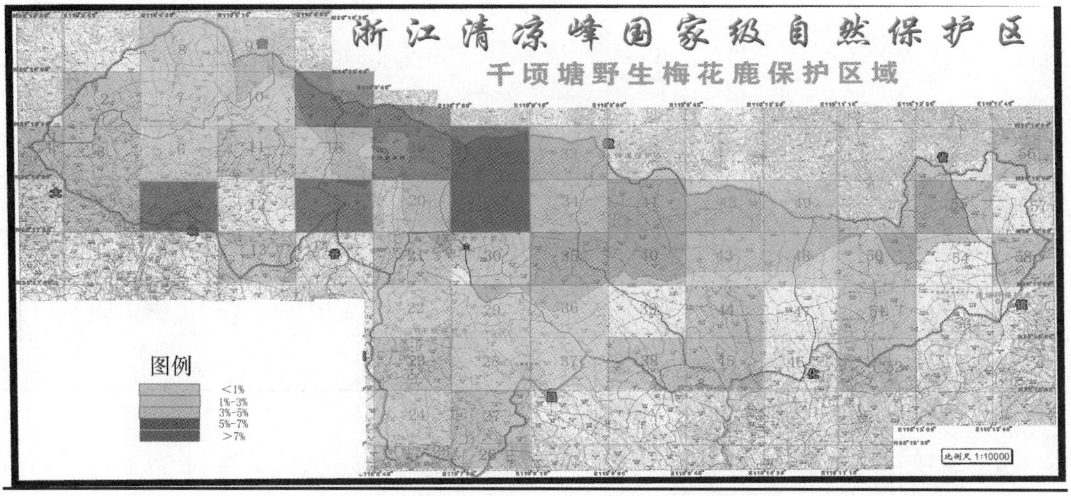

图 7-7　千顷塘区域华南梅花鹿分布强度图

在所有的红外相机位点中，15 号位点的华南梅花鹿分布强度参数 *F* 最高（11.90%），其次是 18 号位点和 5 号位点（分别为 7.96%和 7.41%）。华南梅花鹿在保护区分布广泛，但从分布强度上来看，位于核心区的相机（17，18，19，20，31，32，41 号）与位于缓冲区和实验区的相机相比，核心区有着更高的分布强度；同时，5，15 和 18 号相机位点的华南梅花鹿分布强度参数值均位于前列，3 台相机所在位点都在保护区边界区域，而位于临近昌化镇的红外相机位点（38，45，46，52 号），华南梅花鹿的分布强度参数值接近于零，说明该区域基本上不存在华南梅花鹿的活动（表 7-7）。实验区和缓冲区虽然也有分布，但分布强度都偏低，主要是小麂和野猪，华南梅花鹿的数量相对较少，华南梅花鹿仅偶尔路过或到林地边缘采食，其特点是以落叶阔叶林和针叶林为主，植被密度比较大，不利于华南梅花鹿的觅食。再加上这两个区域存在较大的人为干扰，影响华南梅花鹿生存和繁殖。核心区华南梅花鹿分布强度大，但缓冲区和实验区面积相加，占到整个千顷塘保护区域面积很大一部分，因此需要加强对这两个区域的保护管理工作。

表 7-7　千顷塘保护区域华南梅花鹿分布强度指数

相机位点	平均值	分布强度（%）	相机位点	平均值	分布强度（%）	相机位点	平均值	分布强度（%）
1	4.5	1.22	22	6.8	1.84	42	4.3	1.16
2	1.3	0.34	23	1.5	0.41	43	0.3	0.07
3	0.5	0.14	24	8.3	2.24	44	0.0	0.00
4	2.3	0.61	25	3.0	0.82	45	0.0	0.00
5	27.3	7.41	26	0.3	0.07	46	0.0	0.00
6	4.5	1.22	27	0.8	0.20	47	3.0	0.82
7	10.5	2.86	28	8.8	2.38	48	7.5	2.04
8	6.3	1.70	29	11.3	3.06	49	7.5	2.04
9	7.0	1.90	31	11.0	2.99	50	8.8	2.38
10	5.5	1.50	32	14.0	3.81	51	1.0	0.27
11	0.5	0.14	33	5.3	1.43	52	0.0	0.00
13	0.8	0.20	34	1.8	0.48	54	3.8	1.02
15	43.8	11.90	35	2.0	0.54	55	2.8	0.75
16	5.8	1.56	36	3.0	0.82	58	0.3	0.07
17	19.5	5.31	37	4.8	1.29	59	10.5	2.86
18	29.3	7.96	38	0.0	0.00	60	1.0	0.27
19	24.3	6.60	39	0.3	0.07	61	9.8	2.65
20	12.8	3.47	40	1.5	0.41	62	1.3	0.34
21	5.8	1.56	41	10.3	2.79			

五、活动节律

1. 日活动时间分布和昼夜差异

表 7-8 为每天各个时间段拍摄的华南梅花鹿独立照片数。图 7-8 为各月份华南梅花鹿的日活动差异指数 α 和昼行性指数 β。

表 7-8　每天各个时间段拍摄的华南梅花鹿独立照片（总数）

时间段 t_i	1	2	3	4	5	6	7	8	9	10	11	12
独立照片 P_i	52	42	42	40	86	82	78	65	47	49	38	46
时间段 t_i	13	14	15	16	17	18	19	20	21	22	23	24
独立照片 P_i	72	54	61	69	99	90	66	47	50	62	67	66

经 K-S 检验，华南梅花鹿在 12 个月份中的日活动差异指数 α 以及昼行性指数 β 都符合正态分布（$P>0.05$），各月份 α 值存在极显著差异（t=8.143，df=11，$P<0.01$），β 值也存在极显著差异（t=32.656，df=11，$P<0.01$）且 β 值为 0.60>13/24，可以说明华南梅花鹿是昼行性动物，活动时间分配主要集中于白天且分布比较均匀。

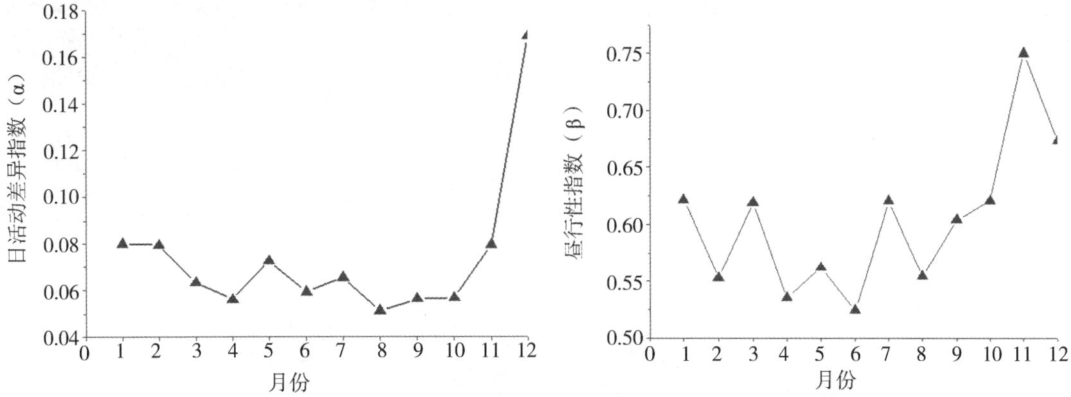

图 7-8　日活动差异指数（α）和昼行性指数（β）的月变化

通过对华南梅花鹿日活动差异指数 α 的值进行比较，冬季的 α 值的平均数明显高于另外 3 个季节，表明华南梅花鹿在冬季的活动时间相比于其他季节分配更不均匀，活动时间可能相对比较集中。而秋季的 α 值均小于其他 3 季，说明在秋季华南梅花鹿在一天之内活动时间分配相对均匀。综合分析发现，季节的变化会对华南梅花鹿的日活动差异产生非常大的影响。华南梅花鹿的活动夏季的 β 值均小于其他 3 季，这可能是由于在夏季白天太阳光强，温度升高，活动时间会相对减少，而晚上和凌晨的活动时间会有所增加。冬季的 β 值高于其他 3 个季节，可能是白天气温较高，而晚上气温很低，所以华南梅花鹿在白天的活动时间也会相对增加。分析昼行性指数 β 的平均值，不难发现，华南梅花鹿也属于以晨昏型为主的昼行性动物。

2. 活动的季节性差异

4 个季节（春、夏、秋和冬）拍摄到的华南梅花鹿独立照片数分别为 225，394，548 和 303。两年各个季节 γ 值均不存在显著差异（$P=1>0.05$）。图 7-9 表示了不同季节华南梅花鹿的昼夜活动节律。

季节性活动强度指数 γ 就是研究华南梅花鹿的活动模式，探讨华南梅花鹿的活动高峰时间段。本调查发现华南梅花鹿四季活动有两个比较明显的低谷期（10：00~11：00 和 19：00~20：00），且 γ 值不存在显著差异（$P>0.05$）。但是在华南梅花鹿一天活动之内一般有 3 个活动高峰期（7：00~9：00，12：30~13：30，17：00~19：00）。华南梅花鹿等食草性的动物，以早晨和傍晚为主的活动节律对其生存有着至关重要的作用，其有利性一般有两个方面：一是在早晨进行觅食，植物叶子上具有露珠能够为其供应一部分水分，傍晚则可以减少阳光暴晒来避免体内水分过快丧失；二是大大提高了自身的安全性，降低了寻找水源和食物时被天敌捕猎的危险性。

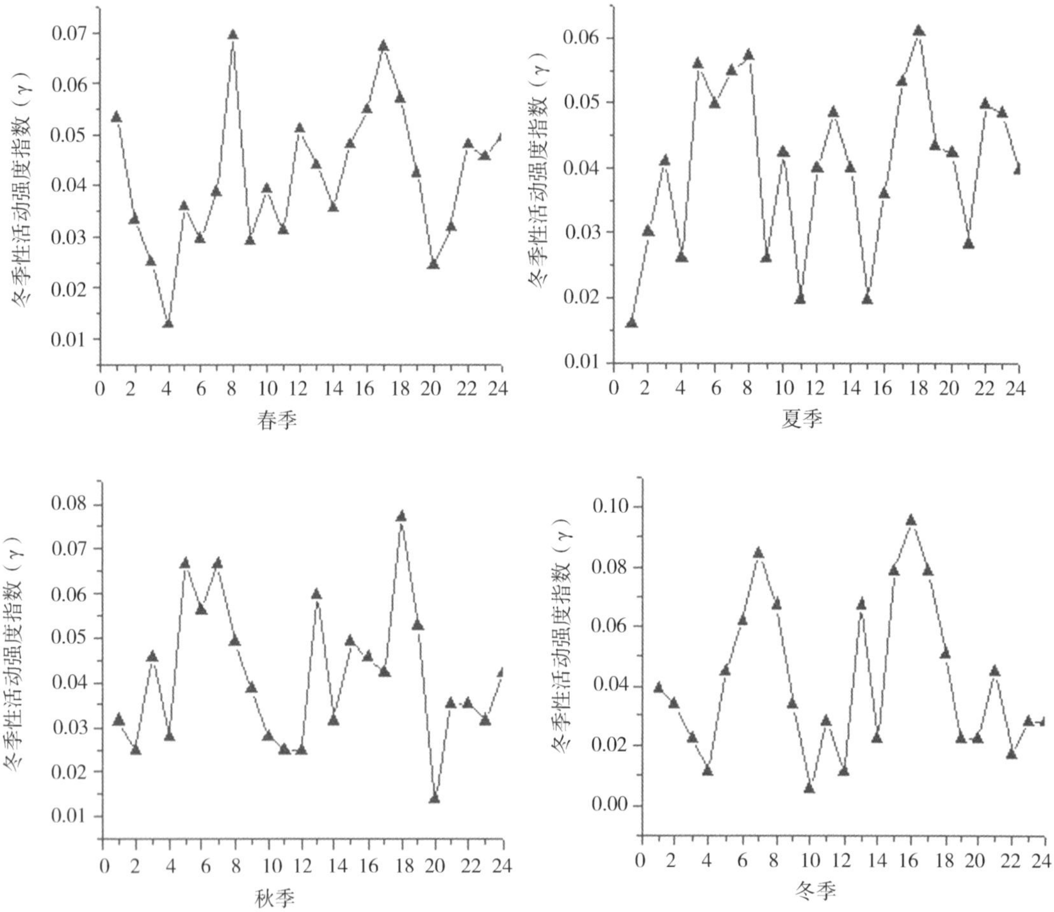

图 7-9　华南梅花鹿不同季节昼夜活动节律

六、栖息地选择

所安放的红外相机海拔跨度在 600～1300m 之间，布放在落叶阔叶林、常绿阔叶林、针叶林、针阔混交林、灌木林和种植地等 6 种植被类型环境中。结果显示，在不同海拔、植被类型条件下华南梅花鹿的拍摄率不同（表 7-9 和表 7-10）。

表 7-9　不同海拔下华南梅花鹿的拍摄率

海拔段（m）	相机有效工作日（d）	独立照片数	相机数（台）	拍摄率（%）
600～700	730	0	1	0. 00
700～800	2190	111	3	5. 07
800～900	8030	64	11	0. 80
900～1000	5840	50	8	0. 86
1000～1100	8760	279	12	3. 18
1100～1200	11680	589	16	5. 04
1200～1300	3650	377	5	10. 32
合计	40880	1470	56	

表 7-10　不同植被类型下华南梅花鹿的拍摄率

植被类型	相机有效工作日（d）	独立照片数	相机数（台）	拍摄率（%）
落叶阔叶林	14600	671	20	4.60
针叶林	11680	470	16	4.02
针阔混交林	8760	217	12	2.48
种植地	2920	91	4	3.12
灌木林	2190	19	3	0.87
常绿阔叶林	730	2	1	0.27
合计	40880	1470	56	

从海拔高度来看，拍摄率的大小依次为 1200～1300m＞700～800m＞1100～1200m＞1000～1100m>800～1000m，在海拔高度最高的区域拍摄率也最高，在海拔较低的区域拍摄率相对较低，而在海拔高度为 700～800m 的区域也有着较高的拍摄率。在不同植被类型中，落叶阔叶林的拍摄率最高，然后依次为针叶林、种植地、针阔混交林、灌木林，而常绿阔叶林最低。

海拔和植被类型的变化，会引发其他生态因子发生变化，从而影响保护区内华南梅花鹿的分布。华南梅花鹿性机警、行动敏且视觉比较差，胆小，容易受到惊吓，一有风吹草动便迅速逃离。保护区内的华南梅花鹿大都分布在海拔较高的区域，因为人类活动影响较小。在海拔较低的区域，人类活动频繁，对华南梅花鹿的干扰较大，所以华南梅花鹿平时大都生活在海拔较高的区域。到了春、冬季节，华南梅花鹿栖息地中食物资源十分缺乏，食物种类和数量都减少至最低程度，且位于高海拔的地区，气温非常低，各种生存条件变得更加恶劣，食物资源比较匮乏，海拔低的区域可能环境条件稍微良好一些，能为华南梅花鹿提供一定的食物。

在乔木层的植被类型中，以落叶阔叶林和针叶林的拍摄率相对较高，发现华南梅花鹿在落叶阔叶林和针叶林之中有着相对较高的活跃度，说明林间食物资源虽然不是很丰富，但是其乔木层也能够为华南梅花鹿提供一定的保护，并降低人为干扰。从拍摄得到的照片来看，发现华南梅花鹿大都是处于行走状态，很少观察到在林间觅食或较长时间的驻足，说明这两种植被类型不是华南梅花鹿的主要觅食植被类型。马继飞等人开展了清凉峰自然保护区梅花鹿秋季对栖息地利用的研究，发现在不同植被类型中，灌草丛和草甸—山地沼泽栖息地是华南梅花鹿选择的最主要的栖息地类型，处于植被初级演替阶段的草本灌丛和草甸—沼泽植被类型，可以为华南梅花鹿提供十分丰富和有营养的食物，例如随着冬季的到来，一年生草本植物相继枯死，华南梅花鹿会更多地食用残留的果实来度过冬季，灌木丛还可为华南梅花鹿提供安全的隐蔽场所。

七、栖息地适宜性评价

1. 海拔

华南梅花鹿在清凉峰国家级自然保护区基本分布在海拔800~1400m。获得的千顷塘保护区域数据中，海拔范围在527~1429m。

2. 坡度

华南梅花鹿一般选择在坡度较为平缓的地方活动，获得千顷塘保护区域的数据中，坡度范围在0°~51°。

3. 坡向

坡向主要受温度的影响，在温度较高的夏季，梅花鹿会选择在背阳的地方活动，而在温度较低的秋冬季节，梅花鹿则会选择在向阳处出没。

4. 植被因子数据

华南梅花鹿在千顷塘保护区域更倾向于选择在灌丛或者草甸中活动，因为既能满足其食物需求，也是良好的隐蔽场所。

5. 归一化植被指数

食物是梅花鹿维持自身生存最主要的资源，归一化植被指数主要是反映当地的食物丰富度。

6. 距居民点距离

居住点主要是人为干扰对华南梅花鹿分布的影响，梅花鹿生性胆小，人为干扰对其分布影响较大。

7. 距道路距离

道路同样是受人为干扰，且可能会阻隔华南梅花鹿的迁徙路径，对华南梅花鹿的分布也有很重要的影响。

8. 距水源距离

水是所有动物赖以生存的资源，所以梅花鹿会选择距离水源较近的地方作为栖息地。

9. 模型构建

在获得清凉峰国家级自然保护区中华南梅花鹿出现点数据后，在Excel表格中录入该数据，并保存为MAXENT软件要求的.csv格式，见表7-11所示。

表 7-11　华南梅花鹿出现点

species	dd long	dd lat
cervus nippon	119. 0616667	30. 30168889
cervus nippon	119. 0720056	30. 29973889
cervus nippon	119. 0816333	30. 29646944
cervus nippon	119. 0842472	30. 30221111
cervus nippon	119. 0827194	30. 31111389
cervus nippon	119. 0822944	30. 32150278
cervus nippon	119. 0963944	30. 31723056
cervus nippon	119. 1067583	30. 29699722
cervus nippon	119. 107975	30. 30478056
cervus nippon	119. 1153917	30. 311175
cervus nippon	119. 1195528	30. 30462778
cervus nippon	119. 1173944	30. 29535278
cervus nippon	119. 1180694	30. 27088056
cervus nippon	119. 1183722	30. 26273333
cervus nippon	119. 1164	30. 25596389
cervus nippon	119. 1298306	30. 26294722
cervus nippon	119. 1317583	30. 26778333
cervus nippon	119. 1304556	30. 27825
cervus nippon	119. 1319167	30. 29633333
cervus nippon	119. 1317222	30. 30416667
cervus nippon	119. 1434167	30. 29561111
cervus nippon	119. 1436111	30. 28788889
cervus nippon	119. 1435111	30. 27861389
cervus nippon	119. 1435556	30. 27137778
cervus nippon	119. 1545	30. 28708333
cervus nippon	119. 1559444	30. 29775
cervus nippon	119. 1634444	30. 29825
cervus nippon	119. 1827278	30. 2798
cervus nippon	119. 1816972	30. 28823056
cervus nippon	119. 1798556	30. 29356667
cervus nippon	119. 2121111	30. 28844444
cervus nippon	119. 2071139	30. 29575
cervus nippon	119. 1159611	30. 28054722
cervus nippon	119. 1183389	30. 26726389
cervus nippon	119. 1168278	30. 27241667
cervus nippon	119. 1157361	30. 27775278

将所有环境变量的图层统一边界，坐标系统统一为 WGS-1984，并在 ARCGIS 软件里转换为 MAXENT 软件要求的 ASCII 格式，作为软件运行需要的环境层。

运行软件后，图 7-10 显示了测试和训练的遗漏和预测区域是如何随着累积阈值的选择而变化的。

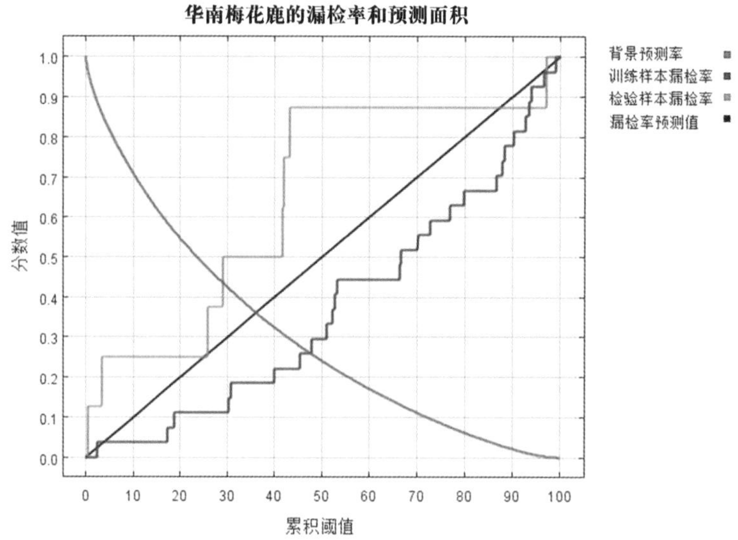

图 7-10 省略率

MAXENT 模型默认的输出格式为 logistic。运行后得出千顷塘保护区域所做生境适宜性评价图（图 7-11）。

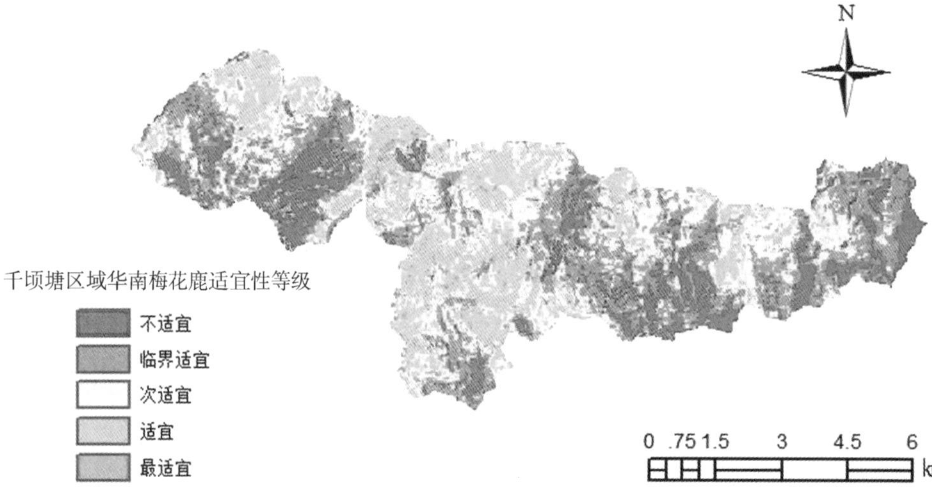

图 7-11 千顷塘保护区域华南梅花鹿生境适宜性图

其中华南梅花鹿最适宜生境基本分布在千顷塘保护区域中部，面积为 62.6hm²；适宜生境集中分布在中部，少量分布在东北部和西部，面积为 928.9hm²。最适宜生境和适宜生境总的面积占研究区域面积的 25.1%；不适宜生境面积为 $2962hm^2$。

最适宜和适宜生境所对应的各因子的范围为：海拔范围在 1057~1429m，平均值为 1243m，高海拔地区；坡度范围在 0°~17°，平均值为 8.5°，较为平缓；坡向范围在 0°~141°，平均值为 70.5°，即向阳坡；植被类型主要是草甸；植被指数范围在 0.53~0.87，平均值为 0.7，食物丰富度高；距居住点距离范围在 1498~3008m，平均值为 2253m，距居住点较远；距道路距离范围在 1297~3062m，平均值为 2179.5m，距道路较远；距水源距离范围在 0~348m，平均值为 174m，距水源较近。

华南梅花鹿出现点各因子的范围为：海拔范围在 672~1268m，平均海拔为 1060m；坡度范围在 1°~36°，平均值为 24°；坡向范围在 3°~311°，平均值为 159°；植被类型主要是草甸；植被指数范围在 0.35~0.81，平均值为 0.68；距居住点距离范围在 52~2272m，平均值为 1520m；距道路距离范围在 0~2250m，平均值为 1324m；距水源距离范围在 37~984m，平均值为 465m。

MAXENT 软件自带检验功能，可以自动生成 ROC 曲线对模型的模拟预测进行自检验（图 7-12）。

经自检验功能，ROC 曲线评价结果为：训练数据的 AUC 值为 0.80，测试数据的 AUC 值为 0.546，评价结果合理。

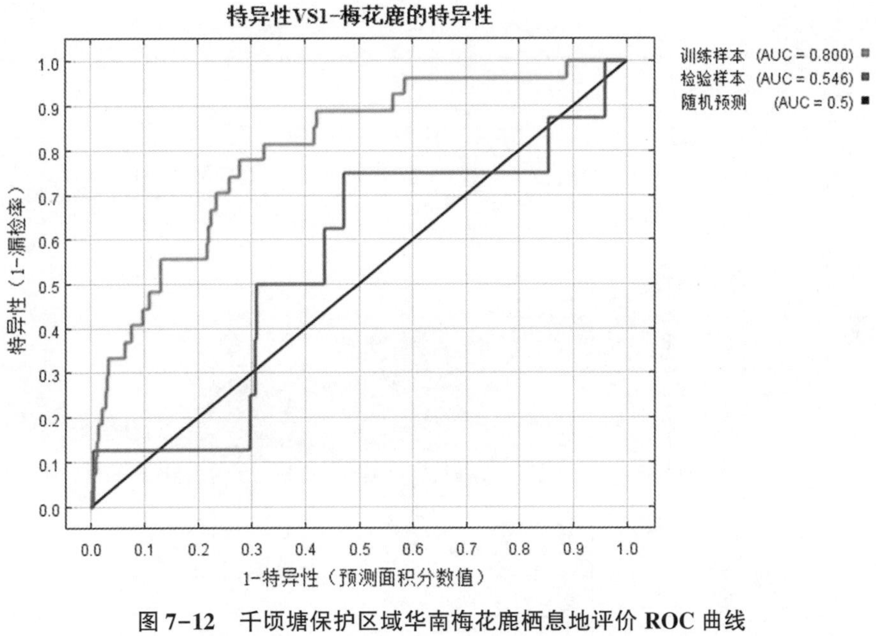

图 7-12　千顷塘保护区域华南梅花鹿栖息地评价 ROC 曲线

八、人类干扰情况

调查发现，保护区内有一定的人类干扰情况，记录到的人类干扰照片共 122 张，干扰强度（干扰照片占所有照片的百分比）为 1%。根据纪录到的红外相机照片，将干扰分为 3 个类型，即人类生产活动干扰、放牧干扰、家狗干扰。人类生产活动干扰指的是记录到当地居民从事采药、养蜂和旅游等照片，放牧干扰指的是照片记录到有家牛、家羊等牲畜的出现，家狗干扰指的是照片中出现了家狗。通常来说，家狗不会独自到远离社区的深山中活动，而盗猎者通常需要家狗作为发现、驱赶野生动物的帮手。因此，家狗干扰可以认为是盗猎干扰。

统计结果显示，人类生产活动干扰照片共 47 张，干扰强度为 0.4%；放牧干扰照片 65 张，干扰强度 0.5%；家狗干扰照片 10 张，干扰强度 0.1%（表 7-12）。由此可见，干扰强度最大的是人类生产活动。在 16 个相机位点发现有此类型的干扰，其中出现频率最高的是 2 号相机位点。此外，总体上看，人类生产活动主要分布于试验区，而核心区和缓冲区较少（图 7-13）。放牧干扰共出现于 7 个位点，这些位点相对靠近保护区的边缘位（图 7-14）；家狗干扰范围最小，仅出现于 2 号及 5 号位点（图 7-15），主要分布于试验区及保护区的边缘，说明盗猎规模和频次相对较小。

表 7-12　干扰情况及强度

干扰类型	数量	强度（%）
人类生产活动干扰	47	0.40
放牧干扰	65	0.50
家狗干扰	10	0.10
合计	122	1.00

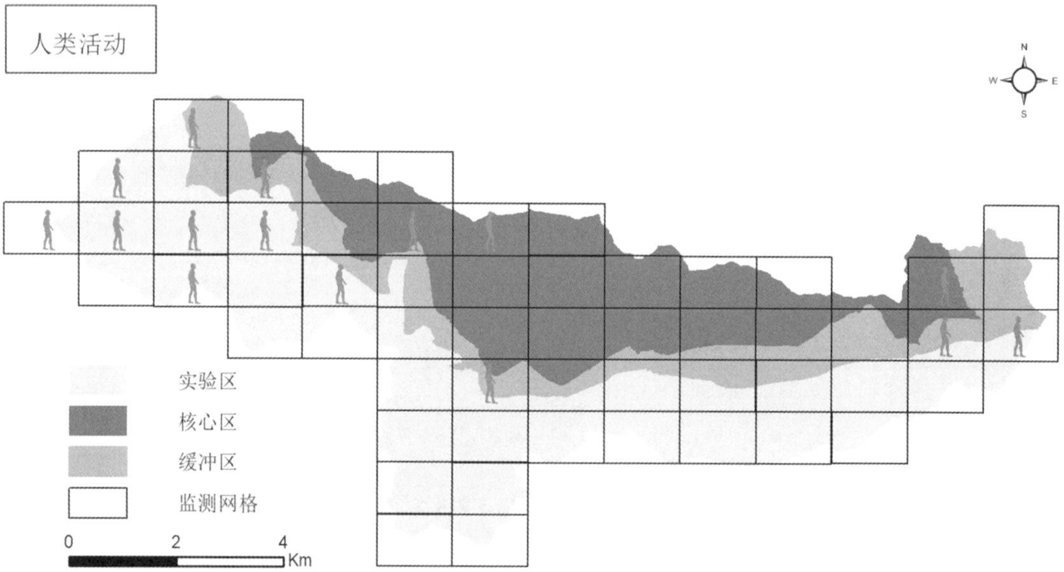

图 7-13　人类生产活动干扰出现的位点

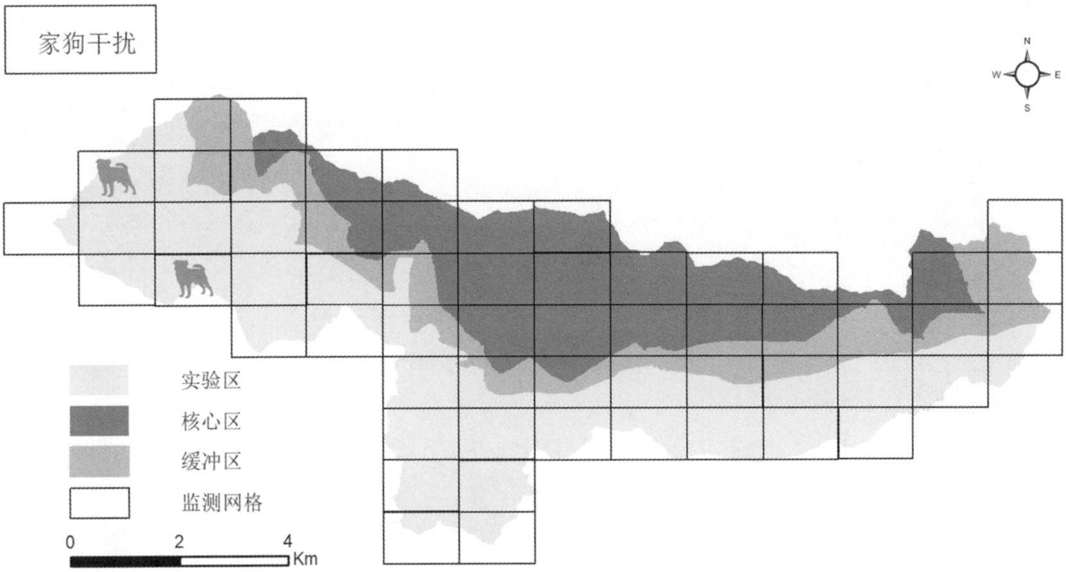

图 7-14　家狗干扰出现的位点

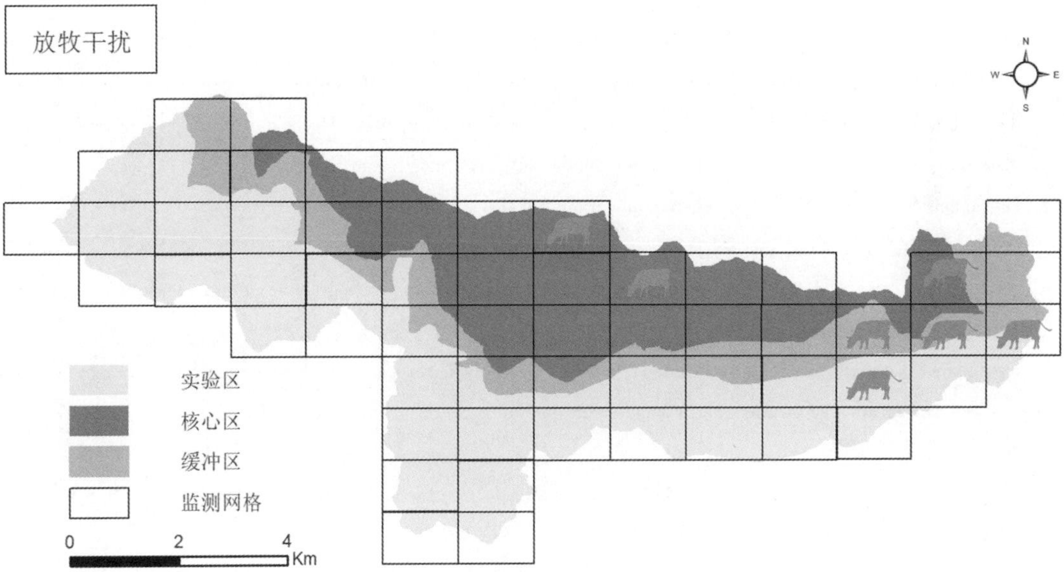

图 7-15　放牧干扰出现的位点

参考文献

1. 付义强，胡锦矗，郭延蜀，等. 桃红岭自然保护区梅花鹿对春季栖息地的利用［J］. 动物学杂志，2006，41：60-63.

2. 郭延蜀，郑惠珍. 中国梅花鹿地史分布，种和亚种的划分及演化历史［J］. 兽类学报，2000，20：168-179.

3. 蒋志刚，江建平，王跃招等. 中国脊椎动物红色名录［J］. 生物多样性 2016，24（5）：500-951.

4. 蒋志刚，马勇，吴毅等. 中国哺乳动物多样性［J］. 生物多样性，2015，23（3）：351-364.
5. 李佳，李言阔，缪泸君，等. 江西桃红岭国家级自然保护区梅花鹿生境适宜性评价［J］. 生态学报，2014，34：1274-1283.
6. 马继飞，张恩迪，章叔岩，等. 清凉峰自然保护区梅花鹿秋季对栖息地利用的初步分析［J］. 动物学杂，2004，39：35-39.
7. 盛和林. 中国鹿类动物［M］. 上海：华东师范大学出版社，1992.
8. 盛和林. 中国野生哺乳动物［M］. 北京：中国林业出版社. 1999.
9. 孙儒泳. 动物生态学原理［M］. 北京师范大学出版，2001.
10. 汪松. 中国濒危动物红皮书：兽类［M］. 北京：科学出版社. 1998
11. 肖治术，李欣海，姜广顺. 红外相机技术在 1 我国野生动物监测研究中的应用［J］. 生物多样性，2014，22（6）：683-684.
12. 徐爱春，斯幸峰，王彦平，丁平. 千岛湖片段化栖息地地栖哺乳动物的红外相机监测及最小监测时长［J］. 生物多样性，2014，22（6）：764-772.
13. 章书声. 红外触发相机技术在古田山兽类资源监测中的应用［D］. 浙江师范大学硕士学位论文，2013.
14. 诸葛阳. 浙江动物志（兽类）［M］. 杭州：浙江科学技术出版社. 1989.
15. Andrew T. Smith，谢焱. 中国兽类野外手册［M］. 长沙：湖南教育出版社. 2009.
16. Carbone C，Christie S，Conforti K，Coulson T，Franklin N，Ginsberg JR，Griffiths M，Holden J，Kawanishi K，Kinnaird M，Laidlaw R，Lynam A，Macdonald DW，Martyr D，McDougal C，Nath L，O' Brien T，Seidensticker J，Smith DJL，Sunquist M，Tilson R，Wan Shahruddin WN. The use of photographic rates to estimate densities of tigers and other cryptic mammals［J］. Animal Conservation，2001，4，75-79.
17. Haegeman B，Etienne R S. Entropy maximization and the spatial distribution of species［J］. American Naturalist ，2010，175：E74.
18. Karanth KU，Nichols JD. Estimation of tiger densities in India using photographic captures and recaptures［J］. Ecology，1998，79，2852-2862.
19. Kauffman MJ，Sanjayan M，Lowenstein J，Nelson A，Jeo RM，Crooks KR. Remote camera-trap methods and analyses reveal impacts of rangeland management on Namibian carnivore communities［J］. Oryx，2007，41，70-78.
20. Lack D. Habitat Selection in Birds. With Special Reference to the Effects of Afforestation on the Breckland A-vifauna［J］. Journal of Animal Ecology ，1933，2：239-262.
21. Li Ming-Yang，Ju Yun-Wei，Kumar S，et al. Modeling potential habitat for alien species of Dreissena polymorpha in the continental USA［J］. Acta Ecologica Sinica，2008，28：4253-4258.
22. Luo J，Monamy V，Fox B J. Competition between Two Australian Rodent Species：A Regression Analysis［J］. Journal of Mammalogy，1998，79：962-971.
23. Morrison M L，Marcot B G，Mannan W. Wildlife-Habitat Relationship：Concepts and Applications［J］. Journal of Range Management，2007，57：980-981.
24. O' Brien TG，Kinnaird MF，Wibisono HT. Crouching tigers，hidden prey：Sumatran tiger and prey populations in a tropical forest landscape［J］. Animal Conservation，2003，6，131-139.
25. O' Connell AF，Nichols JD，Karanth KU. Camera Traps in Animal Ecology：Methods and Analyses［M］. Springer-Verlag，New York. 2011.

26. Rowcliffe JM, Field J, Turvey ST, Carbone C. Estimating animal density using camera traps without the need for individual recognition [J]. Journal of Applied Ecology, 2008, 45, 1228-1236.

27. Si X, Kays R, Ding P. How long is enough to detect terrestrial animals? Estimating the minimum trapping effort on camera traps [J]. PeerJ, 2014, 2, e374.

28. Stachura-Skierczyńska K, Tumiel T, Skierczyński M. Habitat prediction model for three-toed woodpecker and its implications for the conservation of biologically valuable forests [J]. Forest Ecology & Management, 2009, 258: 697-703.

29. Tobler MW, Carrillo-Percastegui SE, Leite Pitman R, Mares R, Powell G. An evaluation of camera traps for inventorying large-and medium-sized terrestrial rainforest mammals [J]. Animal Conservation, 2008, 11, 169-178.

30. Ward P I, Porter A H. The relative roles of habitat structure and male-male competition in the mating system of Gammarus pulex (Crustacea; Amphipoda): A simulation study [J]. Animal Behaviour, 1993, 45: 119-133.

31. Whitehead G. The Encyclopedia of Deer [M]; Swan-Hill Publ. London. 1993.

第八章 森林生物多样性长期监测样地

第一节　台湾水青冈群落结构和物种多样性

一、长期监测样地设置与调查

2006 年，在清凉峰国家级自然保护区龙塘山保护站（118°07.270′E，29°15.098′N）建立了以台湾水青冈为建群种，面积为 $1hm^2$（100m×100m）的森林生物多样性长期监测样地，划分成 25 个 20m×20m 的样方进行植物群落调查（翁东明等，2009；郭瑞等，2014）。

对样地内胸径（DBH）≥1cm 的木本植物均进行了物种鉴定及胸径、树高、坐标位置的测量，并挂牌标记。2011 年和 2016 年两次对该长期监测样地进行复查，对样地内原挂牌纪录物种进行胸径的测定，记录死亡情况，并对新增的 DBH≥1cm 的木本个体调查记录种名、胸径、坐标并挂牌标记。

二、群落结构

台湾水青冈群落径级结构呈现“L 型”，且大部分的种群个体径级结构集中在小径级上（图 8-1）。

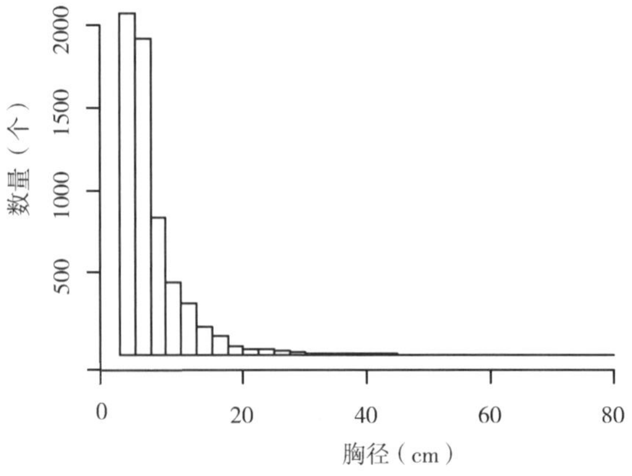

图 8-1　台湾水青冈群落径级结构

乔木类型中，台湾水青冈、木荷、褐叶青冈种群的径级结构较为类似，Ⅱ、Ⅲ径级的个体数较多，大径级个体数较少。灌木、小乔木类型中，马银花种群在 2 等级个体数最多，大径级个体数较少。马醉木种群的径级结构较为平均，大小径级均有分布，2 等级个体数最多（图 8-2）。

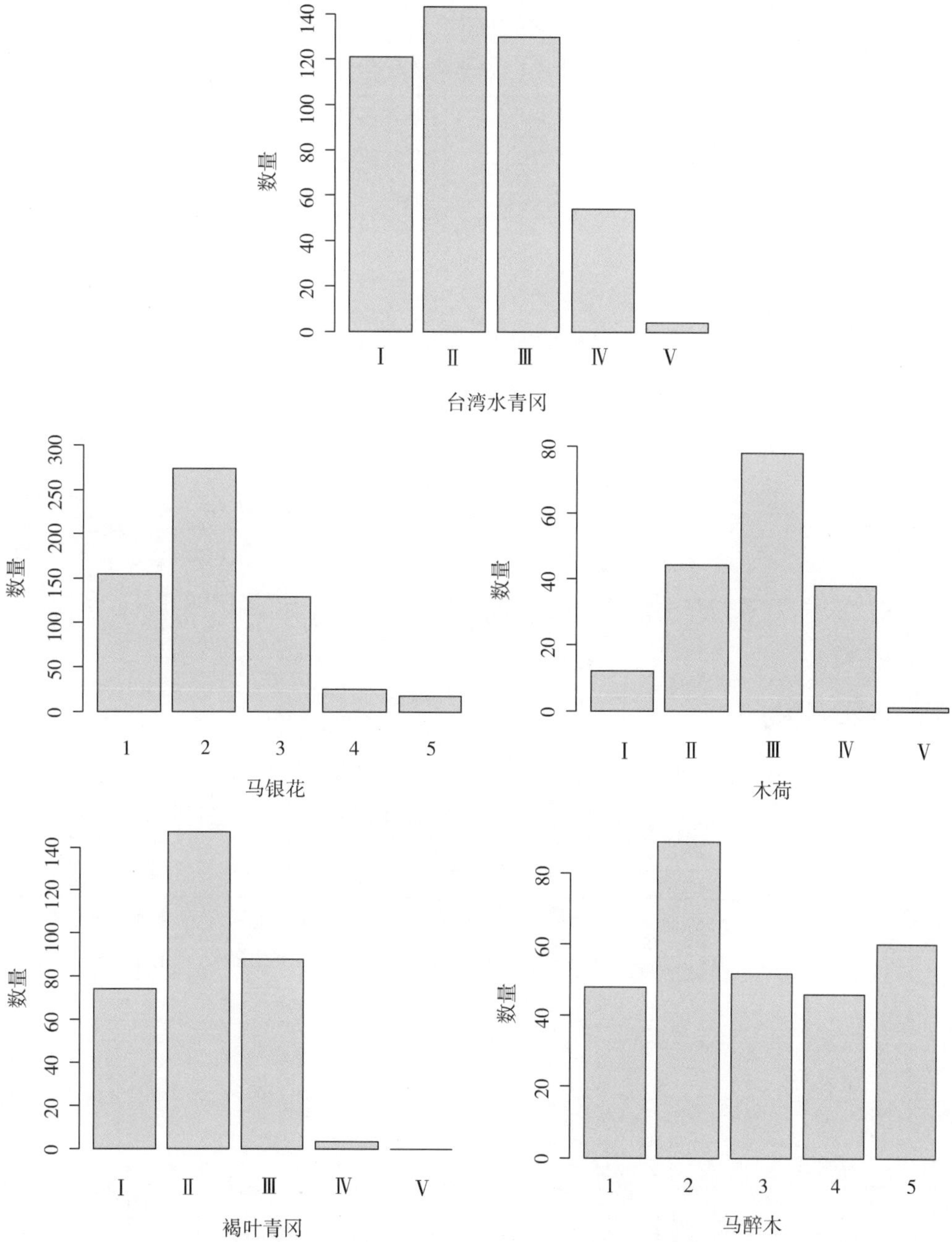

图 8-2　台湾水青冈群落主要优势种群径级结构

注：罗马数字代表乔木的径级划分，阿拉伯数字代表小乔木或灌木的径级划分（具体见正文第三章第二节）。

三、群落物种多样性

在 $1hm^2$ 的台湾水青冈群落样地中，2016 年调查，共计物种 140 种，属于 42 个科，80 个属。其中重要值最高的物种依次为台湾水青冈、马银花、木荷、褐叶青冈、马醉木、小叶青冈、满山红、毛果槭、秃糯米椴和黄山松（表 8-1）。

表 8-1　台湾水青冈群落样地重要值最高的 10 个物种

物种	平均重要值（±标准差）(%)	平均多度（±标准差）	出现样方数（个）
台湾水青冈	11.65（±0.120）	19（±18.9）	24
马银花	7.64（±0.055）	26（±25.5）	23
木荷	6.46（±0.058）	8（±5.7）	22
褐叶青冈	6.35（±0.042）	16（±11.7）	19
马醉木	5.87（±0.039）	13（±9.8）	22
小叶青冈	5.59（±0.047）	15（±13.1）	25
满山红	4.71（±0.034）	22（±24.5）	22
毛果槭	4.62	4	1
秃糯米椴	4.45（±0.040）	3（±2.3）	6
黄山松	4.40（±0.036）	4（±4.4）	8

第二节　台湾水青冈群落优势种群的密度制约效应

一、数据分析

选取 2006 年重要值排在前 8 位的种群进行以下分析，并根据物种的生长型，划分为乔木和灌木（表 8-2）。这 8 个树种多度占全部物种多度的 44.1%，而胸高断面积占全部

表 8-2　优势种群的基本情况

种名	生长型	2006 年重要值 (%)	2006 年个体数	11 年个体数	死亡个体数	补员个体数	平均胸径（cm）	
							存活个体	死亡个体
台湾水青冈	乔木	9.33	476	470	22	16	8.52	5.01 **
木荷	乔木	5.62	224	194	32	2	11.42	3.17 ***
小叶青冈	乔木	4.72	475	412	69	6	5.04	4.24
褐叶青冈	乔木	3.80	368	317	54	3	5.25	5.94
马银花	灌木	4.75	642	604	39	1	3.64	2.68 **
马醉木	灌木	3.88	338	313	25	0	5.14	5.59
映山红	灌木	2.98	488	421	67	0	2.16	1.85 ***
满山红	灌木	4.13	711	599	113	1	2.51	1.76 ***

注：采用 t-test 检验，存活个体和死亡个体的胸径是否有显著性差异。显著性水平：* $p<0.05$，** $p<0.01$，*** $p<0.001$。

物种胸高断面积的 58.1%。将个体划分为 3 个径级阶段，即幼树、青年树、成年树，不同生长型采用不同径级标准。对于乔木种类，1cm≤DBH<5cm 为幼树，5cm≤DBH<10cm 为青年树，DBH≥10cm 为成年树；对于灌木种类，1cm≤DBH<2.5cm 为幼树，2.5cm≤DBH<5cm 为青年树，DBH≥5cm 为成年树。

1. 邻体（Neighbourhood）效应分析方法

对于选取的 8 个种群所有个体，定义了 5m、7.5m、10m 的邻域，计算目标个体邻域中，同种邻体个体数（Conspecific number，代号 Con-N）、同种邻体基面积（Conspecific basal area，代号 Con-BA）、异种邻体基面积（Heterospecific number，代号Het-N）、异种邻体基面积（Heterospecific basal area，代号 Het-BA）等参数作为自变量。那些领域超出样地边界的个体不作为目标个体，但仍可作为其他目标个体的邻体。所选样地相对高度差（Elevation，代号 ELEV）、坡度（Slope，代号 SLOPE）、凹凸度（Convexity，代号 CONV）也作为自变量。同时，考虑个体大小和对邻域耐受能力的关系，在此也将目标个体基面积（Basal area of focal tree，代号 BA）作为自变量。

以上述 8 个因素作为自变量，2006 和 2011 年两次调查期间目标个体是否存活作为因变量（存活记为 1，死亡记为 0），利用多元 logistic 回归分析各种因素对个体存活的影响。为减小得到伪结论的机率，建立了零模型（保持每一物种所有个体空间位置和死亡个体数不变，个体存活与否进行随机重排）进行多元 logistic 回归分析，模拟 999 次。然后，通过比较实际回归系数和模拟回归系数差异来判断各因素对目标个体存活的影响是否显著（Heand Duncan，2000；Jian et al.，2009；Bin et al.，2011）。

同时，运用以上方法对幼树阶段的个体单独进行邻体分析。

2. 空间分布格局分析方法

Ripley 提出的 *K* 函数常被用来描述物种在空间的点格局分布（Kenkel，1988；Duncan，1991；Haase，1995），但由于 *K* 函数分析的是以任一点为圆心，r 为半径的圆内点的格局，因而具有累计效应，即大尺度上的格局受小尺度上格局影响较大（Condit et al.，2000；Wiegand & Moloney，2004）。成对关联函数 g（r）（The pair-correlation function）是以一定宽度的圆环代替圆面为统计区域，可以分析特定某一尺度上点格局，而不受其他尺度上格局的影响。双变量函数 g_{12}（r）用来描述两类点格局的关系，被定义为在类型 1 的点 r 米范围内类型 2 的期望点密度，与类型为 2 的点密度 λ_2的比值（Wiegand & Moloney，2004）。

研究中采用“案例—对照”（Case-control）设计和随机标签（Random labeling）零模型来验证密度制约。以成年树为对照（类型 1），因为成年树在大尺度格局可以反映生境异质性，青年树和幼树分别为案例（类型 2），应用随机标签模型，即保持点的位置不变，随机置换对照和案例点的标签，计算 g_{21}（r）$-g_{22}$（r）。如果 g_{21}（r）$-g_{22}$（r）$=0$，则表明两者具有相同的分布格局，如果 g_{21}（r）$-g_{22}$（r）<0，则表明作为案例的青年树和幼树比成年树更加聚集（Getzin et al.，2008）。期望随着径级的增大这种聚集程度由于密度制约的作用而有所下降，即 d（r）$=d_j$（r）$-d_s$（r）>0，其中 d_j（r）为青年树作为案例时

g21（r）-g22（r）的差值，ds（r）为幼树作为案例时 g21（r）-g22（r）的差值。

采用空间格局分析软件 Programita（Wiegand & Moloney，2004）和 R2.14.1（http：//www.r-project.org）进行数据分析和绘图。

二、森林更新动态

2006—2011 年，木本植物的个体数由 8439 株减少到 7096 株，减幅为 15.91%。5 年间样地内共死亡 1430 株，相当于现有木本植物个体数的 20.1%，平均年死亡率为 3.71%。其中，吴茱萸五加死亡个体数最高，为 147 株，年平均死亡率为 13.47%。同时，新增加的木本植物中 DBH≥1cm 的共有 87 株，占现有木本植物个体数的 1.23%，平均年补员率为 0.25%。其中，台湾水青冈补员个体数最高，为 16 株，年平均补员率为 0.69%。

在所选种群中有 4 个属于乔木种类，4 个属于灌木种类。2006—2011 年，4 个乔木种类的平均年死亡率为 2.59%，4 个灌木种类的平均年死亡率为 2.30%。褐叶青冈和满山红的年平均死亡率居于各自生长型的首位，分别为 3.17%和 3.46%。5 年间 4 个乔木种类的平均年补员率为 0.35%，4 个灌木种类的平均年补员率为 0.02%。台湾水青冈和满山红的年平均补员率居于各自生长型的首位，分别为 0.69%和 0.03%。同时，8 个中有 5 个种群死亡个体、存活个体的平均胸径之间存在着显著差异。

两种生长型的各径级死亡和存活个体分布如图 8-3 所示。死亡个体主要集中在小径级，并随着径级的增大而减少。并且，死亡存活个体比也有同样的规律。乔木和灌木种类在幼树阶段的死亡个体数分别占各自生长型总死亡个体数的 66.67%和 75%。

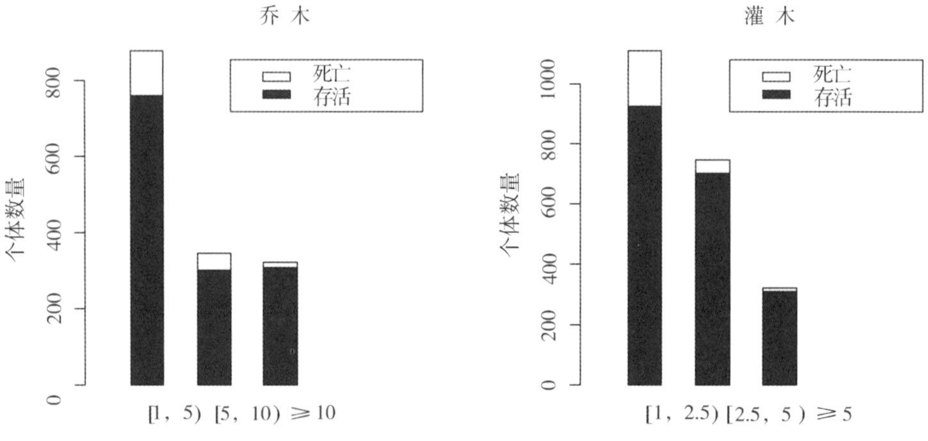

图 8-3 两种生长型死亡和存活个体径级分布

巴拿马的 Barro Colorado（BCI）样地在 1982—1995 年期间 DBH≥1cm 所有个体的年平均死亡率和年平均补员率分别为 2.64%和 2.87%，马来西亚的 Pasoh 样地在 1987—1995 年期间则分别为 1.46%和 1.65%（Condit et al.，1999）。古田山 $5hm^2$ 样地在 2002—2007 年期间这两个值分别 2.02%和 6.65%（汪殷华等，2011）。在此样地中，DBH≥1cm 所有个体年平均死亡率高达 3.71%，而年平均补员率仅有 0.25%。除与本身群落特征有关，此样地表现出的较高死亡率和较低补员率有可能与样地受到的干扰有很大关系，特别是 2008

年受到的冰雪灾害，冰雪灾害导致许多个体非自然死亡，其中包括即将成为补员个体的植株。

虽然个体存活和个体大小究竟存在怎样的关系还存在争议，但许多研究发现小径级个体的死亡率较高（Coomes & Allen，2007；汪殷华等，2011）。王绪高等研究长白山 $25hm^2$ 样地时发现不管在群落水平还是物种水平，个体本身的大小都对个体存活起着非常重要的作用，而且在胸径小于 40cm 的范围内与个体存活存在显著正相关（Wang et al.，2012）。研究中，表明死亡个体的胸径显著小于存活个体的胸径，同时 8 个物种中，有一半物种的个体存活与目标个体的大小在不同尺度上成显著正相关。究其原因，小径级个体竞争资源，抵抗病虫害以及自然灾害的能力较弱，因而死亡比例较高（王利伟等，2011；张昭臣等，2013）。

三、邻体效应

目标个体胸高断面积（BA）：以各种群全部个体存活为因变量时，木荷的个体存活在各个尺度上与 BA 成正相关，满山红的个体存活在 7.5m 和 10m 尺度上与 BA 成正相关，小叶青冈和褐叶青冈分别在 5m、10m 尺度上与 BA 成正相关（表 8-3）。

以各种群幼体阶段个体存活为因变量时，木荷和满山红的个体存活在各个尺度上与 BA 成正相关，褐叶青冈个体存活在各个尺度上与 BA 成负相关。

微地形对个体存活具有显著作用。以各种群全部个体存活为因变量时，小叶青冈的个体存活在 5m 和 10m 尺度上与相对高差成负相关；满山红个体存活在各个尺度与相对高差成负相关。褐叶青冈个体存活在 5m 尺度上与坡度成负相关；满山红个体存活在 5m 尺度上与坡度成负相关，而在 7.5m 和 10m 尺度上与坡度成正相关。

以各种群幼体阶段个体存活为因变量时，褐叶青冈个体存活在 5m 尺度上与坡度、凹凸度成负相关；映山红个体存活在 10m 尺度上与坡度成正相关，而在尺度上与相对高差成负相关。

邻体基面积：以各种群全部个体存活为因变量时，小叶青冈个体存活在 7.5m 尺度上与异种邻体基面积成负相关；满山红在 7.5m 和 10m 尺度上与同种邻体基面积成正相关。

以各种群幼体阶段个体存活为因变量时，小叶青冈个体存活在 5m、10m 尺度上与同种邻体基面积成负相关；褐叶青冈个体存活在 10m 尺度上与同种邻体基面积成负相关。

邻体个体数：以各种群全部个体存活为因变量时，台湾水青冈和小叶青冈个体存活分别在 5m、10m 尺度上与同种邻体个体数成正相关。

以各种群幼体阶段个体存活为因变量时，小叶青冈个体存活在 10m 尺度上与同种邻体个体数成正相关；马银花和褐叶青冈个体存活分别在 5m、10m 尺度与异种邻体个体数成正相关（表 8-3）。

表 8-3 邻体分析结果

种名	影响因子	全部个体			幼树阶段个体		
		5m	7.5m	10m	5m	7.5m	10m
台湾水青冈 *Fagus hayatae*	Con-N	+	0	0	0	0	0
木荷 *Schima superba*	BA	+++	++	++	+++	++	+
小叶青冈 *Cyclobalanopsis gracilis*	BA	+	0	0	0	0	0
	Con-N	0	0	++	0	0	+++
	Con-BA	0	0	0	-	0	--
	Het-BA	0	-	0	0	0	0
	ELEV	-	0	-	0	0	0
褐叶青冈 *Cyclobalanopsis stewardiana*	BA	0	0	+	--	---	--
	Con-BA	0	0	0	0	0	-
	Het-N	0	0	0	0	0	+
	SLOPE	-	0	0	-	0	0
	CONV	0	0	0	--	0	0
马银花 *Rhododendron ovatum*	Het-N	0	0	0	+	0	0
映山红 *Rhododendron simsii*	ELEV	0	0	0	0	0	-
	SLOPE	0	0	0	0	0	++
满山红 *Rhododendron mariesii*	BA	0	++	+++	+++	+++	+
	Con-BA	0	++	+	0	0	0
	ELEV	-	-	-	0	0	0
	SLOPE	-	+	++	0	0	0
	CONV	0	0	0	++	0	0

注：如果在任何尺度上都没有显著相关性，则这一变量就不出现。0 表示无显著相关性；+、++、+++分别表示在 $p<0.05$、$p<0.01$、$p<0.001$ 水平上显著正相关；-、--、---分别表示在 $p<0.05$、$p<0.01$、$p<0.001$ 水平上显著负相关。

同种邻体个体数（Conspecific number，代号 Con-N）、同种邻体基面积（Conspecific basal area，代号 Con-BA）、异种邻体基面积（Heterospecific number，代号 Het-N）、异种邻体基面积（Heterospecific basal area，代号 Het-BA）、相对高度差（Elevation，代号 ELEV）、坡度（Slope，代号 SLOPE）、凹凸度（Convexity，代号 CONV）目标个体基面积（Basal area of focal tree，代号 BA）。

四、空间分布格局

对于幼树，8 个种群中有 6 个种群相较于成年树在不同尺度上表现出一定的聚集，而对于青年树来说，只有 2 个种群相较于成年树表现出一定的聚集。

同时，8 个种群在不同尺度上都表现出聚集程度随着径级的增大而减弱，而其中 6 个种群表现的尤为明显。而且，聚集程度的减幅一般在 5m 的小尺度内为最大，并随着尺度的增大而下降（图 8-4）。

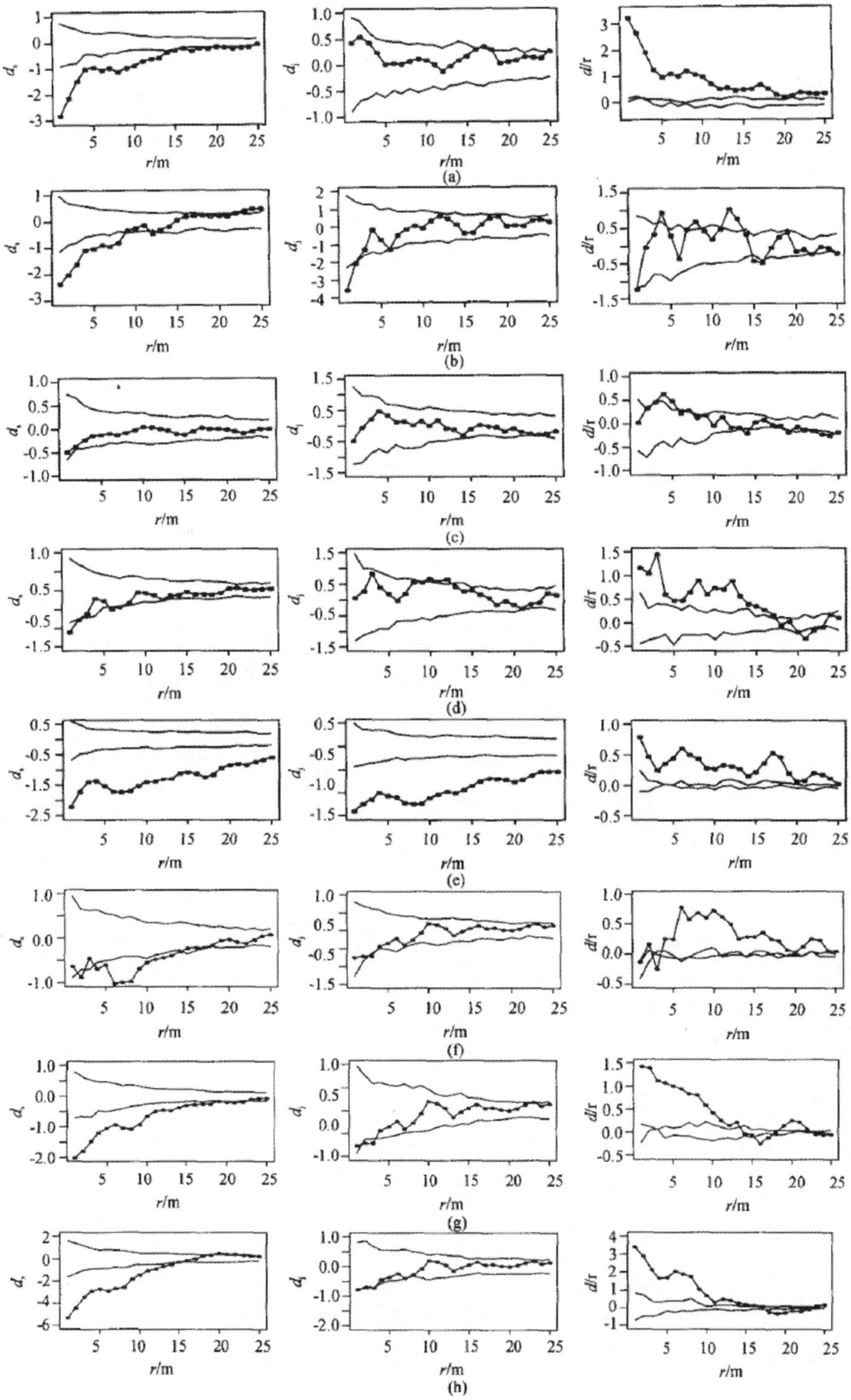

图 8-4　8 种群空间格局分析结果

注：图中实线为 95 置信区间的包迹线，点线为实际观测值

图（a）～（h）分别为台湾水青冈、木荷、小叶青冈、褐叶青冈、马银花、马醉木、映山红、满山红。

五、密度制约效应

大量研究表明，当胸径达到 1cm 以上，树种的生长或存活仍然受到密度制约的影响（Wills et al.，1997；Heand Duncan，2000；Stolland Newbery，2005；Peters，2010；Yan et al.，2010）。何芳良（2000）对温哥华岛花旗松林（*Pseudotsuga menziesii*）进行邻体和空间分布格局分析的结果表明，密度制约对树木（DBH≥1cm）的存活有很大的影响。同样，Peters（2003）在 Pasoh 和 BCI 样地研究邻体（包括同种和异种邻体）对树木（DBH≥1cm）存活的影响时发现，>80%的树种表现出密度制约性死亡。

然而，相较于较大径级个体来说，幼小径级的个体更易检测到密度制约的效应。为提高邻体分析对密度制约检测的灵敏性，在以全部个体为因变量的同时，还单独以幼树阶段的个体进行邻体分析。然而，两者所得的结果类似，只有少数种群的个体存活与周围同种邻体具有显著相关性。在以全部个体为因变量时，只有台湾水青冈、小叶青冈和满山红个体的存活在一定尺度上与同种邻体具有显著相关性。而以幼树阶段的个体作为因变量时，只有小叶青冈和褐叶青冈的个体存活在一定尺度上与同种邻体具有显著相关性。但邻体分析的结果有时单独不足以证明密度制约过程是否发生作用，特别是短期内，因为这种短期内树木动态数据会低估密度制约的作用，有时候密度制约的作用有可能不足以导致其死亡，只是使它的生长受到限制（Getzin et al.，2010）。同时，短期内的数据易受到特大干扰的影响，比如 2008 年的冰雪灾害导致本样地许多个体的非自然性死亡。因而，结合其他方法来验证密度制约过程是非常有必要的。

物种空间分布格局是生物和生态过程（生态位和密度制约等过程）相互作用的结果（Li et al.，2009）。物种趋向于聚集生活在适宜生境而具有较高的密度，如果有害生物的转播和同种竞争对物种抑制作用不足以抵消适宜生境的促进作用，就会无法检测到密度制约的存在，即使它客观存在（Piao et al.，2013），因而通过空间分布格局研究密度制约过程时，必须分离生境的作用以防它掩盖了密度制约的作用（Kenkel，1988）。而且揭示密度制约最好的办法有可能是比较不同生长阶段树木的空间格局的变化（Moeur，1997；Plotkin et al.，2002），这是由于在植物群落中，种子的空间扩散限制作用普遍存在，导致补员的个体呈聚集分布。随着树木的生长，负密度制约竞争或者有害生物作用将导致个体的死亡，从而使个体间的距离增大，聚集程度会有所降低（Moeur，1997）。同时，相较于邻体分析，种群分布格局分析能够反映密度制约在树木生长过程中长时间的累积效应。研究中，以成年树格局为对照去除生境的作用，以幼树或青年树格局为案例（不同径级代表不同生长阶段），比较去除生境作用后从幼树阶段到青年树阶段格局的变化，得出 8 个物种中有 6 个物种的聚集程度随着树木的生长而减小，而且聚集程度的减幅一般在 5m 的小尺度内为最大，这表明密度制约在所研究的群落中具有普遍的作用，而且是在个体间可以直接作用小尺度范围内发生作用。相较于其他研究（Wills et al.，1997；Peters，2010），本项研究通过 g（r）函数在 1m 小尺度验证密度制约，也有利于检测到密度制约。

总之，利用一两次短期内样地调查数据，通过分析个体死亡等，一般难以检测到密度制约的信号，但密度制约产生的效应能积累反应在分布格局上，通过比较不同生活史阶段树木的空间格局不失为一个很好的办法。然而通过格局反推实际发生的过程，有可能密度制约只是观测到格局发生的部分机制。因此，对于密度制约的研究，长时间永久性的监测是非常有必要的。

第三节　台湾水青冈群落动态

一、群落物种组成动态变化

总体来看，2006—2016 年台湾水青冈群落物种多样性随时间增加而减少（表 8-4）。台湾水青冈种群龄级结构呈反“J”形，为增长型（图 8-5），在 2006 年到 2016 年的 10 年森林动态变化过程中，Ⅰ、Ⅱ龄级数量减少，其他龄级数量较为稳定。2006—2011 年，台湾水青冈种群死亡率为 4.24%，补员率为 4%；2011—2016 年，台湾水青冈种群死亡率为 6.95%，补员率为 1.9%。

表 8-4　群落物种组成动态变化

群落物种组成	2006 年	2011 年	2016 年
科	45	43	42
属	88	84	79
种	154	149	138
个体数	8381	7091	5849
Shannon 指数	3. 828159	3. 768842	3. 682115
Simpson 指数	0. 9643296	0. 9614507	0. 9572964
Pielou 均匀度指数	0. 7562479	0. 7562479	0. 7495163

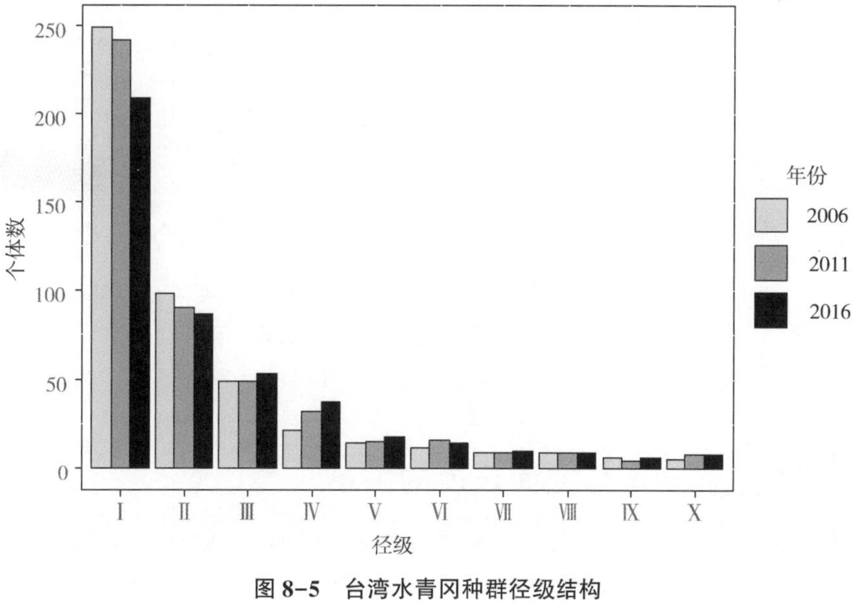

图 8-5　台湾水青冈种群径级结构

Ⅰ级，1cm≤DBH<5cm；Ⅱ级，5cm≤DBH<10cm；Ⅲ级，10cm≤DBH<15cm；Ⅳ级，15cm ≤DBH<20cm；Ⅴ级，20cm≤ DBH<25cm；Ⅵ级，25cm≤DBH<30cm；Ⅶ级，30cm≤DB<35cm；Ⅷ级，35cm≤DBH<40cm；Ⅸ级，40cm≤DBH<45cm；Ⅹ级，DBH≥45cm

二、谱系结构动态变化

为探讨不同的空间尺度对谱系多样性的影响，分别在 10m、20m 和 50m 3 个空间取样尺度上计算群落谱系结构指数。根据样地内每木的空间坐标在 1hm^{2}样地范围中利用移动窗口法随机选取 10m×10m，20m×20m，50m×50m 的样方，计算相关面积样方内的谱系结构指数，各取样尺度随机取样 999 次。首先通过计算出随机选取的样方中所有物种对的 MPD 和 MNTD 的实际观察值，保持样方内物种数量及物种个体数不变，从物种库（即整个 1hm^{2}样地中所有的物种）中随机抽取物种，构建随机零模型并重复 999 次，从而获得该样方中物种在随机分布条件下的 MPD 和 MNTD 的分布，最后利用随机模拟结果将观察值标准化，从而获得 NRI 和 NTI。

群落 MPD 和 MNTD 的动态变化趋势相反。随着时间的增长，MPD 值均呈下降趋势（图 8-6a），而 MNTD 呈现上升趋势（图 8-6b）。

NRI 和 NTI 的动态变化趋势要弱于 MPD 和 MNTD。10m 尺度下，NRI 和 NTI 随时间变化没有表现出显著差异；而 20m 和 50m 尺度下，NRI 和 NTI 均随时间增加有显著增加（图 8-7）。

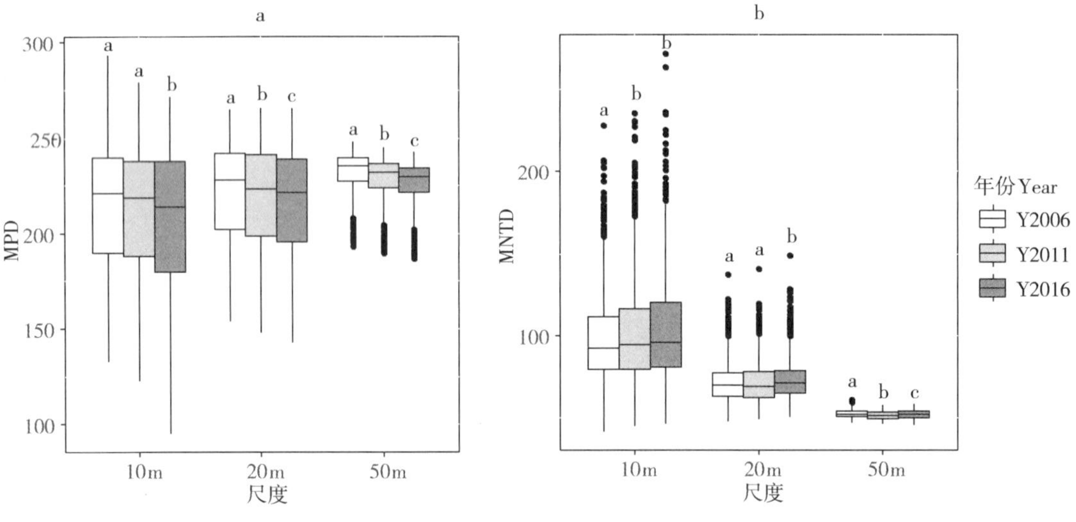

图 8-6　样地群落内所有物种在不同尺度下的平均谱系距离（MPD）和最近种间平均谱系距离（MNTD）

同一尺度下，字母不同表示数据间存在显著差异，字母相同表示没有显著差异

三、谱系结构动态与空间尺度的关系

随着取样空间尺度的增大，对应年份的群落 MPD 增加，而 MNTD 值减小。3 个空间尺度下，群落内的 NRI 和 NTI 均显著大于 0，谱系结构表现聚集格局，且随着空间尺度增大，NRI 和 NTI 数值显著增大（图 8-7），聚集格局愈加明显。

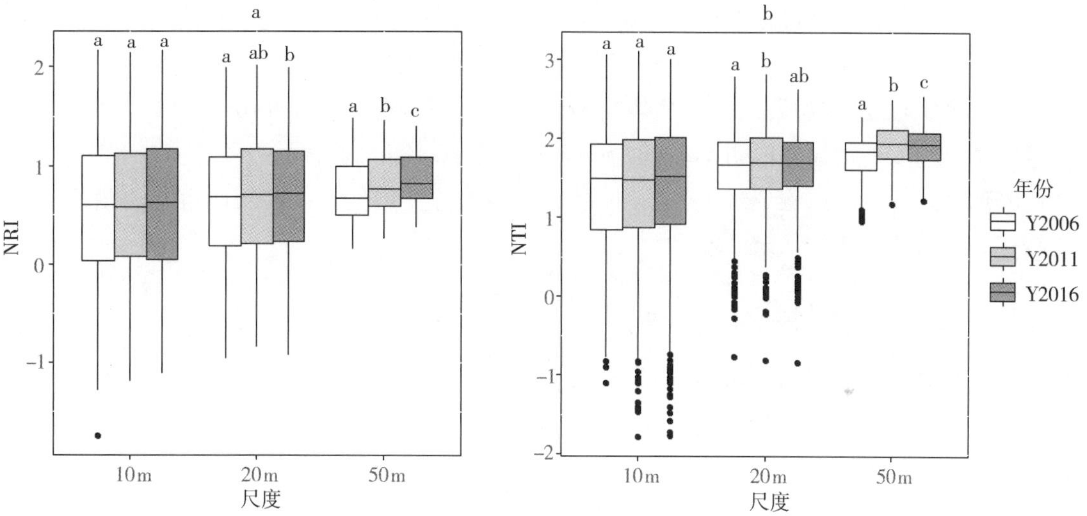

图 8-7 样地群落内所有物种在不同尺度下的净谱系亲缘关系指数（NRI）和净最近种间亲缘关系指数（NTI）

同一尺度下，字母不同表示数据间存在显著差异，字母相同表示没有显著差异

空间尺度的变化对谱系结构的时间动态有明显的影响。随着取样空间尺度的增加，MPD 和 MNTD 的动态变化趋势逐渐增强（图 8-6）。在 10m 尺度，2016 年 MPD 值与其他年份 MPD 存在显著差异，2006 年 MNTD 与其他年份存在显着差异；50m 尺度下，2006 年、2011 年、2016 年之间 MPD 和 MNTD 均有显着差异。NRI 和 NTI 的动态变化趋势受空间尺度的影响和 MPD 和 MNTD 类似，大尺度下的变化趋势要强于小尺度。

在时间尺度上的群落谱系结构动态反映了群落的发展趋势。在 2006 年到 2016 年的 10 年森林动态变化过程中，台湾水青冈群落 MPD 减小，可知群落整体谱系距离减小。由于台湾水青冈群落补员率较低，该群落内物种丰富度随时间增加而降低（图 8-5），结合 MPD 数据应该是群落中谱系亲缘关系较远、生境需求较为特殊、环境耐受性较差的物种大量丧失，这就为谱系关系接近，具有较高环境耐受性的植物的更新提供了大量空间。已有研究发现，温度和降水是影响亚热带地区森林群落物种多样性和谱系多样性的主导因子（Liu et al.，2016）。由此猜测，当地生境质量下降、抗干扰性较弱的物种无法生存，进而导致台湾水青冈群落谱系关系在近 10 年表现出聚集格局，主要是由气候变化引起的近几年极端恶劣天气的频发，如 2008 年冰雪灾害和台风影响所导致的。NRI 随时间的不断增加（谱系多样性下降）和物种丰富度的降低也说明了环境过滤作用是调控群落聚群的主导过程，且这种过程在 10 年的森林动态变化中不断增强。对于古田山和鼎湖山大型森林长期监测样地的研究也表明，环境过滤作用对当地生物多样性和森林更新过程具有重要作用。如果没有采取一定措施，群落的物种和谱系多样性在未来可能会持续降低，影响整个群落的稳定和抗干扰能力，对台湾水青冈造成持续的不良影响。

MNTD 在近 10 年间持续增大，说明尽管群落的整体谱系结构呈现不断聚集的过程，但是各物种的近缘种也逐渐被替代成谱系关系较远的物种，呈现发散的格局。可能是由于生境质量的下降导致小尺度下近缘种对同种资源的争夺加强，种间竞争作用增强。清凉峰早期的研究指出，该样地的 8 个优势树种中有 6 个物种的聚集程度随着树木的生长而减小，并且聚集程度的减幅在 5 m 的取样空间尺度内效果最强（丁文勇等，2014）。NTI 的变化趋势随时间逐渐增大，说明了环境过滤仍是调控群落聚群的主导过程，但由于在小尺度下近缘种之间竞争的强化，近 10 年缘种谱系结构动态变化趋势要弱于群落整体谱系结构的变化，相对处于比较稳定的水平。

四、功能多样性动态变化

如表 8-5 所示，随着时间的演替，功能丰富度（RFic）不断减小且 2011—2016 年间减小幅度较大；功能均匀度（FEve）不断增加，且 2011—2016 年增加幅度较大；功能离散度（Rao_Q）不断减小。

表 8-5　功能多样性动态变化

功能多样性	2006 年	2011 年	2016 年
功能丰富度	704. 1016	703. 7035	655. 1745
功能均匀度	0. 393672	0. 396341	0. 453563
功能离散度	10. 74145	10. 66043	10. 62361

随着时间的演替，台湾水青冈群落功能性状 CWM 指数发生一定的变化（表 8-6）。生长型数值增加；植株高度升高；叶质、叶生活周期、叶型、叶缘、光耐受性为 0，整个群落基本为落叶树种，耐阴，叶片多为纸质、单叶、非全缘；叶片大小减小；果实类型先增加后减小；种子传播方式先增加后减小。

表 8-6　群落功能性状均值动态变化

功能性状	2006 年	2011 年	2016 年
生长型	2. 2693	2. 296432	2. 326039
高度（m）	10. 49541	10. 61698	10. 77654
叶质	0	0	0
叶生活型周期	0	0	0
叶型	0	0	0
叶大小	2. 557093	2. 538147	2. 512908
叶缘	0	0	0
果实类型	2. 801217	2. 839656	2. 836724
光耐受性	0	0	0
传粉方式	1	1	1
种子传播方式	2. 149624	2. 151742	2. 149427

随着时间的演替，台湾水青冈群落的功能丰富度及功能离散度不断减小，而功能均匀度不断增加（表 8-5）。由于功能多样性指数（功能丰富度、功能离散度）随着物种丰富

度和物种多样性的增加而增加（Mouchet et al.，2010；Schleuter et al.，2010）。在本项研究中，经过10年的时间演替，台湾水青冈群落的物种丰富度和物种多样性都下降（表8-4），且2011—2016年下降幅度降低，这与功能丰富度及功能离散度的变化规律一致。功能均匀度的增加说明台湾水青冈群落的物种多度分布或者物种间的功能距离越来越均匀，进而说明该群落内的资源利用较充分，且各种资源都有被利用。由于功能均匀度与物种丰富度之间并没有显著关系（Mouchet et al.，2010；Schleuter et al.，2010；薛倩妮等，2015），并从图6-7可知，台湾水青冈群落的谱系结构聚集，谱系关系近的物种具有相似的功能性状特征，这导致了台湾水青冈群落功能均匀度的增加。

五、基于森林长期监测的珍稀植物前景分析

通过10年的森林群落监测和在不同尺度上对台湾水青冈群落更新过程及伴随的功能、谱系结构动态变化规律的分析，发现在清凉峰国家级自然保护区内环境过滤是影响稀有植物群落更新的主导效应。全球气候变化导致的区域性极端天气频发，引起的环境异常变化影响了植物群落的组成和结构（Walther，2010；Walck et al.，2011），并导致植物群落功能和谱系结构趋向单一化，生态稳定性和耐受性大幅下降。对于具有生境专一性的珍稀濒危植物来说，因其大多种群规模较小，环境变化可能会进一步强化小种群效应，其负面效应更大，甚至导致物种灭绝。同时，环境过滤造成的群落谱系结构的紧密化（见图8-7b），也导致了小尺度上种间竞争效应的增强，严重影响到植物群落补员率，进而影响其种群更新。全球气候变化引起的剧烈环境过滤作用在中尺度上降低了植物群落的稳定性，而小尺度上近缘种的竞争也阻碍了珍稀植物种群的更新，故而清凉峰国家级自然保护区内乃至本地区珍稀植物的保护前景不容乐观，形势艰巨。

参考文献

1. 丁文勇，翁东明，金毅，等. 清凉峰自然保护区台湾水青冈群落优势种群密度制约效应分析［J］. 浙江大学学报（理学版），2014，41（5）：583-592.
2. 郭瑞，翁东明，金毅，等. 浙江清凉峰台湾水青冈种群2006—2011年更新动态及其与生境的关系［J］. 广西植物，2014，34（4）：478-483.
3. 汪殷华，米湘成，陈声文，等. 古田山常绿阔叶林主要树种2002—2007年间更新动态［J］. 生物多样性，2011，19（2）：178-189.
4. 王利伟，李步杭，叶吉，等. 长白山阔叶红松林树木短期死亡动态［J］. 生物多样性，2011，19（2）：260-270.
5. 翁东明，张磊，陈晓栋，等. 清凉峰自然保护区台湾水青冈群落物种多样性研究［J］. 浙江林业科技，2009，29（4）：1-6.
6. 薛倩妮，闫明，毕润成，等. 山西五鹿山森林群落木本植物功能多样性［J］. 生态学报，2015，35（21）：7023-7032.
7. 张昭臣，郝占庆，叶吉，等. 长白山次生杨桦林树木短期死亡动态［J］. 应用生态学报，2013，24（2）：303-310.
8. Bin Y，Lian J，Wang Z，et al. Tree mortality and recruitment in a subtropical broadleaved monsoonforest in

South China [J]. Journal of Tropical Forest Science, 2011, 23 (1): 57-66.

9. Condit R, Ashton PS, Manokaran N, et al. Dynamics of the forest communities at Pasoh and Barro Colorado: comparing two 50-ha plots [J]. Philosophical Transactions of the Royal Society B: Biological Sciences, 1999, 354 (1391): 1739-1748.

10. Condit R, Ashton PS, Baker P, et al. Spatial Patterns in the Distribution of Tropical Tree Species [J]. Science, 2000, 288: 1414-1418.

11. Coomes DA, Allen RB. Mortality and Tree-Size Distributions in Natural Mixed-Age Forests [J]. Journal of Ecology, 2007, 95 (1): 27-40.

12. Duncan RP. Competition and the coexistence of species in a mixed podocarp stand [J]. Journal of Ecology, 1991, 79 (4): 1073-1084.

13. Getzin S, Wiegand T, Wiegand K, et al. Heterogeneity influences spatial patterns and demographics in forest stands [J]. Journal of Ecology, 2008, 96 (4): 807-820.

14. Getzin S, Dean C, He F, et al. Spatial Patterns and Competition of Tree Species in a Douglas-Fir Chronosequence on Vancouver Island [J]. Ecography, 2010, 29: 671-682.

15. Haase P. Spatial Pattern Analysis in Ecology Based on Ripley´s K-Function: Introduction and Methods of Edge Correction [J]. Journal of Vegetation Science, 1995, 6 (4): 575-582.

16. He F, Duncan RP. Density-Dependent Effects on Tree Survival in an Old-Growth Douglas Fir Forest [J]. Journal of Ecology, 2000, 88 (4): 676-688.

17. Jian Z, Hao ZQ, Sun IF, et al. Density dependence on tree survival in an old-growth temperate forest in northeastern China [J]. Annals of Forestence, 2009, 66 (2): 204.

18. Kenkel NC. Pattern of Self-Thinning in Jack Pine: Testing the Random MortalityHypothesis [J]. Ecology, 1988, 69: 1017-1024.

19. Li L, Huang Z, Ye W, et al. Spatial distributions of tree species in a subtropical forest of China [J]. Oikos, 2009, 118 (4): 495-502.

20. Liu JL, Qian H, Jin Y, et al. Disentangling the drivers of taxonomic and phylogenetic beta diversities in disturbed and undisturbed subtropical forests [J]. Scientific Reports, 2016, 6: 35926.

21. Moeur M. Spatial models of competition and gap dynamics in old-growth Tsuga heterophylla/Thuja plicata forests [J]. Forest Ecology & Management, 1997, 94: 175-186.

22. Mouchet MA, Villéger S, Nwh M, et al. Functional diversity measures: an overview of their redundancy and their ability to discriminate community assembly rules [J]. Functional Ecology, 2010, 24 (4): 867-876.

23. Peters HA. Neighbour-regulated mortality: the influence of positive and negative density dependence on tree populations in species-rich tropical forests [J]. Ecology Letters, 2010, 6 (8): 757-765.

24. Piao T, Comita LS, Jin G, et al. Density dependence across multiple life stages in a temperate old-growth forest of northeast China [J]. Oecologia, 2013, 172 (1): 207-217.

25. Plotkin JB, Chave J, Ashton PS. Cluster analysis of spatial patterns in Malaysian tree species [J]. American Naturalist, 2002, 160 (5): 629-644.

26. Schleuter D, Daufresne M, Massol F, et al. A user´s guide to functional diversity indices [J]. Ecological Monographs, 2010, 80 (3): 469-484.

27. Stoll P, Newbery DM. Evidence of Species-Specific Neighborhood Effects in the Dipterocarpaceae of a Bornean Rain Forest [J]. Ecology, 2005, 86 (11): 3048-3062.

28. Walck JL, Hidayati SN, Dixon KW, et al. Climate change and plant regeneration from seed [J]. Global Change Biology, 2011, 17 (6): 2145-2161.

29. Walther GR. Community and ecosystem responses to recent climate change [J]. Philosophical Transactions of the Royal Society B: Biological Sciences, 2010, 365 (1549): 2019-2024.

30. Wang X, Comita LS, Hao Z, et al. Local-scale drivers of tree survival in a temperate forest [J]. PLOS ONE, 2012, 7 (2): e29469.

31. Wiegand T, Moloney KA. Rings, Circles, and Null-Models for Point Pattern Analysis in Ecology [J]. Oikos, 2004, 104 (2): 209-229.

32. Wills C, Condit R, Foster RB, et al. Strong density-and diversity-related effects help to maintain tree species diversity in a neotropical forest [J]. Proceedings of the National Academy of Sciences of the United States of America, 1997, 94 (4): 1252-1257.

33. Yan Z, Mi XC, Ren HB, et al. Density dependence is prevalent in a heterogeneous subtropical forest [J]. Oikos, 2010, 119 (1): 109-119.

第九章 社区经济及社区关系

浙江清凉峰国家级自然保护区地处浙皖交界的黄山—怀玉山生物多样性保护优先区域，是华南梅花鹿集中分布区之一。保护区外围和边缘分布着昌化镇、龙岗镇和清凉峰镇等3个乡（镇）的8个行政村，共有124个村民小组，3421户10683人，拥有劳动力7229人（表9-1）。在所有人口中，居住在保护区实验区内的有320户1009人，比2011年增加了9户，47人。该区域是一个保护区与人口聚居区交错分布的区域。保护区非常重视周边社区建设，在自身发展的同时，大力帮助村民提高经济收入。开展多种形式的、体现农村地方特色的群众文化活动，丰富农民群众的精神文化生活，逐步将周边村庄建设成为经济繁荣、设施完善、环境优美、文明和谐的社会主义新农村、新社区。

表9-1　2017年浙江清凉峰国家级自然保护区周边行政村人口资源状况

村	村民小组（个）	总户数（户）	总人口（人）	农村劳动力资源（人）	保护区内	
					农户数（户）	人口（人）
虞溪	20	629	2058	1350	0	0
后葛	18	446	1437	924	17	61
桃花溪	10	266	818	512	100	321
顺溪	17	576	1728	1020	0	0
昱岭关	15	541	1701	1315	20	67
鸠甫	13	216	603	370	0	0
浙川	13	290	959	798	41	140
石长城	18	457	1379	940	141	419

第一节　周边社区基础设施建设

基础设施是指为社会生产和居民生活提供公共服务的物质工程设施，是用于保证国家或地区社会经济活动正常进行的公共服务系统。包括交通、邮电、供水供电、商业服务、科技服务、园林绿化、文化教育、卫生事业等市政公用工程设施和公共生活服务设施等。

一、交通、邮电、供水、供电和商业服务

保护区周边3镇交通比较方便，G56高速和杭徽公路S102省道横贯东西，S209省道纵贯南北。保护区周边3镇均设有邮政、电信机构，各村实现了无线信号全覆盖。昌化白牛村是全国电商第一村，拥有发达的快递服务系统。保护区周边3镇均有完善的供水供电和网络保障，所有行政村早已有供电保障、互联网网络和自来水供应。

二、科教文卫等市政工程和服务设施

昌化、龙岗和清凉峰均为临安西部重镇，每个乡（镇）均配备农办等机构专门为农民提供科技服务，并且还开通了“林技通”、“农民信箱”等网络服务载体，农户可以快捷获得科技服务。昌化镇拥有从幼儿园到高中的全学龄教育系统，龙岗和清凉峰镇则是从幼儿园到初中的教育系统，另外还有成人学校等，为适龄青少年和成人教育提供了有效保障。近些年，杭州市临安区（临安市）文化礼堂的建设使保护区周边各行政村均建立起了文化礼堂和图书室，极大地丰富了当地居民的文化生活。

第二节　周边社区经济状况

清凉峰国家级自然保护区周边社区群众以农耕、务农为主要生活方式，以山核桃、竹笋、茶叶等林副产品为主要经济产业，呈现典型的山地社区经济特征。由于保护区的保护工程建设限制了群众原有的生产活动，一部分群众开始转向外出务工和依托旅游产业谋生。

一、经济结构

从农民收入构成来看，周边社区经济结构以农业为主，2017年农业所得为9343万元，工作和劳务所得为7500万元，其他收入3474万元，分别占总收入（20317万元）的45.99%、36.91%和17.10%，与2015年的53%、31%和16%相比，农户来自农业的收入占比下降，工作和劳务所得、其他所得增加。

在农业收入中，山核桃收入是主体。因为山核桃是保护区及周边社区主要经济树种，广布于区内及周边地区。已有500多年的栽培利用历史，是重要的木本和干果树种，产量高，质量好。山茱萸也曾经是村民的主要经济来源。

近年来，保护区周边社区有序发展生态旅游，农家乐和民宿等如雨后春笋应运而生，极大地提高了当地居民的收入，成为保护区周边社区居民重要的经济收入增长点。

二、收入水平

清凉峰国家级自然保护区所在的杭州市临安区（原临安市）属于经济欠发达地区，其中保护区周边社区经济呈典型的山地社区经济特征。目前，保护区周边社区农业的产业化

水平不高，农民收入主要来源于山核桃、木材、茶叶、毛竹等，人均收入远低于临安区人均收入水平。同时，近年来生态旅游业已成为该区域发展较为迅速的产业。

2017 年，保护区周边农村居民人均可支配收入仅 20254 元，不仅低于临安区农村常住居民人均可支配收入（28201 元），也低于全省农村常住居民人均可支配收入（24956 元），收入差距有不断拉大的趋势（表 9-2）。

表 9-2　保护区周边居民与临安区和全省农村居民收入比较

年份	保护区农村居民		临安区农村居民		全省农村居民	
	人均可支配收入（元）	增长率	人均可支配收入（元）	增长率	人均可支配收入（元）	增长率
2010	10610	-	12012	-	11303	-
2011	11608	9.4	13926	15.9	13071	9.5
2012	12301	6.0	15764	13.2	14552	10.7
2013	13917	13.1	19457	11.4	16106	10.7
2014	15288	9.9	21578	10.9	19373	10.7
2015	16619	8.7	23736	10.0	21125	9.0
2016	18445	11.0	25849	8.9	22866	8.2
2017	20254	9.8	28201	9.1	24956	9.1

资料来源：2010—2017 年浙江清凉峰国家级自然保护区社会关系及社会经济统计、杭州市临安区（临安市）统计公报和浙江省统计公报。

当地居民来自保护区的人均收入由 2011 年的 392.8 元上升为 2017 年的 1066.86 元，年均增长 18.12%。其中，增长最快的是农家乐收入和国家生态公益林补偿收入，年均增长分别达到 27.47%和 18.53%，成为当地农户重要的收入增长源。尤其是保护区边有景区的行政村如桃花溪村，近年来农家乐收入增长迅速，成为农民增收的重要经济增长点。

三、周边社区社会经济评价

1. 周边社区社会经济发展受保护区的影响评价

部分生产资料的经营权受限于保护区建立和发展过程中，将周边社区 8232.8hm^2的山林划入保护区中，占周边社区森林总面积的 41.36%，使周边社区农户这部分森林资源的经营权受限，林地规模下降，林业经营的规模效益有所降低。当然，这些森林被划归生态公益林后，通过获得财政的补助，在一定程度上弥补了因失去使用权而造成的收益损失。随着使用权的失去，也带来农户采集林副产品等权限受限，而林副产品采集是农户重要的生产活动和收入来源。保护区的建设也使农户原有的生产生活方式受到一定的影响，使他们原有积累的知识和经验得不到充分运用。

社区生产生活一定程度上受到了保护区建设的影响，使周边社区农户对自然资源的利用方式发生变化，自用材和薪柴的获得受到更大的限制，从而使农户不得不增加自用材和薪柴方面替代品的开支。一方面，保护区的建设和发展促进了区内和周边生态环境的改善、野生动物数量上升，另一方面也出现了干扰和影响周边社区农户生产生活的情况，如野生动物损坏庄稼事件时有发生，使农户的利益遭受侵害。

2. 周边社区自身社会经济发展评价

保护区周边社区居民人均可支配收入明显低于临安区和浙江省农村居民人均可支配收入水平，收入较低且增长相对缓慢，年均收入增长率明显偏低，形成了明显的剪刀差（表9-1）。例如，与全区农民人均可支配收入差距从2010年的1402元扩大到2017年的7947元，与全省农民人均可支配收入差距从2010年的693元扩大到4702元。

近年来，保护区周边社区居民人均可支配收入结构逐渐发生变化。收入构成及增长源逐渐发生改变，如农业收入（尤其是山核桃收入）比重不断下降，但仍占主导地位；务工收入和其他收入比较不断上升（表9-3）。在其他收入中，由保护区带动的收入虽然当前总量不高，但增长速度可观，从2011—2017年的平均增长率为18.13%，显示出强劲的发展势头。

表9-3　保护区周边社区居民人均可支配收入及其构成

年份	人均可支配收入（元）	收入占比（%）			保护区带动	
		农业	务工	其他	收入（元）	增长率（%）
2011	11608	64.8	23.7	11.5	392.78	-
2012	12301	64.0	26.6	9.4	412.81	5.10
2013	13917	63.4	25.0	11.6	435.40	5.47
2014	15288	59.3	25.6	15.1	620.86	42.60
2015	16619	53.0	31.0	16.0	915.97	47.53
2016	18445	51.2	32.5	16.3	1022.06	11.58
2017	20254	50.0	36.9	17.1	1066.86	4.42

资料来源：2011—2017年浙江清凉峰国家级自然保护区社会关系及社会经济统计。

进一步分析保护区带动居民收入构成可知，公益林收入和农家乐收入是最重要的组成部分（表9-4）。公益林收入的增长依赖于浙江省财政转移支付力度的增加，增长空间有限。农家乐收入应是今后居民收入的重要增长源，而这一靠保护区良好的生态环境，二靠经营者良好的经营理念，三靠旅游者的体验及体验分享。但2017年，农家乐收入明显下降，直接影响了周边社区居民增收。因此，应不断提升农家乐服务水平，留住客源并增加客源的有效消费。

表9-4　保护区带动居民人均可支配收入构成

年份	公益林收入		劳务收入		农家乐收入		土特产收入		旅游服务收入	
	金额（元）	增长率（%）	金额（元）	增长率（%）	金额（元）	增长率（%）	金额（元）	增长率（%）	金额（元）	增长率（%）
2011	156.2		39.1		180.6		15.2		23.2	
2012	157.5	0.8	53.5	37.0	191.0	5.7	14.6	-4.3	25.1	8.3
2013	263.7	67.4	27.2	-49.3	195.8	2.5	27.0	85.3	32.0	27.2

（续）

年份	公益林收入		劳务收入		农家乐收入		土特产收入		旅游服务收入	
	金额（元）	增长率（%）	金额（元）	增长率（%）	金额（元）	增长率（%）	金额（元）	增长率（%）	金额（元）	增长率（%）
2014	280.8	6.5	53.2	95.7	213.5	9.0	32.1	18.8	38.7	21.0
2015	308.4	9.8	41.2	-22.5	476.9	123.4	46.3	44.1	38.7	0.2
2016	342.3	11.0	45.3	10.0	539.2	13.1	50.9	10.0	42.7	10.2
2017	425.3	24.3	44.5	-1.7	459.0	-14.9	59.0	15.9	44.1	3.3

资料来源：2011—2017 年浙江清凉峰国家级自然保护区社会关系及社会经济统计。

随着煤气、煤炭、电能、太阳能等用量的逐年增加，周边社区薪柴消耗有所下降，能源消费对保护区的依赖性不断下降。从 2011 年的 5474 m^3 下降为 2017 年的 3385 m^3（表 9-5），而户均薪柴消耗则从 2011 年的 1.59 m^3 下降为 2017 年的 1.00 m^3，减轻了保护区森林资源被樵采的压力。

表 9-5　2011—2015 年周边社区能源消费情况

年份	总农户数（户）	薪柴年用量（m^3）	户均薪柴用量（m^3）	煤气年使用量（瓶）	煤炭年使用量（吨）	年总用电量（万度）	太阳能和空气能（个）
2011	3445	5474	1.59	8027	143	295.7	2127
2012	3439	5015	1.46	8330	208	236.5	2385
2013	3430	5016	1.46	9360	218	256.5	2691
2014	3422	4470	1.31	9470	208	431	2788
2015	3417	4680	1.37	10280	220	467	3209
2016	3419	3390	0.99	11260	60	479	3266
2017	3390	3385	1.00	11320	60	482	3280

资料来源：2011—2017 年浙江清凉峰国家级自然保护区社会关系及社会经济统计。

3. 周边社区开展生态旅游的必要性与可行性评价

随着保护区的建立与发展，周边社区居民利用保护区内资源的可能性降低，改变了当地经济发展的资源基础；长期以来赖以生存的资源基础被改变，而生态旅游作为新的经济增长点刚刚出现，若不加强新兴增长点的培育，势必造成周边社区居民的增收困难，从而导致周边社区社会经济发展与保护区生物多样性资源保护之间的矛盾冲突。生态旅游作为协调这种矛盾、实现保护与发展双赢的有效途径越来越受到广泛重视，也是当前清凉峰国家级自然保护区与周边社区实现保护与发展双赢的重要载体。

在不影响保护区内华南梅花鹿、夏蜡梅等保护对象的前提下，对保护区实验区的自然资源和人文景观进行适度、合理的开发利用，形成一种自养型的经济模式是十分必要的。社区经济的发展能够激发当地居民保护环境的积极性，有效地维护保护区的自然环境和自然资源（童彩亮和楼鑫华，2011）。优美的环境能够吸引更多的旅游者，也就能为周边社区及其居民带来更高的经济收入，形成良性循环，既保护自然资源，又促进周边社区的发展。

不容忽视的是，生态旅游给保护区带来的经济收入总量较少。在生态旅游过程中，旅游者确实花费了大笔的资金，但绝大多数是在路途上花费的，真正在保护区及周边社区花费的却很少。这是因为保护区的地理位置相对偏远，周边社区居民的受教育程度较低，眼界也不够开阔，农家乐和民宿的经营理念难以与时俱进，可出售的特色商品也少，很难使旅游者在保护区及周边社区进行大量消费。另一方面，同为长三角的后花园，保护区所处的地理和交通劣势，决定了旅游者更愿意到离城市相对较近的区域重复旅游或异地旅游，而不是经崎岖山路再次探访该保护区及周边社区。

因此，如何在对保护区自然资源和自然环境不造成破坏的基础上，开发新的生态旅游项目，刺激生态旅游者在保护区及周边社区的消费以增加保护区及周边社区居民的经济收入，是生态旅游规划设计和具体实施中需要考虑的问题。

据研究，生态旅游带来的经济收入在保护区周边社区居民不同群体人群中的分配不均（胡进耀，2015；王开锋，2014）。一般说来，男性比女性更容易被雇佣；居民的收入与其拥有的技术和管理经验呈正相关，而与同保护区的空间距离呈负相关关系，居住在保护区内部的居民的收入更为有限。由于保护区的建立相当程度上切断了他们对保护区内自然资源的利用，分配不均导致生态旅游给他们带来的收益又极少，使这部分居民有被边缘化的倾向，却要忍受生态旅游带来物价上涨而引起的高消费负担。因此在生态旅游开发中，如何更好地让保护区内部居民更好受益，也是生态旅游规划和具体实施中需要考虑的重要问题。

第三节　保护区与周边社区的关系

自清凉峰国家级自然保护区建立以来，保护区一直十分重视公众教育和社区共管工作，周边社区农户逐渐转变了观念，不仅自然保护意识不断提高，还利用传统知识进行自然保护，保护区逐步建立和推行了与社区和谐发展、共同促进的新模式。

一、保护区与周边社区关系的演变

在保护区建立之初，保护区的划定在一定程度上限制了周边社区居民生产活动的范围和经营方式，对周边社区居民的社会、经济、文化产生影响。那时，周边社区尤其是农户不理解保护区建立与发展的意义，认为保护区的建设影响了自己的生产、生活，对保护区难免有抵触情绪。周边社区农户私自进入保护区放牧、采集山珍野味事件时常发生，极大地影响了野生动植物的保护和野生动物的生存安全。保护区根据周边社区地理特点、民情习俗，启动保护区社区管理模式试点工作，保护区工作人员分组驻村蹲点，放弃双休日和节假日，与联系点村干部、村级护林员和民众分析保护区农户生活习惯、生产情况，与当地村民加强沟通，并加强保护区建立意义等的宣传教育，使周边社区农户日渐接受保护区并自觉地参与到保护区建设与管理中来。

二、保护区与周边社区关系的现状

随着保护区宣传教育的深入、人们生态保护意识的觉醒和生态旅游的开展，周边社区居民自然保护意识不断提高，也体会到保护区的建设促进了当地社区生活环境的改善和发展机会的增加。当前，绝大部分周边社区居民能自觉利用传统知识对珍稀野生动植物加以保护，自觉遵守保护区相关管理制度。但仍有极少数村民会进入保护区内采挖珍稀植物、采伐薪柴甚至捕猎野生动物的活动。同时，保护区也积极行动，根据建立保护区的指导思想，坚持以人为本，用社区共管的模式对全区的自然资源进行了有效管理。经过多年实践，探索出了一条在林地权属不变的条件下，采取当地群众参与管理的运行机制，有效减缓了当地居民因发展经济对自然保护造成的压力，促进了保护区与社区的和谐发展。

保护区与涉区乡（镇）成立了“社区共管委员会”，制定了联系制度，对保护区内的资源管理和经济发展等方面的重大事宜共同协商，使社区共管在制度上得到了保障。此外，保护区根据各个区域资源保护的需要，制定属地聘用保护协管员制度，聘请了 24 名协管员，并明确管护责任，按年度考核成绩计酬，提高社区干部群众参与保护的积极性。

保护区建立后，大部分集体山林划入保护区范围，其中包括部分人工杉木基地林。由于部分村集体经济薄弱，为了增强发展后劲，该村将保护区范围内的部分杉木基地林实施了林木经营权流转，且杉木基地林于 20 世纪 90 年代初就已经实行了分山到户经营，且这些杉木基地林都未界定为生态公益林。目前，这些杉木林已进入成熟阶段，但由于受法律法规的限制，林木所有权人采伐经营的要求一直难以批准落实，其经济利益严重受损。为了维护林权所有者合法权益，完善公益林管理分类补偿制度，同时使清凉峰国家级自然保护区主要保护对象华南梅花鹿种群及其栖息地得到更好的保护，促进保护区事业的健康发展和林区稳定，在临安区人民政府的支持下，保护区对本区内个人所有权林木资产进行了赎买，共支付 460 万元。此外，保护区还针对地理位置特殊、社区矛盾较多、人为活动频繁的清凉峰镇林场及杭州临安桃源清凉峰生态农庄进行了资产收购，共计 180 万元。资产收购的作法有助于保护区对区内资源的统一管理，同时能够消除森林火灾隐患，解决社区矛盾，进一步推进保护区管理。

保护区自建立以来坚持开展社区共管，配合各级政府开展扶贫、捐资助学等措施。引导农民继续发展经济林和推广经济林套种杨、桐技术，调整林种结构，增加农民收入；积极争取重点生态公益林分类补偿、分档补助试点，对保护区核心区、缓冲区和实验区的集体林实施租赁政策，提高补助标准。保护区与周边镇、行政村签订了 7711.8hm^2的集体山林的租赁协议，进一步增加保护区内社区补偿；实施保护区内侯龙公路拓宽、“砂改油”和通讯光缆、有线电视铺设安装工程，有效改善了社区群众的生活条件，实现了保护区社区“三通”；实施农耕和液化气补助措施，改善社区群众生产、生活条件，减少了野外放牧和薪柴砍伐。

三、保护区与周边社区关系的影响因素

保护区及其周边地区，以家庭为单位的社会经济组织与自然保护区有着广泛而密切的

社会经济联系，处理好自然保护区与周边社区关系，对构建和谐社会、促进保护区可持续发展意义深远（叶永忠，2014）。影响保护区与周边社区关系的因素很多，直接的影响因素是周边社区居民对自然资源保护的态度，而周边社区居民的态度受家庭经济收入水平及其构成、居民的观念、保护成本收益水平等影响。

1. 经济收入水平及其构成

研究表明，随着经济收入水平的提高，保护区周边社区居民的保护态度和意愿更强，因为他们的需求层次逐渐提升，由生存需求逐渐转向发展和享受需求，因此，对优良环境的需求增长，从而促进他们保护态度和意愿的增强。另外，在经济收入中，如果主要依赖保护区的实物性资源尤其是木质资源利用获得经济收入，则居民保护态度和意愿较弱；反之，如果主要依赖非保护区资源或依赖保护区的环境资源利用获得经济收入，则居民保护态度和意愿较强。当保护态度和意愿较强时，保护区与周边社区关系更和谐。

2. 居民的观念

周边社区居民的观念受到传统文化及外界文化的共同影响，当地传统文化、乡规民约或口口相传的传统林业经营管理方式和利用理念对周边社区居民的观念有重要影响，从而在各个社区形成自己相对独立而相似的观念，而这些观念对自然资源的保护与否与保护方式有深远影响，从而影响到保护区与周边社区的关系。而在知识大爆炸的当今社会，环境保护重要性的宣传通过传统媒体与新媒体不断冲击着居民的传统观念，使居民的观念由传统森林资源直接物质利用逐步转向现代森林资源景观价值和其他生态效益的间接利用，从而促使居民观念对自然资源保护产生正面影响，有利于保护区与周边居民关系的和谐。

3. 保护成本收益水平

对周边社区居民而言，如果保护自然资源的边际成本小于边际收益，他们能在自然资源保护中获得正效益，将有力地促进周边社区居民资源保护积极性的提高，从而促进保护区与周边社区关系的和谐，反之，若保护自然资源的边际成本高于边际收益，则不利于保护区与周边社区关系的和谐。

四、促进保护区与周边社区关系和谐的对策

当保护边际收益高于成本，居民能从保护区的环境资源利用中获益时，居民更愿意进行资源保护，从而促进保护区与周边社区关系的和谐。因此，为更好地促进保护区与周边社区关系和谐发展，应更有效地促进周边社区对保护区环境资源的有效利用，实现居民收入持续较快增长、收入结构更加合理，拓宽共建共管新模式。

1. 不断提升生态旅游服务水平，促进社会经济持续发展

保护区周边社区经济发展相对落后，社区居民对保护区资源有较大的经济依赖性，而且保护区对他们的经济带动力正逐步显现出来。因此，抓住“大众旅游时代”的机遇，积极引导和鼓励周边社区居民充分利用保护区及周边的自然资源和人文资源，有序开展生态旅游和发展农家乐，带动周边社区经济发展和基础设施的完善，增强周边社区农户增收致

富的能力和促进收入来源的转型，减少周边社区对保护区内农林业资源的经济依赖性，有计划地实施退耕还林，为保护区野生动植物提供更好的适生环境，促进保护区与周边社区关系的和谐发展。

2. 拓宽共建共管新模式，促进周边社区共同自觉保护

周边社区居民的观念是影响保护区与周边社区关系和谐的重要因素，而自觉保护观念的形成既有赖于传统文化及外界文化的共同影响，还有赖于亲身体验中自觉保护意识的培养（刘海军等，2016）。亲身体验即让周边社区居民直接参与到保护区建设与管理中来，共建共管是实现亲身体验的有效载体。在当前体制下，通过建立和加强社区共建共管，以共建共管为载体，以利益为纽带，便于保护区与周边社区居民相互介入，推动广泛参与；保护区可利用自己的影响争取项目和资金，推动周边社区发展能力建设，以项目为载体，以利益为纽带，建立共管区域，明确共管对象、目标和任务，建立持续的运行机制。协助社区制定资源管理计划和自然资源管理公约，联合开展森林防火、野生动物救护、自然资源利用、社区项目管理等活动，促进周边社区共同自觉保护自然资源，促进保护区的良性循环发展。

参考文献

1. 胡进耀. 四川小寨子沟国家级自然保护区综合科学考察报告［M］. 北京：中国林业出版社，2015.
2. 刘海军，凡强，孙红斌. 深圳市大鹏半岛自然保护区生物多样性综合科学考察［M］. 中山：中山大学出版社，2016.
3. 童彩亮，楼鑫华. 清凉峰国家级自然保护区［M］. 杭州：浙江大学出版社，2011.
4. 王开锋. 陕西太白牛尾河自然保护区综述科学考察报告［M］. 北京：科学出版社，2014.
5. 叶永忠. 河南鸡公山国家级自然保护区科学考察集［M］. 北京：科学出版社，2014.

第十章 自然保护区管理

浙江清凉峰国家级自然保护区位于浙江西北部的杭州市临安区（临安市）境内，是以保护华南梅花鹿、香果树、夏蜡梅等为主要保护对象的森林生态系统类型国家级自然保护区。1985 年 8 月，经浙江省人民政府批准，建立了龙塘山省级自然保护区，并设立了"临安龙塘山省级自然保护区管理处"开展自然保护区管理工作。1998 年 8 月，经国务院批准晋升为国家级自然保护区，并于 1999 年在临安市昌化镇成立"浙江清凉峰国家级自然保护区管理局"，下设龙塘山、千顷塘、顺溪坞 3 大中心保护站和干坑、道场坪、童玉、浙川 4 个保护点（宋朝枢，1997；李明华，2006；童彩亮和楼鑫华，2011）。保护区建立以来，在浙江省林业厅和杭州市临安区人民政府的领导和支持下，保护区管理局在标准示范保护区建设中，开展的基础设施建设、资源保护、科学研究以及科普宣教工作成效显著，在短短的十几年时间里先后获得了上级领导部门的认可和嘉奖。2002 年，被国家林业局等部门评为"全国自然保护区先进集体"，2007 年被浙江省森林防火指挥部评为"连续 20 年无森林火灾先进单位"，2013 年国家环境保护部等七部委联合授予"全国自然保护区先进集体"，2016 年被国家环境保护部等七部委联合授予"全国自然保护区先进集体"，被全国绿化委员会评为"全国绿化先进单位"。

第一节 历史沿革

20 世纪 50 年代，为支持国家社会经济发展，原昌化县人民政府建设科组织砍伐队，专业采伐龙塘山原始状态的黄山松、檫木、木荷等高大乔木做铁路枕木。1954 年 9 月 24 日，经浙江省林业厅批准，建立国营昌化林场（李明华，2006）。目前，昌化林场是浙江清凉峰国家级自然保护区的重要组成部分。

随着昌化林场伐木作业的推进和人们观念的转变，人们发现这里保存着呈原始状态的大面积次生林，生活着大量珍稀动植物，有着丰富的生物多样性，逐步认识到生态价值大大高于木材的价值。为有效地保护龙塘山自然资源，经浙江省人民政府批准，于 1985 年 8 月 7 日，将原昌化林场所属的龙塘山林区划出，依据浙政办发〔1985〕341 号文件建立龙塘山省级自然保护区。随后，各大科研机构展开了对该保护区的调查研究。1986 年 8 月，浙江省林业厅委托浙江自然博物馆组织专家进行自然资源摸底考察；1993 年 9 月，保护区又组织杭州大学（现浙江大学）、中国林业科学研究院、浙江林学院（现浙江农林大学）、浙江自然博物馆的专家、学者对龙塘山自然保护区进行自然资源综合科考。

随着社会经济的发展，人们的生态环境意识日益增强，逐步认识到清凉峰自然保护区在钱塘江流域的环境、资源保护和生态建设中的重要意义。1996 年，临安市人民政府将龙塘山毗连的千顷塘野生梅花鹿区域和顺溪坞珍稀濒危植物区域合并建立浙江清凉峰自然保护区，面积扩大到 11252hm^2，并于 1998 年 8 月，根据国函〔1998〕68 号《国务院关于发布红松洼等国家级自然保护区名单的通知》晋升为浙江清凉峰国家级自然保护区。

第二节　机构设置

1999 年 11 月，根据浙编〔1999〕20 号《关于建立浙江清凉峰国家级自然保护区管理局的批复》成立浙江清凉峰国家级自然保护区管理局。2004 年，浙江省编制委员会确定保护区为社会公益类纯公益性事业单位，机构规格相当于副县（处）级，编制 34 人，行政上隶属于临安市人民政府，业务上接受浙江省林业厅指导。保护区管理局成立后，内设社区管理科、行政科、科研宣教科、资源保护科，下设昌化林场、临安市森警大队派驻清凉峰森警中队。2017 年，为进一步加强国家级自然保护区规范化建设，保护区对内设机构进行了调整，共设置办公室、资源保护科、科研监测科、科普宣教科、社区管理科 5 个职能科室，共有林学、森保、动物、植物、气象等编制内专业人才 20 人。保护区实行管理局、保护站、保护点三级管理。

第三节　基础设施

近年来，在上级财政资金的支持下，保护区先后新建和扩建了龙塘山保护站、千顷塘保护站、顺溪坞保护站、浙川保护点、道场坪保护点、童玉梅花鹿监测站、大源塘梅花鹿监测站、都林山哨卡、千顷关哨卡、一砖洞哨卡、道场坪脚哨卡、朝山瞭望台、照君岩瞭望台等 10 个保护站点、4 个检查哨卡、2 座瞭望台、2 个华南梅花鹿监测点，并在各个站点配备电力通讯设施；对近 22km 的主要进区道路——龙塘山至侯头公路实施了拓宽改造，并全线竣工通车，夯实了保护基础设施。此外，保护区不断完善“管理局——保护站——保护点（哨卡）”三级保护网络体系建设，强化组织领导，优化管护能力，在全省率先建成由 18 个监控前端和 1 个控制中心组成的远程视频监控系统，以及“3S”野外巡护系统的建立，为保护区数字化建设打下坚实基础。保护区还积极完善森林消防设施及“引水灭火”基础设施建设，目前，保护区共购置防火消防设施 35 套，建立消防突击队一支，并在防火重点区域建设。到 2017 年底，共建设森林消防蓄水池 21 座，拦水堰坝 2 座，埋设 3000 升消防水桶 50 只，安装森林消防卡通电子警察 12 个。此外，保护区完成建设巡护步道 80km 余，建设生物防火林带及防火隔离带 70km 余，完成栖息地生境改良 540hm^2，购置森林防火车 2 辆，新建疫源疫病监测点 100m^2，配备病虫害防治设施 1 套。通过以上各项基础设施建设与配备，保护区的管护能力和规范化水平进一步提升。

第四节　保护管理

根据整体性保护、综合性保护、全面保护、科学保护与突出重点相结合、因地制宜、保护与利用相结合、保护措施与科研相结合等六大原则，保护区积极加强了保护区保护管理工作。保护区先后开展了保护区总体规划的设计、保护管理制度的制定、保护区网格化联防管理体系、保护区主要保护对象的管理、保护基础建设及森林防火工作等，取得了一定成效。

一、保护区总体规划编制及实施

2000 年，国家林业局以《国家林业局关于浙江清凉峰国家级自然保护区总体规划的批复》（林计发〔2000〕658 号）对《浙江清凉峰国家级自然保护区总体规划》进行了批复。保护区总体规划期限为 30 年，分近期、中期、远期。此外，为落实总体规划，保护区编制、报批通过了《浙江清凉峰国家级自然保护区旅游专项规划》《浙江清凉峰国家级自然保护区工程建设可行性报告》《浙江清凉峰国家级自然保护区二期建设工程可行性报告》《清凉峰国家级自然保护区基础设施续建工程可行性报告》，并根据规划要求编制了工程建设一期、二期、三期初步设计方案，严格执行规划目标及要求，分年度、有计划地开展保护区资源保护与建设工作。第一期项目工程总投资 1281 万元，其中中央资金 630 万，其余配套资金 651 万元。一期工程建设于 2007 年通过评审验收。二期项目工程总投资 477 万元，其中中央资金 380 万元，其余配套资金 97 万元，二期项目建设于 2010 年底顺利通过了浙江省林业厅组织的专家组验收；三期工程建设项目于 2011 年 7 月通过国家林业局批复，核定项目总投资 1054 万元，其中中央资金 843 万元，其余配套资金 211 万元，目前该项目已完成投资建设，待验收。浙江清凉峰国家级自然保护区总体规划目前已委托相关单位进行修编，正在实施当中。

二、保护区资源保护

为了保护区内的森林植被及野生动植物资源的安全，清凉峰国家级自然保护区管理局根据《中华人民共和国森林法》《中华人民共和国野生动物保护法》《中华人民共和国环境保护法》《森林和野生动物类型自然保护区管理办法》《浙江省自然保护区条例》及《浙江省陆生野生动物管理条例》等法规，先后制定了《浙江清凉峰国家级自然区管理办法》（试行）、《浙江清凉峰国家级自然区野外用火制度》《浙江清凉峰国家级自然区处理火灾预案》《浙江清凉峰、安徽歙县、绩溪清凉峰保护区联合保护公约》《浙江清凉峰国家级自然区加强野生梅花鹿保护的通告》《浙江清凉峰国家级自然区护林员巡护管理考核办法》等规章制度，加强了保护区内的自然资源和自然环境的管理，落实了进入缓冲区、实验区许可措施，禁止一切破坏野生动植物资源的情况发生。

保护区管理局认真执行保护区管理相关规定，加强了保护网络建设，建立了浙皖联防保护网络，主要是加强了对安徽省绩溪、歙县、宁国以及浙江淳安两省五县（市）的联防。同时还建立了区内管理网络，根据属地管理、各司其责原则，构建了保护区——乡镇——行政村，以及保护科——保护站——保护点（哨卡）三级保护网络，配备管护人员力量，明确了各站点的工作职责和管辖范围，建成了GPS巡护管理系统，有效推进了保护区数字化和科学化管理，确保保护区内的巡护、检查、瞭望工作顺利、有序开展。

三、保护区华南梅花鹿栖息地改良

华南梅花鹿是保护区重点保护对象之一，为做好华南梅花鹿的保护工作，保护区在前期经验的基础上，根据《浙江清凉峰国家级自然保护区总体规划》，在2008—2011年期间，将华南梅花鹿栖息地改造工作列入二期建设工程建设内容。该工程项目主要在山湾岭、雨头湾和干坑3块区域，先后通过通道式劈抚、小面积片伐、宽带式劈抚等方法在保护区试验区实施了540hm²范围（表10-1）的改造工作，改造效果明显。

表10-1　二期建设工程华南梅花鹿栖息地生境改造范围面积统计

改造区域	改造方式	面积（hm²）
千顷塘野生梅花鹿保护区域	小面积片伐	20
	宽带式劈抚	101
	通道式劈抚	419
合计		540

华南梅花鹿的扩繁工作一直都是保护区的工作重点，随着种群数量的增加，原有清凉峰保护区华南梅花鹿扩繁试验场已不能满足华南梅花鹿的繁殖需求，自2013年开始，在上级财政资金的支持下，保护区实施了试验场扩建工程，目前已建成面积近180亩。同时试验场内还设计有6个视频监控前端，为保护区进一步了解华南梅花鹿生活和生态习性，提高保护区梅花鹿科研水平奠定了良好的基础。截至2017年底，试验场内华南梅花鹿的种群数量已达43头。此外，2015年，保护区与中国科学院动物研究所合作开展了华南梅花鹿种群规划，编制《浙江清凉峰国家级自然保护区华南梅花鹿种群发展规划》，通过开展实地调查，了解保护区内华南梅花鹿的栖息地、人类干扰和生境选择情况，同时在保护区周边开展了社区居民人兽冲突与保护意识的调查，调查了区内华南梅花鹿种群数量及分布，估算了保护区内野生梅花鹿的环境容纳量，评估了该保护区现有圈养华南梅花鹿繁殖种群状况，为该保护区未来梅花鹿种群的发展提出了保护和管理建议。

四、保护区森林防火及人为活动管理

森林防火是保护区防火的重中之重。浙江清凉峰国家级自然保护区的森林防火工作认真贯彻“预防为主、积极消灭”的方针，做到严防死守，科学防控，确保森林资源安全稳定，取得了连续32年无发生森林火灾的好成绩。从1985年建立保护区以来，保护区建立健全了森林防火体系，成立了森林防火指挥组织，切实构建了一张保护区——乡（镇）——行政村的护林防火网络，编制了清凉峰国家级自然保护区森林防火预案。同时加强了森林防火队伍建设，建立了一支半专业化的扑火队伍，每年组织成员进行培训和演练，提高技能；此外还配置了一批森林消防专业设施和设备，新建了瞭望台2座，开劈了生物防火林带和生土隔离带约70km，安装建设森林消防蓄水池和水桶70多处。在连续高火险天气，组织全局力量对重点区域进行巡查和宣传，同时聘用护林员，加强巡护检查力度，切实加强了重点防火期的火源管理。

保护区还积极探索"驴友"的管理。一方面通过走访周边社区发放宣传册、张贴通告、增设警示劝阻牌等措施加强宣传，另一方面在重点区域、重点地段和重点时期安排人员值守，及时劝阻。保护区还联合临安区公安局成立了清凉峰保护区生态警务室（筹备中），以加强保护区的执法力量，通过联动机制，联合治安、交警、森警和村级护林队伍，及时制止和查处保护区内各类违法事件，严控保护区核心区、缓冲区内人员的无序进入。

第五节　科学研究

清凉峰国家级自然保护区秉承"保护为宗旨、科研为灵魂"的理念，积极开展科学研究（表10-2），自建立保护区初期就开始进行了本底资源调查工作。从2007年开始，保护区分别对植物、动物、昆虫等生物多样性开展了专项调查，基本摸清家底状况。2007—2008年，保护区与杭州师范大学等科研单位合作开展了清凉峰植物资源专项调查，发表清凉峰卷耳、清凉峰苔草、毛果垂枝泡花树3个新种，查清保护区共有维管束植物185科871属2036种，并出版了《清凉峰植物》专著（金孝锋和翁东明，2009）。2010年，保护区与浙江自然博物馆合作开展了清凉峰陆生脊椎动物资源专项调查，查清保护区内共有脊椎动物280种，其中两栖类2目8科29种、爬行类3目9科48种、鸟类13目44科161种、兽类8目18科42种，出版了《清凉峰动物》专著（陈水华和童彩亮，2012）。2012—2014年，保护区与浙江农林大学合作开展昆虫资源及部分无脊椎动物调查，组织20多个高校和科研院所，100多位专家学者，共采集标本20万余号，鉴定和记述了保护区内的昆虫种类，共计27目256科1598属2567种，其中新属1个，新种45个（截至2016年底已发表新种30种），中国新纪录种11个。同时，还记述了保护区内蛛形纲26科78属103种、淡水贝类7科9属10种、陆生贝类12科19属22种、环节动物3科4属18种、淡水蟹类1科1属等无脊椎动物类群，发现螺类2新种，出版《浙江清凉峰昆虫》专著（王义平和童彩亮，2014）。2013—2014年，保护区与上海师范大学合作开展苔藓植物调查，通过对采集的1500余份苔藓植物标本进行鉴定和文献研究，查清保护区苔藓植物共有62科143属337种（包括3个变种），其中苔类植物20科29属49种，藓类植物42科114属288种。2014年，保护区与杭州师范大学合作开展保护区木本植物的调查，共记录木本种子植物34科144属313种（3亚种38变种），出版《清凉峰木本植物志（第一卷）》和《清凉峰木本植物志（第二卷）》专著两卷（金孝锋等，2014a，b）。2014—2017年，与浙江大学、浙江师范大学、杭州师范大学、中国计量大学以及浙江自然博物馆等科研院所联合开展了保护区生物多样性调查研究工作，对保护区内植被、脊椎动物、维管植物等生物多样性和自然资源进行了全面、系统的调查研究。各类资源调查的开展，为进一步摸清保护区内的动植物资源本底，有效开展资源保护工作提供了科学依据。

表 10-2 浙江清凉峰国家级自然保护区与各院校及科研机构合作开展科考内容

时间（年）	合作单位	研究内容	研究成果
2000—2001	浙江大学	华南梅花鹿的冬春栖息地特征	论文1篇
2003—2004	华东师范大学	华南梅花鹿对栖息地选择的季节变化	论文1篇
2004	浙江大学	线粒体DNA序列分析在中国梅花鹿亚种法医鉴定中的应用	论文1篇
2006—2010	浙江农林大学	华南梅花鹿种群生存力及扩繁技术研究	论文3篇
2007—2008	杭州师范大学	清凉峰植物资源专项调查	《清凉峰植物》专著1部；新种3个；论文3篇
2010	浙江省地矿质产研究所	清凉峰地区地质遗迹调查工作	《浙江省临安市清凉峰地区地质遗迹调查评价报告》
2012	浙江省自然博物馆	清凉峰动物资源专项调查	《清凉峰动物》专著1部
2013—2016	上海师范大学	清凉峰苔藓植物调查	论文1篇
2014—2017	浙江农林大学	清凉峰昆虫资源专项调查	《浙江清凉峰昆虫》专著1部；发表新种45个；论文2篇
	杭州师范大学	清凉峰木本植物专项调查	《清凉峰木本植物志》1部（上下卷）
	浙江大学	清凉峰生物多样性调查	研究报告1份
2015—2016	中科院动物所等	清凉峰华南梅花鹿种群规划	《浙江清凉峰国家级自然保护区华南梅花鹿种群发展规划》1部
2015	浙江农林大学	象鼻兰组织培养试验研究	研究报告1份，组培苗2000余株
2016	浙江农林大学	保护区社区经济发展研究	研究报告1份
	浙江大学	生物多样性长期监测样地建设	样地数据及报告1份、论文3篇
	浙江农林大学	保护区水质资源调查	研究报告1份
2017—2020	中国计量大学	华南梅花鹿抢救性保护	正在实施中
	浙江自然博物馆	极危物种安吉小鲵抢救性保护	
	浙江农林大学	极小种群象鼻兰抢救性保护	

清凉峰国家级自然保护区与浙江大学、华东师范大学、浙江农林大学等科研院校合作，积极开展华南梅花鹿专项研究，共同对华南梅花鹿栖息地、遗传多样性以及食性等方面开展了大量研究工作。2006年起，与浙江农林大学合作成立了华南梅花鹿研究所，并与各高校开展华南梅花鹿种群扩繁与野外种群数量及栖息地调查，先后发表和出版了《清凉

峰华南梅花鹿种群数量与分布》《清凉峰华南梅花鹿冬季食物资源特征研究》《华南梅花鹿的保护与驯养》等论文和专著。2014 年，与浙江大学、浙江师范大学以及中国计量大学等科研院校开展华南梅花鹿种群专项调查，首次采用红外相机网格设置法对华南梅花鹿种群进行长期监测。此项研究基本查明保护区内华南梅花鹿数量为 180~220 头，主要栖息于山湾岭、雨头湾、童玉、千顷塘、干坑、大源塘、西坞以及道场坪等区域。

保护区还开展了象鼻兰、华榛、天女木兰、膀胱果、巴山榧等极小种群及濒危珍稀植物的研究。联合浙江大学建立 4 个 $1hm^2$ 永久性监测样地，其中包括一个台湾水青冈植物监测样地。还分别对保护区内银缕梅、华榛、象鼻兰等珍稀濒危植物进行了野外调查，基本查清其在保护区内的数量及其分布，同时，建立珍稀植物种质资源圃，通过种子繁殖、组织培养、枝条扦插等多种繁殖方法，获得较大数量的珍稀植物种苗。在前期调查的基础上，通过整理，先后发表《清凉峰自然保护区台湾水青冈群落物种多样性研究》《浙江清凉峰台湾水青冈种群 2006—2011 年更新动态及其与生境的关系》《浙江省自然保护区落叶阔叶林群落物种组成与结构比较研究》《清凉峰国家级自然保护区珍稀濒危植物及其保护》等多篇论文，为珍稀濒危植物的保护和管理提供了依据。

保护区保护管理的关键是保护物种的生物多样性以及濒危动植物的种群恢复，所以生物多样性的监测尤其是保护区内重点濒危物种的监测是重要工作之一。在前期本底资源调查的基础上，2006 年，保护区又开展了台湾水青冈 $1hm^2$ 永久性样地建设。2012 年，根据植被特征，又在保护区内建设 3 个 $1hm^2$ 的永久样地。截至 2017 年底，保护区已共建设植物永久性样地 4 个，完成样地复查 1 次（台湾水青冈已进行 2 次复查工作），基本掌握了保护区内不同植被类型的主要树种组成、分布格局及植被的更新情况，为自然环境的变化提供了科学依据。

做好保护区科学监测工作，不仅可以有效提升保护区科研监测能力和水平，提高保护区科研人员的素质，还可以提升保护区的知名度，是一流保护区建设的重要指标。清凉峰国家级自然保护区十分注重科研工作的投入，先后新增气象监测设备 2 套（龙塘山气象监测站、千顷塘气象监测站）、和水质土壤监测设备 1 套；新增红外相机等新型监测设备 200 余台用于区内野生动物的监测。还配备相关科研监测设备一套（数码相机、摄像机、电脑、高倍望远镜、监测系统设备等）。除了华南梅花鹿科研监测、珍稀濒危植物保护、本底资源调查外，日常监测管理、信息化平台建设等方面也取得了较好的成效。保护区严格按照设备有专人管理、监测工作有计划、监测后有记录的“三有”制度实施日常监测工作，先后开展了梅花鹿网格化监测、安吉小鲵生物学及生境变化等动态监测区域内生物多样性调查；实施了土壤、水质、负氧离子等监测区域内环境状况；还组织开展了松材线虫、禽流感等监测，有力推进了保护区科学化管理。此外，信息化平台的建设，展示了保护区的动植物资源，使普通民众能够详细了解保护区的动植物种类、分布和生物学特性。另外，其中的资源保护、科研、监测、项目、森林资源等管理系统，进一步提高了保护区管理人员的办公效率及信息数据的管理能力。

第六节　科研成果

自晋升为国家级自然保护区以来，浙江省内外学者和自然保护区的科研人员在自然资源调查、主要保护对象专项调查的基础上，先后在各类期刊和出版社发表科研论文40余篇、出版专著4部，为保护区生物多样性保护及管理提供重要依据。

论文部分：

1. 裘宝林. 我国南蛇藤属一个新种的预报. 杭州大学学报，1981，1（8）：114-115.
2. 马炜梁，陈邦余. 浙江龙塘山的植物及其区系特征. 华东师范大学学报（自然科学版），1985，2：97-102.
3. 徐荣章，翁东明. 龙塘山保护区的植物群落. 浙江林业科技，1992，6（12）：39-48.
4. 郑朝宗. 浙江龙塘山自然保护区种子植物区系的研究. 杭州大学学报（自然科学版），1996，4（23）：373-381.
5. 张方钢. 浙江清凉峰台湾水青冈林的群落学特征. 浙江大学学报（农业与生命科学版），2001，27（4）：403-406.
6. 杨月伟，章叔岩，程爱兴. 华南梅花鹿冬春栖息地的特征. 东北林业大学学报，2002，6（30）：57-60.
7. 周世良，叶文国. 夏蜡梅的遗传多样性及其保护. 生物多样性，2002，10（1）：1-6.
8. 刘登义，沈浩，杨月红，张杰. 黄山花楸种群遗传多样性研究. 应用生态学报，2003，12（14）：2141-2144.
9. 马继飞，张恩迪，章叔岩，翁东明. 清凉峰自然保护区梅花鹿秋季对栖息地利用的初步分析. 动物学杂志，2004，39（5）：35-39.
10. 胡天印，钱丽华，张宏伟. 濒危植物延龄草种群空间分布格局的研究. 金华职业技术学院学报，2005，4（5）：87-89.
11. 于江傲，鲁庆彬，刘长国，周圻，章叔岩. 清凉峰自然保护区华南梅花鹿种群数量与分布研究. 浙江林业科技，2006，5（26）：1-4.
12. 金则新，李钧敏，朱小燕. 不同生境夏蜡梅营养器官总酚含量分析. 安徽农业大学学报，2006，33（4）：454-457.
13. 林建华，雷福民，程樟峰，胡忠明，沈月琴. 浙江省森林资源动态变化分析和评价. 华东森林经理，2007，3（21）：34-37.
14. 章叔岩，鲁庆彬，翁东明，程爱兴，张良斌. 半圈养雌性华南梅花鹿的生长发育研究. 黑龙江畜牧兽医，2007，1：99-100.
15. 王泓，金燕，张宏伟，金孝锋. 毛果垂枝泡花树-浙江清风藤科一新变种. 浙江林学院学报，2008，25（4）：442-443.
16. 游卫云，董良钜，于江傲，鲁庆彬，章叔岩，周圻. 清凉峰华南梅花鹿冬季食物资源特征研究. 浙江林业科技，2007，4（27）：13-16.

17. 鲁庆彬，于江傲，高欣，杨仙玉，周圻，张良斌，章叔岩. 冬季清凉峰山区小鹿和野猪的生境选择及差异. 兽类学报，2007，27（1）：45-52.
18. 鲁庆彬，游卫云，高欣，于江傲，杨仙玉，周圻，章叔岩，翁东明. 清凉峰小麂生境选择影响因子评价. 浙江林业科技，2007，1（27）：28-32.
19. 吴华，胡杰，万秋红，方盛国，刘武华，章叔岩. 梅花鹿的微卫星多态性及种群的遗传结构. 兽类学报，2008，28（2）：109-116.
20. Hong-Wei Zhang，Dong-Ming Weng，Xiao-Feng Jin. *Cerastium qingliangcum*（Caryophuii-aceae），a new species from Zhejiang，China Ann. Bot. Fennici 2008，45：307-310.
21. 许丽娟，刘伟，翁东明，章叔岩. 浙江清凉峰蝶类资源初探. 南昌大学学报，2008，suppl：191-193.
22. 董良钜，游卫云，周圻，翁东明，章叔岩，王卫国. 清凉峰自然保护区华南梅花鹿采食研究. 浙江林业科技，2009，4（29）：41-46.
23. 李根有，叶喜阳，马丹丹，张宏伟，张芬耀. 发现于清凉峰的浙江新记录树种——华榛. 浙江林学院学报，2009，26（6）：916-917.
24. Dong-Ming Weng，Hong-Wei Zhang，Shui-Feng Xu，Xiao-Feng Jin. *Carex qingliangensis* sp. nov. （Cyperaceae）from Zhejiang，eastern China. Nordic Journal of Botany，2009，27：710.
25. 王卫国，尤汉杰，陈浩亮，张宏伟，金孝锋. 浙江十字花科一地理分布新记录属种. 浙江林学院学报，2009，26（2）：294 -296.
26. 程樟峰，朱小梅，朱乐梅，洪晓霞，翁华军. 清凉峰自然保护区野生动物危害农作物现状与对策. 华东森林经理，2010，4（24）：60-62.
25. 柳新红，李因刚，沈国春，翁东明，张宏伟，张方钢. 清凉峰自然保护区木荷种群结构研究. 林业科学研究，2011，24（1）：28-32.
26. 杨冬梅，占峰，张宏伟，清凉峰不同海拔木本植物小枝内叶大小-数量权衡关系. 植物生态学报，2012，36（4）：281-291.
27. 程樟峰，翁东明，俞平新. 浙江清凉峰自然保护区华南梅花鹿保护现状与对策. 防护林科技，2012，6（111）：57-91.
28. 陈静，王玉军，武丙琳，鲁庆彬. 清凉峰旅游区鸟类多样性及季节变动. 南京林业大学学报（自然科学版），2012，3（36）：37-42.
29. Tang Liang，Li LiZhen，Wang JunWang. Two additional new species of the Stenus indubius group（Coleoptera，Staphylinidae）from China. ZooKeys，2012，215：41-54.
30. 郭瑞，姜朝阳，翁东明，张宏伟，程樟峰，翁华军. 清凉峰国家级自然保护区珍稀濒危植物及其保护. 浙江林业科技，2013，5（33）：104-108.
31. 郭瑞，章叔岩，翁东明，程樟峰，王军旺，王旭池，黄淑蓉. 安吉小鲵种群现状及保护对策. 浙江林业科技，2013，5（33）：109-112.
32. 刘静，胡玲，王海英，赵遵田. 浙江清凉峰地衣内生菌物种多样性及活性研究. 山东科学，2013，2（26）：48-52.

33. Lin Xiaolong, Liu Wenbin, Yao Yuanyuan, Wang Xinhua. Paraboreochlus Thienemann, a newly recorded genus of Podonominae (Diptera: Chironomidae) from Oriental China. Entomotaxonomia, 2013, 35 (1): 73–77.
34. Wang Yiping, Guo Rui, Liu Zhiwei, Chen Xuexin. Taxonomic Study of The Genus Diplolepis Geoffroy (Hymenoptera, Cynipidae, Diplolepidini) In China, With Descriptions of Three New Species. Acta Zootaxonomica Sinica, 2013, 38 (2): 317–327.
35. Yang Linlin, Li Houhun. Genus*Amorophaga* Zagulajev (Lepidoptera, Tineidae) New To China, Acta Zootaxonomica Sinica, 2013, 38 (3): 667–671.
36. 丁文勇，翁东明，金毅，张宏伟，程樟峰，郭瑞，于明坚. 清凉峰自然保护区台湾水青冈群落优势种群密度制约效应分析. 浙江大学学报（理学版），2014，5（41）：583–592.
37. 张淑媛，杜凤国，王瑞俭，孙广仁，高红兵，王金玲，王欢. 天女木兰叶片形态特征的数值分析. 北华大学学报（自然科学版），2014，2（15）：240–242.
38. 杨海芳，周卫川，钱周兴，王沛. 浙江发现重要外来入侵物种——尖膀胱螺. 植物检疫，2014，(3)：63–65.
39. 郭瑞，翁东明，金毅，张宏伟，丁文勇，程樟峰，于明坚. 浙江清凉峰台湾水青冈种群 2006–2011 年更新动态及其与生境的关系. 广西植物，2014，34（4）：478–483.
40. 翁东明，郭瑞，张宏伟，程樟峰，田云，余晶晶，王月霞，刘金亮. 浙江省自然保护区落叶阔叶林群落物种组成与结构比较研究. 浙江大学学报（理学版），2014，5（41）：600–610.
41. 程樟峰，郭瑞，王义平，翁东明，姜朝阳，刘伟，翁华军. 浙江清凉峰弹尾虫多样性及森林土壤环境评价的初步研究. 浙江农林大学学报，2015，32（1）：104–109.
42. 郭瑞，王义平，翁东明，程樟峰，姜朝阳，翁华军，刘伟. 浙江清凉峰昆虫物种组成及其多样性. 环境昆虫学报，2015，37（1）：30–35.
43. 张卫红，程樟峰，陈德牛. 浙江弯螺属一新种记述（肺螺亚纲，柄眼目，扭轴蜗牛科）. 四川动物，2015，34（1）：59–61.
44. 方福康，王军旺，陈元晓. 中国喇叭螺属的研究及一新种记述. 四川动物，2015，34（5）：688–694.
45. 章叔岩，郭瑞，程樟峰. 浙江省鸟类新纪录——日本领角鸮. 四川动物，2015，34（6）：851–851.
46. 章叔岩，郭瑞，刘伟，翁东明，程樟峰. 华南梅花鹿研究现状及展望. 浙江林业科技，2016，2（36）：90–94.
47. 郭瑞，章叔岩，翁东明，程樟峰，王向军. 北红尾鸲在浙江清凉峰国家级自然保护区的繁殖记述. 四川动物，2016，35（6）：893–896.
48. 程樟峰，郭瑞，翁东明，王军旺，王旭池，许丽娟. 基于红外相机陷阱技术的浙江清凉峰国家级自然保护区龙塘山区域鸟兽物种监测初报. 四川动物，2016，35（5）：753–758.

49. 程丽媛，曹同，张宏伟，于晶. 浙江省藓类植物新纪录. 上海师范大学学报（自然科学版），2016，45（4）：487-496.
50. 程丽媛，曹同，张宏伟，于晶. 浙江省清凉峰自然保护区苔藓植物区系成分研究. 西北植物学报，2016，36（2）：398-403.
51. Zhang Hongwei，Xiong Xianhua，Lu Yifei，Jin Xiaofeng. *Persicaria changhuaensis* sp. nov.（Polygonaceae）from northwestern Zhejiang，China. Nordic Journal of Botany，2017，35（3）：339-343.
52. 徐跃良，张宏伟，张洋，周昕. 浙皖种子植物新资料. 杭州师范大学学报（自然科学版），2018，（1）：8-10.
53. 吴倩倩，梁宗锁，刘金亮，翁东明，张宏伟，于明坚，胡广. 不同时间和空间尺度上台湾水青冈群落谱系结构动态变化. 生态学报，2018，38（4）：1320-1327.

专著部分：

1. 宋朝枢. 浙江清凉峰自然保护区科学考察集. 北京：中国林业出版社，1997，1-25，86-115.
2. 徐荣章. 华南梅花鹿养殖. 北京：台海出版社，2003.
3. 李明华. 清凉峰自然保护区志. 长春：吉林人民出版社，2006，1-67.
4. 金孝峰，翁东明. 清凉峰植物. 杭州：浙江大学出版社，2009，1-12.
5. 童彩亮，楼鑫华. 清凉峰国家级自然保护区. 杭州：浙江大学出版社，2011.
6. 陈水华，童彩亮. 清凉峰动物. 杭州：浙江大学出版社，2012.
7. 王义平，童彩亮. 浙江清凉峰昆虫. 北京：中国林业出版社，2014.
8. 金孝锋，金水虎，翁东明，张宏伟. 清凉峰木本植物志. 杭州：浙江大学出版社，2014.

第七节　宣传教育

清凉峰国家级自然保护区十分重视科普宣教工作，积极加强科教平台建设，有效提升保护区生态文明推介能力。保护区先后建设占地面积600m^2余清凉峰科技馆1个，内设7个动植物标本展厅，共计展出动植物标本1000余件，同时还配备能容纳60人和110人的多媒体教室和访问者中心各1座，建设占地面积6. 7hm^2的珍稀植物园1个，同时，还加强清凉峰网站、远程视频监测系统等对外宣教平台的建设，特别是清凉峰科技馆除节假日外，全年对外免费开放。在此基础上，保护区组织实施了科普下乡、送教到校、生态公益林管理知识竞赛、清凉峰杯保护野生动物有奖征文比赛、环保电影进校园、“关爱野生动植物，维护生物多样性”为主题的网络直播访谈、“和谐、休闲清凉峰科普之旅”大型新闻发布会、走进杭州低碳馆、浙江图书馆开展以“万物生机——清凉峰”和“来自清凉峰的野生动物报告”为主题的等科普宣教活动，参加和受教育人数累计达10万余人。同时，保护区积极加强了与国内主流新闻媒体的对接与交流，努力将保护区的动植物资源、生态景观资源、创新工作借助国内主流媒体平台，让公众进一步了解清凉峰、认识保护区，积极推进了保护区生态文明推介力度。近5年来，清凉峰自然保护区在国内主流媒体发布报道50余次；向《大自然》《野生动物》等科普期刊投稿录用5篇。与此同时，保护区先后协助中央电视台中国地理探奇栏目组、生态保护公益组织环保前线及临安电视台制作《华南梅花鹿栖息地》《追踪梅花鹿》《探访华南梅花鹿》《清凉峰》及《清凉峰保护区十周年》科普片。此外，保护区还制作完成了梅花鹿保护专题片《鹿鸣清凉峰》和微视频《有迹可循》各1部，出版和制作《清凉峰画册》《浙江华南梅花鹿》科普宣传读本，创作了10多个生态科普讲堂课件。2017年，保护区与昌化镇第一小学合作，开设了以“走近清凉峰”为主题的拓展课，受到了当地小学生们的欢迎。通过以上举措，不仅有效提高了社会大众的生态环境保护意识，而且提升了保护区科普宣传能力。

清凉峰国家级自然保护区利用独特的森林生态系统、丰富的动植物资源，为大、中、小学生，幼儿园小朋友及社会民众的生态科普教育提供了重要场所。同时，积极倡导尊重自然和生态，让公众共同分享生态文明建设成果，承担起生态文明建设的社会责任，不断提升全民科学素质。保护区已相继成为浙江大学、浙江农林大学、华东师范大学、杭州师范大学等10多所大专院校的教学基地，先后被命名为“杭州市青少年科普教育基地”“杭州市环境教育基地”“浙江省生态环境教育示范基地”“浙江省生态道德教育基地”“浙江省生态文明教育基地”“浙江省生态文化基地”“浙江省科普教育基地”和“全国野生动物保护科普教育基地”。保护区科普工作者章叔岩荣获2016年度“斯巴鲁生态保护奖”，清凉峰科技馆荣获2016年度杭州市“科普先进集体”。

第八节 保护区自身优势和发展机遇

一、自身优势

1. 动植物资源多样而独特

清凉峰国家级自然保护区拥有我国最大的华南梅花鹿种群和夏蜡梅等珍稀植物原生地，区内水资源丰富，气候温暖湿润，森林植被和野生动物得到了很好的保护，呈现出郁郁葱葱的森林植物景观，生机盎然的动物世界。有3个各具特色的保护区域：龙塘山森林生态系统保护区域、千顷塘华南梅花鹿保护区域和顺溪坞珍稀濒危植物保护区域。

2. 旅游资源丰富多彩

保护区内林海莽莽，古木参天，负氧离子丰富，环境清幽，气候宜人；岭曲峰险，松奇石怪，飞瀑流泉，溶洞竞奇，亚热带高山草甸风光堪为“华东一绝”。根据浙江林业勘察设计院编制的《清凉峰国家级自然保护区生态旅游规划》，保护区内有自然风景点211个，人文景观类景点45个，著名景区有浙西屋脊、浙西天池、杭徽古道、龙游峡谷、林海景区、石海景区、花海景区、石长城、民俗文化区等。丰富多彩的自然景观与普济寺、龙兴寺、龙尾池、吴越古道、千顷关、黄花关等文化内涵深厚的历史古迹，共同构成高山原始生态文化圈，令人神往。旅游产品也层出不穷，除传统的观光旅游外，还陆续开发出垂钓旅游、森林旅游、水上漂流、户外运动、古道远足等特色项目。旅游土特产更是具有地方特色，有昌化鸡血石、昌化山核桃、龙塘云雾茶、天目笋干、银杏果等。

3. 知名度不断提升

作为华东地区物种基因宝库，清凉峰国家级自然保护区丰富的动植物资源、优美的生态环境吸引了媒体和专业人士的注意力；中国国家地理、浙江日报、浙江卫视、北京环保前线等数十家新闻媒体来采风报道，省级以上新闻媒体宣传报道 30 余次；中国科学院、浙江大学等多家大学和科研机构的专家、学者前来考察。这些考察、宣传迅速提升了保护区的知名度，使之社会价值和学术价值得到进一步的提升。

二、发展机遇

1. 生态文明建设的全面推进

生态文明建设的全面推进，为保护区的生态保护提供了良好的宏观环境（胡进耀，2015；王开锋，2014）。党的十八大以来，加快了生态文明顶层设计和制度体系建设，推动了生态环境保护。随着党的十九大召开，在生态文明体系、制度和法治建设方面不断完善，这为保护区的健康发展提供了坚强后盾，为保护区的保护管理和发展提供了重要依据。

2. 政策扶持不断加强

以生态保护为重点的自然保护区建设，国家的政策扶持力度不断加强。近 5 年来，清凉峰国家级自然保护区申请到基础设施提升、管护能力建设、规范化保护区建设、森林防火、生物多样性保护等上级财政补助资金项目 16 项，累计投入经费 3000 余万元，促进了保护区华南梅花鹿、象鼻兰等野生动植物资源的保护，实现了 30 年无森林火灾的优异成绩。

另外，各级财政也加大了投入，国家和浙江省财政对清凉峰国家级自然保护区森林及周边居民生态公益林补贴从 2004 年的 75 元/hm^2，上升到 2016 年的 573 元/hm^2，补贴总额从 2004 年的 74 万元，快速上升到 2016 年的 560 余万元，增长了 7 倍多，也大大增强了当地居民主动保护的意识。

3. 生态旅游的兴起

中国已进入大众旅游时代，旅游消费已经成为整个社会最重要的“消费侧”。大力发展旅游业，深入实施旅游业提质增效工程成为中国“十三五”时期产业发展新引擎。绿色、低碳的生产方式和生活方式是今后生产和生活新时尚。广大人民群众生态旅游消费的旺盛需求，也表明了生态旅游在社会发展和国民经济体系中地位的提升，预示着未来生态旅游业将肩负更重要的使命、承担更艰巨的任务（叶永忠，2014；陈艳梅，2014；董亮，2014；刘海军等，2016；杨志松，2014）。随着中国经济的高速发展，人们生活水平有了质的提高，在富裕的长三角地区，物质生活水平已经得到了极大满足，人们对良好生态环境的需求越来越大，越来越多的城市居民涌向生态良好的山区。清凉峰所在的临安作为森林城市，位于杭州的西郊，毗邻上海、南京等发达城市，区位优势明显，交通条件优越，良好的生态环境拥有广阔的市场前景。清凉峰国家级自然保护区已开发出的浙西天池、石门峡等景区，深受游客喜受。依托景区发展的农家乐也不断升级，吸引越来越多的各地游客。

第九节 面临问题

1. 保护区域分散，增加了保护管理难度

浙江清凉峰国家级自然保护区由龙塘山森林生态保护区域、千顷塘野生梅花鹿保护区域、顺溪坞珍稀濒危野生植物保护区域等三个互不相连且相互独立的保护区域组成，保护区不仅与非保护区的交界线长达90km，而且保护区地处浙皖交界处，周边交通网络发达，自然村分布密集，人员活动频繁，给保护区生态环境保护和生物资源保护带来了管理难度。

2. 交通体系不够完善

保护区地处杭州—黄山黄金旅游线中段，杭徽高速近在咫尺，但高速连接保护区的道路和保护区内道路均为崎岖难行的山区公路，且营运手段比较单一，较之浙江省发达的道路交通网和公交体系，到保护区旅游、工作途中时间长，行进比较艰辛，成本较高，影响了保护区相关工作的开展和生态旅游的开发。

3. 保护区人才缺乏，评价激励机制有待完善

浙江清凉峰国家级自然保护区地处偏僻，工作环境相对恶劣，难免出现人才相对缺乏的情况。保护区亟需的专业技术人员引进工作相对困难，引进适合本职专业的技术人员也很有限。此外，保护区各项工作难以量化，也难以制定行之有效的激励制度。

4. 户外旅游

随着户外旅游的兴起，户外运动组织不断增加，旅游爱好者对优良生态的向往和亲近自然的需求日益火爆，对保护区形成“全年活动、周末必到”的管理压力。尤其是“驴友”不走常规道路，容易出现擅自闯入保护区核心区的情况，不仅不利于保护区野生动植物的保护，而且违法野外用火的频率快速上升。同时，保护区还面临天气干燥和低温雨雪、冰冻灾害导致地面可燃物增加的严峻形势，使保护区森林防火面临越来越多的压力。

5. 野生动物危害农作物

随着保护区建设的不断加强与完善，保护区内的野生动物种群数量增加，活动范围拓宽，因而危害庄稼的事件时有发生，可能导致农户了保护意愿下降，这对保护区内野生动物产生了一定的威胁。据不完全统计，近5年来，野猪和梅花鹿危害农户种植的竹子、玉米、番薯、水稻、花生等事件每年均有发生，且有严重化趋势。2011—2014年间，根据实地调查及当地社区农民的反映，梅花鹿危害农作物的次数及造成的损失，从2011年的12.65万元增加到了2014年的22.50万元。损失最严重的是地处保护区腹地的桃花溪村。

而保护区腹地农户保护意愿的下降将直接影响保护区的野生动物保护成果。

6. 保护区周边居民收入水平明显偏低

浙江清凉峰国家级自然保护区周边居民人均可支配收入明显偏低，2017 年只有 20254 元，而同年杭州市临安区农村居民人均可支配收入是 28201 元，低了 28.2%；好在 2016—2017 年保护区周边居民的收入增长速度加快，使收入差距由 2015 年的 30%下降为 28.2%。但不可忽视的现实是，2010—2017 年，保护区周边居民收入的增长率只有 9.67%，杭州市临安区农村居民收入的增长率达到 12.97%，平均每年收入差距依然扩大 3.3 个百分点，也低于同期浙江省农民人均收入 11.98%的增长率。

第十节　应对策略

1. 积极主动利用政策，争取更多的财政支持

生态环境保护和生态文明建设，是我国持续发展最为重要的基础。清凉峰国家级自然保护区最大的价值在生态，最大的责任在生态，最大的潜力也在生态，必须把生态文明建设放在突出位置来抓。保护区的建设在一定程度上影响了周边区域的经济发展和民生改善。因此，保护区应积极主动利用各类政策，争取更多的财政支持，并妥善使用财政支持资金，使政府财政支持既体现在对保护区生态建设方面，也尽量促使保护区周边居民不断发展生产，提高生活水平。

2. 树立强烈的人才意识，引进创新性人才

人才是第一生产力，这就要求我们必须树立强烈的人才意识。寻觅人才、发现人才、举荐人才，使用人才各尽其能。保护区要加大力度抓好队伍建设，积极利用机关事业单位招录等方式，引进具有一定专业知识、专门技能的工作人员。加强基础设施建设，改善高山保护条件，以良好的生态环境吸引人才。

3. 充分抓住新农村建设机遇，加强社区共建力度

为处理好保护与社区发展的矛盾，清凉峰国家级自然保护区要积极配合当地政府实施乡村道路、美丽乡村建设，积极争取重点生态公益林分类补偿，对保护区的集体林实施租赁政策，提高补助标准，壮大集体经济，促进农民增收，由“被动性保护”转变为当地农村居民唇齿相依的“主动性保护”。

4. 科学开发促发展是根本的应对策略

根据项目建设详规及建设用地需要，做好原《清凉峰国家级自然保护区旅游专项规划》的修编。按照市场经济的规律，遵循保护第一的原则，创造条件，合理开展科普性旅游及多种经营等活动，引进旅游开发公司，以弥补国家和地方财政拨款之不足，提高保护区自我生存和自我发展能力，维持保护区的正常运转，促进保护区的可持续发展。

参考文献

1. 陈水华，童彩亮．清凉峰动物［M］．杭州：浙江大学出版社，2012.
2. 陈艳梅．自然保护区生态系统评估体系及案例研究［M］．北京：科学出版社，2014.
3. 董亮．自然保护区管理模式研究及信息管理系统设计与实现［M］．杭州：浙江农林大学，2014.
4. 胡进耀．四川小寨子沟国家级自然保护区综合科学考察报告［M］．北京：中国林业出版社，2015.
5. 金孝锋，翁东明．清凉峰植物［M］．杭州：浙江大学出版社，2009.
6. 金孝锋，金水虎，翁东明，张宏伟．清凉峰木本植物志（第一卷）［M］．杭州：浙江大学出版社，2014a.
7. 金孝锋，金水虎，翁东明，张宏伟．清凉峰木本植物志（第二卷）［M］．杭州：浙江大学出版社，2014b.
8. 李明华．清凉峰自然保护区志［M］．长春：吉林人民出版社，2006.
9. 刘海军，凡强，孙红斌．深圳市大鹏半岛自然保护区生物多样性综合科学考察［M］．中山：中山大学出版社，2016.
10. 宋朝枢．浙江清凉峰自然保护区科学考察集［M］．北京：中国林业出版社，1997，1-25，86-115.
11. 童彩亮，楼鑫华．清凉峰国家级自然保护区［M］．杭州：浙江大学出版社，2011.
12. 王开锋．陕西太白牛尾河自然保护区综述科学考察报告［M］．北京：科学出版社，2014.
13. 王义平，童彩亮．浙江清凉峰昆虫［M］．北京：中国林业出版社，2014.
14. 杨志松．四川攀枝花苏铁国家级自然保护区综合科学考察报告［M］．北京：中国林业出版社，2014.
15. 叶永忠．河南鸡公山国家级自然保护区科学考察集［M］．北京：科学出版社，2014.

附录

附录1 种子植物名录

裸子植物

银杏科 Ginkgoaceae

银杏属 *Ginkgo*

◎银杏 *Ginkgo biloba* L.*

松科 Pinaceae

冷杉属 *Abies*

◎日本冷杉 *Abies firma* Siebold et Zucc.*

雪松属 *Cedrus*

◎雪松 *Cedrus deodara*（Roxb.）G. Don*

油杉属 *Keteleeria*

◎油杉 *Keteleeria fortunei*（A. Murray bis）Carrière*

松属 *Pinus*

◎马尾松 *Pinus massoniana* Lamb.

◎黄山松 *Pinus taiwanensis* Hayata

金钱松属 *Pseudolarix*

◎金钱松 *Pseudolarix amabilis*（J. Nelson）Rehder

黄杉属 *Pseudotsuga*

◎华东黄杉 *Pseudotsuga gaussenii* Flous

铁杉属 *Tsuga*

◎南方铁杉（变种）*Tsuga chinensis*（Franch.）E. Pritz. var. *tchekiangensis*（Flous）W. C. Cheng et L. K. Fu

杉科 Taxodiaceae

柳杉属 *Cryptomeria*

◎柳杉 *Cryptomeria fortunei* Otto et A. Dietr.*

杉木属 *Cunninghamia*

◎杉木 *Cunninghamia lanceolata*（Lamb.）Hook.

水杉属 *Metasequoia*

◎水杉 *Metasequoia glyptostroboides* Hu et W. C. Cheng*

台湾杉属 *Taiwania*

◎台湾杉 *Taiwania cryptomerioides* Hayata*

柏科 Cupressaceae

翠柏属 *Calocedrus*

◎翠柏 *Calocedrus macrolepis* Kurz*

扁柏属 *Chamaecyparis*

◎日本扁柏 *Chamaecyparis obtusa*（Siebold et Zucc.）Endl.*

◎日本花柏 *Chamaecyparis pisifera*（Siebold et Zucc.）Endl.*

柏木属 *Cupressus*

◎柏木 *Cupressus funebris* Endl.*

福建柏属 *Fokienia*

◎福建柏 *Fokienia hodginsii*（Dunn）A. Henry et H. H. Thomas*

刺柏属 *Juniperus*

◎刺柏 *Juniperus formosana* Hayata*

---

* 为栽培植物

侧柏属 *Platycladus*

◎侧柏 *Platycladus orientalis*（L.）Franco*

圆柏属 *Sabina*

◎圆柏 *Sabina chinensis*（L.）Ant. *

罗汉松科 Podocarpaceae

罗汉松属 *Podocarpus*

◎短叶罗汉松（变种）*Podocarpus macrophyllus*（Thunb.）D. Don var. *maki* Siebold et Zucc.*

三尖杉科 Cephalotaxaceae

三尖杉属 *Cephalotaxus*

◎三尖杉 *Cephalotaxus fortunei* Hook.

◎粗榧 *Cephalotaxus sinensis*（Rehder et E. H. Wilson）H. L. Li

红豆杉科 Taxaceae

红豆杉属 *Taxus*

◎南方红豆杉（变种）*Taxus wallichiana* Zucc. var. *mairei*（Lemée & H. Lév.）L. K. Fu & Nan Li

榧树属 *Torreya*

◎巴山榧树 *Torreya fargesii* Franch.

◎榧树 *Torreya grandis* Fortune ex Lindl.

双子叶植物

三白草科 Saururaceae

蕺菜属 *Houttuynia*

◎蕺菜 *Houttuynia cordata* Thunb.

三白草属 *Saururus*

◎三白草 *Saururus chinensis*（Lour.）Baill.

胡椒科 Piperaceae

胡椒属 *Piper*

◎竹叶胡椒 *Piper bambusifolium* Y. C. Tseng

◎山蒟 *Piper hancei* Maxim.

金粟兰科 Chloranthaceae

金粟兰属 *Chloranthus*

◎丝穗金粟兰 *Chloranthus fortunei*（A. Gray）Solms

◎宽叶金粟兰 *Chloranthus henryi* Hemsl.

◎及已 *Chloranthus serratus*（Thunb.）Roem. et Schult.

◎天目金粟兰 *Chloranthus tianmushanensis* K. F. Wu

草珊瑚属 *Sarcandra*

◎草珊瑚 *Sarcandra glabra*（Thunb.）Nakai

杨柳科 Salicaceae

杨属 *Populus*

◎响叶杨 *Populus adenopoda* Maxim.*

柳属 *Salix*

◎垂柳 *Salix babylonica* L.*

◎银叶柳 *Salix chienii* W. C. Cheng

◎筐柳 *Salix linearistipularis* K. S. Hao

◎粤柳 *Salix mesnyi* Hance

◎南川柳 *Salix rosthornii* Seemen

◎日本三蕊柳（变种）*Salix nipponica* Franch. & Sav.

◎皂柳 *Salix wallichiana* Andersson

◎绒毛皂柳（变种）*Salix wallichiana* var. *pachyclada*（H. Levl. et Vaniot）C. Wang et C. F. Fang

◎紫柳 *Salix wilsonii* Seemen ex Diels

杨梅科 Myricaceae

杨梅属 *Myrica*

◎杨梅 *Myrica rubra*（Lour.）Siebold et Zucc.

胡桃科 Juglandaceae

山核桃属 *Carya*

◎山核桃 *Carya cathayensis* Sarg.

青钱柳属 *Cyclocarya*

◎青钱柳 *Cyclocarya paliurus*（Batal.）Iljinsk.

胡桃属 *Juglans*

◎华东野核桃 *Juglans cathayensis* Dode var.

formosana (Hayata) A. M. Lu et R. H. Chang

化香树属 *Platycarya*

◎化香树 *Platycarya strobilacea* Siebold et Zucc.

枫杨属 *Pterocarya*

◎华西枫杨 *Pterocarya insignis* Rehder et E. H. Wilson

◎枫杨 *Pterocarya stenoptera* C. DC.

桦木科 Betulaceae

桦木属 *Betula*

◎亮叶桦 *Betula luminifera* H. J. P. Winkl.

鹅耳枥属 *Carpinus*

◎湖北鹅耳枥 *Carpinus hupeana* Hu

◎华千金榆（变种）*Carpinus cordata* Bl. var. *chinensis* Franch.

◎昌化鹅耳枥 *Carpinus tschonoskii* Maxim.

◎雷公鹅耳枥 *Carpinus viminea* Lindl.

榛属 *Corylus*

◎华榛 *Corylus chinensis* Franch.

◎川榛（变种）*Corylus heterophylla* Fisch. var. *sutchuenensis* Franch.

铁木属 *Ostrya*

◎多脉铁木 *Ostrya multinervis* Rehder

壳斗科 Fagaceae

栗属 *Castanea*

◎锥栗 *Castanea henryi* (Skan) Rehder et E. H. Wilson

◎栗 *Castanea mollissima* Blume

◎茅栗 *Castanea seguinii* Dode

锥属 *Castanopsis*

◎米槠 *Castanopsis carlesii* (Hemsl.) Hayata

◎甜槠 *Castanopsis eyrei* (Champ. ex Benth.) Tutch.

◎苦槠 *Castanopsis sclerophylla* (Lindl. et Paxton) Schottky

◎钩锥 *Castanopsis tibetana* Hance

青冈属 *Cyclobalanopsis*

◎青冈 *Cyclobalanopsis glauca* (Thunb.) Oerst.

◎细叶青冈 *Cyclobalanopsis gracilis* (Rehder et E. H. Wilson) W. C. Cheng et T. Hong

◎多脉青冈 *Cyclobalanopsis multinervis* W. C. Cheng et T. Hong

◎小叶青冈 *Cyclobalanopsis myrsinifolia* (Blume) Oerst.

◎云山青冈 *Cyclobalanopsis sessilifolia* (Blume) Schottky

◎褐叶青冈 *Cyclobalanopsis stewardiana* (A. Camus) Y. C. Hsu et H. W. Jen

水青冈属 *Fagus*

◎米心水青冈 *Fagus engleriana* Seemem

◎台湾水青冈 *Fagus hayatae* Palib.

◎水青冈 *Fagus longipetiolata* Seemen

柯属 *Lithocarpus*

◎包果柯 *Lithocarpus cleistocarpus* (Seemen) Rehder et E. H. Wilson

◎柯 *Lithocarpus glaber* (Thunb.) Nakai

◎港柯 *Lithocarpus harlandii* (Hance) Rehder

栎属 *Quercus*

◎麻栎 *Quercus acutissima* Carruth.

◎槲栎 *Quercus aliena* Blume

◎锐齿槲栎（变种）*Quercus aliena* var. *acutiserrata* Maxim. ex Wenz.

◎小叶栎 *Quercus chenii* Nakai

◎白栎 *Quercus fabri* Hance

◎短柄枹栎（变种）*Quercus serrata* Murray var. *brevipetiolata* (A. DC.) Nakai

◎黄山栎 *Quercus stewardii* Rehder

◎栓皮栎 *Quercus variabilis* Blume

榆科 Ulmaceae

糙叶树属 *Aphananthe*

◎糙叶树 *Aphananthe aspera*（Thunb.）Planch.

朴属 *Celtis*

◎紫弹树 *Celtis biondii* Pamp.

◎天目朴树 *Celtis chekiangensis* W. C. Cheng

◎珊瑚朴 *Celtis julianae* C. K. Schneid.

◎朴树 *Celtis sinensis* Pers.

◎西川朴 *Celtis vandervoetiana* C. K. Schneid.

刺榆属 *Hemiptelea*

◎刺榆 *Hemiptelea davidii*（Hance）Planch.

青檀属 *Pteroceltis*

◎青檀 *Pteroceltis tatarinowii* Maxim.

山黄麻属 *Trema*

◎山油麻（变种）*Trema cannabina* Lour. var. *dielsi-ana*（Hand.-Mazz.）C. J. Chen

榆属 *Ulmus*

◎兴山榆 *Ulmus bergmanniana* C. K. Schneid.

◎杭州榆 *Ulmus changii* W. C. Cheng

◎春榆（变种）*Ulmus davidiana* var. *japonica*（Rehder）Nakai

◎长序榆 *Ulmus elongata* L. K. Fu et C. S. Ding

◎榔榆 *Ulmus parvifolia* Jacq.

◎榆树 *Ulmus pumila* L.

◎红果榆 *Ulmus szechuanica* Fang

榉属 *Zelkova*

◎大叶榉树 *Zelkova schneideriana* Hand.-Mazz.

◎榉树 *Zelkova serrata*（Thunb.）Makino

桑科 Moraceae

构属 *Broussonetia*

◎葡蟠 *Broussonetia kaempferi* Siebold

◎楮 *Broussonetia kazinoki* Siebold

◎构树 *Broussonetia papyrifera*（L.）L'Hér. ex Vent.

柘属 *Cudrania*

◎构棘 *Cudrania cochinchinensis*（Lour.）Kudo et Masam.

◎柘树 *Cudrania tricuspidata*（Carrière）Bureau ex Lavallée

水蛇麻属 *Fatoua*

◎细齿水蛇麻 *Fatoua pilosa* Gaudich.

榕属 *Ficus*

◎无花果 *Ficus carica* L.*

◎条叶榕 *Ficus pandurata* Hance

◎薜荔 *Ficus pumila* L.

◎珍珠莲（变种）*Ficus sarmentosa* Buch.-Ham.ex J. E. Sm. var. *henryi*（King ex D. Oliv.）Corner

◎爬藤榕 *Ficus sarmentosa* var. *impressa*（Champ. ex Benth.）Corner

◎白背爬藤榕（变种）*Ficus sarmentosa* var. *nipponica*（Franch. et Sav.）Corner

葎草属 *Humulus*

◎葎草 *Humulus scandens*（Lour.）Merr.

桑属 *Morus*

◎桑 *Morus alba* L.

◎鸡桑 *Morus australis* Poir.

◎华桑 *Morus cathayana* Hemsl.

荨麻科 Urticaceae

苎麻属 *Boehmeria*

◎序叶苎麻 *Boehmeria clidemioides* Miq. var. *diffusa*（Wedd.）Hand.-Mazz.

◎海岛苎麻 *Boehmeria formosana* Hayata

◎细野麻 *Boehmeria gracilis* C. H. Wright

◎大叶苎麻 *Boehmeria longispica* Steud.

◎苎麻 *Boehmeria nivea*（L.）Gaudich.

◎小赤麻 *Boehmeria spicata*（Thunb.）Thunb.

◎悬铃叶苎麻 *Boehmeria tricuspis*（Hance）Makino

楼梯草属 *Elatostema*

◎楼梯草 *Elatostema involucratum* Franch.

et Sav.
◎庐山楼梯草 *Elatostema stewardii* Merr.
蝎子草属 *Girardinia*
◎浙江蝎子草 *Girardinia chingiana* Chien
糯米团属 *Gonostegia*
◎糯米团 *Gonostegia hirta*（Blume）Miq.
艾麻属 *Laportea*
◎珠芽艾麻 *Laportea bulbifera*（Siebold et Zucc.）Wedd.
◎艾麻 *Laportea cuspidata*（Wedd.）Friis
假楼梯草属 *Lecanthus*
◎假楼梯草 *Lecanthus peduncularis*（Wall. ex Royle）Wedd.
花点草属 *Nanocnide*
◎花点草 *Nanocnide japonica* Blume
◎毛花点草 *Nanocnide lobata* Wedd.
紫麻属 *Oreocnide*
◎紫麻 *Oreocnide frutescens*（Thunb.）Miq.
赤车属 *Pellionia*
◎小赤车 *Pellionia minima* Makino
◎赤车 *Pellionia radicans*（Siebold et Zucc.）Wedd.
◎蔓赤车 *Pellionia scabra* Benth.
冷水花属 *Pilea*
◎长柄冷水花 *Pilea angulata*（Bl.）Bl. subsp. *petiolaris*（Siebold et Zucc.）C. J. Chen
◎波缘冷水花 *Pilea cavaleriei* H. Levl.
◎山冷水花 *Pilea japonica*（Maxim.）Hand.-Mazz.
◎齿叶矮冷水花（变种）*Pilea peploides*（Gaud.）Hook. et Arn. var. *major* Wedd.
◎透茎冷水花 *Pilea pumila*（L.）A. Gray
◎粗齿冷水花 *Pilea sinofasciata* C. J. Chen
◎三角形冷水花 *Pilea swinglei* Merr.
雾水葛属 *Pouzolzia*
◎雾水葛 *Pouzolzia zeylanica*（L.）Benn.
荨麻属 *Urtica*
◎荨麻 *Urtica fissa* E. Pritz.

铁青树科 Olacaceae

青皮木属 *Schoepfia*
◎青皮木 *Schoepfia jasminodora* Siebold et Zucc.

檀香科 Santalaceae

米面蓊属 *Buckleya*
◎米面蓊 *Buckleya lanceolata*（Siebold et Zucc.）Miq.
百蕊草属 *Thesium*
◎百蕊草 *Thesium chinense* Turcz.

桑寄生科 Loranthaceae

槲寄生属 *Viscum*
◎槲寄生 *Viscum coloratum*（Kom.）Nakai

马兜铃科 Aristolochiaceae

马兜铃属 *Aristolochia*
◎马兜铃 *Aristolochia debilis* Siebold et Zucc.
◎管花马兜铃 *Aristolochia tubiflora* Dunn
细辛属 *Asarum*
◎杜衡 *Asarum forbesii* Maxim.
◎肾叶细辛 *Asarum renicordatum* C. Y. Cheng et C. S. Yang
◎细辛 *Asarum sieboldii* Miq.

蓼科 Polygonaceae

金线草属 *Antenoron*
◎金线草 *Antenoron filiforme*（Thunb.）Roberty et Vautier
◎短毛金线草（变种）*Antenoron neofiliforme*（Nakai）H. Hara
荞麦属 *Fagopyrum*
◎金荞麦 *Fagopyrum dibotrys*（D. Don）H. Hara
◎荞麦 *Fagopyrum esculentum* Moench*

何首乌属 *Fallopia*

◎何首乌 *Fallopia multiflora*（Thunb.）Haraldson

刺蓼属 *Persicaria*

◎昌化刺蓼 *Persicaria changhuaensis* H. W. Zhang et X. F. Jin

◎尼泊尔蓼 *Persicaria nepalense* Meisn.

◎杠板归 *Persicaria perfoliatum* L.

◎刺蓼 *Persicaria senticosum*（Meisn.）Franch. et Sav.

◎箭叶蓼 *Persicaria sieboldii* Meisn.

◎戟叶蓼 *Persicaria thunbergii* Siebold et Zucc.

蓼属 *Polygonum*

◎萹蓄 *Polygonum aviculare* L.

◎拳参 *Polygonum bistorta* L.

◎蓼子草 *Polygonum criopolitanum* Hance

◎大箭叶蓼 *Polygonum darrisii* H. Levl.

◎稀花蓼 *Polygonum dissitiflorum* Hemsl.

◎水蓼 *Polygonum hydropiper* L.

◎蚕茧草 *Polygonum japonicum* Meisn.

◎显花蓼（变种）*Polygonum japonicum* var. *conspicuum* Nakai

◎愉悦蓼 *Polygonum jucundum* Meisn.

◎酸模叶蓼 *Polygonum lapathifolium* L.

◎绵毛酸模叶蓼（变种）*Polygonum lapathifolium* var. *salicifolium* Sibth.

◎长鬃蓼 *Polygonum longisetum* Bruijn

◎小蓼花 *Polygonum muricatum* Meisn.

◎红蓼 *Polygonum orientale* L.

◎习见蓼 *Polygonum plebeium* R. Br.

◎丛枝蓼 *Polygonum posumbu* Buch.-Ham. ex D. Don

◎伏毛蓼 *Polygonum pubescens* Blume

◎赤胫散（变种）Polygonum *runcinatum* Buch. -Ham. ex D. Don var. *sinense* Hemsl.

◎支柱蓼 *Polygonum suffultum* Maxim.

◎戟叶蓼 *Polygonum thunbergii* Siebold et Zucc.

◎粘蓼 *Polygonum viscoferum* Makino

◎香蓼 *Polygonum viscosum* Buch. - Ham. ex D. Don

虎杖属 *Reynoutria*

◎虎杖 *Reynoutria japonica* Houtt.

酸模属 *Rumex*

◎酸模 *Rumex acetosa* L.

◎小酸模 *Rumex acetosella* L.

◎网果酸模 *Rumex chalepensis* Mill.

◎皱叶酸模 *Rumex crispus* L.

◎齿果酸模 *Rumex dentatus* L.

◎羊蹄 *Rumex japonicus* Houtt.

◎钝叶酸模 *Rumex obtusifolius* L.

◎长刺酸模 *Rumex trisetifer* Stokes

藜科 Chenopodiaceae

藜属 *Chenopodium*

◎藜 *Chenopodium album* L.

藜属 *Dysphania*

◎土荆芥 *Dysphania ambrosioides*（L.）Mosyakin & Clemants

藜属 *Chenopodium*

◎细穗藜 *Chenopodium gracilispicum* H. W. Kung

◎小藜 *Chenopodium serotinum* L.

地肤属 *Kochia*

◎地肤 *Kochia scoparia*（L.）Schrad.

菠菜属 *Spinacia*

◎菠菜 *Spinacia oleracea* L.

苋科 Amaranthaceae

牛膝属 *Achyranthes*

◎土牛膝 *Achyranthes aspera* L.

◎牛膝 *Achyranthes bidentata* Blume

◎柳叶牛膝 *Achyranthes longifolia*（Makino）

Makino

莲子草属 *Alternanthera*

◎喜旱莲子草 *Alternanthera philoxeroides*（Mart.）Griseb.

◎莲子草 *Alternanthera sessilis*（L.）R. Br. ex DC.

苋属 *Amaranthus*

◎绿穗苋 *Amaranthus hybridus* L.

◎凹头苋 *Amaranthus blitum* L.

◎反枝苋 *Amaranthus retroflexus* L.

◎刺苋 *Amaranthus spinosus* L.

◎苋 *Amaranthus tricolor* L. *

◎皱果苋 *Amaranthus viridis* L.

青葙属 *Celosia*

◎青葙 *Celosia argentea* L.

◎鸡冠花 *Celosia cristata* L. *

紫茉莉科 Nyctaginaceae

紫茉莉属 *Mirabilis*

◎紫茉莉 *Mirabilis jalapa* L. *

商陆科 Phytolaccaceae

商陆属 *Phytolacca*

◎商陆 *Phytolacca acinosa* Roxb.

◎垂序商陆 *Phytolacca americana* L.

◎日本商陆 *Phytolacca japonica* Makino

番杏科 Aizoaceae

粟米草属 *Mollugo*

◎粟米草 *Mollugo stricta* L.

马齿苋科 Portulacaceae

马齿苋属 *Portulaca*

◎马齿苋 *Portulaca oleracea* L.

土人参属 *Talinum*

◎土人参 *Talinum paniculatum*（Jacq.）Gaertn.*

石竹科 Caryophyllaceae

无心菜属 *Arenaria*

◎无心菜 *Arenaria serpyllifolia* L.

卷耳属 *Cerastium*

◎簇生卷耳（亚种）*Cerastium fontanum* Baung. subsp. *triviale*（Link）Jalas

◎球序卷耳 *Cerastium glomeratum* Thuill.

◎清凉峰卷耳 *Cerastium qingliangfengicum* H. W. Zhang et X. F. Jin

蝇子草属 *Silene*

◎狗筋蔓 *Silene baccifera*（L.）Roth

石竹属 *Dianthus*

◎须苞石竹 *Dianthus barbatus* L.*

◎石竹 *Dianthus chinensis* L. *

◎长萼瞿麦 *Dianthus longicalyx* Miq.

◎瞿麦 *Dianthus superbus* L.

剪秋罗属 *Lychnis*

◎浅裂剪秋罗 *Lychnis cognata* Maxim.

◎剪春罗 *Lychnis coronata* Thunb.

◎剪红纱花 *Lychnis senno* Siebold et Zucc.

种阜草属 *Moehringia*

◎三脉种阜草 *Moehringia trinervia*（L.）Clairv.

鹅肠菜属 *Myosoton*

◎鹅肠菜 *Myosoton aquaticum*（L.）Moench

孩儿参属 *Pseudostellaria*

◎蔓孩儿参 *Pseudostellaria davidii*（Franch.）Pax

◎孩儿参 *Pseudostellaria heterophylla*（Miq.）Pax

漆姑草属 *Sagina*

◎漆姑草 *Sagina japonica*（Sw.）Ohwi

蝇子草属 *Silene*

◎蝇子草 *Silene fortunei* Vis.

繁缕属 *Stellaria*

◎中国繁缕 *Stellaria chinensis* Regel

◎翻白繁缕 *Stellaria discolor* Turcz.

◎繁缕 *Stellaria media*（L.）Vill.

◎鸡肠繁缕 *Stellaria neglecta* Weihe

◎网脉繁缕 *Stellaria reticulivena* Hayata

◎雀舌草 *Stellaria alsine* Grimm

◎箐姑草 *Stellaria vestita* Kurz

睡莲科 Nymphaeaceae

芡属 *Euryale*

◎芡实 *Euryale ferox* Salisb.*

莲属 *Nelumbo*

◎莲 *Nelumbo nucifera* Gaertn.*

萍蓬草属 *Nuphar*

◎萍蓬草 *Nuphar pumila*（Timm）de Candolle*

睡莲属 *Nymphaea*

◎睡莲 *Nymphaea tetragona* Georgi*

领春木科 Eupteleaceae

领春木属 *Euptelea*

◎领春木 *Euptelea pleiosperma* Hook. f. et Thomson

连香树科 Cercidiphyllaceae

连香树属 *Cercidiphyllum*

◎连香树 *Cercidiphyllum japonicum* Siebold et Zucc.

毛茛科 Ranunculaceae

乌头属 *Aconitum*

◎乌头 *Aconitum carmichaelii* Debeaux

◎黄山乌头（变种）*Aconitum carmichaelii* var. *hwangshanicum*（W. T. Wang et P. K. Hsiao）W. T. Wang et P. K. Hsiao

◎赣皖乌头 *Aconitum finetianum* Hand.-Mazz.

◎瓜叶乌头 *Aconitum hemsleyanum* E. Pritz.

◎展毛川鄂乌头（变种）*Aconitum henryi* E. Pritz. var. *villosum* W. T. Wang

银莲花属 *Anemone*

◎鹅掌草 *Anemone flaccida* F. Schmidt

◎秋牡丹（变种）*Anemone hupehensis* Lem. var. *japonica*（Thunb.）Bowles et Stearn*

◎龙王山银莲花 *Anemone raddeana* Regel var. *lacerata* Y. L. Xu

驴蹄草属 *Caltha*

◎驴蹄草 *Caltha palustris* L.

升麻属 *Cimicifuga*

◎小升麻 *Cimicifuga acerina*（Siebold et Zucc.）Tanaka

◎单穗升麻 *Cimicifuga simplex* Wormsk.

铁线莲属 *Clematis*

◎女萎 *Clematis apiifolia* DC.

◎钝齿铁线莲（变种）*Clematis apiifolia* var. *obtusidentata* Rehder et Wils.

◎粗齿铁线莲 *Clematis grandidentata*（Rehder & E. H. Wilson）W. T. Wang

◎丽江铁线莲（变种）*Clematis grandidentata* var. *likiangensis*（Rehder）W. T. Wang

◎短柱铁线莲 *Clematis cadmia* Buch.-Ham. ex Hook. f. et Thomson

◎威灵仙 *Clematis chinensis* Osbeck

◎安徽威灵仙 *Clematis chinensis* var. *anhweiensis*（M. C. Chang）W. T. Wang

◎大花威灵仙 *Clematis courtoisii* Hand.-Mazz.

◎山木通 *Clematis finetiana* H. Lev. et Vaniot

◎毛果扬子铁线莲（变种）*Clematis puberula* var. *tenuisepala*（Maxim.）W. T. Wang

◎单叶铁线莲 *Clematis henryi* Oliv.

◎大叶铁线莲 *Clematis heracleifolia* DC.

◎毛叶铁线莲 *Clematis lanuginosa* Lindl.

◎毛蕊铁线莲 *Clematis lasiandra* Maxim.

◎绣球藤 *Clematis montana* Buch.-Ham. ex DC.

◎圆锥铁线莲 *Clematis terniflora* DC.

◎柱果铁线莲 *Clematis uncinata* Champ. ex Benth.

黄连属 *Coptis*

◎短萼黄连（变种）*Coptis chinensis* Franch. var. *brevisepala* W. T. Wang et P. K. Hsiao

翠雀属 *Delphinium*

◎还亮草 *Delphinium anthriscifolium* Hance

◎卵瓣还亮草（变种）*Delphinium anthriscifolium* var. *calleryi*（Franch.）Finet et Gagnep.

人字果属 *Dichocarpum*

◎纵肋人字果 *Dichocarpum fargesii*（Franch.）W. T. Wang et P. K. Hsiao

獐耳细辛属 *Hepatica*

◎獐耳细辛 *Hepatica nobilis* Schreb. var. *asiatica*（Nakai）H. Hara

毛茛属 *Ranunculus*

◎禺毛茛 *Ranunculus cantoniensis* DC.

◎茴茴蒜 *Ranunculus chinensis* Bunge

◎毛茛 *Ranunculus japonicus* Thunb.

◎肉根毛茛 *Ranunculus polii* Franch. ex Forbes & Hemsl.

◎石龙芮 *Ranunculus sceleratus* L.

◎扬子毛茛 *Ranunculus sieboldii* Miq.

◎猫爪草 *Ranunculus ternatus* Thunb.

天葵属 *Semiaquilegia*

◎天葵 *Semiaquilegia adoxoides*（DC.）Makino

唐松草属 *Thalictrum*

◎尖叶唐松草 *Thalictrum acutifolium*（Hand.-Mazz.）B. Boivin

◎唐松草 *Thalictrum aquilegifolium* L. var. *sibiricum* Regel et Tiling

◎大叶唐松草 *Thalictrum faberi* Ulbr.

◎华东唐松草 *Thalictrum fortunei* S. Moore

芍药科 Paeoniaceae

芍药属 *Paeonia*

◎芍药 *Paeonia lactiflora* Pall.*

◎草芍药 *Paeonia obovata* Maxim.

◎牡丹 *Paeonia suffruticosa* Andrews*

木通科 *Lardizabalaceae*

木通属 *Akebia*

◎木通 *Akebia quinata*（Houtt.）Decne.

◎三叶木通 *Akebia trifoliata*（Thunb.）Koidz.

◎白木通（亚种）*Akebia trifoliata* subsp. *australis*（Diels）T. Shimizu

猫儿屎属 *Decaisnea*

◎猫儿屎 *Decaisnea insignis*（Griff.）Hook. f. et Thomson

八月瓜属 *Holboellia*

◎鹰爪枫 *Holboellia coriacea* Diels

野木瓜属 *Stauntonia*

◎钝药野木瓜 *Stauntonia leucantha* Diels ex Y. C. Wu

◎五指那藤（亚种）*Stauntonia obovatifoliola* Hayata subsp. *intermedia*（C. Y. Wu）T. Chen

◎尾叶那藤（亚种）*Stauntonia obovatifoliola* subsp. *urophylla*（Hand.-Mazz.）H. N. Qin

大血藤科 Sargentodoxaceae

大血藤属 *Sargentodoxa*

◎大血藤 *Sargentodoxa cuneata*（Oliv.）Rehder et E. H. Wilson

小檗科 Berberidaceae

南天竹属 *Nandina*

◎南天竹 *Nandina domestica* Thunb.

小檗属 *Berberis*

◎安徽小檗 *Berberis anhweiensis* Ahrendt

◎天台小檗 *Berberis lempergiana* Ahrendt

◎庐山小檗 *Berberis virgetorum* C. K. Schneid.

红毛七属 *Caulophyllum*

◎红毛七 *Caulophyllum robustum* Maxim.

淫羊藿属 *Epimedium*

◎朝鲜淫羊藿 *Epimedium koreanum* Nakai
◎三枝九叶草 *Epimedium sagittatum* (Siebold et Zucc.) Maxim.
牡丹草属 *Gymnospermium*
◎江南牡丹草 *Gymnospermium kiangnanense* (P. L. Chiu) Loconte
十大功劳属 *Mahonia*
◎阔叶十大功劳 *Mahonia bealei* (Fortune) Carrière*
鬼臼属 *Dysosma*
◎六角莲 *Dysosma pleiantha* (Hance) Woodson
◎八角莲 *Dysosma versipellis* (Hance) M. Cheng ex T. S. Ying

防已科 Menispermaceae

木防己属 *Cocculus*
◎木防己 *Cocculus orbiculatus* (L.) DC.
蝙蝠葛属 *Menispermum*
◎蝙蝠葛 *Menispermum dauricum* DC.
风龙属 *Sinomenium*
◎风龙 *Sinomenium acutum* (Thunb.) Rehder et E. H. Wilson
千金藤属 *Stephania*
◎金线吊乌龟 *Stephania cephalantha* Hayata
◎千金藤 *Stephania japonica* (Thunb.) Miers
◎粉防己 *Stephania tetrandra* S. Moore

木兰科 Magnoliaceae

鹅掌楸属 *Liriodendron*
◎鹅掌楸 *Liriodendron chinense* (Hemsl.) Sarg.
木兰属 *Magnolia*
◎天目木兰 *Magnolia amoena* W. C. Cheng
◎黄山木兰 *Magnolia cylindrica* E. H. Wilson
◎玉兰 *Magnolia denudata* Desr. *
◎荷花玉兰 *Magnolia grandiflora* L. *
◎紫玉兰 *Magnolia liliiflora* Desr. *
◎凹叶厚朴（亚种）*Magnolia officinalis* Rehder et E. H. Wilson subsp. *biloba* (Rehder et E. H. Wilson) Y. W. Law
◎天女木兰 *Magnolia sieboldii* K. Koch
木莲属 *Manglietia*
◎乳源木莲 *Manglietia yuyuanensis* Y. W. Law
含笑属 *Michelia*
◎含笑花 *Michelia figo* (Lour.) Spreng. *
八角属 *Illicium*
◎红毒茴 *Illicium lanceolatum* A. C. Sm.
五味子属 *Schisandra*
◎二色五味子 *Schisandra bicolor* W. C. Cheng
◎翼梗五味子 *Schisandra henryi* C. B. Clarke
◎华中五味子 *Schisandra sphenanthera* Rehder et E. H. Wilson
◎绿叶五味子 *Schisandra viridis* A. C. Sm.
南五味子属 *Kadsura*
◎南五味子 *Kadsura longipedunculata* Finet et Gagnep.

蜡梅科 Calycanthaceae

蜡梅属 *Chimonanthus*
◎蜡梅 *Chimonanthus praecox* (L.) Link
夏蜡梅属 *Sinocalycanthus*
◎夏蜡梅 *Sinocalycanthus chinensis* (W. C. Cheng et S. Y. Chang) W. C. Cheng et S. Y. Chang

樟科 Lauraceae

樟属 *Cinnamomum*
◎樟 *Cinnamomum camphora* (L.) J. Presl
◎天竺桂 *Cinnamomum japonicum* Siebold
◎香桂 *Cinnamomum subavenium* Miq.
山胡椒属 *Lindera*
◎乌药 *Lindera aggregata* (Sims) Kosterm.
◎狭叶山胡椒 *Lindera angustifolia* W. C. Cheng

◎江浙山胡椒 *Lindera chienii* W. C. Cheng
◎红果山胡椒 *Lindera erythrocarpa* Makino
◎绿叶甘橿 *Lindera fruticosa* Hemsl.
◎山胡椒 *Lindera glauca* (Siebold et Zucc.) Blume
◎黑壳楠 *Lindera megaphylla* Hemsl.
◎三桠乌药 *Lindera obtusiloba* Blume
◎大果山胡椒 *Lindera praecox* (Siebold et Zucc.) Blume
◎山橿 *Lindera reflexa* Hemsl.
◎红脉钓樟 *Lindera rubronervia* Gamble
木姜子属 *Litsea*
◎天目木姜子 *Litsea auriculata* S. S. Chien et W. C. Cheng
◎豹皮樟（变种）*Litsea coreana* H. Lev. var. *sinensis* (C. K. Allen) Yen C. Yang et P. H. Huang
◎山鸡椒 *Litsea cubeba* (Lour.) Pers.
◎黄丹木姜子 *Litsea elongata* (Wall. ex Nees) Benth. et Hook. f.
润楠属 *Machilus*
◎薄叶润楠 *Machilus leptophylla* Hand.-Mazz.
◎红楠 *Machilus thunbergii* Siebold et Zucc.
新木姜子属 *Neolitsea*
◎新木姜子 *Neolitsea aurata* (Hayata) Koidz.
◎浙江新木姜子（变种）*Neolitsea aurata* var. *chekiangensis* (Nakai) Yen C. Yang et P. H. Huang
楠属 *Phoebe*
◎紫楠 *Phoebe sheareri* (Hemsl.) Gamble
檫木属 *Sassafras*
◎檫木 *Sassafras tzumu* (Hemsl.) Hemsl.

蓝堇科 Fumariaceae

紫堇属 *Corydalis*
◎北越紫堇 *Corydalis balansae* Prain
◎夏天无 *Corydalis decumbens* (Thunb.) Pers.
◎紫堇 *Corydalis edulis* Maxim.
◎土元胡 *Corydalis humosa* Migo
◎刻叶紫堇 *Corydalis incisa* (Thunb.) Pers.
◎白花刻叶紫堇 *Corydalis incisa* var. *alba* S. Y. Wang
◎蛇果黄堇 *Corydalis ophiocarpa* Hook. f. et Thomson
◎黄堇 *Corydalis pallida* (Thunb.) Pers.
◎小花黄堇 *Corydalis racemosa* (Thunb.) Pers.
◎小黄紫堇 *Corydalis raddeana* Regel
◎珠芽尖距紫堇 *Corydalis sheareri* S. Moore f. *bulbillifera* Hand.-Mazz.
◎延胡索 *Corydalis yanhusuo* W. T. S. Moore Wang ex Z. Y. Su et C. Y. Wu

罂粟科 Papaveraceae

血水草属 *Eomecon*
◎血水草 *Eomecon chionantha* Hance
荷青花属 *Hylomecon*
◎荷青花 *Hylomecon japonica* (Thunb.) Prantl
博落回属 *Macleaya*
◎博落回 *Macleaya cordata* (Willd.) R. Br.

白花菜科 Capparaceae

白花菜属 *Cleome*
◎黄花草 *Cleome viscosa* L. *

十字花科 Cruciferae (Brassicaceae)

华葱芥属 *Sinalliaria*
◎心叶华葱芥 *Sinalliaria limprichtiana* (Pax) X. F. Jin et al.
◎大叶华葱芥 *Sinalliaria limprichtiana* var. *grandifolia* (Z. X. An) X. F. Jin et al.
鼠耳芥属 *Arabidopsis*
◎鼠耳芥 *Arabidopsis thaliana* (L.) Heynh.
南芥属 *Arabis*
◎匍匐南芥 *Arabis flagellosa* Miq.

◎卵叶硬毛南芥（变种）*Arabis hirsuta* var. *nipponica*（*Franch. et Sav.*）*C. C. Yuan et T. Y. Cheo*

山芥属 *Barbarea*

◎山芥 *Barbarea orthoceras* Ledeb.

芸苔属 *Brassica*

◎芸苔 *Brassica campestris* L. *

◎青菜 *Brassica chinensis* L. *

◎芥菜 *Brassica juncea*（L.）Czern. *

◎大叶芥菜 *Brassica juncea* var. *foliosa* L. H. Bailey *

◎大头菜 *Brassica juncea* var. *megarrhiza* Tsen & S. H. Lee *

◎雪里蕻 Brassica juncea var. multiceps Tsen & S. H. Lee *

◎甘蓝 *Brassica oleracea* L. *

◎白菜 *Brassica pekinensis* Skeels *

荠属 *Capsella*

◎荠 *Capsella bursa*-pastoris（L.）Medik.

碎米荠属 *Cardamine*

◎弯曲碎米荠 *Cardamine flexuosa* var. *fallax*（O. E. Schulz）T. Y. Cheo et R. C. Fang

◎假弯曲碎米荠（变种）*Cardamine flexuosa* With.

◎碎米荠 *Cardamine hirsuta* L.

◎弹裂碎米荠 *Cardamine impatiens* L.

◎毛果碎米荠（变种）*Cardamine impatiens* var. *dasycarpa*（M. Bieb.）T. Y. Cheo et R. C. Fang

◎白花碎米荠 *Cardamine leucantha*（Tusch）O. E. Schulz

◎水田碎米荠 *Cardamine lyrata* Bunge

◎小花碎米荠 *Cardamine parviflora* L.

◎华中碎米荠 *Cardamine urbaniana* O. E. Schulz

◎异堇叶碎米霁（变种）*Cardamine circaeoides* J. D. Hooker & Thomson

◎浙江碎米荠 *Cardamine zhejiangensis* T. Y. Cheo et R. C. Fang

岩荠属 *Cochlearia*

◎台湾岩荠 *Cochlearia formosana* Hayata

◎武功山岩荠 *Cochlearia hui* O. E. Schulz

◎弯缺岩荠 *Cochlearia sinuata* K. C. Kuan

臭荠属 *Coronopus*

◎臭荠 *Coronopus didymus*（L.）Sm.

葶苈属 *Draba*

◎葶苈 *Draba nemorosa* L.

糖芥属 *Erysimum*

◎小花糖芥 *Erysimum cheiranthoides* L.

山萮菜属 *Eutrema*

◎山萮菜 *Eutrema yunnanense* Franch.

独行菜属 *Lepidium*

◎北美独行菜 *Lepidium virginicum* L.

萝卜属 *Raphanus*

◎萝卜 *Raphanus sativus* L. *

蔊菜属 *Rorippa*

◎广州蔊菜 *Rorippa cantoniensis*（Lour.）Ohwi

◎无瓣蔊菜 *Rorippa dubia*（Pers.）H. Hara

◎蔊菜 *Rorippa indica*（L.）Hiern

茅膏菜科 Droseraceae

茅膏菜属 *Drosera*

◎茅膏菜 *Drosera peltata* Sm.

景天科 Crassulaceae

八宝属 *Hylotelephium*

◎八宝 *Hylotelephium erythrostictum*（Miq.）H. Ohba

◎紫花八宝 *Hylotelephium mingjinianum*（S. H. Fu）H. Ohba

◎轮叶八宝 *Hylotelephium verticillatum*（L.）H. Ohba

瓦松属 *Orostachys*

◎晚红瓦松 *Orostachys erubescens*（Maxim.）Ohwi

费菜属 *Phedimus*

◎费菜 *Phedimus aizoon*（L.）'t Hart in't Hart & Eggli

景天属 *Sedum*

◎东南景天 *Sedum alfredii* Hance

◎大苞景天 *Sedum amplibracteatum* K. T. Fu

◎对叶景天 *Sedum baileyi* Praeger

◎珠芽景天 *Sedum bulbiferum* Makino

◎大叶火焰草 *Sedum drymarioides* Hance

◎虎耳草状景天 *Sedum drymarioides* var. *saxifrgiforme* X. F. Jin et H. W. Zhang

◎凹叶景天 *Sedum emarginatum* Migo

◎杭州景天 *Sedum hangzhouense* K. T. Fu et G. Y. Rao

◎薄叶景天 *Sedum leptophyllum* Fröd.

◎佛甲草 *Sedum lineare* Thunb.

◎圆叶景天 *Sedum makinoi* Maxim.

◎藓状景天 *Sedum polytrichoides* Hemsl.

◎垂盆草 *Sedum sarmentosum* Bunge

◎火焰草 *Sedum stellariifolium* Franch.

◎细小景天 *Sedum subtile* Miq.

◎四芒景天 *Sedum tetractinum* Fröd.

◎天目山景天 *Sedum tianmushanense* Y. C. Ho et F. Chai

◎华土佐景天 *Sedum tosaense* Makino subsp. *sinense* K. T. Fu et G. Y. Rao

虎耳草科 Saxifragaceae

落新妇属 *Astilbe*

◎落新妇 *Astilbe chinensis*（Maxim.）Franch. et Sav.

◎大落新妇 *Astilbe grandis* Stapf ex E. H. Wilson

草绣球属 *Cardiandra*[*]

◎草绣球 *Cardiandra moellendorffii*（Hance）Migo

金腰属 *Chrysosplenium*

◎大叶金腰 *Chrysosplenium macrophyllum* Oliv.

◎柔毛金腰（变种）*Chrysosplenium pilosum* Maxim. var. *valdepilosum* Ohwi

◎中华金腰 *Chrysosplenium sinicum* Maxim.

溲疏属 *Deutzia*

◎黄山溲疏 *Deutzia glauca* W. C. Cheng

◎宁波溲疏 *Deutzia ningpoensis* Rehder

◎长江溲疏 *Deutzia schneideriana* Rehder

绣球属 *Hydrangea*

◎冠盖绣球 *Hydrangea anomala* D. Don

◎中国绣球 *Hydrangea chinensis* Maxim.

◎绣球 *Hydrangea macrophylla*（Thunb.）Ser.

◎圆锥绣球 *Hydrangea paniculata* Siebold

◎乐思绣球 *Hydrangea rosthornii* Diels

◎浙皖绣球 *Hydrangea zhewanensis* P. S. Hsu et X. P. Zhang

◎伞形绣球 *Hydrangea angustipetala* Hayata

◎江西绣球 *Hydrangea jiangxiensis* W. T. Wang et M. X. Nie

鼠刺属 *Itea*

◎矩叶鼠刺 *Itea omeiensis* C. K. Schneid.

黄山梅属 *Kirengeshoma*

◎黄山梅 *Kirengeshoma palmata* Yatabe

梅花草属 *Parnassia*

◎白耳菜 *Parnassia foliosa* Hook. f. et Thomson

扯根菜属 *Penthorum*

◎扯根菜 *Penthorum chinense* Pursh

山梅花属 *Philadelphus*

◎疏花山梅花 *Philadelphus laxiflorus* Rehder

◎太平花 *Philadelphus pekinensis* Rupr.

◎绢毛山梅花 *Philadelphus sericanthus* Koehne

◎牯岭山梅花（变种）*Philadelphus sericanthus*

var. *kulingensis* (Koehne) Hand.-Mazz.

◎浙江山梅花 *Philadelphus zhejiangensis* S. M. Hwang

冠盖藤属 *Pileostegia*

◎冠盖藤 *Pileostegia viburnoides* Hook. f. et Thomson

茶藨子属 *Ribes*

◎华蔓茶藨子 *Ribes fasciculatum* Siebold et Zucc. var. *chinense* Maxim.

◎冰川茶藨子 *Ribes glaciale* Wall.

◎绿花茶藨子 *Ribes viridiflorum* (W. C. Cheng) L. T. Lu et G. Yao

虎耳草属 *Saxifraga*

◎虎耳草 *Saxifraga stolonifera* Curtis

钻地风属 *Schizophragma*

◎秦榛钻地风 *Schizophragma corylifolium* Chun

◎钻地风 *Schizophragma integrifolium* Oliv.

◎粉绿钻地风 *Schizophragma integrifolium* var. *glaucescens* Rehder

黄水枝属 *Tiarella*

◎黄水枝 *Tiarella polyphylla* D. Don

海桐花科 Pittosporaceae

海桐花属 *Pittosporum*

◎海金子 *Pittosporum illicioides* Makino

金缕梅科 Hamamelidaceae

蜡瓣花属 *Corylopsis*

◎腺蜡瓣花 *Corylopsis glandulifera* Hemsl.

◎灰白蜡瓣花 *Corylopsis glandulifera* var. *hypoglauca* (W. C. Cheng) H. T. Chang

◎蜡瓣花 *Corylopsis sinensis* Hemsl.

◎秃蜡瓣花 *Corylopsis sinensis* var. *calvescens* Rehder et E. H. Wilson

蚊母树属 *Distylium*

◎杨梅叶蚊母树 *Distylium myricoides* Hemsl.

牛鼻栓属 *Fortunearia*

◎牛鼻栓 *Fortunearia sinensis* Rehder et E. H. Wilson

金缕梅属 *Hamamelis*

◎金缕梅 *Hamamelis mollis* Oliv.

枫香树属 *Liquidambar*

◎枫香树 *Liquidambar formosana* Hance

◎缺萼枫香树 *Liquidambar acalycina* H. T. Chang

檵木属 *Loropetalum*

◎檵木 *Loropetalum chinense* (R. Br.) Oliv.

◎红花檵木 *Loropetalum chinense* var. *rubrum* Yieh *

西亚金缕梅属 *Parrotia*

◎银缕梅 *Parrotia subaequalis* (H. T. Chang) R. M. Hao et H. T. Wei

杜仲科 Eucommiaceae

杜仲属 *Eucommia*

◎杜仲 *Eucommia ulmoides* Oliv.

悬铃木科 Platanaceae

悬铃木属 *Platanus*

◎法国梧桐 *Platanus* × *acerifolia* Willd. *

蔷薇科 Rosaceae

龙芽草属 *Agrimonia*

◎龙芽草 *Agrimonia pilosa* Ledeb.

◎黄龙尾（变种）*Agrimonia pilosa* var. *nepalensis* (D. Don) Nakai

唐棣属 *Amelanchier*

◎东亚唐棣 *Amelanchier asiatica* (Siebold et Zucc.) Endl. ex Walp.

桃属 *Amygdalus*

◎桃 *Amygdalus persica* L. *

杏属 *Armeniaca*

◎梅 *Armeniaca mume* Siebold *

◎杏 *Armeniaca vulgaris* Lam. *

假升麻属 *Aruncus*

◎假升麻 *Aruncus sylvester* Kostel. ex Maxim.

樱属 *Cerasus*

◎钟花樱桃 *Cerasus campanulata*（Maxim.）A. N. Vassiljeva

◎华中樱桃 *Cerasus conradinae*（Koehne）T. T. Yu et C. L. Li

◎迎春樱桃 *Cerasus discoidea* T. T. Yu et C. L. Li

◎麦李 *Cerasus glandulosa*（Thunb.）Loisel.

◎郁李 *Cerasus japonica*（Thunb.）Loisel.

◎樱桃 *Cerasus pseudocerasus*（Lindl.）Loudon

◎浙闽樱桃 *Cerasus schneideriana*（Koehne）T. T. Yu et C. L. Li

◎山樱花 *Cerasus serrulata*（Lindl.）G. Don ex London

◎毛叶山樱花（变种）*Cerasus serrulata* var. *pubescens*（Makino）Yu et Li

◎大叶早樱 *Cerasus Subhirtella*（Koehne）T. T. Yu et C. L. Li

木瓜属 *Chaenomeles*

◎皱皮木瓜 *Chaenomeles speciosa*（Sweet）Nakai*

栒子属 *Cotoneaster*

◎平枝栒子 *Cotoneaster horizontalis* Decne.

山楂属 *Crataegus*

◎野山楂 *Crataegus cuneata* Siebold et Zucc.

◎湖北山楂 *Crataegus hupehensis* Sarg.

◎华中山楂 *Crataegus wilsonii* Sarg.

蛇莓属 *Duchesnea*

◎蛇莓 *Duchesnea indica*（Andrews）Focke

枇杷属 *Eriobotrya*

◎枇杷 *Eriobotrya* japonica（Thunb.）Lindl.*

白鹃梅属 *Exochorda*

◎白鹃梅 *Exochorda racemosa*（Lindl.）Rehder

水杨梅属 *Geum*

◎柔毛路边青（变种）*Geum japonicum* Thunb. var. *chinense* F. Bolle

中国棣棠属 *Kerria*

◎棣棠花 *Kerria japonica*（L.）DC.

桂樱属 *Laurocerasus*

◎腺叶桂樱 *Laurocerasus phaeosticta*（Hance）C. K. Schneid.

◎刺叶桂樱 *Laurocerasus spinulosa*（Siebold et Zucc.）C. K. Schneid.

臭樱属 *Maddenia*

◎锐齿臭樱 *Maddenia incisoserrata* T. T. Yu et T. C. Ku

苹果属 *Malus*

◎垂丝海棠 *Malus halliana* Koehen*

◎湖北海棠 *Malus hupehensis*（Pamp.）Rehder

◎毛山荆子 *Malus mandshurica*（Maxim.）Kom. ex Skvortsov

◎三叶海棠 *Malus sieboldii*（Regel）Rehder

稠李属 *Padus*

◎短梗稠李 *Padus brachypoda*（Batalin）C. K. Schneid.

◎橉木 *Padus buergeriana*（Miq.）T. T. Yu et T. C. Ku

◎灰叶稠李 *Padus grayana*（Maxim.）C. K. Schneid.

◎细齿稠李 *Padus obtusata*（Koehne）T. T. Yu et T. C. Ku

◎星毛稠李 *Padus stellipila*（Koehne）T. T. Yu et T. C. Ku

◎绢毛稠李 *Padus wilsonii* C. K. Schneid.

石楠属 *Photinia*

◎中华石楠 *Photinia beauverdiana* C. K. Schneid.

◎中华石楠短叶变种 *Photinia beauverdiana* var. *brevifolia* Cardot

◎光叶石楠 *Photinia glabra*（Thunb.）Maxim.

◎小叶石楠 *Photinia parvifolia* (E. Pritz.) C. K. Schneid.
◎绒毛石楠 *Photinia schneideriana* Rehder et E. H. Wilson
◎石楠 *Photinia serrulata* Lindl.
◎毛叶石楠 *Photinia villosa* (Thunb.) DC.
委陵菜属 *Potentilla*
◎翻白草 *Potentilla discolor* Bunge
◎莓叶委陵菜 *Potentilla fragarioides* L.
◎三叶委陵菜 *Potentilla freyniana* Bornm.
◎中华三叶委陵菜（变种）*Potentilla freyniana* var. *sinica* Migo
◎蛇含委陵菜 *Potentilla kleiniana* Wight et Arn.
李属 *Prunus*
◎李 *Prunus salicina* Lindl. *
火棘属 *Pyracantha*
◎火棘 *Pyracantha fortuneana* (Maxim.) H. L. Li *
梨属 *Pyrus*
◎豆梨 *Pyrus calleryana* Decne.
◎豆梨全缘叶变种 *Pyrus calleryana* var. *integrifolia* T. T. Yu
◎豆梨楔叶变种 *Pyrus calleryana* var. *koehnei* (C. K. Schneid.) T. T. Yu
◎沙梨 *Pyrus pyrifolia* (Burm. f.) Nakai
◎秋子梨 *Pyrus ussuriensis* Maxim.
石斑木属 *Rhaphiolepis*
◎石斑木 *Rhaphiolepis indica* (L.) Lindl.
鸡麻属 *Rhodotypos*
◎鸡麻 *Rhodotypos scandens* (Thunb.) Makino
蔷薇属 *Rosa*
◎木香花 *Rosa banksiae* Ait. *
◎硕苞蔷薇 *Rosa bracteata* J. C. Wendl.
◎月季花 *Rosa chinensis* Jacq. *
◎小果蔷薇 *Rosa cymosa* Tratt.
◎软条七蔷薇 *Rosa henryi* Boulenger
◎广东蔷薇 *Rosa kwangtungensis* T. T. Yu et H. T. Tsai
◎金樱子 *Rosa laevigata* Michx.
◎野蔷薇 *Rosa multiflora* Thunb.
◎粉团蔷薇 *Rosa multiflora* var. *cathayensis* Rehder. et E. H. Wilson *
◎悬钩子蔷薇 *Rosa rubus* H. Levl. et Vaniot
◎玫瑰 *Rosa rugosa* Thunb. *
◎钝叶蔷薇 *Rosa sertata* Rolfe
悬钩子属 *Rubus*
◎腺毛莓 *Rubus adenophorus* Rolfe
◎周毛悬钩子 *Rubus amphidasys* Focke
◎寒莓 *Rubus buergeri* Miq.
◎掌叶复盆子 *Rubus chingii* Hu
◎山莓 *Rubus corchorifolius* L. f.
◎插田泡 *Rubus coreanus* Miq.
◎光果悬钩子 *Rubus glabricarpus* W. C. Cheng
◎蓬蘽 *Rubus hirsutus* Thunb.
◎湖南悬钩子 *Rubus hunanensis* Hand.-Mazz.
◎白叶莓 *Rubus innominatus* S. Moore
◎无腺白叶莓（变种）*Rubus innominatus* var. *kuntzeanus* (Hemsl.) L. H. Bailey
◎灰毛泡 *Rubus irenaeus* Focke
◎牯岭悬钩子 *Rubus kulinganus* L. H. Bailey
◎高粱泡 *Rubus lambertianus* Ser.
◎光滑高粱泡（变种）*Rubus lambertianus* var. *glaber* Hemsl.
◎太平莓 *Rubus pacificus* Hance
◎茅莓 *Rubus parvifolius* L.
◎盾叶莓 *Rubus peltatus* Maxim.
◎空心泡 *Rubus rosifolius* Sm.
◎红腺悬钩子 *Rubus sumatranus* Miq.

◎木莓 *Rubus swinhoei* Hance

◎三花悬钩子 *Rubus trianthus* Focke

地榆属 *Sanguisorba*

◎地榆 *Sanguisorba officinalis* L.

◎长叶地榆（变种）*Sanguisorba officinalis* var. *longifolia*（Kitag.）T. T. Yu et C. L. Li

花楸属 *Sorbus*

◎水榆花楸 *Sorbus alnifolia*（Siebold et Zucc.）K. Koch

◎黄山花楸 *Sorbus amabilis* Cheng ex T. T. Yü & K. C. Kuan

◎石灰花楸 *Sorbus folgneri*（C. K. Schneid.）Rehder

绣线菊属 *Spiraea*

◎绣球绣线菊 *Spiraea blumei* G. Don

◎绣球绣线菊宽瓣变种 *Spiraea blumei* var. *latipetala* Hemsl.

◎绣球绣线菊毛果变种 *Spiraea blumei* var. *pubicarpa* W. C. Cheng

◎麻叶绣线菊 *Spiraea cantoniensis* Lour.

◎中华绣线菊 *Spiraea chinensis* Maxim.

◎中华绣线菊大花变种 *Spiraea chinensis* var. *grandiflora* T. T. Yu

◎粉花绣线菊 *Spiraea japonica* L. f.

◎粉花绣线菊光叶变种 *Spiraea japonica* var. *fortunei*（Planch.）Rehder

◎粉花绣线菊无毛变种 *Spiraea japonica* var. *glabra*（Regel）Koidz.

◎李叶绣线菊 *Spiraea prunifolia* Siebold et Zucc.

◎李叶绣线菊单瓣变种 *Spiraea prunifolia* var. *simpliciflora*（Nakai）Nakai

野珠兰属 *Stephanandra*

◎华空木 *Stephanandra chinensis* Hance

含羞草科 Mimosaceae

合欢属 *Albizia*

◎合欢 *Albizia julibrissin* Durazz. *

◎山槐 *Albizia kalkora*（Roxb.）Prain

苏木科 Caesalpiniaceae

云实属 *Caesalpinia*

◎云实 *Caesalpinia decapetala*（Roth）Alston

◎春云实 *Caesalpinia vernalis* Champ. ex Benth.

决明属 *Cassia*

◎望江南 *Cassia occidentalis* L. *

◎豆茶决明 *Cassia nomame*（Sieb.）Kitagawa *

◎决明 *Cassia tora* L. *

紫荆属 *Cercis*

◎紫荆 *Cercis chinensis* Bunge

◎黄山紫荆 *Cercis chingii* Chun

◎湖北紫荆 *Cercis glabra* Pamp.

◎巨紫荆 *Cercis gigantea* W. C. Cheng et Keng f.

皂荚属 *Gleditsia*

◎山皂荚 *Gleditsia japonica* Miq.

◎皂荚 *Gleditsia sinensis* Lam.

肥皂荚属 *Gymnocladus*

◎肥皂荚 *Gymnocladus chinensis* Baill.

蝶形花科 Papilionaceae

合萌属 *Aeschynomene*

◎合萌 *Aeschynomene indica* L.

两型豆属 *Amphicarpaea*

◎两型豆 *Amphicarpaea edgeworthii* Benth.

土圞儿属 *Apios*

◎土圞儿 *Apios fortunei* Maxim.

紫云英属 *Astragalus*

◎紫云英 *Astragalus sinicus* L. *

杭子梢属 *Campylotropis*

◎杭子梢 *Campylotropis macrocarpa*（Bunge）Rehder

刀豆属 *Canavalia*

◎刀豆 *Canavalia gladiata* (Jacq.) DC. *

锦鸡儿属 *Caragana*

◎锦鸡儿 *Caragana sinica* (Buc'hoz) Rehder

香槐属 *Cladrastis*

◎翅荚香槐 *Cladrastis platycarpa* (Maxim.) Makino

◎香槐 *Cladrastis wilsonii* Takeda

猪屎豆属 *Crotalaria*

◎农吉利 *Crotalaria sessiliflora* L.

◎大托叶猪屎豆 *Crotalaria spectabilis* Roth

黄檀属 *Dalbergia*

◎黄檀 *Dalbergia hupeana* Hance

山蚂蝗属 *Desmodium*

◎小槐花 *Desmodium caudatum* (Thunb.) DC.

◎小叶三点金 *Desmodium microphyllum* (Thunb.) DC.

山黑豆属 *Dumasia*

◎山黑豆 *Dumasia truncata* Siebold et Zucc.

◎野扁豆 *Dunbaria villosa* (Thunb.) Makino

大豆属 *Glycine*

◎大豆 *Glycine* max (L.) Merr. *

◎野大豆 *Glycine soja* Siebold et Zucc.

木蓝属 *Indigofera*

◎多花木蓝 *Indigofera amblyantha* Craib

◎庭藤 *Indigofera decora* Lindl.

◎华东木蓝 *Indigofera fortunei* Craib

◎浙江木蓝 *Indigofera parkesii* Craib

◎马棘 *Indigofera bungeana* Walpers

鸡眼草属 *Kummerowia*

◎长萼鸡眼草 *Kummerowia stipulacea* (Maxim.) Makino

◎鸡眼草 *Kummerowia striata* (Thunb.) Schindl.

扁豆属 *Lablab*

◎扁豆 *Lablab purpureus* (L.) Sweet *

胡枝子属 *Lespedeza*

◎绿叶胡枝子 *Lespedeza buergeri* Miq.

◎中华胡枝子 *Lespedeza chinensis* G. Don

◎截叶铁扫帚 *Lespedeza cuneata* (Courset) G. Don

◎大叶胡枝子 *Lespedeza davidii* Franch.

◎多花胡枝子 *Lespedeza floribunda* Bunge

◎美丽胡枝子 *Lespedeza thunbergii* subsp. *formosa* (Vogel) H. Ohashi

◎宽叶胡枝子 *Lespedeza maximowiczii* C. K. Schneid.

◎铁马鞭 *Lespedeza pilosa* (Thunb.) Siebold et Zucc.

◎绒毛胡枝子 *Lespedeza tomentosa* (Thunb.) Siebold ex Maxim.

◎细梗胡枝子 *Lespedeza virgata* (Thunb.) DC.

马鞍树属 *Maackia*

◎马鞍树 *Maackia hupehensis* Takeda

◎光叶马鞍树 *Maackia tenuifolia* (Hemsl.) Hand.-Mazz.

苜蓿属 *Medicago*

◎天蓝苜蓿 *Medicago lupulina* L.

◎小苜蓿 *Medicago minima* (L.) Bartal.

草木犀属 *Melilotus*

◎草木犀 *Melilotus officinalis* (L.) Lam.

鸡血藤属 *Callerya*

◎香花崖豆藤 *Callerya dielsiana* (Harms) P. K. Lôc ex Z. Wei & Pedley

◎江西崖豆藤 *Callerya kiangsiensis* (Z. Wei) Z. Wei & Pedley

◎网络崖豆藤 *Callerya reticulata* (Bentham) Schot

黧豆属 *Mucuna*

◎常春油麻藤 *Mucuna sempervirens* Hemsl.

红豆属 *Ormosia*

◎花榈木 *Ormosia henryi* Prain

菜豆属 *Phaseolus*

◎菜豆 *Phaseolus vulgaris* L.*

豌豆属 *Pisum*

◎豌豆 *Pisum sativum* L.*

长柄山蚂蝗属 *Podocarpium*

◎羽叶长柄山蚂蝗 *Podocarpium oldhamii* (Oliv.) Y. C. Yang et P. H. Huang

◎长柄山蚂蝗 *Podocarpium podocarpum* (DC.) Y. C. Yang et P. H. Huang

◎宽卵叶长柄山蚂蝗（变种）*Podocarpium podocarpum* var. *fallax* (Schindl.) Y. C. Yang et P. H. Huang

葛属 *Pueraria*

◎葛 *Pueraria lobata* (Willd.) Ohwi

藿属 *Rhynchosia*

◎渐尖叶鹿藿 *Rhynchosia acuminatifolia* Makino

◎菱叶鹿藿 *Rhynchosia dielsii* Harms

◎鹿藿 *Rhynchosia volubilis* Lour.

刺槐属 *Robinia*

◎刺槐 *Robinia pseudoacacia* L.*

槐属 *Sophora*

◎苦参 *Sophora flavescens* Aiton

◎槐 *Sophora japonica* L.*

三叶草属 *Trifolium*

◎红车轴草 *Trifolium pratense* L.*

◎白车轴草 *Trifolium repens* L.*

野豌豆属 *Vicia*

◎广布野豌豆 *Vicia* cracca L.

◎蚕豆 *Vicia faba* L.*

◎小巢菜 *Vicia hirsuta* (L.) Gray

◎牯岭野豌豆 *Vicia kulingana* L. H. Bailey

◎救荒野豌豆 *Vicia sativa* L.

◎四籽野豌豆 *Vicia tetrasperma* (L.) Schreb.

豇豆属 *Vigna*

◎绿豆 *Vigna radiata* (L.) R. Wilczek*

◎赤小豆 *Vigna umbellata* (Thunb.) Ohwi et H. Ohashi*

◎豇豆 *Vigna unguiculata* (L.) Walp.*

◎野豇豆 *Vigna vexillata* (L.) A. Rich.

紫藤属 *Wisteria*

◎紫藤 *Wisteria sinensis* (Sims) Sweet

◎酢浆草科 Oxalidaceae

酢浆草属 *Oxalis*

◎山酢浆草 *Oxalis griffithii* Edgew. et Hook. f.

◎酢浆草 *Oxalis corniculata* L.

◎红花酢浆草 *Oxalis corymbosa* DC.*

老颧草属 *Geranium*

◎野老鹤草 *Geranium carolinianum* L.

◎突节老鹳草 *Geranium krameri* Franch. et Sav.

◎中日老鹳草（变种）*Geranium nepalense* Sweet var. *thunbergii* (Siebold ex Lindley & Paxton) Kudo

◎老鹳草 *Geranium wilfordii* Maxim.

天竺葵属 *Pelargonium*

◎天竺葵 *Pelargonium hortorum* L. H.Bailey*

芸香科 Rutaceae

石椒草属 *Boenninghausenia*

◎臭节草 *Boenninghausenia albiflora* (Hook.) Reichb. ex Meisn.

四数花属 *Tetradium*

◎臭辣吴萸 *Tetradium glabrifolium* (Champ. ex Benth.) T. G. Hartley

◎吴茱萸 *Tetradium ruticarpum* (A. Jussieu) T. G. Hartley

◎石虎（变种）*Tetradium ruticarpum* var. officinale (Dode) Huang

臭常山属 *Orixa*

◎臭常山 *Orixa japonica* Thunb.

黄柏属 *Phellodendron*

◎秃叶黄檗（变种） *Phellodendron chinense* Schneid. var. *glabriusculum* C. K. Schneid.

柑橘属 *Citrus*

◎枳 *Citrus trifoliata* L.

茵芋属 *Skimmia*

◎茵芋 *Skimmia reevesiana*（Fort.）Fort.

花椒属 *Zanthoxylum*

◎竹叶花椒 *Zanthoxylum armatum* DC.

◎花椒簕 *Zanthoxylum scandens* Blume

◎朵花椒 *Zanthoxylum molle* Rehder

◎青花椒 *Zanthoxylum schinifolium* Siebold et Zucc.

◎野花椒 Zanthoxylum simulans Hance

◎椿叶花椒 *Zanthoxylum ailanthoides* Siebold et Zucc.

苦木科 Simaroubaceae

臭椿属 *Ailanthus*

◎臭椿 *Ailanthus altissima*（Mill.）Swingle

苦树属 *Picrasma*

◎苦树 *Picrasma quassioides*（D. Don）Benn.

楝科 Meliaceae

楝属 *Melia*

◎楝 *Melia azedarach* L.

香椿属 *Toona*

◎香椿 *Toona sinensis*（Juss.）M. Roem.

远志科 Polygalaceae

远志属 *Polygala*

◎荷包山桂花 *Polygala arillata* Buch.-Ham. ex D. Don

◎小花远志 *Polygala arvensis* Willd.

◎狭叶香港远志 *Polygala hongkongensis* Hemsl. ex Forbs et Hemsl. var. *stenophylla*（Hayata）Migo

◎瓜子金 *Polygala japonica* Houtt.

大戟科 Euphorbiaceae

铁苋菜属 *Acalypha*

◎铁苋菜 *Acalypha australis* L.

◎裂苞铁苋菜 *Acalypha brachystachya* Hornem.

山麻杆属 *Alchornea*

◎山麻杆 *Alchornea davidii* Franch.

重阳木属 *Bischofia*

◎重阳木 *Bischofia polycarpa*（H. Levl.）Airy Shaw*

大戟属 *Euphorbia*

◎泽漆 *Euphorbia helioscopia* L.

◎飞扬草 *Euphorbia hirta* L.

◎地锦 *Euphorbia humifusa* Willd.

◎通奶草 *Euphorbia hypericifolia* L.

◎续随子 *Euphorbia lathyris* L.

◎斑地锦 *Euphorbia maculata* L.

◎大戟 *Euphorbia pekinensis* Rupr.

◎钩腺大戟 *Euphorbia sieboldiana* C. Morren rt Decne.

白饭树属 *Flueggea*

◎一叶萩 *Flueggea suffruticosa*（Pall.）Baill.

算盘子属 *Glochidion*

◎算盘子 *Glochidion puberum*（L.）Hutch.

◎湖北算盘子 *Glochidion wilsonii* Hutch.

野桐属 *Mallotus*

◎白背叶 *Mallotus apelta*（Lour.）Müll. Arg.

◎野桐（变种） *Mallotus tenuifolius* Pax

◎石岩枫 *Mallotus repandus*（Willd.）Müll. Arg.

山靛属 *Mercurialis*

◎山靛 *Mercurialis leiocarpa* Siebold et Zucc.

叶下珠属 *Phyllanthus*

◎落萼叶下珠 *Phyllanthus flexuosus*（Siebold et Zucc.）Müll. Arg.

◎青灰叶下珠 *Phyllanthus glaucus* Wall. ex

Müll. Arg.

◎叶下珠 *Phyllanthus urinaria* L.

◎蜜甘草 *Phyllanthus ussuriensis* Rupr. et Maxim.

蓖麻属 *Ricinus*

◎蓖麻 *Ricinus communis* L. *

乌桕属 *Triadica*

◎山乌桕 *Triadica cochinchinensis* Lour.

◎乌桕 *Triadica sebifera* (L.) Small

白木乌桕属 *Neoshirakia*

◎白木乌桕 *Neoshirakia japonica* (Siebold & Zucc.) Esser

油桐属 *Vernicia*

◎油桐 *Vernicia fordii* (Hemsl.) Airy Shaw

交让木科 Daphniphyllaceae

交让木属 *Daphniphyllum*

◎交让木 *Daphniphyllum macropodum* Miq.

水马齿科 Callitrichaceae

水马齿属 *Callitriche*

◎沼生水马齿 *Callitriche palustris* L.

黄杨科 Buxacea

黄杨属 *Buxus*

◎黄杨 *Buxus sinica* (Rehder et E. H. Wilson) M. Cheng

◎尖叶黄杨（亚种〕*Buxus sinica* subsp. *aemulans* (Rehder et E. H. Wilson) M. Cheng

◎小叶黄杨（变种）*Buxus sinica* var. *parvifolia* M. Cheng

板凳果属 *Pachysandra*

◎顶花板凳果 *Pachysandra terminalis* Siebold et Zucc.

漆树科 Anacardiaceae

黄栌属 *Cotinus*

◎毛黄栌（变种）*Cotinus coggygria* var. *pubescens* Engl.

黄连木属 *Pistacia*

◎黄连木 *Pistacia chinensis* Bunge

盐肤木属 *Rhus*

◎盐肤木 *Rhus chinensis* Mill.

漆属 *Toxicodendron*

◎刺果毒漆藤（亚种）*Toxicodendron radicans* subsp. *hispidum* (Engl.) Gillis

◎野漆 *Toxicodendron succedaneum* (L.) Kuntze

◎木蜡树 *Toxicodendron sylvestre* (Siebold et Zucc.) Kuntze

◎毛漆树 *Toxicodendron trichocarpum* (Miq.) Kuntze

◎漆 *Toxicodendron vernicifluum* (Stokes) F. A. Barkley

冬青科 Aquifoliaceae

冬青属 *Ilex*

◎短梗冬青 *Ilex buergeri* Miq.

◎冬青 *Ilex chinensis* Sims

◎枸骨 *Ilex cornuta* Lindl. et Paxton

◎齿叶冬青 *Ilex crenata* Thunb.

◎龟甲冬青 *Ilex crenata* cv. Convexa*

◎显脉冬青 *Ilex editicostata* Hu et Tang

◎大叶冬青 *Ilex latifolia* Thunb.

◎木姜冬青 *Ilex litseifolia* Hu et Tang

◎大果冬青 *Ilex macrocarpa* Oliv.

◎大柄冬青 *Ilex macropoda* Miq.

◎小果冬青 *Ilex micrococca* Maxim.

◎具柄冬青 *Ilex pedunculosa* Miq.

◎铁冬青 *Ilex rotunda* Thunb.

◎香冬青 *Ilex suaveolens* (H. Lév.) Loes.

◎尾叶冬青 *Ilex wilsonii* Loes.

◎浙江冬青 *Ilex zhejiangensis* C. J. Tseng ex S. K. Chen et Y. X. Feng

卫矛科 Celastraceae

南蛇藤属 *Celastrus*

◎大芽南蛇藤 *Celastrus gemmatus* Loes.
◎薄叶南蛇藤 *Celastrus hypoleucoides* P. L. Chiu
◎窄叶南蛇藤 *Celastrus oblanceifolius* ChenH. Wang et Tsoong
◎短梗南蛇藤 *Celastrus rosthornianus* Loes.
◎毛脉显柱南蛇藤（变种）*Celastrus stylosus* var. *puberulus*（P. S. Hsu）C. Y. Cheng et T. C. Kao
卫矛属 *Euonymus*
◎卫矛 *Euonymus alatus*（Thunb.）Siebold
◎肉花卫矛 *Euonymus carnosus* Hemsl.
◎陈谋卫矛 *Euonymus chenmoui* W. C. Cheng
◎鸦椿卫矛 *Euonymus euscaphis* Hand.-Mazz.
◎扶芳藤 *Euonymus fortunei*（Turcz.）Hand.-Mazz.
◎西南卫矛 *Euonymus hamiltonianus* Wall.
◎冬青卫矛 *Euonymus japonicus* Thunb.
◎金心黄杨 *Euonymus japonicus* ´Aureus´ *
◎胶州卫矛 *Euonymus fortunei*（Turcz.）Hand.-Mazz.
◎白杜 *Euonymus maackii* Rupr.
◎矩叶卫矛 *Euonymus nitidus* Benth.
◎垂丝卫矛 *Euonymus oxyphyllus* Miq.
假卫矛属 *Microtropis*
◎福建假卫矛 *Microtropis fokienensis* Dunn
雷公藤属 *Tripterygium*
◎昆明山海棠 *Tripterygium hypoglaucum*（H. Levl.）Hutch.
◎雷公藤 *Tripterygium wilfordii* Hook. f.

省沽油科 Staphyleaceae

野鸦椿属 *Euscaphis*
◎野鸦椿 *Euscaphis japonica*（Thunb.）Kanitz
省沽油属 *Staphylea*
◎省沽油 *Staphylea bumalda* DC.
◎膀胱果 *Staphylea holocarpa* Hemsl.
瘿椒树属 *Tapiscia*
◎瘿椒树 *Tapiscia sinensis* Oliv.

槭树科 Aceraceae

槭属 *Acer*
◎锐角槭 *Acer acutum* W. P. Fang
◎五裂锐角槭（变种）*Acer acutum* var. *quinquefidum* Fang et P. L. Chiu
◎阔叶槭 *Acer amplum* Rehder
◎安徽槭 *Acer anhweiense* Fang et Fang. f.
◎三角槭 *Acer buergerianum* Miq.
◎昌化槭 *Acer changhuaense*（Fang et Fang f.）Fang et P. L. Chiu
◎青榨槭 *Acer davidii* Franch.
◎秀丽槭 *Acer elegantulum* W. P. Fang et P. L. Chiu
◎长尾秀丽槭（变种）*Acer elegantulum* var. *macrurum* W. P. Fang et P. L. Chiu
◎苦茶槭（亚种）*Acer ginnala* subsp. *theiferum*（Fang）Fang
◎长裂葛萝槭（变种）*Acer davidii* subsp. *grosseri*（Pax）P. C. de Jong
◎建始槭 *Acer henryi* Pax
◎临安槭 *Acer linganense* W. P. Fang et P. L. Chiu
◎卷毛长柄槭（变种）*Acer longipes* var. *pubigerum*（W. P. Fang）W. P. Fang
◎色木槭 *Acer mono* Maxim.
◎毛果槭 *Acer nikoense* Maxim.
◎橄榄槭 *Acer olivaceum* W. P. Fang et P. L. Chiu
◎鸡爪槭 *Acer palmatum* Thunb. *
◎毛脉槭 *Acer pubinerve* Rehder
◎毛鸡爪槭 *Acer pubipalmatum* W. P. Fang
◎天目槭 *Acer sinopurpurascens* W. C. Cheng

七叶树科 Hippocastanaceae

七叶树属 *Aesculus*

◎七叶树 *Aesculus chinensis* Bunge

无患子科 Sapindaceae

栾树属 *Koelreuteria*

◎全缘叶栾树 *Koelreuteria bipinnata* Franch.

◎无患子属 *Sapindus*

◎无患子 *Sapindus mukorossi* Gaertn. *

清风藤科 Sabiaceae

◎泡花树属 *Meliosma*

◎珂楠树 *Meliosma beaniana* Rehder et E. H. Wilson

◎垂枝泡花树 *Meliosma flexuosa* Pamp.

◎毛果垂枝泡花树（变种）*Meliosma flexuosa* var. *pubicarpa* X. F. Jin et al.

◎异色泡花树 *Meliosma myriantha* var. *discolor* Dunn

◎柔毛泡花树 *Meliosma myriantha* var. *pilosa*（Lecomte）Y. W. Law

◎红柴枝 *Meliosma oldhamii* Miq. ex Maxim.

◎腋毛泡花树 *Meliosma rhoifolia* var. *barbulata*（Cufod.）Y. W. Law

◎毡毛泡花树 *Meliosma rigida* var. *pannosa*（Hand.-Mazz.）Y. W. Law

◎暖木 *Meliosma veitchiorum* Hemsl.

◎清风藤属 *Sabia*

◎鄂西清风藤 *Sabia campanulata* subsp. *ritchieae*（Rehder et E. H. Wilson）Y. F. Wu

◎灰背清风藤 *Sabia discolor* Dunn

◎清风藤 *Sabia japonica* Maxim.

◎尖叶清风藤 *Sabia swinhoei* Hemsl.

凤仙花科 Balsaminaceae

◎凤仙花属 *Impatiens*

◎凤仙花 *Impatiens balsamina* L. *

◎浙江凤仙花 *Impatiens chekiangensis* Y. L. Chen

◎牯岭凤仙花 *Impatiens davidii* Franch.

◎九龙山凤仙花 *Impatiens jiulongshanica* Y. L. Xu et Y. L. Chen

◎浙皖凤仙花 *Impatiens neglecta* Y. L. Xu et Y. L. Chen

◎天目山凤仙花 *Impatiens tienmushanica* Y. L. Chen

鼠李科 Rhamnaceae

◎勾儿茶属 *Berchemia*

◎腋毛勾儿茶 *Berchemia barbigera* C. Y. Wu ex Y. L. Chen & P. K. Chou

◎多花勾儿茶 *Berchemia floribunda*（Wall.）Brongn.

◎大叶勾儿茶 *Berchemia huana* Rehder

◎脱毛大叶勾儿茶（变种）*Berchemia huana* var. *glabrescens* Cheng ex Y. L. Chen & P. K. Chou

◎牯岭勾儿茶 *Berchemia kulingensis* C. K. Schneid.

◎枳椇属 *Hovenia*

◎枳椇 *Hovenia acerba* Lindl.

◎光叶毛果枳椇（变种）*Hovenia trichocarpa* Chun et Tsiang var. *robusta*（Nakai et Y. Kimura）Y. L. Chen et P. K. Chou

◎马甲子属 *Paliurus*

◎铜钱树 *Paliurus hemsleyanus* Rehder ex Schirarend & Olabi

◎猫乳属 *Rhamnella*

◎猫乳 *Rhamnella franguloides*（Maxim.）Weberb.

◎鼠李属 *Rhamnus*

◎长叶冻绿 *Rhamnus crenata* Siebold et Zucc.

◎圆叶鼠李 *Rhamnus globosa* Bunge

◎薄叶鼠李 *Rhamnus leptophylla* C. K. Schneid.

◎冻绿 *Rhamnus utilis* Decne.

◎山鼠李 *Rhamnus wilsonii* C. K. Schneid.

◎毛山鼠李（变种）*Rhamnus wilsonii* var. *pilosa* Rehder

◎雀梅藤属 *Sageretia*

◎梗花雀梅藤 *Sageretia henryi* J. R. Drumm. et Sprague

◎刺藤子 *Sageretia melliana* Hand.-Mazz.

◎雀梅藤 *Sageretia thea* (Osbeck) M. C. Johnst.

◎枣属 *Ziziphus*

◎枣 *Ziziphus jujuba* Mill. *

◎小勾儿茶属 *Berchemiella*

◎毛柄小勾儿茶 *Berchemiella wilsonii* (Schneid.) Nakai var. *pubipetiolata* H. Qian

葡萄科 Vitaceae

◎蛇葡萄属 *Ampelopsis*

◎广东蛇葡萄 *Ampelopsis cantoniensis* (Hook. et Arn.) K. Koch

◎三裂蛇葡萄 *Ampelopsis delavayana* Planch. ex Franch.

◎异叶蛇葡萄 *Ampelopsis glandulosa* var. *heterophylla* (Thunb.) Momiyama

◎牯岭蛇葡萄（变种）*Ampelopsis glandulosa* var. *kulingensis* (Rehder) Momiyama

◎锈毛蛇葡萄（变种）*Ampelopsis glandulosa* (Wallich) Momiyama

◎白蔹 *Ampelopsis japonica* (Thunb.) Makino

◎乌蔹莓属 *Cayratia*

◎乌蔹莓 *Cayratia japonica* (Thunb.) Gagnep.

◎华中乌蔹莓 *Cayratia oligocarpa* (H. Levl. et Vaniot) Gagnep.

◎爬墙虎属 *Parthenocissus*

◎异叶地锦 *Parthenocissus dalzielii* Gagnep.

◎绿叶地锦 *Parthenocissus laetevirens* Rehder

◎地锦 *Parthenocissus tricuspidata* (Siebold et Zucc.) Planch.

◎崖爬藤属 *Tetrastigma*

◎三叶崖爬藤 *Tetrastigma hemsleyanum* Diels et Gilg

◎葡萄属 *Vitis*

◎三出蘡薁（变种）*Vitis bryoniifolia* var. *ternata* (W. T. Wang) C. L. Li

◎刺葡萄 *Vitis davidii* (Rom. Caill.) Foëx

◎葛藟葡萄 *Vitis flexuosa* Thunb.

◎华东葡萄 *Vitis pseudoreticulata* W. T. Wang

◎葡萄 *Vitis vinifera* L.

◎网脉葡萄 *Vitis wilsoniae* H. J. Veitch

◎浙江蘡薁 *Vitis zhejiangadstricta* P. L. Qiu

◎爬山虎属 *Yua*

◎俞藤 *Yua thomsonii* (M. A. Lawson) C. L. Li

杜英科 Elaeocarpaceae

◎杜英属 *Elaeocarpus*

◎中华杜英 *Elaeocarpus chinensis* (Gardn. et Champ.) Hook. f.

◎日本杜英 *Elaeocarpus japonicus* Siebold et Zucc.

椴树科 Tiliaceae

◎田麻属 *Corchoropsis*

◎田麻 *Corchoropsis crenata* Siebold et Zucc.

◎黄麻属 *Corchorus*

◎甜麻（原变种）*Corchorus* aestuans L.

◎扁担杆属 *Grewia*

◎扁担杆 *Grewia biloba* G. Don

◎小花扁担杆（变种）*Grewia biloba* var. *parviflora* (Bunge) Hand.-Mazz.

◎椴树属 *Tilia*

◎短毛椴 *Tilia breviradiata*

◎白毛锻 *Tilia endochrysea* Hand.-Mazz.

◎毛糯米椴 *Tilia henryana* Szyszyl.

◎华东椴 *Tilia japonica*（Miq.）Simonk.

◎南京椴 *Tilia miqueliana* Maxim.

◎粉椴 *Tilia oliveri* Szyszyl.

◎刺蒴麻属 *Triumfetta*

◎单毛刺蒴麻 *Triumfetta annua* L.

锦葵科 Malvaceae

◎苘麻属 *Abutilon*

◎苘麻 *Abutilon theophrasti* Medik.

◎蜀葵属 *Althaea*

◎蜀葵 *Althaea rosea*（L.）Cav.*

◎木槿属 *Hibiscus*

◎木芙蓉 *Hibiscus mutabilis* L.*

◎木槿 *Hibiscus syriacus* L. f. *albusplenus* Loudon*

◎白花重瓣木槿（变型）*Hibiscus syriacus* f. *paeoniflorus* Gagn.*

◎牡丹木槿（变型）*Hibiscus syriacus* L.*

梧桐科 Sterculiaceae

◎梧桐属 *Firmiana*

◎梧桐 *Firmiana simplex*（L.）W. Wight*

◎马松子属 *Melochia*

◎马松子 *Melochia corchorifolia* L.

猕猴桃科 Actinidiaceae

◎猕猴桃属 *Actinidia*

◎软枣猕猴桃 *Actinidia arguta*（Siebold et Zucc.）Planch. ex Miq.

◎心叶猕猴桃 *Actinidia arguta* var. *cordifolia*（Miq.）Bean

◎异色猕猴桃 *Actinidia callosa* var. *discolor* C. F. Liang

◎中华猕猴桃 *Actinidia chinensis* Planch.

◎小叶猕猴桃 *Actinidia lanceolata* Dunn

◎大籽猕猴桃 *Actinidia macrosperma* C. F. Liang

◎黑蕊猕猴桃 *Actinidia melanandra* Franch.

◎葛枣猕猴桃 *Actinidia polygama*（Siebold et Zucc.）Maxim.

◎对萼猕猴桃 *Actinidia valvata* Dunn

山茶科 Theaceae

◎山茶属 *Camellia*

◎浙江红山茶 *Camellia chekiangoleosa* Hu

◎尖连蕊茶 *Camellia cuspidata*（Kochs）H. J. Veitch

◎毛柄连蕊茶 *Camellia fraterna* Hance

◎山茶 *Camellia japonica* L.

◎油茶 *Camellia oleifera* C. Abel.*

◎茶 *Camellia sinensis*（L.）Kuntze

◎厚皮香属 *Ternstroemia*

◎红淡比 *Ternstroemia japonica*（Thunb.）Thunb.

◎柃木属 *Eurya*

◎翅柃 *Eurya alata* Kobuski

◎微毛柃 *Eurya hebeclados* Y. Ling

◎格药柃 *Eurya muricata* Dunn

◎细齿叶柃 *Eurya nitida* Korth.

◎窄基红褐柃 *Eurya rubiginosa* Hung T. Chang var. *attenuata* HungT. Chang

◎木荷属 *Schima*

◎木荷 *Schima superba* Gardner et Champ.

◎紫茎属 *Stewartia*

◎短萼紫茎 *Stewartia brevicalyx* S. Z. Yan

◎天目紫茎 *Stewartia gemmata* S. S. Chien et W. C. Cheng

◎紫茎 *Stewartia sinensis* Rehder et E. H. Wilson

◎长喙紫茎（变种）*Stewartia sinensis* var. *rostrata*（Spongberg）Hung T. Chang

◎厚皮香属 *Ternstroemia*

◎厚皮香 *Ternstroemia gymnanthera* (Wight et Arn.) Bedd.

藤黄科 Guttiferae

◎金丝桃属 *Hypericum*

◎黄海棠 *Hypericum ascyron* L. *

◎赶山鞭 *Hypericum attenuatum* Fisch. ex Choisy

◎小连翘 *Hypericum erectum* Thunb.

◎地耳草 *Hypericum japonicum* Thunb.

◎金丝桃 *Hypericum monogynum* L. *

◎金丝梅 *Hypericum patulum* Thunb. *

◎元宝草 *Hypericum sampsonii* Hance

◎密腺小连翘 *Hypericum seniawinii* Maxim.

◎三腺金丝桃属 *Triadenum*

◎三腺金丝桃 *Triadenum breviflorum* (Wall. ex Dyer) Y. Kimura

堇菜科 Violaceae

◎堇菜属 *Viola*

◎戟叶堇菜 *Viola betonicifolia* Sm.

◎南山堇菜 *Viola chaerophylloides* (Regel) W. Becker

◎心叶堇菜 *Viola concordifolia* Ching J. Wang

◎心叶蔓茎堇菜 *Viola diffusa* subsp. *tenuis* (Benth.) W. Becker

◎深圆齿堇菜 *Viola davidii* Franch.

◎七星莲 *Viola diffusa* Ging.

◎短须毛七星莲（变种）*Viola diffusa* var. *brevibarbata* C. J. Wang

◎紫花堇菜 *Viola grypoceras* A. Gray

◎毛紫花堇菜 *Viola grypoceras* var. *pubescens* Nakai

◎长萼堇菜 *Viola inconspicua* Blume

◎白花堇菜 *Viola lactiflora* Nakai

◎荁 *Viola moupinensis* Franch.

◎紫花地丁 *Viola philippica* Cav.

◎柔毛堇菜 *Viola principis* H. de Boiss.

◎辽宁堇菜 *Viola rossii* Hemsl. ex Forbes et Hemsl.

◎庐山堇菜 *Viola stewardiana* W. Becker

◎三角叶堇菜 *Viola triangulifolia* W. Becker

◎粗齿堇菜 *Viola urophylla* Franch.

◎堇菜 *Viola arcuata* Blume

大风子科 Flacourtiaceae

◎山桐子属 *Idesia*

◎山桐子 *Idesia polycarpa* Maxim.

◎毛叶山桐子（变种）*Idesia polycarpa* var. *vestita* Diels

◎山拐枣属 *Poliothyrsis*

◎山拐枣 *Poliothyrsis sinensis* Oliv.

◎柞木属 *Xylosma*

◎柞木 *Xylosma congesta* (Loureiro) Merrill

旌节花科 Stachyuraceae

◎旌节花属 *Stachyurus*

◎中国旌节花 *Stachyurus chinensis* Franch.

秋海棠科 Begoniaceae

◎秋海棠属 *Begonia*

◎秋海棠 *Begonia grandis* Dryand.

◎中华秋海棠（亚种）*Begonia grandis* subsp. *sinensis* (A. DC.) Irmsch.

仙人掌科 Cactaceae

◎仙人掌属 *Opuntia*

◎仙人掌 *Opuntia dillenii* (Ker Gawl.) Hawort *

瑞香科 Thymelaeaceae

◎瑞香属 *Daphne*

◎芫花 *Daphne genkwa* Siebold et Zucc.

◎倒卵叶瑞香 *Daphne grueningiana* H. J. P. Winkl.

◎毛瑞香（变种）*Daphne kiusiana* Miq. var. *atrocaulis*（*Rehder*）*F. Maek.*

◎结香属 *Edgeworthia*

◎结香 *Edgeworthia chrysantha* Lindl. *

◎荛花属 *Wikstroemia*

◎安徽荛花 *Wikstroemia anhuiensis* D. C. Zhang et X. P. Zhang

◎光叶荛花 *Wikstroemia glabra* W. C. Cheng

◎紫被光叶荛花（变型）*Wikstroemia glabra* f. *purpurea*（W. C. Cheng）S. C. Huang

◎北江荛花 *Wikstroemia monnula* Hance

胡颓子科 *Elaeagnaceae*

◎胡颓子属 *Elaeagnus*

◎佘山羊奶子 *Elaeagnus argyi* H. Levl.

◎毛木半夏 *Elaeagnus courtoisi* Belval

◎蔓胡颓子 *Elaeagnus glabra* Thunb.

◎木半夏 *Elaeagnus multiflora* Thunb.

◎胡颓子 *Elaeagnus pungens* Thunb.

◎牛奶子 *Elaeagnus umbellata* Thunb.

千屈菜科 Lythraceae

◎水苋菜属 *Ammannia*

◎耳基水苋 *Ammannia arenaria* Kunth

◎紫薇属 *Lagerstroemia*

◎尾叶紫薇 *Lagerstroemia caudata* Chun et F. C. How ex S. K. Lee et L. F. Lau

◎南紫薇 *Lagerstroemia subcostata* Koehne

◎紫薇 *Lagerstroemia indica* L. *

◎千屈菜属 *Lythrum*

◎千屈菜 *Lythrum salicaria* L.

◎节节菜属 *Rotala*

◎圆叶节节菜 *Rotala rotundifolia*（Buch. -Ham. ex Roxb.）Koehne

石榴科 Punicaceae

◎石榴属 *Punica*

◎石榴 *Punica granatum* L. *

蓝果树科 Nyssaceae

◎喜树属 *Camptotheca*

◎喜树 *Camptotheca acuminata* Decne. *

◎蓝果树属 *Nyssa*

◎蓝果树 *Nyssa sinensis* Oliv.

八角枫科 Alangiaceae

◎八角枫属 *Alangium*

◎八角枫 *Alangium chinense*（Lour.）Harms

◎毛八角枫 *Alangium kurzii* Craib

◎云山八角枫（变种）*Alangium kurzii* var. *handelii*（Schnarf）W. P. Fang

◎瓜木 *Alangium platanifolium*（Siebold et Zucc.）Harms

桃金娘科 Myrtaceae

◎蒲桃属 *Syzygium*

◎赤楠 *Syzygium buxifolium* Hook. et Arn.

野牡丹科 Melastomataceae

◎野海棠属 *Bredia*

◎过路惊 *Bredia quadrangularis* Cogn.

◎金锦香属 *Osbeckia*

◎金锦香 *Osbeckia chinensis* L.

菱科 Trapaceae

◎菱属 *Trapa*

◎细果野菱 *Trapa incisa* Siebold et Zucc.

柳叶菜科 Onagraceae

◎露珠草属 *Circaea*

◎露珠草 *Circaea cordata* Royle

◎谷蓼 *Circaea erubescens* Franch. et Sav.

◎水珠草（亚种）*Circaea canadensis*（L.）Hill subsp. *quadrisulcata*（Maxim.）Boufford

◎南方露珠草 *Circaea mollis* Siebold et Zucc.

◎柳叶菜属 *Epilobium*

◎细籽柳叶菜 *Epilobium minutiflorum* Hausskn.

◎长籽柳叶菜 *Epilobium pyrricholophum* Franch. et Sav.

◎丁香蓼属 *Ludwigia*

◎假柳叶菜 *Ludwigia epilobioides* Maxim.

◎黄花水龙 *Ludwigia peploides* (Kunth) P. H. Raven subsp. *stipulacea* (Ohwi) P. H. Raven

小二仙草科 Haloragaceae

◎小二仙草属 *Haloragis*

◎小二仙草 *Haloragis micrantha* (Thunb.) R. Br.

假繁缕科 Theligonaceae

◎假繁缕属 *Theligonum*

◎日本假繁缕 *Theligonum japonicum* Ôkubo et Makino

五加科 Araliaceae

◎五加属 *Eleutherococcus* (Acanthopanax)

◎吴茱萸五加 *Acanthopanax evodiifolius* Franch.

◎五加 *Acanthopanax gracilistylus* W. W. Sm.

◎糙叶五加 *Acanthopanax henryi* (Oliv.) Harms

◎毛梗糙叶五加（变种）*Acanthopanax henryi* var. *faberi* Harms

◎匍匐五加 *Acanthopanax scandens* G. Hoo

◎白簕 *Acanthopanax trifoliatus* (L.) Merr.

◎楤木属 *Aralia*

◎楤木 *Aralia chinensis* L.

◎头序楤木 *Aralia dasyphylla* Miq.

◎棘茎楤木 *Aralia echinocaulis* Hand.-Mazz.

◎柔毛龙眼独活 *Aralia henryi* Harms

◎波缘楤木 *Aralia undulata* Hand.-Mazz.

◎树参属 *Dendropanax*

◎树参 *Dendropanax dentiger* (Harms) Merr.

◎常春藤属 *Hedera*

◎常春藤（变种）*Hedera nepalensis* K. Koch var. *sinensis* (Tobler) Rehder

◎刺楸属 *Kalopanax*

◎刺楸 *Kalopanax septemlobus* (Thunb.) Koidz.

◎人参属 *Panax*

◎大叶三七（变种）*Panax pseudoginseng* Wall. var. *japonicus* (T. Nees) Hoo et Tseng

◎羽叶参属 *Pentapanax*

◎锈毛五叶参 *Pentapanax henryi* Harms

◎通脱木属 *Tetrapanax*

◎通脱木 *Tetrapanax papyrifer* (Hooker) K. Koch *

伞形科 Umbelliferae

◎当归属 *Angelica*

◎重齿当归 *Angelica biserrata* (R. H. Shan et C. Q. Yuan) C. Q. Yuan et R. H. Shan

◎紫花前胡 *Angelica decursiva* (Miq.) Franch. et Sav.

◎拐芹 *Angelica polymorpha* Maxim.

◎天目当归 *Angelica tianmuensis* Z. H. Pan et T. D. Zhuang

◎峨参属 *Anthriscus*

◎峨参 *Anthriscus sylvestris* (L.) Hoffm.

◎柴胡属 *Bupleurum*

◎北柴胡 *Bupleurum chinense* DC.

◎南方大叶柴胡 *Bupleurum longiradiatum* f. *australe* R. H. Shan et Yin. Li

◎大叶柴胡 *Bupleurum longiradiatum* Turcz.

◎积雪草属 *Centella*

◎积雪草 *Centella asiatica* (L.) Urb.

◎明党参属 *Changium*

◎明党参 *Changium smyrnioides* H. Wolff

◎蛇床属 *Cnidium*

◎蛇床 *Cnidium monnieri* (L.) Cusson

◎芫荽属 *Coriandrum*

◎芫荽 *Coriandrum sativum* L. *

◎鸭儿芹属 *Cryptotaenia*

◎鸭儿芹 *Cryptotaenia japonica* Hassk.

◎独活属 *Heracleum*

◎短毛独活 *Heracleum moellendorffii* Hance

◎天胡荽属 *Hydrocotyle*

◎红马蹄草 *Hydrocotyle nepalensis* Hook.

◎长梗天胡荽 *Hydrocotyle ramiflora* Maxim.

◎天胡荽 *Hydrocotyle sibthorpioides* Lam.

◎破铜钱 *Hydrocotyle sibthorpioides* var. *batrachium* (Hance) Hand.-Mazz. ex R. H. Shan

◎藁本属 *Ligusticum*

◎藁本 *Ligusticum sinense* Oliv.

◎岩茴香 *Ligusticum tachiroei* (Franch. et Sav.) M. Hiroe et Constance

◎白苞芹属 *Nothosmyrnium*

◎白苞芹 *Nothosmyrnium japonicum* Miq.

◎水芹属 *Oenanthe*

◎水芹 *Oenanthe javanica* (Blume) DC.

◎香根芹属 *Osmorhiza*

◎香根芹 *Osmorhiza aristata* (Thunb.) Rydb.

◎山芹属 *Ostericum*

◎大齿山芹 *Ostericum grosseserratum* (Maxim.) Kitag.

◎山芹 *Ostericum sieboldii* (Miq.) Nakai

◎前胡属 *Peucedanum*

◎前胡 *Peucedanum praeruptorum* Dunn

◎茴芹属 *Pimpinella*

◎锐叶茴芹 *Pimpinella arguta* Diels

◎异叶茴芹 *Pimpinella diversifolia* DC.

◎朝鲜茴芹 *Pimpinella koreana* (Y. Yabe) Nakai

◎囊瓣芹属 *Pternopetalum*

◎东亚囊瓣芹 *Pternopetalum tanakae* (Franch. et Sav.) Hand.-Mazz.

◎变豆菜属 *Sanicula*

◎变豆菜 *Sanicula chinensis* Bunge

◎薄片变豆菜 *Sanicula lamelligera* Hance

◎直刺变豆菜 *Sanicula orthacantha* S. Moore

◎天目变豆菜 *Sanicula tienmuensis* R. H. Shan et Constance

◎泽芹属 *Sium*

◎泽芹 *Sium suave* Walter

◎东俄芹属 *Tongoloa*

◎牯岭东俄芹 *Tongoloa stewardii* H. Wolff

◎窃衣属 *Torilis*

◎小窃衣 *Torilis japonica* (Houtt.) DC.

◎窃衣 *Torilis scabra* (Thunb.) DC.

山茱萸科 Cornaceae

◎灯台树属 *Bothrocaryum*

◎灯台树 *Bothrocaryum controversum* (Hemsl.) Pojark.

◎山茱萸属 *Cornus*

◎山茱萸 *Cornus officinalis* Siebold et Zucc.

◎四照花属 *Dendrobenthamia*

◎香港四照花 *Dendrobenthamia hongkongensis* (Hemsl.) Hutch.

◎四照花（变种） *Dendrobenthamia japonica* var. *chinensis* (Osborn) W. P. Fang

◎青荚叶属 *Helwingia*

◎青荚叶 *Helwingia japonica* (Thunb.) F. Dietr.

◎梾木属 *Swida*

◎梾木 *Swida macrophylla* (Wall.) Soják

◎毛梾 *Swida walteri* (Wangerin) Soják

桤叶树科 Clethraceae

◎桤叶树属 *Clethra*

◎髭脉桤叶树 *Clethra barbinervis* Siebold et Zucc.

鹿蹄草科 Pyrolaceae

◎鹿蹄草属 *Pyrola*

◎普通鹿蹄草 *Pyrola decorata* H. Andres

◎水晶兰属 *Monotropa*

◎水晶兰 *Monotropa uniflora* L.

杜鹃花科 Rhodoraceae

◎吊钟花属 *Enkianthus*

◎灯笼树 *Enkianthus chinensis* Franch.

◎珍珠花属 *Lyonia*

◎毛果珍珠花（变种）*Lyonia ovalifolia* (Wall.) Drude var. *hebecarpa* (Franch. ex F. B. Forbes et Hemsl.) Chun

◎马醉木属 *Pieris*

◎马醉木 *Pieris japonica* (Thunb.) D. Don ex G. Don

◎杜鹃花属 *Rhododendron*

◎云锦杜鹃 *Rhododendron fortunei* Lindl.

◎鹿角杜鹃 *Rhododendron latoucheae* Franch.

◎黄山杜鹃（亚种）*Rhododendron maculiferum* Franch. subsp. *anhweiense* (Wils.) Chamb. ex Cullen et Chamb.

◎满山红 *Rhododendron mariesii* Hemsl. et E. H. Wilson

◎羊踯躅 *Rhododendron molle* (Blume) G. Don

◎马银花 *Rhododendron ovatum* (Lindl.) Planch. ex Maxim.

◎杜鹃 *Rhododendron simsii* Planch.

越桔科 Vacciniaceae

◎越桔属 *Vaccinium*

◎南烛/乌饭树 *Vaccinium bracteatum* Thunb.

◎短尾越桔 *Vaccinium carlesii* Dunn

◎无梗越桔 *Vaccinium henryi* Hemsl.

◎黄背越桔 *Vaccinium iteophyllum* Hance

◎扁枝越桔（变种）*Vaccinium japonicum* Miq. var. *sinicum* (Nakai) Rehder

◎江南越桔 *Vaccinium mandarinorum* Diels

紫金牛科 Myrsinaceae

◎紫金牛属 *Ardisia*

◎硃砂根 *Ardisia crenata* Sims

◎百两金 *Ardisia crispa* (Thunb.) A. DC.

◎大罗伞树 *Ardisia hanceana* Mez

◎紫金牛 *Ardisia japonica* (Thunb.) Blume

◎杜茎山属 *Maesa*

◎杜茎山 *Maesa japonica* (Thunb.) Moritzi ex Zoll.

◎铁仔属 *Myrsine*

◎光叶铁仔 *Myrsine stolonifera* (Koidz.) E. Walker

报春花科 Primulaceae

◎点地梅属 *Androsace*

◎点地梅 *Androsace umbellata* (Lour.) Merr.

◎珍珠菜属 *Lysimachia*

◎泽珍珠菜 *Lysimachia candida* Lindl.

◎细梗香草 *Lysimachia capillipes* Hemsl.

◎过路黄 *Lysimachia christiniae* Hance

◎矮桃 *Lysimachia clethroides* Duby

◎临时救 *Lysimachia congestiflora* Hemsl.

◎红根草 *Lysimachia fortunei* Maxim.

◎点腺过路黄 *Lysimachia hemsleyana* Maxim. ex Oliv.

◎黑腺珍珠菜 *Lysimachia heterogenea* Klatt

◎长梗过路黄 *Lysimachia longipes* Hemsl.

◎小叶珍珠菜 *Lysimachia parvifolia* Franch.

◎巴东过路黄 *Lysimachia patungensis* Hand.-Mazz.

◎光叶巴东过路黄（变型）*Lysimachia patungensis* f. *glabrifolia* C. M. Hu

◎腺药珍珠菜 *Lysimachia stenosepala* Hemsl.

◎天目珍珠菜 *Lysimachia tienmushanensis* Migo

◎报春花属 *Primula*

◎毛茛叶报春 *Primula cicutariifolia* Pax

◎假婆婆纳属 *Stimpsonia*

◎假婆婆纳 *Stimpsonia chamaedryoides* Wright ex A. Gray

柿树科 Ebenaceae

◎柿树属 *Diospyros*

◎柿 *Diospyros kaki* Thunb.

◎野柿（变种）*Diospyros kaki* var. *silvestris* Makino

◎粉叶柿 *Diospyros glaucifolia* F. P. Metcalf

◎君迁子 *Diospyros lotus* L.

◎油柿 *Diospyros oleifera* W. C. Cheng

◎老鸦柿 *Diospyros rhombifolia* Hemsl.

山矾科 Symplocaceae

◎山矾属 *Symplocos*

◎薄叶山矾 *Symplocos anomala* Brand

◎华山矾 *Symplocos chinensis*（Lour.）Druce

◎白檀 *Symplocos paniculata*（Thunb.）Miq.

◎叶萼山矾 *Symplocos phyllocalyx* C. B. Clarke

◎老鼠矢 *Symplocos stellaris* Brand

◎四川山矾 *Symplocos setchuensis* Brand

◎山矾 *Symplocos sumuntia* Buch. - Ham. ex D. Don

安息香科 Styracaceae

◎赤杨叶属 *Alniphyllum*

◎赤杨叶 *Alniphyllum fortunei*（Hemsl.）Makino

◎白辛树属 *Pterostyrax*

◎小叶白辛树 *Pterostyrax corymbosus* Siebold et Zucc.

◎安息香属 *Styrax*

◎赛山梅 *Styrax confusus* Hemsl.

◎垂珠花 *Styrax dasyanthus* Perkins

◎白花龙 *Styrax faberi* Perkins

◎野茉莉 *Styrax japonicus* Siebold et Zucc.

◎玉铃花 *Styrax obassia* Siebold et Zucc.

◎芬芳安息香 *Styrax odoratissimus* Champ. ex Benth.

◎栓叶安息香 *Styrax suberifolius* Hook. et Arn.

木犀科 Oleaceae

◎流苏树属 *Chionanthus*

◎流苏树 *Chionanthus retusus* Lindl. et Pax.

◎雪柳属 *Fontanesia*

◎雪柳 *Fontanesia fortunei* Carr.

◎连翘属 *Forsythia*

◎金钟花 *Forsythia viridissima* Lindl.

◎陉属 *Fraxinus*

◎白蜡树 *Fraxinus chinensis* Roxb.

◎苦枥木 *Fraxinus insularis* Hemsl.

◎庐山梣 *Fraxinus sieboldiana* Blume

◎尖叶梣 *Fraxinus chinensis* Roxb.

◎茉莉属 *Jasminum*

◎野迎春 *Jasminum mesnyi* Hance

◎女贞属 *Ligustrum*

◎女贞 *Ligustrum lucidum* W. T. Aiton

◎落叶女贞（变型）*Ligustrum lucidum* f. *latifolium*（W. C. Cheng）P. S. Hsu

◎蜡子树 *Ligustrum leucanthum*（S. Moore）P. S. Green

◎小叶女贞 *Ligustrum quihoui* Carrière

◎小蜡 *Ligustrum sinense* Lour.

◎木犀属 *Osmanthus*

◎宁波木犀 *Osmanthus cooperi* Hemsl.

◎木犀 *Osmanthus fragrans* Lour.

◎牛矢果 *Osmanthus matsumuranus* Hayata

醉鱼草科 Buddlejaceae

◎醉鱼草属 *Buddleja*

◎醉鱼草 *Buddleja lindleyana* Fortune

马钱科 Loganiaceae

◎蓬莱葛属 *Gardneria*

◎蓬莱葛 *Gardneria multiflora* Makino

◎尖帽花属 *Mitrasacme*

◎水田白 *Mitrasacme pygmaea* R. Br.

龙胆科 Gentianaceae

◎龙胆属 *Gentiana*

◎黄山龙胆 *Gentiana delicata* Hance

◎龙胆 *Gentiana scabra* Bunge

◎灰绿龙胆 *Gentiana yokusai* Burkill

◎笔龙胆 *Gentiana zollingeri* Faw.

◎睡菜属 *Menyanthes*

◎睡菜 *Menyanthes trifoliata* L.

◎獐牙菜属 *Swertia*

◎獐牙菜 *Swertia bimaculata* (Siebold et Zucc.) Hook. f. et Thomson ex C. B. Clarke

◎浙江獐牙菜 *Swertia hickinii* Burkill

◎建德獐牙菜 *Swertia jiandenensis* Y. Y. Fang

◎双蝴蝶属 *Tripterospermum*

◎双蝴蝶 *Tripterospermum chinense* (Migo) H. Sm.

◎细茎双蝴蝶 *Tripterospermum filicaule* (Hemsl.) H. Sm.

夹竹桃科 Apocynaceae

◎长春花属 *Catharanthus*

◎长春花 *Catharanthus roseus* (L.) G. Don*

◎毛药藤属 *Sindechites*

◎毛药藤 *Sindechites henryi* Oliv.

◎络石属 *Trachelospermum*

◎紫花络石 *Trachelospermum axillare* Hook. f.

◎乳儿绳 *Trachelospermum bodinieri* (H. Lév.) Woodson

◎络石 *Trachelospermum jasminoides* (Lindl.) Lem.

萝藦科 Asclepiadaceae

◎秦岭藤属 *Biondia*

◎浙江乳突果 *Biondia microcentra* (Tsiang) P. T. Li

◎鹅绒藤属 *Cynanchum*

◎牛皮消 *Cynanchum auriculatum* Royle ex Wight

◎蔓剪草 *Cynanchum chekiangense* M. Cheng

◎竹灵消 *Cynanchum inamoenum* (Maxim.) Loes.

◎毛白前 *Cynanchum mooreanum* Hemsl.

◎徐长卿 *Cynanchum paniculatum* (Bunge) Kitag.

◎柳叶白前 *Cynanchum stauntonii* (Decne.) Schltr. ex H. Lev.

◎太行白前 *Cynanchum taihangense* Tsiang et Zhang

◎萝藦属 *Metaplexis*

◎萝藦 *Metaplexis japonica* (Thunb.) Makino

◎娃儿藤属 *Tylophora*

◎七层楼 *Tylophora floribunda* Miq.

◎贵州娃儿藤 *Tylophora silvestris* Tsiang

旋花科 Convolvulaceae

◎打碗花属 *Calystegia*

◎打碗花 *Calystegia hederacea* Wall. ex. Roxb.

◎旋花 *Calystegia sepium* (L.) R. Br.

◎马蹄金属 *Dichondra*

◎马蹄金 *Dichondra repens* Forst.

◎番薯属 *Ipomoea*

◎蕹菜 *Ipomoea aquatica* Forssk.*

◎番薯 *Ipomoea batatas* (L.) Lam.*

◎三裂叶薯 *Ipomoea triloba* L.*

◎鱼黄草属 *Merremia*

◎北鱼黄草 *Merremia sibirica* (L.) Hallier f.

◎牵牛属 *Pharbitis*

◎牵牛 *Pharbitis nil* (L.) Roth*

◎圆叶牵牛 *Pharbitis purpurea* (L.) Roth*

◎飞蛾藤属 *Dinetus*

◎飞蛾藤 *Dinetus racemosus*（Wall.）Sweet

◎茑萝属 *Quamoclit*

◎橙红茑萝 *Quamoclit coccinea* *

◎茑萝松 *Quamoclit pennata* *

菟丝子科 Cuscutaceae

◎菟丝子属 *Cuscuta*

◎菟丝子 *Cuscuta chinensis* Lam.

◎金灯藤 *Cuscuta japonica* Choisy

紫草科 Boraginaceae

◎斑种草属 *Bothriospermum*

◎柔弱斑种草 *Bothriospermum zeylanicum*（Jacq.）Druce

◎琉璃草属 *Cynoglossum*

◎琉璃草 *Cynoglossum furcatum* Wall.

◎厚壳树属 *Ehretia*

◎厚壳树 *Ehretia acuminata* R. Br.

◎紫草属 *Lithospermum*

◎梓木草 *Lithospermum zollingeri* A. DC.

◎车前紫草属 *Sinojohnstonia*

◎浙赣车前紫草 *Sinojohnstonia chekiangensis*（Migo）W. T. Wang ex Z. Ying Zhang

◎聚合草属 *Symphytum*

◎聚合草 *Symphytum officinale* L.

◎盾果草属 *Thyrocarpus*

◎盾果草 *Thyrocarpus sampsonii* Hance

◎附地菜属 *Trigonotis*

◎附地菜 *Trigonotis peduncularis*（Trevis.）Benth. ex Baker et S. Moore

马鞭草科 Verbenaceae

◎紫珠属 *Callicarpa*

◎紫珠 *Callicarpa bodinieri* H. Levl.

◎华紫珠 *Callicarpa cathayana* H. T. Chang

◎白棠子树 *Callicarpa dichotoma*（Lour.）K. Koch

◎老鸦糊 *Callicarpa giraldii* Hesse ex Rehder

◎日本紫珠 *Callicarpa japonica* Thunb.

◎窄叶紫珠（变种）*Callicarpa japonica* var. *angustata* Rehder

◎红紫珠 *Callicarpa rubella* Lindl.

◎秃红紫珠 *Callicarpa subglabra*（C. Pei）L. X. Ye et B. Y. Ding

◎莸属 *Caryopteris*

◎兰香草 *Caryopteris incana*（Thunb.）Miq.

◎单花莸 *Caryopteris nepetifolia*（Benth.）Maxim.

◎大青属 *Clerodendrum*

◎臭牡丹 *Clerodendrum bungei* Steud.

◎大青 *Clerodendrum cyrtophyllum* Turcz.

◎浙江大青 *Clerodendrum kaichianum* P. S. Hsu

◎海州常山 *Clerodendrum trichotomum* Thunb.

◎豆腐柴属 *Premna*

◎豆腐柴 *Premna microphylla* Turcz.

◎马鞭草属 *Verbena*

◎马鞭草 *Verbena officinalis* L.

◎牡荆属 *Vitex*

◎牡荆（变种）*Vitex negundo* var. *cannabifolia*（Siebold et Zucc.）Hand.-Mazz.

唇形科 Labiatae

◎藿香属 *Agastache*

◎藿香 *Agastache rugosa*（Fisch. et C. A. Mey.）Kuntze

◎筋骨草属 *Ajuga*

◎金疮小草 *Ajuga decumbens* Thunb.

◎紫背金盘 *Ajuga nipponensis* Makino

◎毛药花属 *Bostrychanthera*

◎毛药花 *Bostrychanthera deflexa* Benth.

◎铃子香属 *Chelonopsis*

◎浙江铃子香 *Chelonopsis chekiangensis* C. Y. Wu

◎风轮菜属 *Clinopodium*

◎风轮菜 *Clinopodium chinense* (Benth.) Kuntze

◎邻近风轮菜 *Clinopodium confine* (Hance) Kuntze

◎细风轮菜 *Clinopodium gracile* (Benth.) Matsum.

◎绵穗苏属 *Comanthosphace*

◎绵穗苏 *Comanthosphace ningpoensis* (Hemsl.) Hand.-Mazz.

◎绒毛变种 *Comanthosphace ningpoensis* var. *stellipiloides* C. Y. Wu

◎香薷属 *Elsholtzia*

◎紫花香薷 *Elsholtzia argyi* H. Levl.

◎香薷 *Elsholtzia ciliata* (Thunb.) Hyl.

◎海州香薷 *Elsholtzia splendens* Nakai ex Maek.

◎穗状香薷 *Elsholtzia stachyodes* (Link) C. Y. Wu

◎小野芝麻属 *Galeobdolon*

◎小野芝麻 *Galeobdolon chinense* (Benth.) C. Y. Wu

◎活血丹属 *Glechoma*

◎活血丹 *Glechoma longituba* (Nakai) Kuprian.

◎香简草属 *Keiskea*

◎香薷状香简草 *Keiskea elsholtzioides* Merr.

◎中华香简草 *Keiskea sinensis* Diels

◎野芝麻属 *Lamium*

◎宝盖草 *Lamium amplexicaule* L.

◎野芝麻 *Lamium barbatum* Siebold et Zucc.

◎益母草属 *Leonurus*

◎益母草 *Leonurus japonicus* Houtt.

◎地笋属 *Lycopus*

◎硬毛变种 *Lycopus lucidus* var. *hirtus* Regel

◎龙头草属 *Meehania*

◎走茎龙头草 *Meehania urticifolia* (Miq.) Makino var. *angustifolia* (Dunn) Hand.-Mazz.

◎薄荷属 *Mentha*

◎薄荷 *Mentha canadensis* L.*

◎石荠苎属 *Mosla*

◎小花荠苎 *Mosla cavaleriei* H. Lev.

◎石香薷 *Mosla chinensis* Maxim.

◎小鱼仙草 *Mosla dianthera* (Buch.-Ham. ex Roxb.) Maxim.

◎长苞荠苎 *Mosla longibracteata* (C. Y. Wu et S. J. Hsuan) C. Y. Wu et H. W. Li

◎石荠苎 *Mosla scabra* (Thunb.) C. Y. Wu et H. W. Li

◎苏州荠苎 *Mosla soochowensis* Matsuda

◎牛至属 *Origanum*

◎牛至 *Origanum vulgare* L.

◎紫苏属 *Perilla*

◎紫苏 *Perilla frutescens* (L.) Britton

◎野生紫苏 *Perilla frutescens* var. *purpurascens* (Hayata) H. W. Li

◎糙苏属 *Phlomis*

◎南方糙苏 *Phlomis umbrosa* Turcz. var. *australis* Hemsl.

◎夏枯草属 *Prunella*

◎夏枯草 *Prunella vulgaris* L.

◎白花（变种）*Prunella vulgaris* var. *leucantha* Schur.

◎香茶菜属 *Isodon*

◎香茶菜 *Isodon amethystoides* (Benth.) H. Hara

◎长管香茶菜 *Isodon longitubus* (Miq.) Kudô

◎大萼香茶菜 *Isodon macrocalyx* (Dunn) Kudô

◎歧伞香茶菜 *Isodon macrophyllus* (Migo) H. Hara

◎显脉香茶菜 *Isodon nervosus* (Hemsley) Kudô

◎鼠尾草属 *Salvia*

◎南丹参 *Salvia bowleyana* Dunn

◎华鼠尾草 *Salvia chinensis* Benth.

◎鼠尾草 *Salvia japonica* Thunb.

◎舌瓣鼠尾草 *Salvia liguliloba* Sun

◎丹参 *Salvia miltiorrhiza* Bunge *

◎荔枝草 *Salvia plebeia* R. Br.

◎佛光草 *Salvia substolonifera* E. Peter

◎黄芩属 *Scutellaria*

◎安徽黄芩 *Scutellaria anhweiensis* C. Y. Wu

◎半枝莲 *Scutellaria barbata* D. Don

◎浙江黄芩 *Scutellaria chekiangensis* C. Y. Wu

◎韩信草 *Scutellaria indica* L.

◎京黄芩 *Scutellaria pekinensis* Maxim.

◎柔弱黄芩 *Scutellaria tenera* C. Y. Wu et H. W. Li

◎假活血草 *Scutellaria tuberifera* C. Y. Wu et C. Chen

水苏属 *Stachys*

◎蜗儿菜 *Stachys arrecta* L. H. Bailey

◎水苏 *Stachys japonica* Miq.

◎针筒菜 *Stachys oblongifolia* Wall. ex Benth. *

香科科属 *Teucrium*

庐山香科科 *Teucrium pernyi* Franch.

◎血见愁 *Teucrium viscidum* Blume

◎微毛血见愁（变种）*Teucrium viscidum* var. *nepetoides* (H. Lev.) C. Y. Wu et S. Chow

茄科 Solanaceae

辣椒属 *Capsicum*

◎辣椒 *Capsicum annuum* L. *

枸杞属 *Lycium*

◎枸杞 *Lycium chinense* Mill. *

番茄属 *Lycopersicon*

◎番茄 *Lycopersicon esculentum* Mill. *

散血丹属 *Physaliastrum*

◎江南散血丹 *Physaliastrum heterophyllum* (Hemsl.) Migo

酸浆属 *Physalis*

◎挂金灯 *Physalis alkekengi* L. var. *franchetii* (Mast.) Makino

◎苦蘵 *Physalis angulata* L.

◎毛苦蘵（变种）*Physalis angulata* var. *villosa* Bonati

茄属 *Solanum*

◎千年不烂心 *Solanum cathayanum* C. Y. Wu et S. C. Huang

◎白英 *Solanum lyratum* Thunb.

◎茄 *Solanum melongena* L. *

◎龙葵 *Solanum nigrum* L.

◎海桐叶白英 *Solanum pittosporifolium* Hemsl.

◎阳芋 *Solanum tuberosum* L. *

龙珠属 *Tubocapsicum*

◎龙珠 *Tubocapsicum anomalum* (Franch. et Sav.) Makino

玄参科 Scrophulariaceae

石龙尾属 *Limnophila*

◎石龙尾 *Limnophila sessiliflora* (Vahl) Blume

母草属 *Lindernia*

◎泥花草 *Lindernia antipoda* (L.) Alston

◎短梗母草 *Lindernia brevipedunculata* Migo

◎母草 *Lindernia crustacea* (L.) F. Muell

◎陌上菜 *Lindernia procumbens* (Krock.) Philcox

通泉草属 *Mazus*

◎早落通泉草 *Mazus caducifer* Hance

◎纤细通泉草 *Mazus gracilis* Hemsl.

◎通泉草 *Mazus pumilus* (N. L. Burman) Steenis

◎匍茎通泉草 *Mazus miquelii* Makino

◎弹刀子菜 *Mazus stachydifolius* (Turcz.) Maxim.

山罗花属 *Melampyrum*

◎圆苞山罗花 *Melampyrum laxum* Miq.

◎山罗花 *Melampyrum roseum* Maxim.

◎山罗花卵叶变种 *Melampyrum roseum* var. *ovalifolium* (Nakai) Nakai ex Beauv.

沟酸浆属 *Mimulus*

◎尼泊尔沟酸浆（变种）*Mimulus tenellus* Bunge var. *nepalensis* (Benth.) P. C. Tsoong ex H. P. Yang

鹿茸草属 *Monochasma*

◎沙氏鹿茸草 *Monochasma savatieri* Franch. ex Maxim.

◎鹿茸草 *Monochasma sheareri* (S. Moore) Maxim. ex Franch. et Sav.

泡桐属 *Paulownia*

◎白花泡桐 *Paulownia fortunei* (Seem.) Hemsl.

◎毛泡桐 *Paulownia tomentosa* (Thunb.) Steud.

马先蒿属 *Pedicularis*

◎返顾马先蒿 *Pedicularis resupinata* L.

松蒿属 *Phtheirospermum*

◎松蒿 *Phtheirospermum japonicum* (Thunb.) Kanitz

地黄属 *Rehmannia*

◎天目地黄 *Rehmannia chingii* H. L. Li

玄参属 *Scrophularia*

◎玄参 *Scrophularia ningpoensis* Hemsl.

阴行草属 *Siphonostegia*

◎阴行草 *Siphonostegia chinensis* Benth.

◎腺毛阴行草 *Siphonostegia laeta* S. Moore

蝴蝶草属 *Torenia*

◎紫萼蝴蝶草 *Torenia violacea* (Azaola ex Blanco) Pennell

婆婆纳属 *Veronica*

◎直立婆婆纳 *Veronica arvensis* L.

◎婆婆纳 *Veronica didyma* Ten.

◎蚊母草 *Veronica peregrina* L.

◎阿拉伯婆婆纳 *Veronica persica* Poir.

◎朝鲜婆婆纳 *Veronica rotunda* Nakai var. *coreana* (Nakai) T. Yamaz.

◎水苦荬 *Veronica undulata* Wall. ex Jack

腹水草属 *Veronicastrum*

◎毛叶腹水草 *Veronicastrum villosulum* (Miq.) T. Yamaz.

◎铁钓竿 *Veronicastrum villosulum* var. *glabrum* T. L. Chin et D. Y. Hong

紫葳科 Bignoniaceae

凌霄花属 *Campsis*

◎凌霄 *Campsis grandiflora* (Thunb.) K. Schum. *

梓属 *Catalpa*

◎楸 *Catalpa bungei* C. A. Mey. *

◎梓 *Catalpa ovata* G. Don *

胡麻科 Pedaliaceae

胡麻属 *Sesamum*

◎芝麻 *Sesamum indicum* L. *

茶菱属 *Trapella*

◎茶菱 *Trapella sinensis* Oliv. *

列当科 Orobanchaceae

野菰属 *Aeginetia*

◎中国野菰 *Aeginetia sinensis* Beck

◎野菰 *Aeginetia indica* L.

黄筒花属 *Phacellanthus*

◎黄筒花 *Phacellanthus tubiflorus* Siebold et Zucc.

苦苣苔科 Gesneriaceae

旋蒴苣苔属 *Boea*

◎大花旋蒴苣苔 *Boea clarkeana* Hemsl.

◎旋蒴苣苔 *Boea hygrometrica* (Bunge) R. Br.

粗筒苣苔属 *Briggsia*

◎浙皖粗筒苣苔 *Briggsia chienii* W. Y. Chun

苦苣苔属 *Conandron*

◎苦苣苔 *Conandron ramondioides* Siebold et Zucc.

长蒴苣苔属 *Didymocarpus*

◎闽赣长蒴苣苔 *Didymocarpus heucherifolius* Hand.-Mazz.

半蒴苣苔属 *Hemiboea*

◎半蒴苣苔 *Hemiboea subcapitata* C. B. Clarke

吊石苣苔属 *Lysionotus*

◎吊石苣苔 *Lysionotus pauciflorus* Maxim.

马铃苣苔属 *Oreocharis*

◎绢毛马铃苣苔 *Oreocharis sericea* H. Lev.

狸藻科 Lentibulariaceae

狸藻属 *Utricularia*

◎短梗挖耳草 *Utricularia caerulea* L.

◎狸藻 *Utricularia vulgaris* L.

◎南方狸藻 *Utricularia australis* R. Br

爵床科 Acanthaceae

白接骨属 *Asystasiella*

◎白接骨 *Asystasiella neesiana*（Wall.）Lindau

爵床属 *Justicia*

◎杜根藤 *Justicia quadrifaria*（Nees）T. Anderson

马蓝属 *Strobilanthes*

◎少花黄猄草 *Strobilanthes oligantha* Miq.

水蓑衣属 *Hygrophila*

◎水蓑衣 *Hygrophila ringens*（L.）R. Brown ex Sprengel

观音草属 *Peristrophe*

◎九头狮子草 *Peristrophe japonica*（Thunb.）Bremek.

爵床属 *Rostellularia*

◎爵床 *Rostellularia procumbens*（L.）Nees

孩儿草属 *Rungia*

◎中华孩儿草 *Rungia chinensis* Benth.

◎密花孩儿草 *Rungia densiflora* H. S. Lo

透骨草科 Phrymaceae

透骨草属 *Phryma*

◎透骨草（亚种）*Phryma leptostachya* L. subsp. *asiatica*（H. Hara）Kitam.

车前科 Plantaginaceae

车前属 *Plantago*

◎车前 *Plantago asiatica* L.

◎大车前 *Plantago major* L.

茜草科 Rubiaceae

水团花属 *Adina*

◎细叶水团花 *Adina rubella* Hance

虎刺属 *Damnacanthus*

◎虎刺 *Damnacanthus indicus* C. F. Gaertn.

◎浙皖虎刺 *Damnacanthus macrophyllus* Siebold ex Miq.

香果树属 *Emmenopterys*

◎香果树 *Emmenopterys* henryi Oliv.

拉拉藤属 Galium

◎拉拉藤（变种）*Galium aparine* L. var. *echinospermum*（Wallr.）T. Durand

◎六叶葎（亚种）*Galium asperuloides* Edgew. subsp. *hoffmeisteri*（Klotzsch）H. Hara

◎四叶葎 *Galium bungei* Steud.

◎阔叶四叶葎（变种）*Galium bungei* var. *trachyspermum*（A. Gray）Cufod.

◎异叶轮草 *Galium maximowiczii*（Kom.）Pobed.

◎山猪殃殃 *Galium pseudoasprellum* Makino

◎小叶猪殃殃 *Galium trifidum* L.

栀子属 *Gardenia*

◎栀子 *Gardenia jasminoides* J. Ellis

耳草属 *Hedyotis*

◎金毛耳草 *Hedyotis chrysotricha*（Palib.）Merr.

◎纤花耳草 *Hedyotis tenelliflora* Blume

粗叶木属 *Lasianthus*

◎日本粗叶木 *Lasianthus japonicus* Miq.

◎榄绿粗叶木（变种）*Lasianthus japonicus*

var. *lancilimbus* (Merr.) Lo
巴戟天属 *Morinda*
◎印度羊角藤 *Morinda umbellata* L.
玉叶金花属 *Mussaenda*
◎异形玉叶金花 *Mussaenda anomala* H. L. Li
◎大叶白纸扇 *Mussaenda esquirolii* H. Lev.
新耳草属 *Neanotis*
◎薄叶新耳 *Neanotis hirsuta* (L. f.) W. H. Lewis
蛇根草属 *Ophiorrhiza*
◎日本蛇根草 *Ophiorrhiza japonica* Blume
鸡矢藤属 *Paederia*
◎耳叶鸡矢藤 *Paederia cavaleriei* H. Lev.
◎鸡矢藤 *Paederia scandens* (Lour.) Merr.
◎毛鸡矢藤（变种）*Paederia scandens* var. *tomentosa* (Blume) Hand.-Mazz.
茜草属 *Rubia*
◎东南茜草 *Rubia argyi* (H. Lev. et Vaniot) Hara ex L. A. Lauener et D. K. Ferguson
白马骨属 *Serissa*
◎白马骨 *Serissa serissoides* (DC.) Druce
鸡仔木属 *Sinoadina*
◎鸡仔木 *Sinoadina racemosa* (Siebold et Zucc.) Ridsdale
钩藤属 *Uncaria*
◎钩藤 *Uncaria rhynchophylla* (Miq.) Miq. ex Havil.

忍冬科 Caprifoliaceae

糯米条属 *Abelia*
◎南方六道木 *Abelia dielsii* (Graebn.) Rehder
七子花属 *Heptacodium*
◎七子花 *Heptacodium miconioides* Rehder
忍冬属 *Lonicera*
◎须蕊忍冬（亚种）*Lonicera chrysantha* Turcz. subsp. *koehneana* (Rehder) P. S. Hsu et H. J. Wang
◎北京忍冬 *Lonicera elisae* Franch.
◎苦糖果（亚种）*Lonicera fragrantissima* Lindl. subsp. *standishii* (Carrière) P. S. Hsu et H. J. Wang
◎倒卵叶忍冬 *Lonicera webbiana* Wall. ex DC.
◎菰腺忍冬 *Lonicera hypoglauca* Miq.
◎忍冬 *Lonicera japonica* Thunb.
◎红白忍冬（变种）*Lonicera japonica* var. *chinensis* (P. Watson) Baker
◎金银忍冬 *Lonicera maackii* (Rupr.) Maxim.
◎灰毡毛忍冬 *Lonicera macranthoides* Hand.-Mazz.
◎下江忍冬 *Lonicera modesta* Rehder
◎庐山忍冬 *Lonicera modesta* var. *lushanensis* Rehder
◎短柄忍冬 *Lonicera pampaninii* H. Lev.
◎盘叶忍冬 *Lonicera tragophylla* Hemsl.
◎毛萼忍冬 *Lonicera trichosepala* (Rehder) P. S. Hsu
接骨木属 *Sambucus*
◎接骨草 *Sambucus chinensis* Lindl.
◎接骨木 *Sambucus williamsii* Hance
荚蒾属 *Viburnum*
◎荚蒾 *Viburnum dilatatum* Thunb.
◎宜昌荚蒾 *Viburnum erosum* Thunb.
◎壮大荚蒾（亚种）*Viburnum glomeratum* Maxim. subsp. *magnificum* (P. S. Hsu) P. S. Hsu
◎衡山荚蒾 *Viburnum hengshanicum* Tsiang ex P. S. Hsu
◎黑果荚蒾 *Viburnum melanocarpum* P. S. Hsu
◎鸡树条 *Viburnum opulus* L. var. *calvescens* (Rehder) H. Hara
◎蝴蝶戏珠花（变种）*Viburnum plicatum* Thunb. var. *tomentosum* (Thunb.) Miq.
◎具毛常绿荚蒾（变种）*Viburnum sempervirens*

K. Koch var. *trichophorum* Hand.-Mazz.
◎茶荚蒾 *Viburnum setigerum* Hance
◎沟核茶荚蒾（变种）*Viburnum setigerum* var. *sulcatum* P. S. Hsu
◎合轴荚蒾 *Viburnum sympodiale* Graebn.
锦带花属 *Weigela*
◎半边月（变种）*Weigela japonica* Thunb.

败酱科 Valerianaceae

败酱属 *Patrinia*
◎窄叶败酱（亚种）*Patrinia heterophylla*Bunge
◎斑花败酱 *Patrinia monandra* C. B. Clarke
◎败酱 *Patrinia scabiosaefolia* Link
◎攀倒甑 *Patrinia villosa*（Thunb.）Dufr.
缬草属 *Valeriana*
◎柔垂缬草 *Valeriana flaccidissima* Maxim.
◎宽叶缬草（变种）*Valeriana officinalis* var. *latifolia* Briq.

川续断科 Dipsacaceae

川续断属 *Dipsacus*
◎日本续断 *Dipsacus japonicus* Miq. *
◎天目续断 *Dipsacus tianmuensis* C. Y. Cheng et Z. T. Yin

葫芦科 Cucurbitaceae

盒子草属 *Actinostemma*
◎盒子草 *Actinostemma tenerum* Griff.
冬瓜属 *Benincasa*
◎冬瓜 *Benincasa hispida*（Thunb.）Cogn. *
黄瓜属 *Cucumis*
◎甜瓜 *Cucumis melo* L. *
◎黄瓜 *Cucumis sativus* L. *
南瓜属 *Cucurbita*
◎南瓜 *Cucurbita moschata* Duchesne *
绞股蓝属 *Gynostemma*
◎绞股蓝 *Gynostemma pentaphyllum*（Thunb.）Makino
◎白脉绞股蓝 *Gynostemma pallidinerve* Z. Zhang
葫芦属 *Lagenaria*
◎葫芦 *Lagenaria siceraria*（Molina）Standl. *
丝瓜属 *Luffa*
◎丝瓜 *Luffa aegyptiaca* Mill. *
佛手瓜属 *Sechium*
◎佛手瓜 *Sechium edule*（Jacq.）Sw. *
赤瓟属 *Thladiantha*
◎南赤瓟 *Thladiantha nudiflora* Hemsl.
◎台湾赤瓟 *Thladiantha punctata* Hayata
栝楼属 *Trichosanthes*
◎王瓜 *Trichosanthes cucumeroides*（Ser.）Maxim.
◎栝楼 *Trichosanthes kirilowii* Maxim.
马㼎儿属 *Zehneria*
◎马㼎儿 *Zehneria japonica*（Thunb.）H. Y. Liu

桔梗科 Campanulaceae

沙参属 *Adenophora*
◎华东杏叶沙参（亚种）*Adenophora petiolata* subsp. *huadungensis*（D. Y. Hong）D. Y. Hong & S. Ge
◎沙参 *Adenophora stricta* Miq.
◎轮叶沙参 *Adenophora tetraphylla*（Thunb.）Fisch.
◎荠苨 *Adenophora trachelioides* Maxim.
党参属 *Codonopsis*
◎羊乳 *Codonopsis lanceolata*（Siebold et Zucc.）Trautv.
袋果草属 *Peracarpa*
◎袋果草 *Peracarpa carnosa*（Wall.）Hook. f. et Thomson
桔梗属 *Platycodon*
◎桔梗 *Platycodon grandiflorus*（Jacq.）A. DC.
兰花参属 *Wahlenbergia*

◎蓝花参 *Wahlenbergia marginata* (Thunb.) A. DC.

半边莲科 Lobeliaceae

山梗菜属 *Lobelia*

◎半边莲 *Lobelia chinensis* Lour.

◎山梗菜 *Lobelia sessilifolia* Lamb.

菊科 Compositae

下田菊属 *Adenostemma*

◎下田菊 *Adenostemma lavenia* (L.) Kuntze

兔儿风属 *Ainsliaea*

◎杏香兔儿风 *Ainsliaea fragrans* Champ. ex Benth.

◎灯台兔儿风 *Ainsliaea macroclinidioides* Hayata

香青属 *Anaphalis*

◎香青 *Anaphalis sinica* Hance

牛蒡属 *Arctium*

◎牛蒡 *Arctium lappa* L.

艾属 *Artemisia*

◎黄花蒿 *Artemisia annua* L.

◎奇蒿 *Artemisia anomala* S. Moore

◎艾 *Artemisia argyi* H. Lev. et Vaniot

◎青蒿 *Artemisia carvifolia* Buch-Ham. ex Roxb.

◎牡蒿 *Artemisia japonica* Thunb.

◎白苞蒿 *Artemisia lactiflora* Wall. ex DC.

◎矮蒿 *Artemisia lancea* Vaniot

◎野艾蒿 *Artemisia lavandulifolia* DC.

◎白莲蒿 *Artemisia sacrorum* Ledeb.

◎猪毛蒿 *Artemisia scoparia* Waldst. et Kit.

紫菀属 *Aster*

◎三脉紫菀 *Aster ageratoides* Turcz.

◎三脉紫菀-微糙变种 *Aster ageratoides* var. *scaberulus* (Miq.) Y. Ling

◎琴叶紫菀 *Aster panduratus* Nees ex Walp.

◎高茎紫菀 *Aster procerus* Hemsl.

◎钻形紫菀 *Aster subulatus* Michx.

◎陀螺紫菀 *Aster turbinatus* S. Moore

◎仙白草 *Aster turbinatus* var. *chekiangensis* C. Ling ex Y. Ling

苍术属 *Atractylodes*

◎苍术 *Atractylodes lancea* (Thunb.) DC.

鬼针草属 *Bidens*

◎婆婆针 *Bidens bipinnata* L.

◎金盏银盘 *Bidens biternata* (Lour.) Merr. et Sherff

◎大狼杷草 *Bidens frondosa* L.

◎鬼针草 *Bidens pilosa* L.

◎狼杷草 *Bidens tripartita* L.

天名精属 *Carpesium*

◎天名精 *Carpesium abrotanoides* L.

◎烟管头草 *Carpesium cernuum* L.

◎金挖耳 *Carpesium divaricatum* Siebold et Zucc.

◎四川天名精 *Carpesium szechuanense* F. H. Chen et C. M. Hu

百足菌属 *Centipeda*

◎石胡荽 *Centipeda minima* (L.) A. Braun et Asch.

蓟属 *Cirsium*

◎蓟 *Cirsium japonicum* DC.

◎线叶蓟 *Cirsium lineare* (Thunb.) Sch. Bip.

◎野蓟 *Cirsium maackii* Maxim.

◎浙江垂头蓟 *Cirsium zhejiangensis* Z. H. Chen, Y. F. Lu et X. F. Jin

◎总序蓟 *Cirsium racemiforme* Y. Ling et C. Shih

◎刺儿菜 *Cirsium setosum* (Willd.) MB.

白酒草属 *Conyza*

◎香丝草 *Conyza bonariensis* (L.) Cronquist

◎小蓬草 *Conyza canadensis* (L.) Cronquist

◎苏门白酒草 *Conyza sumatrensis* (Retz.) E. Walker
野茼蒿属 *Crassocephalum*
◎野茼蒿 *Crassocephalum crepidioides* (Benth.) S. Moore
大丽花属 *Dahlia*
◎大丽花 *Dahlia pinnata* Cav.*
菊属 *Dendranthema*
◎野菊 *Dendranthema indicum* (L.) Des Moul.
◎甘菊 *Dendranthema lavandulifolium* (Fisch. ex Trautv.) Ling et Shih*
◎紫花野菊 *Dendranthema zawadskii* (Herbich) Tzvelev
东风菜属 *Doellingeria*
◎东风菜 *Doellingeria scabra* (Thunb.) Nees
鳢肠属 *Eclipta*
◎鳢肠 *Eclipta prostrata* (L.) L.
一点红属 *Emilia*
◎一点红 *Emilia sonchifolia* (L.) DC.
飞蓬属 *Erigeron*
◎一年蓬 *Erigeron annuus* (L.) Pers.
泽兰属 *Eupatorium*
◎大麻叶泽兰 *Eupatorium cannabinum* L.
◎多须公 *Eupatorium chinense* L.
◎佩兰 *Eupatorium fortunei* Turcz.
◎白头婆 *Eupatorium japonicum* Thunb.
◎白头婆三裂叶变种 *Eupatorium japonicum* var. *tripartitum* Makino
◎林泽兰 *Eupatorium lindleyanum* DC.
大丁草属 *Gerbera*
◎大丁草 *Gerbera anandria* (L.) Sch. Bip.
鼠曲草属 *Gnaphalium*
◎宽叶鼠麴草 *Gnaphalium adnatum* (DC.) Wall. ex Thwaites
◎鼠麴草 *Gnaphalium affine* D. Don
◎秋鼠麴草 *Gnaphalium hypoleucum* DC.
◎细叶鼠麴草 *Gnaphalium japonicum* Thunb.
◎匙叶鼠麴草 *Gnaphalium pensylvanicum* Willd.
菊三七属 *Gynura*
◎菊三七 *Gynura japonica* (Thunb.) Juel*
向日葵属 *Helianthus*
◎向日葵 *Helianthus annuus* L.*
◎菊芋 *Helianthus tuberosus* L.*
泥胡菜属 *Hemistepta*
◎泥胡菜 *Hemistepta lyrata* (Bunge) Bunge
狗娃花属 *Heteropappus*
◎狗娃花 *Heteropappus hispidus* (Thunb.) Less.
旋覆花属 *Inula*
◎旋覆花 *Inula japonica* Thunb.
◎线叶旋覆花 *Inula linariifolia* Turcz.
小苦荬属 *Ixeridium*
◎中华小苦荬 *Ixeridium chinense* (Thunb.) Tzvelev
◎小苦荬 *Ixeridium dentatum* (Thunb.) Tzvelev
◎褐冠小苦荬 *Ixeridium laevigatum* (Blume) Pak et Kawano
◎平滑苦荬菜 *Ixeridium laevigata*
◎抱茎小苦荬 *Ixeridium sonchifolium* (Maxim.) C. Shih
苦荬菜属 *Ixeris*
◎剪刀股 *Ixeris japonica* (Burm. f.) Nakai
◎苦荬菜 *Ixeris polycephala* Cass.
马兰属 *Kalimeris*
◎马兰 *Kalimeris indica* (L.) Sch. Bip.
◎毡毛马兰 *Kalimeris shimadae* (Kitam.) Kitam.
莴苣属 *Lactuca*
◎莴苣 *Lactuca sativa* L.*
六棱菊属 *Laggera*
◎六棱菊 *Laggera alata* (D. Don) Sch. Bip.

ex Oliv. *

稻槎菜属 *Lapsana*

◎稻槎菜 *Lapsana apogonoides* Maxim.

火绒草属 *Leontopodium*

◎薄雪火绒草 *Leontopodium japonicum* Miq. *

橐吾属 *Ligularia*

◎齿叶橐吾 *Ligularia dentata* (A. Gray) H. Hara

◎蹄叶橐吾 *Ligularia fischeri* (Ledeb.) Turcz.

◎大头橐吾 *Ligularia japonica* (Thunb.) Less.

◎窄头橐吾 *Ligularia stenocephala* (Maxim.) Matsum. et Koidz.

黄瓜菜属 *Paraixeris*

◎黄瓜菜 *Paraixeris denticulata* (Houtt.) Nakai

假福王草属 *Paraprenanthes*

◎节毛假福王草 *Paraprenanthes pilipes*

◎假福王草 *Paraprenanthes sororia* (Miq.) C. Shih

◎林生假福王草 *Paraprenanthes sylvicola* C. Shih

蟹甲草属 *Parasenecio*

◎黄山蟹甲草 *Parasenecio hwangshanicus* (Y. Ling) C. I Peng et S. W. Chung

◎矢镞叶翻甲草 *Parasenecio rubescens* (S. Moore) Y. L. Chen

蜂斗菜属 *Petasites*

◎蜂斗菜 *Petasites japonicus* (Siebold et Zucc.) Maxim.

福王草属 *Prenanthes*

◎福王草 *Prenanthes tatarinowii* Maxim.

翅果菊属 *Pterocypsela*

◎高大翅果菊 *Pterocypsela elata* (Hemsl.) C. Shih

◎台湾翅果菊 *Pterocypsela formosana* (Maxim.) C. Shih

◎翅果菊 *Pterocypsela indica* (L.) C. Shih

◎多裂翅果菊 *Pterocypsela laciniata* (Houtt.) C. Shih

金光菊属 *Rudbeckia*

◎金光菊 *Rudbeckia laciniata* L. *

风毛菊属 *Saussurea*

◎卢山风毛菊 *Saussurea bullockii* Dunn

◎心叶风毛菊 *Saussurea cordifolia* Hemsl.

◎三角叶风毛菊 *Saussurea deltoidea* (DC.) Sch. Bip.

◎黄山风毛菊 *Saussurea hwangshanensis* Y. Ling

◎风毛菊 *Saussurea japonica* (Thunb.) DC.

鸦葱属 *Scorzonera*

◎华北鸦葱 *Scorzonera albicaulis* Bunge

千里光属 *Senecio*

◎林荫千里光 *Senecio nemorensis* L.

◎千里光 *Senecio scandens* Buch. - Ham. ex D. Don

豨莶属 *Sigesbeckia*

◎毛梗豨莶 *Sigesbeckia glabrescens* (Makino) Makino

◎豨莶 *Sigesbeckia orientalis* L.

◎腺梗豨莶 *Sigesbeckia pubescens* (Makino) Makino

蒲儿根属 *Sinosenecio*

◎蒲儿根 *Sinosenecio oldhamianus* (Maxim.) B. Nord.

一枝黄花属 *Solidago*

◎加拿大一枝黄花 *Solidago canadensis* L.

◎一枝黄花 *Solidago decurrens* Lour.

裸柱菊属 *Soliva*

◎裸柱菊 *Soliva anthemifolia* (Juss.) R. Br.

苦苣菜属 *Sonchus*

◎苣荬菜 *Sonchus arvensis* L.

◎花叶滇苦菜 *Sonchus asper*（L.）Hill
◎南苦苣菜 *Sonchus lingianus* C. Shih
◎苦苣菜 *Sonchus oleraceus* L.
破伞菊属 *Syneilesis*
◎兔儿伞 *Syneilesis aconitifolia*（Bunge）Maxim.
山牛蒡属 *Synurus*
◎山牛蒡 *Synurus deltoides*（Aiton）Nakai
蒲公英属 *Taraxacum*
◎蒲公英 *Taraxacum mongolicum* Hand. - Mazz.
狗舌草属 *Tephroseris*
◎狗舌草 *Tephroseris kirilowii*（Turcz. ex DC.）Holub
女菀属 *Turczaninovia*
◎女菀 *Turczaninovia fastigiata*（Fisch.）DC.
苍耳属 *Xanthium*
◎苍耳 *Xanthium strumarium* L.
黄鹌菜属 *Youngia*
◎红果黄鹌菜 *Youngia erythrocarpa*（Vaniot）Babc. et Stebbins
◎黄鹌菜 *Youngia japonica*（L.）DC. .

单子叶植物

香蒲科 Typhaceae

香蒲属 *Typha*
◎水烛 *Typha angustifolia* L.*

黑三棱科 Sparganiaceae

黑三棱属 *Sparganium*
◎曲轴黑三棱 *Sparganium fallax* Graebn.

眼子菜科 Potamogetonaceae

眼子菜属 *Potamogeton*
◎菹草 *Potamogeton crispus* L.
◎眼子菜 *Potamogeton distinctus* A. Benn.

泽泻科 Alismataceae

泽泻属 *Alisma*
◎窄叶泽泻 *Alisma canaliculatum* A. Braun et C. D. Bouché
慈姑属 *Sagittaria*
◎矮慈姑 *Sagittaria pygmaea* Miq.
◎野慈姑 *Sagittaria trifolia* L.

禾本科 Gramineae

剪股颖属 *Agrostis*
◎台湾剪股颖（变种）*Agrostis* sozanensis Hayata
◎剪股颖 *Agrostis clavata* Trinius
看麦娘属 *Alopecurus*
◎看麦娘 *Alopecurus aequalis* Sobol.
黄花茅属 *Anthoxanthum*
◎黄花茅 *Anthoxanthum odoratum* L.
荩草属 *Arthraxon*
◎荩草 *Arthraxon hispidus*（Thunb.）Makino
◎匿芒荩草 *Arthraxon hispidus* var. *cryptatherus*（Hack.）Honda
野古草属 *Arundinella*
◎毛秆野古草 *Arundinella hirta*（Thunb.）Tanaka
◎刺芒野古草 *Arundinella setosa* Trin.
芦竹属 *Arundo*
◎芦竹 *Arundo donax* L.
燕麦属 *Avena*
◎野燕麦 *Avena fatua* L.
茵草属 *Beckmannia*
◎茵草 *Beckmannia syzigachne*（Steud.）Fernald
孔颖草属 *Bothriochloa*
◎白羊草 *Bothriochloa ischaemum*（L.）Keng
短颖草属 *Brachelytrum*
◎日本短颖草（变种）*Brachelytrum erectum*（Schreb.）Beauv. var. *japonicum* Hack.
臂形草属 *Brachiaria*
◎毛臂形草 *Brachiaria* villosa（Lam.）A. Camus

短柄草属 *Brachypodium*

◎短柄草 *Brachypodium sylvaticum* (Huds.) P. Beauv.

短穗竹属 *Brachystachyum*

◎短穗竹 *Brachystachyum densiflorum* (Rendle) Keng

雀麦属 *Bromus*

◎雀麦 *Bromus japonicus* Thumb.

◎疏花雀麦 *Bromus remotiflorus* (Steud.) Ohwi

拂子茅属 *Calamagrostis*

◎拂子茅 *Calamagrostis epigeios* (L.) Roth

◎密花拂子茅（变种）*Calamagrostis epigeios* var. *densiflora* Ledeb. ex Griseb.

细柄草属 *Capillipedium*

◎硬秆子草 *Capillipedium assimile* (Steud.) A. Camus

◎细柄草 *Capillipedium parviflorum* (R. Br.) Stapf

寒竹属 *Chimonobambusa*

◎方竹 *Chimonobambusa quadrangularis* (Franceschi) Makino*

隐子草属 *Cleistogenes*

◎朝阳隐子草 *Cleistogenes hackelii* (Honda) Honda

薏苡属 *Coix*

◎薏苡 *Coix lacryma*-jobi L.

香茅属 *Cymbopogon*

◎橘草 *Cymbopogon goeringii* (Steud.) A. Camus

狗牙根属 *Cynodon*

◎狗牙根 *Cynodon dactylon* (L.) Pers.

野青茅属 *Deyeuxia*

◎纤毛野青茅（变种）*Deyeuxia arundinacea* (L.) Beauv. var. *ciliata* (Honda) P. C. Kuo et S. L. Lu

◎疏花野青茅（变种）*Deyeuxia arundinacea* var. *laxiflora* (Rendle) P. C. Kuo et S. L. Lu

◎箱根野青茅 *Deyeuxia hakonensis* (Franch. et Sav.) Keng

龙常草属 *Diarrhena*

◎日本龙常草 *Diarrhena japonica* Franch. et Sav.

◎毛马唐 *Digitaria chrysoblephara* Fig. et De Not.

◎紫马唐 *Digitaria violascens* Link

鳞茅属 *Dimeria*

◎鳞茅 *Dimeria ornithopoda* Trin.

◎具脊鳞茅 *Dimeria ornithopoda* subsp. *subrobusta* (Hack.) S. L. Chen et G. Y. Sheng

油芒属 *Eccoilopus*

◎油芒 *Eccoilopus cotulifer* (Thunb.) A. Camus

稗属 *Echinochloa*

◎稗 *Echinochloa crusgalli* (L.) P. Beauv.

穇属 *Eleusine*

◎牛筋草 *Eleusine indica* (L.) Gaertn.

画眉草属 *Eragrostis*

◎知风草 *Eragrostis ferruginea* (Thunb.) P. Beauv.

◎画眉草 *Eragrostis pilosa* (L.) P. Beauv.

蜈蚣草属 *Eremochloa*

◎假俭草 *Eremochloa ophiuroides* (Munro) Hack.

野黍属 *Eriochloa*

◎野黍 *Eriochloa villosa* (Thunb.) Kunth

黄金茅属 *Eulalia*

◎四脉金茅 *Eulalia quadrinervis* (Hack.) Kuntze

羊茅属 *Festuca*

◎羊茅 *Festuca ovina* L.

◎小颖羊茅 *Festuca parvigluma* Steud.

甜茅属 *Glyceria*

◎甜茅 *Glyceria acutiflora* Torr. subsp. *japonica* (Steud.) T. Koyama et Kawano

◎假鼠妇草 *Glyceria leptolepis* Ohwi
茅香属 *Hierochloe*
◎光稃香草 *Hierochloe glabra* Trin.
大麦属 *Hordeum*
◎大麦 *Hordeum vulgare* L. *
白茅属 *Imperata*
◎白茅 *Imperata cylindrica*（L.）Raeusch.
箬竹属 *Indocalamus*
◎阔叶箬竹 *Indocalamus latifolius*（Keng）McClure
柳叶箬属 *Isachne*
◎二型柳叶箬 *Isachne dispar* Trin.
◎柳叶箬 *Isachne globosa*（Thunb.）Kuntze
◎浙江柳叶箬 *Isachne hoi* Keng f.
◎平颖柳叶箬 *Isachne truncata* A. Camus
鸭嘴草属 *Ischaemum*
◎有芒鸭嘴草 *Ischaemum aristatum* L.
假稻属 *Leersia*
◎假稻 *Leersia japonica*（Makino ex Honda）Honda
◎秕壳草 *Leersia sayanuka* Ohwi
黑麦草属 *Lolium*
◎黑麦草 *Lolium perenne* L.
淡竹叶属 *Lophatherum*
◎淡竹叶 *Lophatherum gracile* Brongn.
臭草属 *Melica*
◎大花臭草 *Melica grandiflora* Koidz.
◎广序臭草 *Melica onoei* Franch. et Sav.
莠竹属 *Microstegium*
◎莠竹 *Microstegium nodosum*（Kom.）Tzvelev
◎竹叶茅 *Microstegium nudum*（Trin.）A. Camus
◎柔枝莠竹 *Microstegium vimineum*（Trin.）A. Camus
粟草属 *Milium*
◎粟草 *Milium effusum* L.
芒属 *Miscanthus*
◎五节芒 *Miscanthus floridulus*（Labill.）Warb. ex K. Schum. et Lauterb.
◎芒 *Miscanthus sinensis* Andersson
麦氏草属 *Molinia*
◎拟麦氏草 *Molinia japonica* Hack.
乱子草属 *Muhlenbergia*
◎日本乱子草 *Muhlenbergia japonica* Steud.
◎多枝乱子草 *Muhlenbergia ramosa*（Hack. ex Matsum.）Makino
类芦属 *Neyraudia*
◎山类芦 *Neyraudia montana* Keng
◎类芦 *Neyraudia reynaudiana*（Kunth）Keng ex Hitchc.
求米草属 *Oplismenus*
◎求米草 *Oplismenus undulatifolius*（Arduino）Roem. & Schult.
芨芨草属 *Achnatherum*
◎大叶直芒草 *Achnatherum coreanum*（Honda）Ohwi
稻属 *Oryza*
◎稻 *Oryza sativa* L. *
黍属 *Panicum*
◎糠稷 *Panicum bisulcatum* Thunb.
雀稗属 *Paspalum*
◎圆果雀稗 *Paspalum scrobiculatum* Forst. var. *orbiculare*（G. Forst.）Hack.
◎双穗雀稗 *Paspalum distichum* L.
◎雀稗 *Paspalum thunbergii* Kunth ex Steud.
狼尾草属 *Pennisetum*
◎狼尾草 *Pennisetum alopecuroides*（L.）Spreng.
显子草属 *Phaenosperma*
◎显子草 *Phaenosperma globosa* Munro ex Benth.
虉草属 *Phalaris*
◎虉草 *Phalaris arundinacea* L.
梯牧草属 *Phleum*

◎鬼蜡烛 *Phleum paniculatum* Huds.

芦苇属 *Phragmites*

◎芦苇 *Phragmites australis* (Cav.) Trin. ex Steud.

◎卡开芦 *Phragmites karka* (Retz.) Trin. ex Steud.

刚竹属 *Phyllostachys*

◎黄古竹 *Phyllostachys angusta* McClure *

◎人面竹 *Phyllostachys aurea* Carrière ex Rivière et C. Rivière *

◎淡竹 *Phyllostachys glauca* McClure *

◎水竹 *Phyllostachys heteroclada* Oliv. *

◎毛竹 *Phyllostachys edulis* (Carr.) J. Houzeau

◎美竹 *Phyllostachys mannii* Gamble *

◎光箨篌竹（变型）*Phyllostachys nidularia* Makino f. *glabrovagina* T. H. Wen

◎毛金竹 *Phyllostachys nigra* (Lodd. ex Lindl.) Munro var. *henonis* (Mitford) Stapf ex Rendle *

◎灰竹 *Phyllostachys nuda* McClure *

◎早竹 *Phyllostachys praecox* C. D. Chu et C. S. Chao *

◎刚竹（栽培型）*Phyllostachys sulphurea* ′Viridis′ *

大明竹属 *Pleioblastus*

◎苦竹 *Pleioblastus amarus* (Keng) Keng f.

早熟禾属 *Poa*

◎白顶早熟禾 *Poa acroleuca* Steud.

◎早熟禾 *Poa annua* L.

◎法氏早熟禾 *Poa faberi* Rendle

棒头草属 *Polypogon*

◎棒头草 *Polypogon fugax* Nees ex Steud.

鹅观草属 *Roegneria*

◎鹅观草 *Roegneria kamoji* Ohwi

甘蔗属 *Saccharum*

◎斑茅 *Saccharum arundinaceum* Retz.

囊颖草属 *Sacciolepis*

◎囊颖草 *Sacciolepis indica* (L.) Chase

赤竹属 *Sasa*

◎华箬竹 *Sasa sinica* Keng

裂稃草属 *Schizachyrium*

◎裂稃草 *Schizachyrium brevifolium* (Sw.) Nees ex Buse

狗尾草属 *Setaria*

◎大狗尾草 *Setaria faberi* R. A. W. Herrm.

◎金色狗尾草 *Setaria pumila* (Poiret) Roem. et Schult.

◎粱 *Setaria italica* (L.) P. Beauv. *

◎皱叶狗尾草 *Setaria plicata* (Lam.) T. Cooke

◎狗尾草 *Setaria viridis* (L.) P. Beauv.

大油芒属 *Spodiopogon*

◎大油芒 *Spodiopogon sibiricus* Trin.

鼠尾粟属 *Sporobolus*

◎鼠尾粟 *Sporobolus fertilis* (Steud.) Clayton

菅属 *Themeda*

◎黄背草 *Themeda triandra* Forsskål

◎荻 *Miscanthus sacchariflorus* (Maxim.) Hack.

毛草绒属 *Trisetum*

◎三毛草 *Trisetum bifidum* (Thunb.) Ohwi

◎湖北三毛草 *Trisetum henryi* Rendle

小麦属 *Triticum*

◎普通小麦 *Triticum aestivum* L. *

玉山竹属 *Yushania*

◎玉山竹 *Yushania niitakayamensis* (Hayata) Keng f.

玉蜀黍属 *Zea*

◎玉蜀黍 *Zea mays* L. *

结缕草属 *Zoysia*

◎结缕草 *Zoysia japonica* Steud.

莎草科 Cyperaceae

球柱草属 *Bulbostylis*

◎丝叶球柱草 *Bulbostylis densa* (Wall.)

Hand.-Mazz.
薹草属 *Carex*
◎等高薹草 *Carex aequialta* Kük.
◎禾状薹草 *Carex alopecuroides* D. Don ex Tilloch & Taylor
◎滨海薹草 *Carex bodinieri* Franch.
◎布林薹草 *Carex blinii* H. Lév. et Vaniot
◎短尖薹草 *Carex brevicuspis* C. B. Clarke
◎褐果薹草 *Carex brunnea* Thunb.
◎中华薹草 *Carex chinensis* Retz.
◎仲氏薹草 *Carex chungii* C. P. Wang
◎朝鲜薹草 *Carex dickinsii* Franch. et Sav.
◎二形鳞薹草 *Carex dimorpholepis* Steud.
◎三阳薹草 *Carex duvaliana* Franch. et Sav.
◎穿孔薹草 *Carex foraminata* C. B. Clarke
◎穹隆薹草 *Carex gibba* Wahlenb.
◎大舌薹草 *Carex grandiligulata* Kük.
◎狭穗薹草 *Carex ischnostachya* Steud.
◎大披针薹草 *Carex lanceolata* Boott
◎舌叶薹草 *Carex ligulata* Nees
◎城弯薹草 *Carex longerostrata* C. A. Mey. var. *hoi* Chü ex S. Yun Liang
◎乳突薹草 *Carex maximowiczii* Miq.
◎灰帽薹草 *Carex mitrata* Franch.
◎条穗薹草 *Carex nemostachys* Steud.
◎榄绿果薹草 *Carex olivacea* Boott
◎镜子薹草 *Carex phacota* Spreng.
◎豌豆形薹草 *Carex pisiformis* Boott
◎粉被薹草 *Carex pruinosa* Boott
◎清凉薹草 *Carex qingliangensis* D. M. Weng et al.
◎书带薹草 *Carex rochebrunii* Franch. et Sav.
◎大理薹草 *Carex rubro-brunnea* var. *taliensis* (Franch.) Kük.
◎褐穗薹草 *Carex sabyensis* Less. ex Kunth
◎硬果薹草 *Carex sclerocarpa* Franch.
◎宽叶薹草 *Carex siderosticta* Hance
◎毛缘宽叶薹草（变种）*Carex siderosticta* var. *pilosa* H. Lév. ex T. Koyama
◎相仿薹草 *Carex simulans* C. B. Clarke
◎伴生薹草 *Carex sociata* Boott
◎长柱头薹草 *Carex teinogyna* Boott
◎藏薹草 *Carex thibetica* Franch.
◎横果薹草 *Carex transversa* Boott
◎三穗薹草 *Carex tristachya* Thunb.
◎合鳞薹草（变种）*Carex tristachya* var. *pocilliformis* (Boott) Kük.
◎浙江薹草 *Carex zhejiangensis* X. F. Jin et al.
水莎草属 *Cyperus*
◎风车草 *Cyperus alternifolius* subsp. *flabelliformis* (Rottb.) Kük.*
◎异型莎草 *Cyperus difformis* L.
◎碎米莎草 *Cyperus iria* L.
◎香附子 *Cyperus rotundus* L.
飘拂草属 *Fimbristylis*
◎两歧飘拂草 *Fimbristylis dichotoma* (L.) Vahl
◎宜昌飘拂草 *Fimbristylis henryi* C. B. Clarke
◎水虱草 *Fimbristylis littoralis* Gaudich.
荸荠属 *Eleocharis*
◎龙师草 *Eleocharis tetraquetra* Nees
水蜈蚣属 *Kyllinga*
◎短叶水蜈蚣 *Kyllinga brevifolia* Rottb.
砖子苗属 *Mariscus*
◎莎草砖子苗 *Mariscus cyperinus* Vahl
扁莎属 *Pycreus*
◎红鳞扁莎 *Pycreus sanguinolentus* (Vahl) Nees ex C. B. Clarke
刺子莞属 *Rhynchospora*
◎细叶刺子莞 *Rhynchospora faberi* C. B. Clarke
藨草属 *Scirpus*
◎茸球藨草 *Scirpus wichurae* Boeckeler
◎萤蔺 *Scirpus juncoides* Roxb.

◎华东藨草 *Scirpus karuisawensis* Makino

◎类头状花序藨草 *Scirpus subcapitatus* Thwaites

棕榈科 Palmae

棕榈属 *Trachycarpus*

◎棕榈 *Trachycarpus fortunei* (Hook.) H. Wendl.

天南星科 Araceae

菖蒲属 *Acorus*

◎金钱蒲 *Acorus gramineus* Soland. ex Ait.

◎石菖蒲 *Acorus tatarinowii* Schott

魔芋属 *Amorphophallus*

◎磨芋 *Amorphophallus konjac* K. Koch

◎疏毛磨芋 *Amorphophallus kiusianus* (Makino) Makino

天南星属 *Arisaema*

◎云台南星 *Arisaema silvestrii* Pamp.

◎一把伞南星 *Arisaema erubescens* (Wall.) Schott

◎天南星 *Arisaema heterophyllum* Blume

◎花南星 *Arisaema lobatum* Engl.

◎全缘灯台莲 *Arisaema sikokianum* Franch. et Sav.

◎灯台莲（变种）*Arisaema sikokianum* var. *serratum* (Makino) Hand.-Mazz.

芋属 *Colocasia*

◎野芋 *Colocasia antiquorum* Schott

半夏属 *Pinellia*

◎滴水珠 *Pinellia cordata* N. E. Br.

◎虎掌 *Pinellia pedatisecta* Schott *

◎半夏 *Pinellia ternata* (Thunb.) Ten. ex Breitenb.

大漂属 *Pistia*

◎大薸 *Pistia stratiotes* L. *

浮萍科 Lemnaceae

浮萍属 *Lemna*

◎浮萍 *Lemna minor* L.

紫萍属 *Spirodela*

◎紫萍 *Spirodela polyrhiza* (L.) Schleid.

谷精草科 Eriocaulaceae

谷精草属 *Eriocaulon*

◎谷精草 *Eriocaulon buergerianum* Körn.

◎白药谷物草 *Eriocaulon cinereum* R. Br.

◎长苞谷精草 *Eriocaulon decemflorum* Maxim.

◎江南谷精草 *Eriocaulon faberi* Ruhland

◎龙塘山谷精草 *Eriocaulon miquelianum* Korn.

鸭跖草科 Commelinaceae

鸭跖草属 *Commelina*

◎鸭跖草 *Commelina communis* L.

◎饭包草 *Commelina benghalensis* L.

杜若属 *Pollia*

◎杜若 *Pollia japonica* Thunb.

水竹叶属 *Murdannia*

◎疣草 *Murdannia keisak* (Hassk.) Hand.-Mazz.

◎裸花水竹叶 *Murdannia nudiflora* (L.) Brenan

◎水竹叶 *Murdannia triquetra* (Wall. ex C. B. Clarke) G. Brückn.

雨久花科 Pontederiaceae

雨久花属 *Monochoria*

◎鸭舌草 *Monochoria vaginalis* (Burm. f.) C. Presl ex Kunth

灯心草科 Juncaceae

灯心草属 *Juncus*

◎翅茎灯心草 *Juncus alatus* Franch. et Sav.

◎星花灯心草 *Juncus diastrophanthus* Buchenau

◎灯心草 *Juncus effusus* L.

◎笄石菖 *Juncus prismatocarpus* R. Br.

◎野灯心草 *Juncus setchuensis* Buchenau ex Diels

地杨梅属 *Luzula*

◎多花地杨梅 *Luzula multiflora* (Ehrh.) Lej.

◎羽毛地杨梅 *Luzula plumosa* E. Mey.

百部科 Stemonaceae

金刚大属 *Croomia*

◎黄精叶钩吻 *Croomia japonica* Miq.

百部属 *Stemona*

◎百部 *Stemona japonica* (Blume) Miq.

百合科 Liliaceae

粉条儿菜属 *Aletris*

◎粉条儿菜 *Aletris spicata* (Thunb.) Franch.

葱属 *Allium*

◎葱 *Allium fistulosum* L. *

◎薤白 *Allium macrostemon* Bunge

◎蒜 *Allium sativum* L. *

◎球序韭 *Allium thunbergii* G. Don

◎韭 *Allium tuberosum* Rottler ex Spreng. *

◎茖葱 *Allium victorialis* L.

天门冬属 *Asparagus*

◎天门冬 *Asparagus cochinchinensis* (Lour.) Merr.

◎羊齿天门冬 *Asparagus filicinus* D. Don

绵枣儿属 *Barnardia*

◎绵枣儿 *Barnardia japonica* (Thunb.) Schult. et J. H. Schult.

大百合属 *Cardiocrinum*

◎荞麦叶大百合 *Cardiocrinum cathayanum* (E. H. Wilson) Stearn

万寿竹属 *Disporum*

◎宝铎草 *Disporum sessile* D. Don

贝母属 *Fritillaria*

◎天目贝母 *Fritillaria monantha* Migo

萱草属 *Hemerocallis*

◎黄花菜 *Hemerocallis citrina* Baroni *

◎萱草 *Hemerocallis fulva* (L.) L.

玉簪属 *Hosta*

◎紫萼 *Hosta ventricosa* (Salisb.) Stearn

百合属 *Lilium*

◎野百合 *Lilium brownii* N. E. Br. ex Miellez

◎百合（变种）*Lilium brownii* var. *viridulum* ◎Baker *

◎有斑百合（变种）*Lilium concolor* Salisb. var. *pulchellum* (Fisch.) Regel

◎药百合（变种）*Lilium speciosum* Thunb. var. *gloriosoides* Baker

◎卷丹 *Lilium tigrinum* Ker Gawl.

麦冬属 *Liriope*

◎禾叶山麦冬 *Liriope graminifolia* (L.) Baker

◎长梗山麦冬 *Liriope longipedicellata* F. T. Wang et Tang

◎阔叶山麦冬 *Liriope muscari* (Decaisne) L. H. Bailey

◎山麦冬 *Liriope spicata* (Thunb.) Lour.

沿阶草属 *Ophiopogon*

◎间型沿阶草 *Ophiopogon intermedius* D. Don

◎麦冬 *Ophiopogon japonicus* (L. f.) Ker Gawl. *

黄精属 *Polygonatum*

◎多花黄精 *Polygonatum cyrtonema* Hua

◎长梗黄精 *Polygonatum filipes* Merr. ex C. Jeffrey et McEwan

◎玉竹 *Polygonatum odoratum* (Mill.) Druce *

◎黄精 *Polygonatum sibiricum* Redouté

重楼属 *Paris*

◎华重楼（变种）*Paris polyphylla* Smith. var. *chinensis* (Franch.) Hara

◎狭叶重楼 *Paris polyphylla* var. *stenophylla* Franch.

◎北重楼 *Paris verticillata* M. Bieb.

吉祥草属 *Reineckea*

◎吉祥草 *Reineckea carnea* (Andrews) Kunth *

万年青属 *Rohdea*

◎万年青 *Rohdea japonica* (Thunb.) Roth *

菝葜属 *Smilax*

◎尖叶菝葜 *Smilax arisanensis* Hayata

◎菝葜 *Smilax china* L.
◎小果菝葜 *Smilax davidiana* A. DC.
◎土茯苓 *Smilax glabra* Roxb.
◎黑果菝葜 *Smilax glaucochina* Warb.
◎缘脉菝葜 *Smilax nervo-marginata* Hayata
◎白背牛尾菜 *Smilax nipponica* Miq.
◎牛尾菜 *Smilax riparia* A. DC.
◎华东菝葜 *Smilax sieboldii* Miq.
◎鞘柄菝葜 *Smilax stans* Maxim.
鹿药属 *Smilacina*
◎管花鹿药 *Smilacina henryi* (Baker) H. Hara
◎鹿药 *Smilacina japonica* A. Gray
白穗花属 *Speirantha*
◎白穗花 *Speirantha gardenii* (Hook.) Baill.
延龄草属 *Trillium*
◎延龄草 *Trillium tschonoskii* Maxim.
郁金香属 *Tulipa*
◎老鸦瓣 *Tulipa edulis* (Miq.) Baker
◎二叶郁金香 *Tulipa erythronioides* Baker
◎郁金香 *Tulipa gesneriana* L.*

裂果草科 Calochortaceae

油点草属 *Tricyrtis*
◎油点草 *Tricyrtis macropoda* Miq.

黑药花科 Melanthiaceae

藜芦属 *Veratrum*
◎毛叶藜芦 *Veratrum grandiflorum* (Maxim. ex Baker) O. Loes.
◎黑紫藜芦 *Veratrum japonicum* (Baker) Loes. f.
◎牯岭藜芦 *Veratrum schindleri* O. Loes.

石蒜科 Amaryllidaceae

朱顶红属 *Hippeastrum*
◎花朱顶红 *Hippeastrum vittatum* Herb.
小金梅草属 *Hypoxis*
◎小金梅草 *Hypoxis aurea* Lour.
石蒜属 *Lycoris*
◎短蕊石蒜 *Lycoris caldwellii* Traub
◎江苏石蒜 *Lycoris houdyshelii* Traub
◎石蒜 *Lycoris radiata* (L'Hér.) Herb.
◎稻草石蒜 *Lycoris straminea* Lindl.

龙舌兰科 Agavaceae

龙舌兰属 *Agave*
◎龙舌兰 *Agave americana* L.*

薯蓣科 Dioscoreaceae

薯蓣属 *Dioscorea*
◎黄独 *Dioscorea bulbifera* L.
◎粉背薯蓣 *Dioscorea collettii* Hook f. var. *hypoglauca* (Palib.) C. T. Ting et al.
◎纤细薯蓣 *Dioscorea gracillima* Miq.
◎日本薯蓣 *Dioscorea japonica* Thunb.
◎毛藤日本薯蓣 *Dioscorea japonica* var. *pilifera* C. T. Ting et M. C. Chang
◎穿龙薯蓣 *Dioscorea nipponica* Makino
◎薯蓣 *Dioscorea polystachya* Turcz.
◎山萆薢 *Dioscorea tokoro* Makino

鸢尾科 Iridaceae

射干属 *Belamcanda*
◎射干 *Belamcanda chinensis* (L.) Redouté
唐菖蒲属 *Gladiolus*
◎唐菖蒲 *Gladiolus gandavensis**
鸢尾属 *Iris*
◎玉蝉花 *Iris ensata* Thunb.
◎蝴蝶花 *Iris japonica* Thunb. *
◎马蔺 *Iris lactea* Pall. var. *chinensis* (Fisch.) Koidz.
◎小鸢尾 *Iris proantha* Diels
◎小花鸢尾 *Iris speculatrix* Hance
◎鸢尾 *Iris tectorum* Maxim.

姜科 Zingiberaceae

良姜属 *Alpinia*
◎山姜 *Alpinia japonica* (Thunb.) Miq.

姜属 *Zingiber*

◎蘘荷 *Zingiber mioga*（Thunb.）Roscoe

◎姜 *Zingiber officinale* Roscoe*

美人蕉属 *Canna*

◎蕉芋 *Canna indica* L. *

美人蕉科 Cannaceae

◎美人蕉 *Canna indica* L. *

兰科 Orchidaceae

无柱兰属 *Amitostigma*

◎无柱兰 *Amitostigma gracile*（Blume）Schltr.

白芨属 *Bletilla*

◎白及 *Bletilla striata*（Thunb.）Rchb. f.

石豆兰属 *Bulbophyllum*

◎毛药卷瓣兰 *Bulbophyllum omerandrum* Hayata

◎斑唇卷瓣兰 *Bulbophyllum pectenveneris*（Gagnep.）Seidenf.

◎浙杭卷瓣兰 *Bulbophyllum chondriophorum*（Gagnep.）Seidenfaden

虾脊兰属 *Calanthe*

◎虾脊兰 *Calanthe discolor* Lindl.

◎镰萼虾脊兰 *Calanthe puberula* Lindl.

◎反瓣虾脊兰 *Calanthe reflexa* Maxim.

◎无距虾脊兰 *Calanthe tsoongiana* Tang et F. T. Wang

◎贵州虾脊兰（变种）*Calanthe tsoongiana* var. *guizhouensis* Z. H. Tsi

头蕊兰属 *Cephalanthera*

◎银兰 *Cephalanthera erecta*（Thunb.）Blume

◎金兰 *Cephalanthera falcata*（Thunb.）Blume

叠鞘兰属 *Chamaegastrodia*

◎叠鞘兰 *Chamaegastrodia shikokiana* Makino et F. Maek.

独花兰属 *Changnienia*

◎独花兰 *Changnienia amoena* S. S. Chien

隔距兰属 *Cleisostoma*

◎蜈蚣兰 *Cleisostoma scolopendrifolium*（Makino）Garay

杜鹃兰属 *Cremastra*

◎杜鹃兰 *Cremastra appendiculata*（D. Don）Makino

兰属 *Cymbidium*

◎建兰 *Cymbidium ensifolium*（L.）Sw.

◎蕙兰 *Cymbidium faberi* Rolfe

◎春兰 *Cymbidium goeringii*（Rchb. f.）Rchb. f.

兜兰属 *Cypripedium*

◎扇脉杓兰 *Cypripedium japonicum* Thunb.

肉果兰属 *Cyrtosia*

◎血红肉果兰 *Cyrtosia septentrionalis*（Rchb. f.）Garay

石斛兰属 *Dendrobium*

◎铁皮石斛 *Dendrobium catenatum* Lindl.

虎舌兰属 *Epipogium*

◎裂唇虎舌兰 *Epipogium aphyllum* Sw.

盆距兰属 *Gastrochilus*

◎中华盆距兰 *Gastrochilus sinensis* Z. H. Tsi

天麻属 *Gastrodia*

◎天麻 *Gastrodia elata* Blume

◎大花斑叶兰 *Goodyera biflora*（Lindl.）Hook. f.

斑叶兰属 *Goodyera*

◎斑叶兰 *Goodyera schlechtendaliana* Rchb. f.

◎毛葶玉凤花 *Habenaria ciliolaris* Kraenzl.

玉凤花属 *Habenaria*

◎线叶十字兰 *Habenaria linearifolia* Maxim.

羊耳蒜属 *Liparis*

◎长唇羊耳蒜 *Liparis pauliana* Hand.-Mazz.

小沼兰属 *Oberonioides*

◎小沼兰 *Oberonioides microtatantha*（Schltr.）Szlachetko

尖药兰属 *Neottianthe*

◎二叶兜被兰 *Neottianthe cucullata*（L.）Schltr.

象鼻兰属 *Nothodoritis*

◎象鼻兰 *Nothodoritis zhejiangensis* Z. H. Tsi

山兰属 *Oreorchis*

◎长叶山兰 *Oreorchis fargesii* Finet

舌唇兰属 *Platanthera*

◎舌唇兰 *Platanthera japonica* (Thunb.) Lindl.

◎台湾独蒜兰 *Pleione formosana* Hayata

朱兰属 *Pogonia*

◎朱兰 *Pogonia japonica* Rchb. f.

萼脊兰属 *Sedirea*

◎短茎萼脊兰 *Sedirea subparishii* (Z. H. Tsi) Christenson

绶草属 *Spiranthes*

◎绶草 *Spiranthes sinensis* (Pers.) Ames

◎带唇兰 *Tainia dunnii* Rolfe

蜻蜓兰属 *Tulotis*

◎小花蜻蜓兰 *Tulotis ussuriensis* (Regel et Maack) H. Hara

附录

附录2 蜘蛛名录

地蛛科 Atypidae Thorell, 1870

◎卡氏地蛛 *Atypus karschi* Dönitz, 1887

◎异囊地蛛 *Atypus heterothecus* Zhang, 1985

线蛛科 Nemesiidae Simon, 1889

雷文蛛属 sp. *Raveniola* sp.

幽灵蛛科 Pholcidae C. L. Koch, 1850

◎西奇幽灵蛛 *Pholcus zichyi* Kulczyński, 1901

◎曼纽尔幽灵蛛 *Pholcus manueli* Gertsch, 1937

长纺蛛科 Hersiliidae Thorell, 1870

◎白斑长纺蛛 *Hersilia albomaculata* Wang & Yin, 1985

蟱蛛科 Uloboridae Thorell, 1869

◎东方长蟱蛛 *Miagrammopes orientalis* Bösenberg & Strand, 1906

◎麻花涡蛛 *Octonoba serratula* Dong, Zhu & Yoshida, 2005

球蛛科 Theridiidae Sundevall, 1833

◎星斑丽珠 *Chrysso scintillans* Thorell, 1895

◎秀山丘腹蛛 *Episinus xiushanicus* Zhu, 1998

◎尾短跗蛛 *Moneta caudifera* Dönitz & Strand, 1906

◎笠腹拟肥腹蛛 *Parasteatoda galeiforma* Zhu, Zhang & Xu, 1991

◎温室拟肥腹蛛 *Parasteatoda tepidariorum* C. L. Koch, 1841

◎双斑肥腹蛛 *Steatoda bipunctata* Linnaeus, 1758

◎长肢球蛛 *Theridion longipalpum* Zhu, 1998

丽蛛属 sp. *Chrysso* sp.

皿蛛科 Linyphiidae Blackwall, 1859

◎膨大吻额蛛 *Aprifrontalia afflata* Ma & Zhu, 1991

◎柔弱指蛛 *Bathyphantes gracilis* Blackwall, 1841

◎塔克额角蛛 *Gnathonarium taczanowskii* O. P. -Cambridge, 1873

◎长肢盖蛛 *Neriene longipedella* Bösenberg & Strand, 1906

◎护龙瘤胸蛛 *Oedothorax hulongensis* Zhu & Wen, 1980

◎河南华皿蛛 *Sinolinyphia henanensis* Hu, Wang & Wang, 1991

◎华丽盖蛛 *Neriene nitens* Zhu & Chen, 1991

◎日本盖蛛 *Neriene japonica* Oi, 1960

◎大井盖蛛 *Neriene oidedicata* van Helsdingen, 1969

◎草间钻头蛛 *Hylyphantes graminicola* Sundevall, 1830

肖蛸科 Tetragnathidae Menge, 1866

◎大熊双胜蛛 *Diphya okumae* Tanikawa, 1995

◎唐氏锯螯蛛 *Dyschiriognatha tangi* Zhu, Song & Zhang, 2003

◎西里银鳞蛛 *Leucauge celebesiana* Walckenaer, 1841

◎武陵银鳞蛛 *Leucauge wulingensis* Song & Zhu, 1992

◎美丽麦蛛 *Menosira ornata* Chikuni, 1955

◎柔弱粗螯蛛 *Pachygnatha tenera* Karsch, 1879

◎尖尾肖蛸 *Tetragnatha caudicula* Karsch, 1879

园蛛科 Araneidae Clerck, 1757

◎褐吊叶蛛 *Acusilas coccineus* Simon, 1895

◎黄斑园蛛 *Araneus ejusmodi* Bösenberg & Strand, 1906

◎大腹园蛛 *Araneus ventricosus* L. Koch, 1878

◎银斑艾蛛 *Cyclosa argentata* Tanikawa & Ono, 1993

◎银背艾蛛 *Cyclosa argenteoalba* Bösenberg & Strand, 1906

◎八瘤艾蛛 *Cyclosa octotuberculata* Karsch, 1879

◎宽肩普园蛛 *Plebs astridae* Strand, 1917

◎羽足普园蛛 *Plebs plumiopedellus* Yin, Wang & Zhang, 1987

◎卡氏毛园蛛 *Eriovixia cavaleriei* Schenkel, 1963

◎皖高亮腹蛛 *Hypsosinga wanica* Song, Qian & Gao, 1996

◎山地亮腹蛛 *Singa alpigena* Yin, Wang & Li, 1983

◎横纹金蛛 *Argiope bruennichi* Scopoli, 1772

◎悦目金蛛 *Argiope amoena* L. Koch, 1878

园蛛属 sp. *Araneus* sp.

◎梅氏新园蛛 *Neoscona mellotteei* Simon, 1895

◎嗜水新园蛛 *Neoscona nautica* Koch, 1875

新园蛛属 sp. *Neoscona* sp.

◎摩鹿加云斑蛛 *Cyrtophora moluccensis* Doleschall, 1857

壮头蛛属 sp. 1 *Chorizopes* sp. 1

壮头蛛属 sp. 2 *Chorizopes* sp. 2

狼蛛科 Lycosidae Sundevall, 1833

◎刺舞蛛 *Alopecosa aculeata* Clerck, 1757

◎细纹舞蛛 *Alopecosa cinnameopilosa* Schenkel, 1963

◎广陵熊蛛 *Arctosa kwangreungensis* Paik & Tanaka, 1986

◎片熊蛛 *Arctosa laminata* Yu & Song, 1988

◎后凹熊蛛 *Arctosa recurva* Yu & Song, 1988

◎锯齿熊蛛 *Arctosa serrulata* Mao & Song, 1985

◎黑腹狼蛛 *Lycosa coelestis* L. Koch, 1878

◎星豹蛛 *Pardosa astrigera* L. Koch, 1878

◎金平豹蛛 *Pardosa jinpingensis* Yin et al., 1997

◎沟渠豹蛛 *Pardosa laura* Karsch, 1879

◎克氏小水狼蛛 *Piratula clercki* Bösenberg & Strand, 1906

◎细毛小水狼蛛 *Piratula tenuisetacea* Chai, 1987

小水狼蛛属 sp. *Piratula* sp.

◎唇形狼蛛 *Lycosa labialis* Mao & Song, 1985

◎旋囊脉狼蛛 *Venonia spirocysta* Chai, 1991

◎琴形豹蛛 *Pardosa lyrifera* Schenkel, 1936

◎武夷豹蛛 *Pardosa wuyiensis* Yu & Song, 1988

◎拟环纹豹蛛 *Pardosa pseudoannulata* Bösenberg & Strand, 1906

◎江西熊蛛 *Arctosa kiangsiensis* Schenkel,

1963

熊蛛属 sp. *Arctosa* sp.

◎奇异灌蛛 *Trochosa ruricola* De Geer, 1778

盗蛛科 Pisauridae Simon, 1890

◎锚盗蛛 *Pisaura ancora* Paik, 1969

◎驼盗蛛 *Pisaura lama* Bösenberg & Strand, 1906

漏斗蛛科 Agelenidae C. L. Koch, 1837

◎卡尺长隙蛛 *Longicoelotes karschi* Wang, 2002

◎森林漏斗蛛 *Agelena silvatica* Oliger, 1983

◎丝毛类隙蛛 *Pireneitega luctuosa* L. Koch, 1878

◎迷宫漏斗蛛 *Agelena labyrinthica* Clerck, 1757

龙角蛛属 sp. *Draconarius* sp.

褛网蛛科 Psechridae Simon, 1890

◎广褛网蛛 *Psechrus senoculatus* Yin, Wang & Zhang, 1985

猫蛛科 Oxyopidae Thorell, 1870

◎盾形猫蛛 *Oxyopes sushilae* Tikader, 1965

米图蛛科 Miturgidae Simon, 1886

◎不规则红螯蛛 *Cheiracanthium taegense* Paik, 1990

◎浙江红螯蛛 *Cheiracanthium zhejiangense* Hu & Song, 1982

◎草栖毛丛蛛 *Prochora practicola* Bösenberg & Strand, 1906

圆颚蛛科 Corinnidae Karsch, 1880

◎羽状刺蛛 *Echinax panache* Deeleman-Reinhold, 2001

◎黄膝纯蛛 *Castianeira flavipatellata* Yin et al., 1996

纯蛛属 sp. *Castianeira* sp.

管巢蛛科 Clubionidae Wagner, 1887

◎褶管巢蛛 *Clubiona corrugata* Bösenberg & Strand, 1906

◎龚氏管巢蛛 *Clubiona gongi* Zhang et al., 1997

◎软管巢蛛 *Clubiona lena* Bösenberg & Strand, 1906

◎通道管巢蛛 *Clubiona tongdaoensis* Zhang et al., 1997

◎林氏管巢蛛 *Clubiona linea* Xie et al., 1996

拟平腹蛛科 Zodariidae Thorell, 1881

◎唇形马利蛛 *Mallinella labialis* Song & Kim, 1997

转蛛科 Trochanteriidae Karsch, 1879

◎中华扁蛛 *Plator sinicus* Zhu & Wang, 1963

平腹蛛科 Gnaphosidae Pocock, 1898

◎显眼枝疣蛛 *Cladothela oculinotata* Bösenberg & Strand, 1906

◎锯齿掠蛛 *Drassodes serratidens* Schenkel, 1963

◎三门近狂蛛 *Drassyllus sanmenensis* Platnick & Song, 1986

◎利氏平腹蛛 *Gnaphosa licenti* Schenkel, 1953

◎亚洲狂蛛 *Zelotes asiaticus* Bösenberg & Strand, 1906

◎三门狂蛛 *Zelotes sanmen* Platnick & Song, 1986

◎矛平腹蛛 *Gnaphosa hastata* Fox, 1937

◎大围合蛛 *Synaphosus daweiensis* Yin et al., 2002

◎查哈粗狂蛛 *Trachyzelotes jaxartensis* Kroneberg, 1875

◎武昌狂蛛 *Zelotes wuchangensis* Schenkel, 1963

◎胡氏狂蛛 *Zelotes hui* Platnick & Song, 1986
◎郑氏狂蛛 *Zelotes Zhengi* Platnick & Song, 1986
◎本渡齿掠蛛 *Odontodrassus hondoensis* Saito, 1939
健蛛属 sp. *Sanitubius* sp.

遥蛛科 Philodromidae Thorell, 1870

◎红棕逍遥蛛 *Philodromus rufus* Walckenaer, 1826
◎土黄逍遥蛛 *Philodromus subaureolus* Bösenberg & Strand, 1906
◎东方长逍遥蛛 *Tibellus orientis* Efimik, 1999

蟹蛛科 Thomisidae Sundevall, 1833

狩蟹蛛属 sp. *Diaea* sp.
◎三突伊氏蛛 *Ebrechtella tricuspidata* Fabricius, 1775
◎绳绿蟹蛛 *Oxytate hoshizuna* Ono, 1978
◎条纹绿蟹蛛 *Oxytate striatipes* L. Koch, 1878
◎旋卷峭腹蛛 *Tmarus circinalis* Song & Chai, 1990
◎鲜峭腹蛛 *Tmarus koreanus* Paik, 1973
◎纹花蟹蛛 *Xysticus croceus* Fox, 1937
◎鞍形花蟹蛛 *Xysticus ephippiatus* Simon, 1880
◎千岛花蟹蛛 *Xysticus kurilensis* Strand, 1907

跳蛛科 Salticidae Blackwall, 1841

◎华南菱头蛛 *Bianor angulosus* Karsch, 1879
◎白斑猎蛛 *Evarcha albaria* L. Koch, 1878
◎横纹蝇狮 *Marpissa pulla* Karsch, 1879
◎台蚁蛛 *Myrmarachne formosicola* Strand, 1910
◎卡氏金蝉蛛 *Phintella cavaleriei* Schenkel, 1963
◎盘触拟蝇虎 *Plexippoides discifer* Schenkel, 1953
◎毛垛兜跳蛛 *Ptocasius strupifer* Simon, 1901
◎翠蛛 *Siler cupreus* Simon, 1889
◎笔状跃蛛 *Sitticus penicillatus* Simon, 1875
◎安氏合跳蛛 *Synagelides annae* Bohdanowicz, 1979
◎曲雅蛛 *Yaginumaella flexa* Song & Chai, 1992
◎条纹蝇虎 *Plexippus setipes* Karsch, 1879

络新妇科 Nephilidae Simon, 1894

◎斑络新妇 *Nephila pilipes* Fabricius, 1793
◎棒络新妇 *Nephila clavata* L. Koch, 1878

栉足蛛科 Ctenidae Keyserling, 1877

◎福纳阿希塔蛛 *Anahita fauna* Karsch, 1879

栅蛛科 Hahniidae Bertkau, 1878

◎浙江栅蛛 *Hahnia zhejiangensis* Song & Zheng, 1982

附录

附录3 昆虫名录

石蛃目 Microcoryphia

石蛃科 Machilidae Grassi, 1888

◎天目跃蛃 *Pedetontinus tianmuensis* Xue & Yin, 1991

◎浙江跳蛃 *Pedetontus*(V.) *zhejiangensis* Xue & Yin, 1991

衣鱼目 Zygentoma

衣鱼科 Lepismatidae

◎多毛栉衣鱼 *Ctenolepisma villosa* (Fabricius, 1793)

◎衣鱼 *Lepisma saccharinum* Linnaeus, 1758

◎家舍火衣鱼 *Thermobia domestica* (Packard, 1873)

蜉蝣目 Ephemeroptera

拟短丝蜉科 Siphluriscidae

◎中国拟短丝蜉 *Siphluriscus chinensis* Ulmer, 1920

等蜉科 Isonychiidae

◎江西等蜉 *Isonychia kiangsinensis* Hsu, 1935

四节蜉科 Baetidae

◎红柱四节蜉 *Baetis rutilocylindratus* Wang et al., 2011

◎双刺花翅蜉 *Baetiella bispinosa* (Gose, 1980)

◎紫假二翅蜉 *Pseudocloeon purpurata* Gui, Zhou et Su, 1999

扁蜉科 Heptageniidae

◎宜兴似动蜉 *Cinygmina yixingensis* Wu et You, 1986

◎叉似动蜉 *Cinygmina furcata* Zhou et Zheng, 2003

◎斜纹似动蜉 *Cinygmina obliquistrita* You et al., 1981

◎美丽高翔蜉 *Epeorus melli* (Ulmer, 1925)

◎何氏高翔蜉 *Epeorus herklotsi* (Hsu, 1936)

◎黑扁蜉 *Heptagenia ngi* Hsu, 1936

◎桶形赞蜉 *Paegniodes cupulatus* Eaton, 1871

小蜉科 Ephemerellidae

◎隐足弯握蜉 *Drunella cryptomeria* (Imanishi, 1937)

◎天目山锐利蜉 *Ephacerella tianmushanensis* (Xu et al., 1980)

◎膨铗大鳃蜉 *Torleya tumiforceps* (Zhou et Su, 1997)

◎御氏带肋蜉 *Cincticostella gosei* Allen, 1975

◎红天角蜉 *Uracanthella rufa* (Imanishi, 1937)

细蜉科 Caenidae

◎中华细蜉 *Caenis sinensis* Gui Zhou et Su, 1999

细裳蜉科 Leptophlebiidae

◎面宽基蜉 *Choroterpes facialis* (Gillies, 1951)

◎宜兴宽基蜉 *Choroterpes yixingensis* Wu et You, 1989

◎紫金柔裳蜉 *Habrophlebiodes zijinensis* Gui et al, 1995

蜉蝣科 Ephemeridae

◎绢蜉 *Ephemera serica* Eaton, 1871

◎梧州蜉 *Ephemera wuchowensis* Hsu, 1937

◎黑翅蜉 *Ephemera nigroptera* Zhou Gui et Su, 1998

蜻蜓目 Odonata

均翅亚目 Zygoptera

色(蟌)总科 Calopterygoidea

丽(蟌)科 Amphipterygidae

◎粗壮恒河(蟌) *Philoganga robusta* Navas, 1936

◎古老恒河(蟌) *Philoganga vetusta* Ris´, 1912

色(蟌)科 Calopterygidae

◎似库小色(蟌) *Caliphaea consimilis* McLachlan, 1894

◎华红基色(蟌) *Archineura incarnate* Karsch, 1892

◎黑色(蟌) *Calopteryx atrata* Selys, 1853

◎褐色(蟌) *Calopteryx grandaeva* Selys, 1853

◎宽翅色(蟌) *Calopteryx melli* Ris, 1912

◎灿绿色(蟌) *Mnais auripennis* Needham, 1930

◎单脉色(蟌) *Matrona basilaris* Selys, 1853

◎黑角细色(蟌) *Vestalis smaragdina* velata Ris, 1912

◎褐翅色(蟌) *Vestalis virens* Needham, 1930

溪(蟌)科 Euphaeidae

◎方带暗溪(蟌) *Anisophaea decorate* Selys, 1853

◎二齿尾溪(蟌) *Bayadera bidentata* Needham, 1930

◎巨齿尾溪(蟌) *Bayadera melanopteryx* Ris, 1912

◎褐翅黑溪(蟌) *Euphaea opaca* Selys, 1853

丝(蟌)总科 Lestoidea

绿丝(蟌)科 Chlorolestidae

◎赤条绿山(蟌) *Sinolestes truncatus* Needham, 1930

丝(蟌)科 Lestidae

◎优美丝(蟌) *Lestes concinnus* Selys, 1862

◎奇异赭丝(蟌) *Indolestes extraneus* Needham, 1930

山(蟌)科 Megapodagrionidae

◎藏山(蟌) *Mesopodagrion tibetanum* McLachlan, 1896

拟丝(蟌)科 Pseudolestidae

◎黑大丝(蟌) *Rhipidolestes nectans* Needdham, 1928

◎红面大丝(蟌) *Rhipidolestes jucunda* Lieftinck, 1948

(蟌)总科 Coenagrionoidea

(蟌)科 Coenagrionidae

◎白粉杯斑小(蟌) *Agriocnemis feminaoryzae* Lieftinck, 1962

◎乳白小(蟌) *Agriocnemis lacteola* Selys,

1877

◎沼狭翅(蟌) *Aciagrion hisopa* Selys, 1876

◎短尾黄(蟌) *Ceriagrion melanurum* Selys, 1876

◎截尾黄(蟌) *Ceriagrion aeruginosum* Brauer, 1869

◎黑脊尾(蟌) *Cercion calamorum* Ris, 1916

◎奇数(蟌) *Coenagrion impar* Needham, 1930

◎双色异痣(蟌) *Ischnura asiatica* Brauer, 1865

扇(蟌)科 Platycnemididae

◎白扇(蟌) *Platycnemis foliacea* Selys, 1886

◎白狭扇(蟌) *Copera annulata* Selys, 1863

◎华丽扇(蟌) *Calicnemis sinensis* Lieftinck, 1984

◎蓝纹长腹(蟌) *Coelicca cyanomelas* Ris, 1912

原(蟌)科 Protoneuridae

◎龙井齿原(蟌) *Prodasineura longjingensis* Zhou, 1981

◎乌齿原(蟌) *Prodasineura autumnalis* Fraser, 1922

差翅亚目 Anisoptera

蜓总科 Aeshnoidea

蜓科 Aeshnidae

◎黑纹伟蜓 *Anax nigrofasciatus* Oguma, 1915

◎碧伟蜓 *Anax parthenope* Julius Brauer

◎黄额伟蜓 *Anax guttatyus* Burmeister, 1839

◎日本长尾蜓 *Gynacantha japonica* Bartenef, 1909

◎蓝面波蜓 *Polycanthagyna melanictera* Selys

◎遂昌普莱蜓 *Planaeschna suichangensis* Zhuo, 1980

◎李氏头蜓 *Cephalaeschna risi* Asahina, 1981

◎科氏叶蜓 *Petaliaeschna corneliae* Asahina, 1982

◎绿黑佩蜓 *Periaeschnaf linti* Asahins, 1978

◎玛佩蜓 *Periaeschna magdalena* Martin, 1909

春蜓科 Gomphidae

春蜓亚科 Gomphidae

◎长角来春蜓 *Asiagomphus cuneatus* Needham, 193

◎钩纹亚春蜓 *Asiagomphus septimus* Needham, 1930

◎克雷扩腹春蜓 *Stylurus kreyenbergi* (Ris, 1912)

◎长腹春蜓 *Gastrogomphus abdominalis* (McLachlan, 1884)

◎凶猛春蜓 *Labrogomphus torvus* Needham, 1931

◎双纹缅春蜓 *Burmagomphus arvalis* Needhaml, 1930

◎领纹缅春蜓 *Burmagomphus collaris* Needham, 1930

◎溪居缅春蜓 *Burmagomphus intinctus* Needham, 1930

◎独角曦春蜓 *Heliogomphus scorpio* (Ris, 1912)

◎安氏异春蜓 *Anisogomphus anderi* Lieftinck, 1948

◎深山闽春蜓 *Fukienogomphus prometheus* Lieftinck, 1948

◎野居棘尾春蜓 *Trigomphus agricola* (Ris, 1916)

◎亲棘尾春蜓 *Trigomphus carus* Chao, 1954

◎黄侧华春蜓 *Sinogomphus peleus* (Lieftinck), 1939

◎纯鎏尖尾春蜓 *Stylogomphus chunliuae*

Chao, 1954

◎小尖尾春蜓 *Stylogomphus tantulus* Chao, 1954

◎弗鲁戴春蜓幼小亚种 *Davidius fruhstorferi-junior* Navas, 1936

◎优美纤春蜓指名亚种 *Leptogomphus elegans* Lieftinck, 1948

钩尾春蜓亚科 Onychogomphinae

◎浙江日春蜓 *Nihonogomphus zhejiangensis* Chao & Zhou, 1982

◎驼峰环尾春蜓 *Lamelligomphus camelus* (Martin), 1904

◎无峰弯尾春蜓 *Melligomphus ludens* (Needham, 1930)

◎长钩蛇纹春蜓 *Ophiogomphus* (*Ophionurus*) *sinicus* (Chou, 1954)

林春蜓亚科 Lindeniinae

◎小团扇春蜓 *Ictinogomphus rapax* (Rambur, 1798)

◎大团扇春蜓 *Sinictinogomphus clavatus* (Fabricius)

大蜓总科 Cordulegastroidea

大蜓科 Cordulegastridae

◎斯氏绿大蜓 *Chlorogomphus suzukii* Oguma, 1926

◎尖额绿大蜓 *Chlorogomphus nasutus* Needham, 1930

◎巨圆臀大蜓 *Anotogaster sieboldii* Selys, 1854

蜻总科 Libelluloidea

伪蜻科 Corduliidae

◎缘斑毛伪蜻 *Epitheca marginata* Selys, 1883

◎灵隐缘伪蜻 *Somatochlora lingyiensis* Zhou, 1979

◎杭州异伪蜻 *Macromidia hangzhouensis* Zhou, 1979

◎锤弓蜻 *Macromia malleifera* Lieftinck, 1955

蜻科 Libellulidae

◎蓝额疏脉蜻 *Brachydiplax chalybea* Brauer, 1868

◎黄翅蜻 *Brachythemis contaminata* (Fabricius, 1793)

◎红蜻 *Crocothemis servilia* Drury, 1770

◎异色多纹蜻 *Deielia phaon* Selys, 1883

◎基斑蜻 *Libellula depressa* Linnaeus, 1758

◎闪绿宽腹蜻 *Lyriothemis pachygastra* Selys, 1878

◎侏红小蜻 *Nannophya pygmaea* Rambur, 1842

◎白尾灰蜻 *Orthetrum albistylumspeciosum* Uhler, 1858

◎华丽灰蜻 *Orthetrum chrysis* Selys, 1892

◎齿背灰蜻 *Orthetrum devium* Needham, 1930

◎褐肩灰蜻 *Orthetrum japonicuminternum* McLachlan, 1894

◎异色灰蜻 *Orthetrum melania* Selys, 1883

◎赤色灰蜻 *Orthetrum pruinosum neglectum* Rambur, 1842

◎狭腹灰蜻 *Orthetrum sabina* Drury, 1770

◎玉带蜻 *Pseudothemis zonata* Burmeister, 1893

◎黑翅丽蜻 *Rhyothemis fuliginosa* Selys, 1883

◎斑翅丽蜻 *Rhyothemis variegate* Lieeaeus, 1763

◎大赤蜻 *Sympetrum baccha* Selys, 1884

◎夏赤蜻 *Sympetrum darwinianum* Selys, 1883

◎竖眉赤蜻 *Sympetrum eroticumardens* MaLachlan, 1854

◎褐顶赤蜻 *Sympetrum infuscatum* Selys, 1883

◎双横赤蜻 *Sympetrum ruptum* Needham, 1930

◎华斜痣蜻 *Tramea chinensis* DeGeer, 1773

𫌀翅目 Plecoptera

卷𫌀科 Leuctridae

◎东方拟卷𫌀 *Paraleuctra orientalis* (Chu), 1928

◎叉刺诺𫌀 *Rhopalopsole furcospina* (Wu, 1973)

◎二刺诺𫌀 *Rhopalopsole bispina* (Wu, 1949)

◎曲刺诺𫌀 *Rhopalopsole recurvispina* (Wu, 1949)

◎长刺诺𫌀 *Rhopalopsole longispina* Yang et Yang, 1991

叉𫌀科 Nemouridae

◎朱氏倍叉𫌀 *Amphinemura chui* (Wu, 1935)

◎克氏倍叉𫌀 *Amphinemura claassenia* (Wu, 1935)

◎皮氏倍叉𫌀 *Amphinemura pieli* (Wu, 1938)

◎中华倍叉𫌀 *Amphinemura sinensis* (Wu, 1926)

◎莫干山倍叉𫌀 *Amphinemura mokanshanensis* (Wu, 1938)

◎反曲叉𫌀 *Nemoura recurvata* Wu, 1949

◎浅凹叉𫌀 *Nemoura cocaviuscula* Du & Zhou, 2008

◎杰氏叉𫌀 *Nemoura janeti* Wu, 1938

扁𫌀科 Peltoperlidae

◎尖刺刺扁𫌀 *Cryptoperlastilifera* Sivec, 1995

𫌀科 Perlidae

◎天目山钩𫌀 *Kamimuria tienmushanensis* Wu, 1938

◎黑色扣𫌀 *Kiotina nigra* (Wu, 1938)

◎浅黄新𫌀 *Neoperla flavescens* Chu, 1929

◎四斑华钮𫌀 *Sinacroneuria quadriplagiata* (Wu, 1938)

◎尤氏华钮𫌀 *Sinacroneuria yiui* (Wu, 1935)

◎黄色扣𫌀 *Kamimuria biocellata* (Chu, 1929)

◎浙江扣𫌀 *Kiotina chekiangensis* (Wu, 1938)

◎简单钩𫌀 *Kamimuria simplex* (Chu), 1929

◎浙江襟𫌀 *Togoperla chekianensis* (Chu, 1928)

◎长形襟𫌀 *Togoperla perpicta* Klapúlek, 1852

◎全黑襟𫌀 *Togoperla totanigra* Du et Chou, 1998

刺𫌀科 Styloperlidae

◎江西刺𫌀 *Styloperla jiangxiensis* Yang et Yang, 1990

◎刺尾刺𫌀 *Styloperla spinicercia* Wu, 1935

◎胡氏刺𫌀 *Styloperla wui* Chao, 1947

蜚蠊目 Blattodae

姬蠊科 Ectobiidae

姬蠊亚科 Blattellinae Karny, 1908

◎双纹小蠊 *Blattella bisignata* (Brunner, 1893)

◎申氏乙蠊 *Sigmella schenklingi* (Karny, 1915)

◎京都亚蠊 *Asiablatta kyotensis* (Asanina, 1976)

◎中华玛拉蠊 *Malaccina sinica* (Bey-Bienko, 1954)

◎中华拟歪尾蠊 *Episymploce sinensis* (Walker, 1869)

◎坡坦拟歪尾蠊 *Episymploce potanini* (Bey-Bienko, 1950)

◎晶拟歪尾蠊 *Episymploce vicina* (Bey-Bienko, 1954)

◎台湾拟歪尾蠊 *Episymploce formosana* (Shiraki, 1908)

◎朴氏拟歪尾蠊 *Episymploce potanini* (Bey-Bienko, 1950)

拟叶蠊亚科 Pseudophyllodromiinae Vickery et Kevan, 1983

◎金林巴蠊 *Balta jinlinorum* Che, Chen et Wang, 2010

◎黑背丘蠊 *Sorineuchora nigra* (Shiraki, 1908)

蜚蠊科 Blattidae

蜚蠊亚科 Blattinae Caudell, 1913

◎淡褐大蠊 *Periplaneta diamesa* Bey-Bienko, 1954

◎褐斑大蠊 *Periplaneta brunnea* Burmeister, 1838

◎淡赤褐大蠊 *Periplaneta ceylonica* Karny, 1908

地鳖蠊科 Corydiidae

地鳖蠊亚科 Corydiinae Saussure, 1864

◎中华真地鳖 *Eupolyphaga sinensis* (Walker, 1868)

◎紫真鳖蠊 *Eucorydiapur puralis* (Kirby, 1903)

硕蠊科 Blaberidae

光蠊亚科 Epilamprinae Brunner von Wattenwyl, 1865

◎黑粟麻蠊 *Stictolomapra melancholica* Bey-Bienko, 1954

◎双色麻蠊 *Stictolampra bicolor* Guo, Liu et Li, 2011

◎黑带大光蠊 *Rhabdoblatta nigrovittata* Bey-Bienko, 1954

◎星翅杆蠊 *Rhabdoblatta regina* (Saussure, 1869)

◎夏氏大光蠊 *Rhabdoblatta xiai* Liu et Zhu, 2001

球蠊亚科 Perisphaeriinae Brunner, 1865

◎伪龟蠊 *Corydidarum fallax* (Bey-Bienko, 1969)

等翅目 Isoptera

鼻白蚁科 Rhinotermitidae

◎台湾乳白蚁 *Coptotermes formosanus* shiraki, 1909

◎肖若散白蚁 *Reticulitermes affinis* Hsia et Fan, 1965

◎黑胸散白蚁 *Reticulitermes chinensis* Snyder, 1923

◎黄胸散白蚁 *Reticulitermes flaviceps* (Oshima, 1911)

◎圆唇散白蚁 *Reticulitermes labralis* Hsia et Fan, 1965

◎小散白蚁 *Reticulitermes parvus* Li, 1979

白蚁科 Termitidae

◎凹额钝颚白蚁 *Ahmaditermes foveafrons* Gao, 1988

◎黄翅大白蚁 *Macrotermes barneyi* Light, 1924

◎异齿奇象白蚁 *Mironasutitermes heterodon* Gao et He, 1988

◎小象白蚁 *Nasutitermes parvonasutus* (Shiraki, 1917)

◎尖鼻象白蚁 *Nasutitermes gardneri* Snyder, 1936

◎黑翅土白蚁 *Odontotermes formosanus* (Shiraki, 1909)

◎近扭白蚁 *Pericapritermes nitobei* (Shiraki, 1909)

螳螂目 Mantodea

花螳科 Hymenopodidae

姬螳亚科 Acromantinae

◎日本姬螳 *Acromantis japonica* Westwood, 1889

花螳亚科 Hymenopodinae

◎丽眼斑螳 *Creobroter gemmata*（Stoll，1813）

◎中华大齿螳 *Odentomantis sinensis*（Giglio-Tos，1915）

锥头螳科 Empusidae

奇叶螳亚科 Phyllotheliinae

◎中华奇叶螳 *Phyllothelys sinensae*（Ouchi，1938）

螳科 Mantidae

虹翅螳亚科 Iridopteriginae

◎毛螳 *Spilomantis occipitalis*（Westwood，1889）

◎和名异跳螳 *Amantis nawai*（Shiraki，1908）

螳亚科 Mantinae

◎绿静螳 *Statilia nemoralis*（Saussure，1870）

◎污斑静螳 *Statilia maculata*（Thunberg，1784）

◎中华大刀螳 *Tenodera sinensis* Saussure，1842

◎勇斧螳 *Hierodula membranacea*（Burmeister，1838）

◎台湾斧螳 *Hierodula formosana* Giglio-Tos，1912

革翅目 Dermaptera

大尾螋总科 Pygidicranoidea

大尾螋科 Pygidicranidae

◎瘤螋 *Challia fletcheri* Burr，1904

丝尾螋科 Diplatyidae

◎黄色丝尾螋 *Diplatys flavicollis* Shiraki，1907

◎隐丝尾螋 *Diplatys reconditus* Hincks，1955

肥螋总科 Anisolabidoidea Sakai，1982

肥螋科 Anisolabididae

◎袋小肥螋 *Euborellia annulata*（Fabricius，1793）

◎环纹小肥螋 *Euborellia annulipes*（Lucas，1847）

蠼螋科 Labiduridae

◎素钳螋 *Forcipula decolyi* Bormans，1900

◎纳蠼螋 *Nala lividipes*（Dufour，1829）

◎尼纳蠼螋 *Nala nepalensis* Burr，1907

◎蠼螋 *Labidura riparia* Pallas，1773

球螋总科 Forficuloidea

苔螋科 Spongiphoridae

◎米姬苔螋 *Labia minor*（Linne，1758）

球螋科 Forficulidae

◎日本张球螋 *Anechura*（*Odontopsalis*）*japonica*（Bormans，1880）

◎社乔球螋 *Timomenus shelfordi*（Burr，1904）

◎空乔球螋 *Timomenus aeris*（Shiraki，1906）

◎素乔球螋 *Timomenus lugens*（Bormans，1894）

◎桃源球螋 *Forficula taoyuanensis* Ma et Chen，1992

◎达球螋 *Forficula davidi* Burr，1905

◎华球螋 *Forficula sinica*（Bey-Bienko，1934）

直翅目 Orthoptera

螽亚目 Tettigoniodea

螽斯总科 Tettigonioidea

螽斯科 Tettigoniidae

露螽亚科 Phaneropterinae

◎近似掩耳螽 *Elimaea*（*Elimaea*）*fallax* Bey-Bienko，1951

◎半圆掩耳螽 *Elimaea*（*Elimaea*）*semicirculata* Kang et Yang，1992

◎中华半掩耳螽 *Hemielimaea chinensis* Brunner-Wattenwyl，1878

◎端圆斜缘螽 *Deflortia apicalis*（Shiraki，

1930)
◎日本条螽 *Ducetia japonica* (Thunberg, 1815)
◎中华桑螽 *Kuwayamaea chinensis* (Brunner-Wattenwyl, 1878)
◎斯氏桑螽 *Kuwayamaea sergeji* Gorochov, 2001
◎赤褐环螽 *Letana rubescens* (Stal, 1874)
◎台湾奇螽 *Mirollia formosana* Shiraki, 1930
◎镰尾露螽 *Phaneroptera falcata* (Poda, 1761)
◎凸翅糙颈螽 *Ruidocollaris convexipennis*(Caudell, 1935)
◎切叶糙颈螽 *Ruidocollaris truncatelobata* (Brunner-Wattenwyl, 1878)
◎长裂华绿螽 *Sinochlora longifissa* (Matsumura et Shiraki, 1908)
◎细齿平背螽 *Isopsera denticulate* Ebner, 1939

纺织娘亚科 Mecopodinae

◎日本纺织娘 *Mecopoda niponensis* (De Haan, 1842)

拟叶螽亚科 Pseudophyllinae

◎柯氏翡螽 *Phyllomimus klapperichi* Beier, 1954
◎中华翡螽 *Phyllomimus sinicus* Beier, 1954
◎卡氏覆翅螽 *Tegrakarnyi* Willemse, 1933

草螽亚科 Conocephalinae

◎鼻优草螽 *Euconocephalus nasutus* (Thunberg, 1815)
◎粗头拟矛螽 *Pseudorhynchus crassiceps* (De Haan, 1842)
◎黑胫钩额螽 *Ruspalis lineosa* (Walker, 1869)
◎亮钩额螽 *Ruspalis nitidula* (Scopoli, 1786)
◎宽背古禾螽 *Palaeoagraecia platynota* (Matsumura et Shiraki, 1908)
◎长瓣草螽 *Conocephalus gladiatus* (Redtenbacher, 1891)
◎沟额草螽 *Conocephalus sulcifrontia* Xia et Liu, 1992
◎夏氏草螽 *Conocephalus xiai* Liu et Zhang, 2007
◎皮氏锥尾螽 *Conanalus pieli* (Tinkham, 1943)
◎素色似织螽 *Hexacentrus unicolor* Audinet-Serville, 1831

螽斯亚科 Tettigoninae

◎江苏寰螽 *Atlanticus* (*Sinpacificus*) *kiangsu* Ramme, 1939
◎中华蝈螽 *Gampsocleis sinensis* (Walker, 1869)
◎中华螽斯 *Tettigonia chinensis* Willemse, 1933

蛩螽亚科 Meconematinae

◎安吉拟饰肛螽 *Pseudocosmetura anjiensis* (Shi et Zheng, 1998)
◎陈氏原栖螽 *Eoxizicus* (*Eoxizicus*) *cheni* (Bey-Bienko, 1955)
◎贺氏原栖螽 *Eoxizicus* (*Eoxizicus*) *howardi* (Tinkham, 1956)
◎格尼优剑螽 *Euxiphidiopsis gurneyi* (Tinkham, 1944)
◎铃木库螽 *Kuzicus* (*Kuzicus*) *suzukii* (Matsumura & Shiraki, 1908)
◎黑膝巨蛩螽 *Megaconema geniculata* (Bey-Bienko, 1962)

沙螽总科 Stenopelmatoidea

驼螽科 Rhaphidophoridae

灶螽亚科 Aemodogryllinae

◎居中突灶螽 *Diestramima intermedia* Liu et Zhang, 2001
◎朝鲜疾灶螽 *Diestrammena* (*Tachycines*) *coreanus* (Yamasaki, 1969)

蟋螽科 Gryllacrididae

蟋螽亚科 Gryllacridinae

◎黑颊婆蟋螽 *Marthogryllacris*（*Borneogryllacris*）*malenocrania*（Karny, 1929）

◎长瓣同蟋螽 *Homogryllacris gladiata* Liu, 200

◎杂红同蟋螽 *Homogryllacris rufovaria* Liu, 2007

◎暗端瀛蟋螽 *Nippancistroger fuscoterminatus*（Brunner von Watterwy1, 1888）

◎圆柱饰蟋螽 *Prosopogryllacris cylindrigera*（Karny, 1926）

蟋蟀总科 Grylloidea

蟋蟀科 Gryllidae

蟋蟀亚科 Gryllinae

◎刻点哑蟋 *Goniogryllus punctatus* Chopard, 1936

◎石首棺头蟋 *Loxoblemmus qequestris* Saussure, 1877

◎小棺头蟋 *Loxoblemmus aomoriensis* Shiraki, 1930

◎多伊棺头蟋 *Loxoblemmus doenitzi* Stein, 1881

◎小悍蟋 *Tartarogryllus minusculus*（Walker, 1869）

◎黑脸油葫芦 *Teleogryllus*（*Brachyteleogryllus*）*occipitalis*（Serville, 1838）

◎黄脸油葫芦蟋 *Teleogryllusemma*（Ohmachi & Matsuura, 1842）

◎迷卡斗蟋 *Velarifictorus*（*Velarifictorus*）*micado*（Saussure, 1877）

纤蟋亚科 Euscyrtinae

◎半翅突额蟋 *Euscyrtus hemelytrus*（De Haan, 1842）

◎马来长额蟋 *Patiscus malayanus* Chopard, 1969

蛛蟋亚科 Phalangopsinae

◎日本钟蟋 *Homoeogryllus japonicus*（De Haan, 1842）

距蟋亚科 Eneopterinae

◎梨片蟋 *Truljalia hibinonis*（Matsumura, 1919）

◎瘤突片蟋 *Truljalia tylacantha* Wang & Woo, 1992

◎褐额匝须蟋 *Zamunda fuscirostris*（Chopard, 1969）

蛉蟋亚科 Trigonidiinae Saussure, 1870

◎双带斯蛉蟋 *Svistella bifasciata*（Shiraki, 1911）

◎黑足墨蛉蟋 *Homoeoxipha nigripes* Hsia & Liu, 1993

◎福建突蛉蟋 *Amusurgus fujianensis*, Wang Zheng & Wu, 1999

针蟋亚科 Nemobiinae Saussure, 1877

◎斑腿双针蟋 *Dianemobius fascipesfascipes*（Walker, 1869）

◎斑翅灰针蟋 *Polionemobius taprobanensis*（Walker, 1869）

◎黄角灰针蟋 *Polionemobius flavoantennalis*（Shiraki, 1911）

树蟋亚科 Oecanthinae Blanchard, 1845

◎黄树蟋 *Oecanthus rufescens* Serville, 1838

扩胸蟋亚科 Cachoplistinae Saussure, 1877

◎日本似芫蟋 *Meloimorpha japonicajaponica*（De Haan, 1842）

铁蟋亚科 Sclerogryllinae Gorochov, 1985

◎刻点铁蟋 *Sclerogryllus punctatus*（Brunner von Wattenwyl, 1893）

蝼蛄科 Gryllotalpidae

蝼蛄亚科 Gryllotalpinae

◎东方蝼蛄 *Gryllotalpa orientalis* Burmeister, 1839

蝗总科 Acridoidea

斑腿蝗科 Catantopidae

◎小稻蝗 *Oxya intricata* (Stål, 1861)

◎中华稻蝗 *Oxya chinensis* (Thunberg, 1825)

◎比式卵翅蝗 *Caryanda pieli* Chang, 1939

◎绿腿腹露蝗 *Fruhstorferiola viridifemorata* (Caudell, 1921)

◎蔡氏蹦蝗 *Sinopodisma tsaii* (Chang, 1940)

◎比氏蹦蝗 *Sinopodisma pieli* (Chang, 1940)

◎短角直斑腿蝗 *Stenocatantops mistshenkoi* Willemse F., 1968

◎短角外斑腿蝗 *Xenocatantops brachycerus* (C. Willemse, 1932)

斑翅蝗科 Oedipodidae

◎云斑车蝗 *Gastrimargus marmoratus* (Thunberg, 1815)

◎草绿蝗 *Parapleurus alliaceus* (Germar, 1817)

◎黄胫小车蝗 *Oedaleus infernalis* Saussure, 1884

网翅蝗科 Arcypteridae

◎大青脊竹蝗 *Ceracris nigricornis* laeta (I. Bol. 1914)

◎黄脊雷篦蝗 *Rammeacris kiangsu* (Tsai, 1929)

◎鹤立雏蝗 *Chorthippus fuscipennis* (Caudell, 1921)

剑角蝗科 Acrididae

◎异翅鸣蝗 *Mongolotettix anomopterus* (Caudell, 1921)

◎短翅佛蝗 *Phlaeoba angusidorsis* Bolivar, 1902

◎僧帽佛蝗 *Phlaeoba infumata* Brunner-Wattebwyl, 1893

蚱总科 Tetrigoidea

刺翼蚱科 Scelimenidae

◎三齿佯鳄蚱 *Paragavialidiu curvispinum* Zheng, 1994

◎突眼优角蚱 *Eucriotettix oculatus* (Bolivar, 1898)

蚱科 Tetrigidae

◎波氏蚱 *Tetrix bolivari* Saulcy, 1901

◎日本蚱 *Tetrix japonica* (Bolivar, 1887)

蜢总科 Eumastacoidea

槌角蜢科 Gomphomastacidae

◎苏州比蜢 *Pielomastax soochowensis* Chang, 1937

竹节虫目 Phasmatodea

(蛸)科 Phasmatidae

◎鸡公山短肛(蛸) *Baculum jigongshanense* Chen et Li, 1999

◎天目山短肛(蛸) *Baculum tianmushanensis* Chen et He, 1995

◎断沟短肛(蛸) *Baculum intersulcatum* Chen et He, 1991

异(蛸)科 Heteronemiidae

◎双线短足异(蛸) *Dixippus bilineatus* (Chen et He, 1991)

◎双叶小异(蛸) *Micadina bilobata* Liu et Cai, 1994

◎冠花刺背(蛸) *Paracentema stephanus* Redtenbaehor

◎瓦腹华枝(蛸) *Sinophasma honei* Gunther, 1940

◎角臀华枝(蛸) *Sinophasma angulata* Liu, 1987

◎异尾华枝(蛸) *Sinophasma mirabile* Gunther

◎细胫枝(蛸) *Sipyloidea sipylus* (Westwood, 1895)

(蛄)目 Psocoptera

粉蛄亚目 Troctomorpha

上蛄科 Epipsocoidae

◎长头半脊上蛄 *Dimidistriatus longicapitus* Li et Mockford, 1997

单蛄科 Caeciliusidae

◎斜红斑单蛄 *Caecilius plagioerythrinus* Li, 1993

◎横红斑单蛄 *Caecilius spiloerythrinus* Li, 1993

◎狭痣二条单蛄 *Caecilius stenostigmus* Li, 1995

◎缘白单蛄 *Caecilius marginilacutus* Li, 1999

◎中带单蛄 *Caecilius medivithatus* Li, 1992

蛄科 Psocidae

◎普通昧蛄 *Metylophorus plebius* Li, 1989

◎松五蓓蛄 *Pentablaste pini* (Li, 1990)

◎深色五蓓蛄 *Pentablaste profunda* (Li, 1995)

◎湖南触蛄 *Psococerastis hunaniensis* Li, 1992

◎粗茎触蛄 *Psococerastis stulticaulis* Li, 1999

◎三叉丽斑蛄 *Psocomesites trifurcatum* (Li, 1993)

◎刺肛带麻蛄 *Trichadenotecnum tenuispinum* Li, 1995

◎拟枝突带麻蛄 *Trichadenotecnum spuristipiatum* Li, 1997

食毛目 Mallophaga

短角鸟虱科 Menoponidae

◎家鸡禽鸟虱 *Menopon gallinoe*(Linnaeus)

◎草黄鸡体羽虱 *Menacanthus stramineus*

鸟虱科 Ricinidae

◎燕雀鸟虱 *Ricinus fringillae* De Geer

长角鸟虱科 Philopteridae

◎家鸡姬鸟虱 *Goniocoter gallinae* (De Geer)

◎家鸡圆鸟虱 *Goniodes dissimilis* Denny

◎家鸡长鸟虱 *Lipeurus caponis* (Linnaeus)

◎家鸭长鸟虱 *Anaticola crassicornis* (Scopoli)

兽鸟虱科 Trichodectidae

◎牛鸟虱 *Boricola bovis* (Linnaeus)

◎犬鸟虱 *Trichodectes canis* (De Geer)

虱目 Anoplura

血虱科 Haematopinidae

◎猪血虱 *Haematopinus suis* (Linnaeus, 1758)

◎瘤突血虱 *Haematopinus tuberculatus* (Burmeister, 1839)

拟血虱科 Haematopinoididae

◎结石盲鼠虱 *Typhlomyophthirus lithosis* Chin, 1980

颚虱科 Linognathidae

◎非洲颚虱 *Linognathus africanus* Kellogg et Paine, 1911

◎牛颚虱 *Linognathus vituli* (Linnaeus, 1758)

虱科 Pediculidae

◎人虱 *Pediculus humanus* Linnaeus, 1758

多板虱科 Polyplacidae

◎琴头血渴虱 *Haemodipsus lyriocephalus* (Burmeister, 1839)

阴虱科 Pthiridae

◎耻阴虱 *Pthirus pubis* (Linnaeus, 1758)

缨翅目 Thysanoptera

蓟马科 Thripidae

◎玉米黄呆蓟马 *Anaphothrips obscurus* (Müller, 1776)

◎苏丹呆蓟马 *Anaphothrips sudanensis* Trybom, 1911

◎禾包蓟马 *Bolacidothrips oryzae* Moulton, 1942

◎袖指蓟马 *Chirothrips manicatus* (Haliday, 1836)
◎杰别梳蓟马 *Ctenothrips distinctus* (Uzel, 1895)
◎花蓟马 *Frankliniella intosa* (Trybom, 1895)
◎茭笋花蓟马 *Frankininella zizaniophila* Han et Zhang
◎黄顶颈片针蓟马 *Helionothrips errans* (Williams, 1916)
◎扁丽蓟马 *Hydatothrips aureus* Bhatti
◎齿裂扁蓟马 *Hydatothrips dentatus* (Steinweden et Moulton, 1930)
◎伏牛山扁蓟马 *Hydatothrips funiuensis* Duan, 1998
◎褐三鬃蓟马 *Lefroyothrips lefroyi* (Bagnall, 1913)
◎端大蓟马 *Megalurothrips distalis* (Karny, 1913)
◎并喙蓟马 *Mycterothrips consociatus* (Targioni-Tozzetti)
◎豆喙蓟马 *Mycterothrips glycines* (Okamoto, 1911)
◎牛角花齿蓟马 *Odontothrips loti* (Haliday, 1852)
◎巴氏伪棍蓟马 *Pseudodendrothrips bhatti* Kudo, 1984
◎榆伪棍蓟马 *Pseudodendrothrips ulmi* Zhang et Tong, 1988
◎竹直鬃蓟马 *Stenchaetothrips bambusae* (Shumsher, 1946)
◎稻直鬃蓟马 *Stenchaetothrips biformis* (Bagnall, 1913)
◎草黄蓟马 *Stenchaetothrips faurei* bhatti
◎暗直鬃蓟马 *Stenchaetothrips tenebricus* (Ananthakrishnan et Jagadish, 1968)
◎油加律带蓟马 *Taeniothrips euchraii* (Whetzel, 1923)
◎蓟马 *Thrips brevicornis* Priesner, 1920
◎色蓟马 *Thrips coloratus* Schmutz
◎黄胸蓟马 *Thrips hawaiiensis*(Morgan, 1913)
◎八节黄蓟马 *Thrips flavidulus* (Bagnall, 1923)
◎黄蓟马 *Thrips flavus* Schrank, 1776
◎台湾蓟马 *Thrips formosanus* Priesner, 1934
◎夏威夷蓟马 *Thrips hawaiiensis* (Morgan, 1913)
◎烟蓟马 *Thrips tabaci* Lindeman
◎普通蓟马 *Thrips vulagtissimus* Haliday, 1836

管蓟马科 Phlaeothripidae

◎竹短颚蓟马 *Antilltohrips nayari* (Aanthakirshnan)
◎丝兰巴氏管蓟马 *Bagnalliella yuccae* (Hind, 1902)
◎稻简管蓟马 *Haplothrips aculeatus* Fabricius
◎华简管蓟马 *Haplothrips chinensis* Priesner, 1933
◎草简管蓟马 *Haplothrips ganglbaueri* Schmutz, 1913
◎菊简管蓟马 *Haplothrips gowdeyi* (Franklin, 1908)
◎尖毛简管蓟马 *Haplothrips reuteri* (Karny, 1907)
◎狭翅简管蓟马 *Haplothrips tenuipennis* Bagnall, 1918
◎中华简管蓟马 *Haplothrips* (*Haplothrips*) *chinensis* Prisner
◎胡椒滑管蓟马 *Liothrips piperinus* Priesner
◎安香滑蓟马 *Liothrips styracinus* Priesner
◎百合滑管蓟马 *Liothrips vaneecki* Priesner
◎暗足岛管蓟马 *Nesothrips atropoda* Duan, 1998

同翅目 Homoptera

蝉科 Cicadidae

裸蝉亚科 Tibicininae

◎台湾暗翅蝉 *Scieroptera formosana* Schmidt, 1918

◎红蝉 *Huechys sanguinea*(De Geer, 1773)

◎碧蝉 *Hea fasciata* Distant, 1906

◎中华莱古蝉 *Lycurgus sinensis* Jacobi, 1944

蝉亚科 Cicadinae

◎深蓝扎 *Mogannia cyanea* Walker, 1858

◎草蝉 *Mogannia hebes*(Walker, 1858)

◎大鼻草蝉 *Moga nnianasalis*(White, 1844)

◎蟪蛄 *Platypleura kaempferi* (Fabricius, 1794)

◎震旦马蝉 *Platylomia pieli* Kato, 1938

◎蒙古寒蝉 *Meimuna mongolica* (Distant, 1881)

◎松寒蝉 *Meimuna opalifera*(Walker, 1850)

◎螂蝉 *Pomponia linearis*(Walker, 1850)

◎端晕宁蝉 *Terpnosia fuscoapicalis* Kato, 1938

◎南细蝉 *Leptosemia sakaii*(Matsumura, 1913)

◎中华新螗蝉 *Neotanna sinensis* Ouchi, 1938

◎螗蝉 *Tanna japonensis*(Distant, 1892)

◎鸣鸣蝉 *Oncotympana maculaticollis* (Motschulsky, 1866)

◎贾氏僚蝉 *Lyristes jai*(Ouchi, 1938)

飞虱科 Delphacidae

◎白带奇洛飞虱 *Chilodelphax albifascia* (Matsumura, 1900)

◎短头飞虱 *Epeurysa nawaii* Matsumura, 1900

◎琴镰飞虱 *Falcotoya lyraeformis* (Matsumura, 1900)

◎叉飞虱 *Garaga nagaragawana*(Matsumura, 1900)

◎小宽头飞虱 *Ishiharodelphax matsuyamensis* (Ishihara, 1952)

◎白脊长跗飞虱 *Kakuna kuwayamai* Matsumura, 1935

◎灰飞虱 *Laodelphax striatellus* (Fallén, 1826)

◎褐飞虱 *Nilaparvata lugens*(Stål, 1854)

◎拟褐飞虱 *Nilaparavata bakeri* (Muir, 1917)

◎白背飞虱 *Sogatella furcifera* (Horváth, 1899)

◎黑额长唇基飞虱 *Sogata nigrifrons*(Muir, 1917)

◎烟翅白背飞虱 *Sogatella kolophon* (Kirkaldy, 1907)

◎绿长角飞虱 *Toyoides albipennis* Matsumura, 1935

◎白条飞虱 *Terthron albovittatum* (Matsumura, 1900)

◎额斑匙顶飞虱 *Tropidocephala festiva* (Distant, 1906)

◎姬飞虱 *Ulanar muiri* (Metcalf, 1943)

象蜡蝉科 Dictyopharidae

◎伯瑞象蜡蝉 *Dictyo pharapatruelis* (Stal)

◎中华象蜡蝉 *Dictyophara sinica* Walker

◎丽象蜡蝉 *Orthopagus splendens* (Germar)

蛾蜡蝉科 Flatidae

◎彩蛾蜡蝉 *Cerynia maria* White

◎晨星蛾蜡蝉 *Cryptoflata guttularis* Walker

◎碧蛾蜡蝉 *Geisha distinctissima* Walker

◎青蛾蜡蝉 *Salurnis marginalis* Guer

◎锈涩蛾蜡蝉 *Seliza ferruginea* Walker

蜡蝉科 Fulgoridae

◎斑衣蜡蝉 *Lycorma delicatula* (White)

木虱科 Psyllidae

◎合欢羞木虱 *Acizzia jamatonica* (Kuwayama, 1907)

◎桑木虱 *Anomoneura mori* Schwarz

◎木通红喀木虱 *Cacopsylla akebirubra* Li, 1992

◎木通火红喀木虱 *Cacopsylla ignescens* (Li et Yang, 1984)

◎木通近红喀木虱 *Cacopsylla rubescens* (Li et Yang, 1984)

◎黑缘喀木虱 *Cacopsylla nigrimarginalis* Li et Yang

◎黄锥喀木虱 *Cacopsylla stylarimarginalis* Li et Yang

◎短锥喀木虱 *Cacopsylla brevicoifera* Li et Yang

◎黄岗喀木虱 *Cacopsylla huanggangnica* Li et Yang

◎绣线菊厚毛木虱 *Cenohomotoma spiraea* Yang et Li, 1981

◎浙江朴盾木虱 *Celtisapis zhejiangana* Yang et Li, 1982

◎槐豆木虱 *Cyamophila willieti* (Wu, 1932)

◎马尾松平木虱 *Livia pinicola* Li, 1993

◎浙缨个木虱 *Petalolyma zhejiangana* Yang et Li, 1984

◎楔木虱 *Psylla sphenochila* Li et Yang

◎柃狭个木虱 *Stenopsylla fraxini* Li et Yang, 1987

广翅蜡蝉科 Ricaniidae

◎眼纹广翅蜡蝉 *Euricania ocellus* Walker

◎眼斑广翅蜡蝉 *Pochazia dicareta* Melichar

◎鼎点广翅蜡蝉 *Pochazia trinitatis* Chou et Lu

◎四斑广翅蜡蝉 *Ricania quadimaculata* Kata

◎钩纹广翅蜡蝉 *Ricania simulans* (Walker)

◎八点广翅蜡蝉 *Ricania speculum* Walker

◎柿广翅蜡蝉 *Ricania sublimbata* Jacobi

◎褐带广翅蜡蝉 *Ricania taeniata* Stal

◎粉黛广翅蜡蝉 *Ricania pulverosa* Stal

蚜总科 Aphidoidea

蚜科 Aphididae

蚜亚科 Aphidinae

◎菝葜蚜 *Aleurosiphon smilacifoliae* (Takahashi, 1921)

◎豆蚜 *Aphis craccivora* Koch, 1854

◎大豆蚜 *Aphis glycines* Matsumura

◎甜菜蚜 *Aphis fabae* Scopoli, 1763

◎夹竹桃蚜 *Aphis nerii* Boyerde Fronscolombe, 1841

◎酸模蚜 *Aphis rumicis* Linnaeus, 1758

◎艾蒿隐管蚜 *Cryptosiphum artemisiae* Buckton, 1879

◎桃粉大尾蚜 *Hyalopterus pruni* (Geoffroy, 1762)

◎竹色蚜 *Melanaphis bambusae* (Fullaway, 1910)

◎高粱色蚜 *Melanaphis sacchari* (Zehntner, 1897)

◎莲缢管蚜 *Rhopalosiphum nymphaeae* (Linnaeus, 1761)

◎禾谷缢管蚜 *Rhopalosiphum padi* (Linnaeus, 1758)

◎红腹缢管蚜 *Rhopalosiphum rufiabdominalis* (Sasaki, 1899)

◎麦二叉蚜 *Schizaphis graminum* (Rondani, 1852)

◎桔二叉蚜 *Toxoptera aurantii* (Boye de Fonscolombe, 1841)

◎桔蚜 *Toxoptera citricida* (Kirkaldy, 1907)

◎芒果蚜 *Toxoptera odinae* (van der Goot, 1917)

长管蚜亚科 Macrosiphinae

◎苜蓿无网蚜 *Acyrthosiphon kondoi* Shinji,

1938
◎豌豆蚜 *Acyrthosiphon pisum*（Harris，1776）
◎环球新瘤蚜 *Aulacorthum circumflexum*（Buckton，1876）
◎李短尾蚜 *Brachycaydus helichrysi*（Kaltenbach，1843）
◎胡颓子钉毛蚜 *Capitophorus elaeagni*（del Guercio，1894）
◎柳二尾蚜 *Cavariella salicicola*（Matsumura，1917）
◎夏至草隐瘤蚜 *Cryptomyzus taoi* Hille Ris Lambers，1963
◎刺菜超瘤蚜 *Hyperomyzus sinilactucae* Zhang，1980
◎萝卜蚜 *Lipaphis erysimi*（Kaltenbach，1843）
◎北海道小长管蚜 *Macrosip honiellahokkaidensis* Miyazaki，1971
◎菊小长管蚜 *Macrosiphoniella sanborni*（Gillette，1908）
◎桃蚜 *Myzus persicae*（Sulzer，1776）
◎山楂圆瘤蚜 *Ovatus crataegarius*（Walker，1850）
◎溲疏囊管蚜 *Rhopalosiphoninus deutzifoliae* Shinji，1924
◎胡萝卜微管蚜 *Semiaphis heraclei*（Takahashi，1921）
◎荻草谷网蚜 *Sitobion miscanthi*（Takahashi，1921）
◎桃瘤头蚜 *Tuberocephalus momonis*（Matsumura，1917）
◎红花指管蚜 *Uroleucon gobonis*（Matsumura，1917）

沫蝉科 Ceropidae

◎桑黑斑沫蝉 *Cosmoscarta bispecularis* White

叶蝉科 Cicadellidae

大叶蝉亚科 Cicadellinae
◎隐纹大叶蝉 *Atkinsoniella thalia* Distant，1918
◎凹大叶蝉 *Bothrogonia ferruginea*（Fabricius，1787）
◎大青叶蝉 *Cicadella viridis*（Linna.，1758）
◎突缘大叶蝉 *Gunungidia aurantiifasciata*（Jacobi，1944）
◎白边大叶蝉 *Kolla paulula*（walker，1858）
◎枝茎窗翅叶蝉 *Mileewa branchiuma* Yang，1999
◎船茎窗翅叶蝉 *Mileewa ponta* Yang，1999
◎乌苏窗翅叶蝉 *Mileewa ussurica* Anufriev，1971

杆叶蝉亚科 Hylicinae
◎片胫叶蝉 *Balala fulviventris*（Walker，1851）

耳叶蝉亚科 Ledrinae
◎开化角胸叶蝉 *Tituria kaihuana* Yang & Zhang，1995

乌叶蝉亚科 Penthimiinae
◎光亮乌叶蝉 *Penthimia nitida* Lethietrry，1876

离脉叶蝉亚科 Coelidiinae
◎黑颜单突叶蝉 *Lodiana brevis*（Walker，1851）
◎齿片单突叶蝉 *Lodiana ritcheriina* Zhang，1990
◎栉单突叶蝉 *Lodiana pectiniformis* Zhang，1994
◎斜片叶蝉 *Thagria curvatura*，Zhang，1990

横脊叶蝉亚科 Evacanthiinae
◎叉突脊额叶蝉 *Carinata bifida* Li & Wang，1994
◎黄盾脊额叶蝉 *Carinata flaviscutata* Li & Wang，1992
◎白边脊额叶蝉 *Carinata kelloggii*（Baker，

1923）
◎白脊凸冠叶蝉 *Convexana albicarinata* Li, 1994
◎黄纹锥头叶蝉 *Onukia flavimacula* Kato, 1933
◎中华突脉叶蝉 *Riseveinus sinensis*（Jacobi, 1944）
◎方舟角突叶蝉 *Taperus quadragulatus* Zhang & Wei, 2010
隐脉叶蝉亚科 Nirvaninae
◎红线凹片叶蝉 *Concaveplana rufolineata*（Kuoh, 1973）
◎腹突凹片叶蝉 *Concaveplana ventriprocessa* Li & Chen, 1999
◎细线内突叶蝉 *Extensus collectivus* Huang, 1989
◎白头小板叶蝉 *Oniella honesta*（Melichar, 1902）
◎白色拟隐脉叶蝉 *Sophonia albuma* Li & Wang, 1991
◎褐缘拟隐脉叶蝉 *Sophonia fuscomarginata* Li & Wang, 1991
◎赤条拟隐脉叶蝉 *Sophonia rufofascia*（Kuoh & Kuoh, 1983）
◎纯色拟隐脉叶蝉 *Sophonia unicolor*（Kuoh & Kuoh, 1983）
叶蝉亚科 Iassinae
◎弯片长突叶蝉 *Batracomorphus laminocus* Cai & He, 2001
◎月钩长突叶蝉 *Batracomorphus lunatus* Cai & He, 2001
◎直突点翅叶蝉 *Gessius strictus* Wang & Li, 1997
◎红边网脉叶蝉 *Krisna rufimarginata* Cai & He, 1998
角顶叶蝉亚科 Deltocephalinae
◎武夷柔突叶蝉 *Abrus wuyiensis* Dai & Zhang, 2002
◎烟草嘎叶蝉 *Alobaldia tabae*（Matsumura, 1902）
◎门司突茎叶蝉 *Aminenus mojiensis*（Matsumura, 1914）
◎黄绿二室叶蝉 *Balclutha incisa*（Matsumura, 1902）
◎红脉二室叶蝉 *Balclutha rubrinervis*（Matsumura, 1902）
◎黑胸二室叶蝉 *Balclutha saltuella*（Kirschbaum, 1868）
◎多色二室叶蝉 *Balclutha versicolor* Vilbaste, 1968
◎模式竹叶蝉 *Bambusana bambusae*（Matsumura, 1914）
◎肛突叶蝉 *Changwhania terauchii*（Matsumura, 1915）
◎黑斑双叉叶蝉 *Chlorotettix nigromaculatus*（Dai, Chen & Li, 2006）
◎双点拟叉叶蝉 *Cicadulina*（*Cicadulina*）*bipunctata*（Melichar, 1904）
◎斐济拟叉叶蝉 *Cicadulina*（*Idyia*）*fijiensis* Linnavuori, 1960
◎横带掌叶蝉 *Handianus*（*Usuironus*）*limbicosta*（Jacobi, 1944）
◎端钩菱纹叶蝉 *Hishimonus hamatus* Kuoh, 1976
◎曲纹二叉叶蝉 *Macrosteles striifrons* Anufriev, 1978
◎褐纹刺瓣叶蝉 *Norva anufrievi* Emeljanov, 1969
◎尖突饴叶蝉 *Ophiola cornicula*（Marshall, 1866）
◎新东方叶蝉 *Orientus ishidae*（Matsumura, 1902）

◎细颈拟光头叶蝉 *Paralaevicephalus gracilipenis* Dai & al., 2005

◎一点木叶蝉 *Phlogotettix cyclops* (Mulsant & Rey, 1855)

◎多斑缘毛叶蝉 *Phlogothamnus* polymaculatus Li & Song, 2010

◎条沙叶蝉 *Psammotettix striatus* (Linne, 1758)

◎单钩类带叶蝉 *Scaphoidella unihamata* (Li & Kuoh, 1993)

◎长茎带叶蝉 *Scaphoideus changjinganus* Li, 1990

◎刘氏带叶蝉 *Scaphoideus liui* Li & Wang, 2002

◎多变带叶蝉 *Scaphoideus varius* Vilbaste, 1968

◎片茎透斑叶蝉 *Scaphomonus flataedeagus* Li, 2011

◎锐角凯恩叶蝉 *Xenovarta acuta* Viraktamath, 2004

◎纵带尖头叶蝉 *Yanocephalus yanonis* (Matsumura, 1902)

缘脊叶蝉亚科 Selenocephalinae

◎对突卡叶蝉 *Carvaka bigeminata* Cen & Cai, 2002

◎台湾卡叶蝉 *Carvaka formosana* (Matsumura, 1914)

◎阔颈叶蝉 *Drabescoides nuchalis* (Jacobi, 1943)

◎波缘阔颈叶蝉 *Drabescoides undomarginata* Cen & Cai, 2002

◎赭胫槽叶蝉 *Drabescus ineffectus* (Walker, 1858)

◎双齿管茎叶蝉 *Fistulatus bidentatus* Cen & Cai, 2002

◎石原脊翅叶蝉 *Parabolopona ishihari* Webb, 1981

小眼叶蝉亚科 Xestocephalinae

◎四刺小眼叶蝉 *Xestocephalus binatus* Cai & He, 2001

小叶蝉亚科 Typhlocybinae

◎三角辜小叶蝉 *Aguriahana triangularis* (Matsumura, 1932)

◎洁毛尾小叶蝉 *Comahadina angelica* Huang & Zhang, 2010

叉脉叶蝉属 *Dikraneura* sp.

◎麦顶斑叶蝉 *Empoascanara* (*Empoascanara*) *mai* Dworakowska, 1992

◎瑞雅小叶蝉 *Eurhadina rubrania* Huang & Zhang, 1999

◎ *Michalowskiya* (*M.*) *breviprocessa* Kang & Zhang, 2013

◎拟贝小叶蝉 *Typhlocyba parababai* Cai & Shen, 1998

◎*Empoasca* (*s. str.*) sp. 1

◎*Empoasca* (*s. str.*) sp. 2

◎*Empoasca* (*s. str.*) sp. 3

毛蚜科 Chaitophoridae

◎柳黑毛蚜 *Chaitophorus sliniger* Shinji, 1924

◎三角枫多态毛蚜 *Periphyllus acerihabitans* Zhang, 1982

◎栾多态毛蚜 *Periphyllus koelreuteriae* (Takahashi, 1919)

斑蚜科 Drepanosiphidae

◎居竹拟叶蚜 *Phyllaphoides bambusicola* Takahashi, 1921

◎朴绵叶蚜 *Shivaphis celti* Das, 1918

◎竹梢凸唇斑蚜 *Takecallis taiwanus* (Takahashi, 1926)

◎矢竹斑蚜 *Takecallis takahashii* Hsu, 1980

◎无患子长斑蚜 *Tinocallis insularis* (Takahashi, 1927)

◎紫薇长斑蚜 *Tinocallis kahawaluokalani* (Kirkaldy, 1907)

◎痣侧棘斑蚜 *Tuberculatus stigmatus* (Matsumura, 1917)

◎径脉侧棘斑蚜 *Tuberculatus radisectuae* Zhang, Zhang et Zhong

毛管蚜科 Greenideidae

◎栎刺蚜 *Cervaphis quercus* Takahashi, 1918

◎络石真毛管蚜 *Eutrichosiphum minutum* (van der Goot, 1916)

◎绿真毛管蚜 *Eutrichosiphum sinense* Raychaudhuri, 1956

◎库毛管蚜 *Greenidea kuwanai* (Pergande, 1906)

◎黄刚毛蚜 *Schoutedenia ralumensis* Rübsaamen, 1905

扁蚜科 Hormaphididae

◎竹舞蚜 *Astegopteryx bambusifoliae* (Takahashi)

◎居竹坚蚜 *Cerataphis bambusifoliae* Takahashi

◎林栖粉角蚜 *Ceratovacuna silvestrii* (Takahashi, 1927)

◎竹密角蚜 *Glyphinaphis bambusae* van der Goot

大蚜科 Lachnidae

◎马尾松大蚜 *Cinara formosana* (Takahashi, 1924)

◎柏大蚜 *Cinara tujafilina* (del Guerico, 1909)

◎板栗大蚜 *Lachnus tropicalis* (van der Goot, 1916)

◎梨日本大蚜 *Nippolachnus pyri* Matsumura, 1917

◎柳瘤大蚜 *Tuberolachnus salignus* (Gmelin, 1790)

角蝉科 Membracidae

◎撒矛角蝉 *Leptobelus sauteri* Schumacher, 1915

◎二带红脊角蝉 *Machaerotypus rubronigris* Funkhouser, 1938

◎安耳角蝉 *Maurya angulata* Funkhouser, 1921

◎齿耳角蝉 *Antialcidas denticula* Funkhoustr, 1938

◎饰结角蝉 *Antialcidas decorata* (Funkhoustr, 1937)

◎背峰锯角蝉 *Pantoleon dorsalis* (Matsumura, 1912)

◎弯刺无齿角蝉 *Nondenticentrus curvispineus* Chou et Yuan, 1992

瘿绵蚜科 Pemphigidae

◎角倍蚜 *Schlechtendalia chinensis* (Bell, 1851)

◎菜豆根蚜 *Smynthurodes betae* Westwood, 1849

◎秋四脉绵蚜 *Tetraneura akinire* Sasaki, 1904

蚧总科 Coccoidea

粉蚧科 Pseudococcidae

◎湖北安粉蚧 *Antonina hubeiana* Wu, 2001, 浙江新纪录种

◎广布安粉蚧 *Antonina socialis* Newstead, 1901

◎东亚费粉蚧 *Ferrisicoccus angustus* Ezzat & McConnell, 1956

◎旧北蔗粉蚧 *Saccharicoccus penium* Williams, 1962

◎古北条粉蚧 *Trionymus perrisii* (Signoret, 1875) 浙江新记录种

绵蚧科 Monophlebidae

◎日本履绵蚧 *Drosicha corpulenta* (Kuwana, 1902)

◎澳洲吹绵蚧 *Icerya purchasi* Maskell, 1878

毡蚧科 Eriococcidae

◎丝球毡蚧 *Eriococcus nematosphaerus* Hu et Xie, 1981

◎王氏毡蚧 *Eriococcus wangi* Miller, 1998

链蚧科 Asterolecaniidae

◎樟链蚧 *Asterolecanium cinnamomi* Borchsenius

◎桢楠树莲蚧 *Asterolecanium machili* Russ.

◎竹斑链蚧 *Bambusaspis bambusae* (Boisduval)

◎两广竹链蚧 *Bambusaspis florus* (Russ.)

◎半球竹链蚧 *Bambusaspis hemisphericus* (Kuwana, 1916)

◎密竹斑链蚧 *Bambusaspis miliaris* (Boisduval)

◎亚螺竹链蚧 *Bambusaspis subdolus* (Russell)

◎昆明新链蚧 *Neoasterodiaspis kunminensis* Borchsenius

◎思茅新链蚧 *Neoasterodiaspis szemaoensis* Borchsenius

◎云南绵壶链蚧 *Phenacobryum indigoferae* Borchsenius

◎白蜡虫 *Ericerus pela* (Chavannes, 1947)

蜡蚧科 Coccidae

◎豆箭蜡蚧 *Ceroplastodes cajani* (Maskell)

◎角蜡蚧 *Ceroplastes ceriferus* (Anderson)

◎橘绿绵蜡蚧 *Chloropulvinaria auravtii* (Cockerell)

◎褐软蜡蚧 *Coccus hesperidum* Linnaeus

◎三角软蜡蚧 *Coccus mangiferae* (Green)

◎咖啡绿软蜡蚧 *Coccus viridis* (Green)

◎白蜡蚧 *Ericerus pela* Chavannes

◎黑条球蜡蚧 *Eulecanium nigrivitta* Borchsenius

◎网蜡蚧 *Eucalymnatus tessellates* (Signoret)

◎日本卷毛毡蜡蚧 *Metaceronema japonica* (Maskell)

◎网珠蜡蚧 *Saissetia hemisphaerica* (Targioni-Tozzetti)

◎榄珠蜡蚧 *Saissetia oleae* (Bernard)

盾蚧科 Diaspididae

◎细胸轮盾蚧 *Aulacaspis thoracica* (Robinson)

◎菝葜白轮盾蚧 *Aulacaspis spinosa* (Maskell, 1897)

◎霍须盾蚧 *Kuwanaspis howadi* (Cooley, 1898)

◎留片干线盾蚧 *Kuwanaspis pseudoleucaspis* (Kuw . 1902)

◎台须盾蚧 *Kuwanaspis suishana* (Takahashi, 1930)

◎刷盾齿盾蚧 *Odonaspis penicillata* (Green, 1905)

◎卫矛白盾蚧 *Pseudaulacaspis centresa* (Ferris, 1953)

◎考氏白盾蚧 *Pseudaulacaspis cockerelli* (Cooley, 1897)

◎樟网盾蚧 *Pseudaonidia duplex* (Cockerell)

◎桑白盾蚧 *Pseudaulacaspis pentagona* (Targioni-Tozzetti, 1885)

半翅目 Hemiptera

同蝽科 Acanthosomatidae

◎匙同蝽 *Elasmostethus laeviventris* Liu

◎钝肩直同蝽 *Elasmostethus scotti* Reuter

◎线匙同蝽 *Elasmucha lineata* (Dallas, 1851)

◎点匙同蝽 *Elasmucha punctata* Dallas

◎背匙同蝽 *Elasmucha dorsalis* Jakovlev

◎宽铗同蝽 *Acanthosoma labiduroides* Jakovlev

◎细铗同蝽 *Acanthosoma forficula* Jakovlev

◎铗同蝽 *Acanthosoma forcipatum* Reuter

◎光角翘同蝽 *Anaxandra levicornis* Dallas

◎伊锥同蝽 *Sastragala esakii* Hasegawa

花蝽科 Anthocoridae

◎黑头叉胸花蝽 *Amphiareus obscuriceps* (Poppius, 1909)

◎荷氏小花蝽 *Orius horvathi* (Reuter, 1884)

杆长蝽科 Blissidae

◎高粱狭长蝽 *Dimorphopterus japonicus* (Hidaka, 1959)

◎褐翅狭长蝽 *Dimorphopterus lepidus* Slater, Ashlock & Wilcox, 1969

◎台湾叶颊长蝽 *Lphicrates gressitti* Slater, 1966

◎小巨股长蝽 *Macropes harringtonae* Slater, Ashlock & Wilcox, 1969

缘蝽科 Coreidae

◎斑背安缘蝽 *Anoplocnemis binotata* Distant, 1918

◎褐莫缘蝽 *Molipteryx fuliginosa* (Uhler, 1860)

◎广腹同缘蝽 *Homoeocerus dilatatus* Horváth, 1879

◎环胫黑缘蝽 *Hygia lativentris* (Motschulsky, 1866)

莎长蝽科 Cymidae

◎淡莎长蝽 *Cymus elegans* Josifov & Kerzhner, 1978

◎褐莎长蝽 *Cymus koreanus* Josifov & Kerzhner, 1978

土蝽科 Cydnidae

◎印度伊土蝽 *Aethus indicus* (Westwood)

◎小弗土蝽 *Fromundus pygmaeus* (Dallas, 1851)

◎青革土蝽 *Macroscyrtus subaerus* (Dallas)

◎黑环土蝽 *Microporus nigritus* (Fabricius, 1794)

兜蝽科 Dinidoridae

◎小皱蝽 *Cyclopelta parva* Distant

◎细角瓜蝽 *Megymenum gracilicorne* Dallas

◎短角瓜蝽 *Megymenum brevicornis* (Fabricius)

兜蝽科 Dinidoridae

◎小皱蝽 *Cyclopelta parva* Distant

◎细角瓜蝽 *Megymenum gracilicorne* Dallas

◎短角瓜蝽 *Megymenum brevicornis* (Fabricius)

大眼长蝽科 Geocoridae

◎宽大眼长蝽 *Geocoris varius* (Uhler, 1860)

室翅长蝽科 Heterogastridae

◎中华异腹长蝽 *Heterogaster chinensis* Zou & Zheng, 1981

大红蝽科 Largidae

◎巨红蝽 *Macrocheraia grandis* (Gray, 1832)

◎小斑红蝽 *Physopeltac incticollis* Stål, 1863

◎突背斑红蝽 *Physopelta gutta* (Burmeister, 1834)

长蝽科(狭义)Lygaeidae

◎杉木扁长蝽 *Sinorsillus piliferus* Usinger, 1938

◎小长蝽 *Nysius ericaeericae* (Schilling, 1829)

盲蝽科 Miridae

齿爪盲蝽亚科 Deraeocorinae

◎黑食蚜齿爪盲蝽 *Deraeocoris* (*Camptobrochis*) *punctulatus* (Fallén, 1807)

盲蝽亚科 Mirinae

◎中黑苜蓿盲蝽 *Adelphocoris suturalis* (Jakovlev, 1882)

◎狭领纹唇盲蝽 *Charagochilus angusticollis* Linnavuori, 1961

◎多变光盲蝽 *Chilocrates patulus* (Walker, 1873)

◎灰黄厚盲蝽 *Eurystylus luteus* Hsiao, 1941

◎长毛草盲蝽 *Lygus rugulipennis* (Poppius, 1911)

◎大黑沟顶盲蝽 *Megacoelum formosanum* (Poppius, 1915)

◎胡桃新丽盲蝽 *Neolygus juglandis* (Kerzhner, 1988)

◎黑头东盲蝽 *Orientomiris pseudopronotalis* (Li & Zheng, 1991)

◎扁植盲蝽 *Phytocoris intricatus* Flor, 1861

◎二刺狭盲蝽 *Stenodema* (*Brachystira*) *calcarata* (Fallén, 1807)

◎山地狭盲蝽 *Stenodema* (*Stenodema*) *alpestris* Reuter, 1904

◎深色狭盲蝽 *Stenodema* (*Stenodema*) *elegans* Reuter, 1904

合垫盲蝽亚科 Orthotylinae

◎艾黑直头盲蝽 *Orthocephalus funestus* Jakovlev, 1881

叶盲蝽亚科 Phylinae

◎长角角额盲蝽 *Acrorrhinium dolichoantennatum* Zhang & Liu, 2010

◎全北点翅盲蝽 *Compsidolon salicellum* (Herrich-Schaeffer, 1841)

◎米氏亮足盲蝽 *Phylus miyamotoi* Yasunaga, 1999

姬蝽科 Nabidae

◎黄翅花姬蝽 *Prostemma kiborti* Jakovlev, 1889

◎日本高姬蝽 *Gorpis* (*Gorpis*) *japonicus* Kerzhner, 1968

◎山高姬蝽 *Gorpis* (*Oronabis*) *brevilineatus* (Scott, 1874)

◎小翅姬蝽 *Nabis* (*Milu*) *apicalis* Matsumura, 1913

◎窄姬蝽 *Nabis* (*Tropiconabis*) *capsiformis* Germar, 1838

尼长蝽科 Ninidae

◎黄足蔺长蝽 *Ninomimus flavipes* (Matsumura, 1913)

红蝽科 Pyrrhocoridae

◎曲缘红蝽 *Pyrrhocoris sinuaticollis* Reuter, 1885

◎直红蝽 *Pyrrhopeplus carduelis* (Stål, 1863)

梭长蝽科 Pachygronthidae

◎长须梭长蝽 *Pachygrontha antennata* (Uhler, 1860)

◎拟黄纹梭长蝽 *Pachygrontha similis* Uhler, 1896

蝽科 Pentatomidae

◎伊蝽 *Aenaria lewisi* (Scott, 1874)

◎宽缘伊蝽 *Aenaria pinchii* Yang, 1934

◎薄蝽 *Brachymna tenuis* Stål, 1861

◎北曼蝽 *Menida disjecta* (Uhler, 1860)

◎黑须稻绿蝽 *Nezara antennata* Scott, 1874

◎丸蝽 *Spermatodes variolosus* (Walker, 1867)

龟蝽科 Plataspidae

◎筛豆龟蝽 *Megacopta cribraria* (Fabricius, 1798)

◎和豆龟蝽 *Megacopta horvathi* (Montandon, 1894)

◎狄豆龟蝽 *Megacopta distanti* (Montandon,

1893)

◎双峰豆龟蝽 *Megacopta bituminata* (Montandon, 1896)

◎小黑圆龟蝽 *Coptosoma nigrella* Hsiao et Jen, 1977

◎多变圆龟蝽 *Coptosoma variegata* (Herrich-Schaeffer, 1844)

◎显著圆龟蝽 *Coptosoma notabilis* Montandon, 1894

◎浙江圆龟蝽 *Coptosoma chekiana* Yang, 1934

姬缘蝽科 Rhopalidae

◎褐伊缘蝽 *Rhopalus sapporensis* (Matsumura, 1905)

◎黄伊缘蝽 *Rhopalus maculatus* (Fieber, 1837)

◎开环缘蝽 *Stictopleurus minutus* Blöte, 1934

猎蝽科 Reduviidae

◎小菱斑猎蝽 *Canthesancus geniculatus* Distant, 1902

◎天目螳猎蝽 *Cnizocoris dimorphus* Maa et Lin, 1956

◎斑缘土猎蝽 *Coranus fuscipennis* Reuter, 1881

◎黑尾土猎蝽 *Coranus spiniscutis* Reuter, 1881

◎艳红猎蝽 *Cydnocoris russatus* Stäl, 1867

◎脊猎蝽 *Epidaucus carinatus* Hsiao, 1979

◎暗素猎蝽 *Epidaus nebulo* (Stäl, 1863)

◎六刺素猎蝽 *Epidaus sexspinus* Hsiao, 1979

◎彩纹猎蝽 *Euagoras plagiatus* (Burmeister, 1834)

◎黑光猎蝽 *Ectrychotes andreae* (Thunberg, 1784)

◎刺胫盲猎蝽 *Gallobelgicus typicus* Distant, 1906

◎异赤猎蝽 *Haematoloecha limbata* Miller, 1954

◎福建赤猎蝽 *Haematoloecha fokiensis* Distant, 1903

◎褐菱猎蝽 *Isyndus obscurus* (Dallas, 1850)

◎亮钳猎蝽 *Labidocoris pectoralis* (Stäl, 1863)

◎环足健猎蝽 *Neozirta eidmanni* (Taeuber, 1930)

◎宽额锥绒猎蝽 *Opistoplatys seculusus* Miller, 1954

◎短斑普猎蝽 *Oncocephalus confusus* Hsiao, 1977

◎褐锥绒猎蝽 *Opistoplatys mustela* Miller

◎粗股普猎蝽 *Oncocephalus impudicus* Reuter, 1882

◎污刺胸猎蝽 *Pygolampis foeda* Stäl, 1859

◎日月盗猎蝽 *Peirates arcuatus* (Stäl, 1871)

◎黄纹盗猎蝽 *Peirates* (*Cleptocoris*) *atromaculatus* (Stäl, 1871)

◎桔红背猎蝽 *Reduvius tenebrosus* Stäl, 1863

◎伏刺猎蝽 *Reduviustes taceus* (Herrich-Schaeffer, 1845)

◎云斑瑞猎蝽 *Rhynocoris incertis* (Distant, 1903)

◎敏梭猎蝽 *Sastrapada oxyptera* Bergroth, 1922

◎轮刺猎蝽 *Scipinia horrida* (Stäl, 1860)

◎齿缘刺猎蝽 *Sclomina erinacea* Stäl

◎舟猎蝽 *Staccia diluta* (Stäl, 1860, 1859?)

◎膜翅塞猎蝽 *Serendida hymenoprea* China

◎环斑猛猎蝽 *Sphedanolestes impressicollis* (Stål, 1861)

◎黄足猎蝽 *Sirthenea flavipes* (Stäl, 1855)

◎黑脂猎蝽 *Velinus nodipes* Uhler, 1860

地长蝽科 Rhyparochromidae

◎褐斑点列长蝽 *Paradieuches dissimilis* (Distant, 1883)

盾蝽科 Scutelleridae

◎半球宽盾蝽 *Hyperoncus lateritius* (Westwood)

◎扁盾蝽 *Eurygaster testudinarius* (Geoffroy)

荔蝽科 Tessaratomidae

◎狭玛蝽 *Mattiphus mimutus* Blöte

◎硕蝽 *Eurostus validus* Dallas

◎暗绿巨蝽 *Eusthenes saevus* Stål

网蝽科 Tingidae

◎杜鹃冠网蝽 *Stephanitis pyrioides* (Scott, 1874)

异蝽科 Urostylidae

◎亮壮异蝽 *Urochela distincta* Distant, 1900

◎角突娇异蝽 *Urostylis chinai* Maa, 1947

◎平截娇异蝽 *Urostylis blatiformis* Bergroth, 1916

◎匙突娇异蝽 *Urostylis striicornis* Scott, 1874

◎黑门娇异蝽 *Urostylis westwoodi* Scott, 1874

◎淡娇异蝽 *Urostylis yangi* Maa, 1947

广翅目 Megaloptera

齿蛉科 Corydalidae

齿蛉亚科 Corydalinae

◎东方巨齿蛉 *Acanthacorydalis orientalis* (MacLachlan)

◎越中巨齿蛉 *Acanthacorydalis fruhstorferi* Weele

◎普通齿蛉 *Neoneuromus ignobilis* Navás

◎黑腿齿蛉 *Neoneuromus latratus* (MacLachlan)

◎花边星齿蛉 *Protohermes costalis* (Walker)

鱼蛉亚科 Chauliodinae

◎中华斑鱼蛉 *Neochauliodes sinensis* (Walker)

◎污翅斑鱼蛉 *Neochauliodes fraternus* (MacLachlan)

◎灰翅斑鱼蛉 *Neochauliodes griseus* Yang et Yang

蛇蛉目 Raphidioptera

盲蛇蛉科 Inocelliidae

中华盲蛇蛉 *Inocella sinensis* Navas

脉翅目 Neuroptera

粉蛉科 coniopterygidae

◎阿氏粉蛉 *Coniopteryx* (*Coniopteryx*) *aspocki* Kis, 1961

◎爪角粉蛉 *Coniopteryx* (*Coniopteryx*) *prehensilis* Murphy et Lee, 1977

◎广重粉蛉 *Semidalis aleyrodiformis* (Stephens, 1836)

褐蛉科 Hemerobiidae

◎梯阶脉褐蛉 *Micromus timidus* Hagen, 1853

◎多支脉褐蛉 *Micromus ramasus* Navas, 1934

◎角纹脉褐蛉 *Micromus angulatus* Stephens, 1836

◎瑕脉褐蛉 *Micromus xia* Yang, 1981

◎点线脉褐蛉 *Micromus multipunctatus* Matsumura, 1907

◎奇斑脉褐蛉 *Micromus mirimaculatus* Yang et Liu, 1995

◎平湖褐蛉 *Hemerobius lacunaris* Navas 1936

螳蛉科 Mantispidae

◎日本螳蛉 *Mantispa japonia* Maclachlan, 1785

草蛉科 Chrysopidae

◎牯岭草蛉 *Chrysopa kulingensis* Navas

◎大草蛉 *Chrysopa pallens*(Rambur)

◎中华草蛉 *Chrysoperla sinica* Tjeder

蚁蛉科 Myrmeleontidae

◎环纹蚁蛉 *Dendroleon pupillaris* Gerstaecker

◎白云蚁蛉 *Glenuroides japonicus* (MacLachlan)

蝶角蛉科 Ascalaphidae

裂眼蝶角蛉亚科 Schizophthalminae

◎锯角蝶角蛉 *Acheran trux* (Walker, 1853)

◎黄脊蝶角蛉 *Hybris subjacens* (Walker, 1853)

◎黄斑蝶角蛉 *Suphalomitus lutemaculatus* Yang, 1992

鞘翅目 Coleoptera

吉丁虫科 Buprestidae

◎*Chrysobothris samurai* Obenberger, 1935 浙江新纪录

◎朴树窄吉丁 *Agrilus discalis* Saunders, 1873 浙江新纪录

◎三角纹吉丁 *Coraebus hastanus* Cast et Gory, 1839 浙江新纪录

◎突顶纹吉丁 *Coraebus violaceipennis* Saunders, 1866 浙江新纪录

◎拟窄纹吉丁 *Coraebus acutus* Thomson, 1879 浙江新纪录

◎铜胸纹吉丁 *Coraebus cloueti* Théry, 1895 浙江新纪录

◎黄胸圆纹吉丁 *Coraebus sauteri* Kerreman, 1912

◎蓝翅角吉丁 *Habroloma lewisii* (Saunders, 1873) 浙江新纪录

◎*Habroloma nixilla* (Obenberger, 1929) 浙江新纪录

◎块斑潜吉丁 *Trachys variolaris* Saunders, 1873 浙江新纪录

◎黑泽潜吉丁 *Trachys kurosawai* Bellamy 2004 浙江新纪录

花萤科 Cantharidae

◎中华圆胸花萤 *Prothemus chinensis* Wittmer, 1987

◎红圆胸花萤 *Prothemus sanguinosus* (Fairmaire, 1900)

◎九江圆胸花萤 *Prothemus kiukianganus* (Gorham, 1889)

◎淡缘圆胸花萤 *Prothemus limbolarius* (Fairmaire, 1900)

◎紫翅圆胸花萤 *Prothemus purpureipennis* (Gorham, 1889)

◎黑凹头花萤 *Pseudopodabrus atripes* (Pic, 1922)

◎大竹岚异角花萤 *Fissocantharis tachulanensis* (Wittmer, 1988)

◎东方异花萤 *Lycocerus orientalis* (Gorham, 1889)

◎金属异花萤福建亚种 *Lycocerus metallescensfukienensis* (Gorham, 1889)

◎黑环异花萤 *Lycocerus nigroannulatus* (Pic, 1922)

◎天目山异花萤 *Lycocerustienmushanus* (Wittmer, 1995)

◎华丽花萤指名亚种 *Themus* (*s. str.*) *nobilisnobilis* (Gorham, 1889)

◎华丽花萤莱氏亚种 *Themus* (*s. str.*) *nobilisreitteri* Hicker, 1960

◎里氏丽花萤 *Themus* (*s. str.*) *leechianus* (Gorham, 1889)

◎挂墩丽花萤 *Themus* (*s. str.*) *kuatunensis* Wittmer, 1983

步甲科 Carabidae

◎布氏细胫步甲 *Agonum buchanani* (Hope,

1831）
◎日本细胫步甲 *Agonum japonicum*（Motschulsky, 1860）
◎寡行步甲 *Anoplogenius cyanescens*（Hope, 1845）
◎雅丽步甲 *Callida lepida* Redtenbacher, 1868
◎小丽步甲 *Callida onoha* Bates, 1873
◎灿丽步甲 *Callida splendidula*（Fabricius, 1801）
◎毛胸青步甲 *Chlaenius naeviger* Morawitz, 1863
◎异角青步甲 *Chlaenius variicornis* Bates, 1863
◎栗小蝼步甲 *Clivina castanea* Westwood, 1837
◎肖毛婪步甲 *Harpalus jureceki*（Jedlicka, 1928）
◎中华婪步甲 *Harpalus sinicus* Hope, 1862
◎三齿婪步甲 *Harpalus tridens* Morawitz, 1862
◎筛毛盆步甲 *Lachnolebia cribricollis*（Morawitz, 1862）
◎中华心步甲 *Nebria chinensis* Bates, 1872
◎中华爪步甲 *Onycholabis siniensis*（Bates, 1873）
◎黄毛角胸步甲 *Peronomerus auripilis* Bates, 1883
◎双齿蝼步甲 *Scarites acutidens* Chaudoir, 1855
◎虹狭胸步甲 *Stenolophus irridicolor* Redtenbacher, 1868
◎五斑狭胸步甲 *Stenolophus quinquepustulatus*（Wiedemann, 1823）
◎四斑小步甲 *Tachys gradatus* Bates, 1873

天牛科 Cerambycidae

◎椎天牛 *Spondylis buprestoides*（Linnaeus, 1758）
◎褐梗天牛 *Arhopalus rusticus*（Linnaeus, 1758）
◎金丝花天牛 *Leptura aurosericans* Fairmaire, 1895
◎蚤瘦花天牛 *Strangalia fortunei* Pascoe, 1858
◎条胸特花天牛 *Idiostrangalia sozanensis*（Mitono, 1938）
◎密点异花天牛 *Parastrangalis crebrepunctata*（Gressitt, 1939）
◎浙宽尾花天牛 *strangalomorpha chekianga*（Gressitt, 1939）
◎宽裂小瘦花天牛 *strangaliella lateristriata*（Tamanuki et Mitono, 1939）
◎暗伪花天牛 *Anastrangalia scotodesscotodes*（Bates, 1873）
◎脊胸驼花天牛 *Pidonia heudei*（Gressitt, 1939）
◎黄翅圆眼花天牛 *Lemula testaceipennis* Gressitt, 1939
◎珊瑚天牛 *Dicelosternus corallinus* Gahan, 1900
◎中华竹紫天牛 *Purpuricenus temminckii* sinensis White, 1853
◎油茶红天牛 *Erythrus blairi* Gressitt, 1939
◎鼎湖红天牛 *Erythrus angustatus* Pic, 1916
◎长跗天牛 *Prothema signata* Pascoe, 1856
◎拟蜡天牛 *Stenygrinum quadrinotatum* Bates, 1873
◎台湾狭天牛 *Stenhomalus taiwanustaiwanus* Matsushita, 1933
◎脊胸天牛 *Rhytidodera bowringii* White, 1853
◎十三斑绿虎天牛 *Chlorophorus tredecimmaculatus*（Chevrolat, 1863）

◎宽带绿虎天牛 *Chlorophorus anticemaculatus* Schwarzer, 1925
◎弧纹绿虎天牛 *Chlorophorus miwai* Gressitt, 1937
◎斑胸纹虎天牛 *Anaglyptus nokosanus*（Kano, 1930）
◎黄条瘤天牛 *Gibbocerambyx aurovirgatus*（Gressitt, 1939）
◎紫缘长绿天牛 *Chloridolum lameerei*（Pic, 1900）
◎桃红颈天牛 *Aromia bungii*（Faldermann, 1835）
◎红翅拟柄天牛 *Cataphrodisium rubripenne*（Hope, 1843）
◎榆茶色天牛 *Oplatocera oberthuri* Gahan, 1906
◎蔷薇短鞘天牛 *Molorchus liui* Gressitt, 1948
◎紫肖扁胸天牛 *Pseudocallidium violaceum* Plavilstshikov, 1934
◎东亚缨天牛 *Allotraeus asiaticus*（Schwarzer, 1925）
◎中华蜡天牛 *Ceresium sinicum* White, 1855
◎栎红胸天牛 *Dere thorcica* White, 1855
◎脊胫天牛 *Leptoxenus ibidiiformis* Bates, 1877
◎云斑白条天牛 *Batocera horsfieldi*（Hope, 1839）
◎粒肩天牛 *Apriona germari*（Hope, 1831）
◎麻斑墨天牛 *Monochamus sparsutus* Fairmaire, 1889
◎松墨天牛 *Monochamus alternatusalternatus* Hope, 1842
◎樟泥色天牛 *Uraecha angusta*（Pascoe, 1865）
◎斜带泥色天牛 *Uraecha obliquefasciata* Chiang, 1951
◎双斑锦天牛 *Acalolepta subluscasublusca*（Thomson, 1857）
◎南方锦天牛 *Acalolepta socia*（Gahan, 1888）
◎咖啡锦天牛 *Acalolepta cervina*（Hope, 1831）
◎金绒锦天牛 *Acalolepta permutanspermutans*（Pascoe, 1857）
◎星天牛 *Anoplophora chinensis*（Forster, 1771）
◎黑星天牛 *Anoplophora leechi*（Gahan, 1888）
◎十星星天牛 *Anoplophora decemmaculata* Pu, 1999
◎楝星天牛 *Anoplophora horsfieldi*（Hope, 1842）
◎碎斑簇天牛 *Aristobia voeti* Thomson, 1878
◎黄星天牛 *Psacothea hilaris*（Pascoe, 1857）
◎眼斑齿胫天牛 *Paraleprodera diophthalma diophthalma*（Pascoe, 1857）
◎峦纹象天牛 *Mesosa irrorata* Gressitt, 1939
◎黑点象天牛 *Mesosa atrostigma* Gressitt, 1942
◎柳角胸天牛 *Rhopaloscelis unifasciatus* Blessig, 1873
◎双簇污天牛 *Moechotypa diphysis*（Pascoe, 1871）
◎苜蓿多节天牛 *Agapanthia amurensis* Kraatz, 1879
◎滨海粉天牛 *Olenecamptus riparius* Danilevsky, 2011
◎核桃竿天牛 *Pseudocalamobius truncatus* Breuning, 1940
◎凹顶伪楔天牛 *Asaperda meridiana* Matsushita, 1931
◎福建平顶天牛 *Cylindilla interrupta*（Gressitt, 1951）

◎白带坡天牛 *Pterolophia albanina* Gressitt, 1942

◎四突坡天牛 *Pterolophia chekiangensis* Gressitt, 1942

◎曲纹坡天牛 *Pterolophia jugosajugosa* (Bates, 1873)

◎黄带坡天牛 *Pterolophia zonata* (Bates, 1873)

◎后纹坡天牛 *Pterolophia granulate* (Motschulsky, 1866)

◎小灰长角天牛 *Acanthocinus griseus* (Fabricius, 1792)

◎天目突尾天牛 *Sthenias cylindricus* Gressitt, 1939

◎榆并脊天牛 *Glenea relictarelicta* Pascoe, 1868

◎复纹并脊天牛 *Glenea pielianapieliana* Gressitt, 1939

◎斜斑方斑并脊天牛 *Glenea acutoidesobliqua* (Gtessitt, 1939)

◎苎麻双脊天牛 *Paraglenea fortunei* (Saunders, 1853)

◎黄带刺楔天牛 *Thermistis croceocincta* (Saunders, 1839)

◎蓝粉短脊天牛 *Glenida suffusa* Gahan, 1888

◎菊小筒天牛 *Phytoecia rufiventris* Gautier, 1870

◎黄纹小筒天牛 *Phytoecia comescomes* (Bates, 1884)

◎培甘弱脊天牛 *Menesia sulphurata* (Gebler, 1825)

◎二斑筒天牛 *Oberea binotaticollis binotaticollis* Pic, 1915

◎黑腹筒天牛 *Oberea nigriventris nigriventris* Bates, 1873

◎粗点筒天牛 *Oberea nigriceps* (White, 1844)

◎凹尾筒天牛 *Oberea walkeri* Gahan, 1894

◎台湾筒天牛 *Oberea formosana* Pic, 1911

◎宽肩筒天牛 *Oberea humeralis* Gressitt, 1939

◎缘翅脊筒天牛 *Nupserha marginellamarginella* (Bates, 1873)

◎黑翅脊筒天牛 *Nupserha infantula* (Ganglbauer, 1889)

◎顶斑瘤筒天牛 *Linda fraterna* (Chevrolat, 1852)

◎黑斑修天牛 *Stenostola basisuturalis* Gressitt, 1935

◎山茶连突天牛 *Anastathes parva* Gressitt, 1940

◎黄荆重突天牛 *Astathes episcopalism* Chevrolat, 1852

◎黑翅台湾柔天牛 *Praolia citrinipes atripennis* (Pic, 1923)

◎刻柄华草天牛 *Sinodorcadion punctuscapum* Xie, Shi & Wang, 2013

负泥虫科 Crioceridae

◎蓝负泥虫 *Lema* (*Lema*) *concinninpennis* Baly, 1865

◎红顶负泥虫 *Lema* (*Lema*) *coronata* Baly, 1873

◎红带负泥虫 *Lema* (*Lema*) *delicatula* Baly, 1873

◎鸭跖草负泥虫 *Lema* (*Lema*) *diversa* Baly, 1873

◎薯蓣负泥虫 *Lema* (*Lema*) *infranigra* Pic, 1924

◎红胸负泥虫 *Lema* (*Peauris*) *fortunei* Baly, 1859

叶甲科 Chrysomelidae

叶甲亚科 Chrysomelinae

◎牡荆叶甲 *Phola octodecimguttata* (Fabricius, 1775)
◎蒿金叶甲 *Chrysolina aurichalcea* (Mannerheim, 1825)
◎薄荷金叶甲 *Chrysolina exanthematica* (Wiedemann, 1821)
◎琉璃榆叶甲 *Ambrostoma fortunei* Baly, 1860
◎小猿叶甲 *Phaedon brassicae* Baly, 1874
◎核桃扁叶甲指名亚种 *Gastrolina depressa depressa* Baly, 1859
◎斑胸叶甲 *Chrysomela maculicollis* (Tacoly, 1890)
◎金绿里叶甲 *Linaeidea aeneipennis* (Baly, 1859)
◎梨斑叶甲 *Paropsides soriculata* (Swartz, 1808)
◎黑盾角胫叶甲 *Gonioctena fulva* (Motschulsky, 1860)
◎十三斑角胫叶甲 *Gonioctena tredecimmaculata* (Jacoby, 1888)
◎棕角胫叶甲 *Gonioctena lesnei* (Chen, 1931)

跳甲亚科 Alticinae

◎蓝色九节跳甲 *Nonarthra cyaneum* Baly, 1874
◎丽九节跳甲 *Nonarthra pulchrum* Chen, 1934
◎异色九节跳甲 *Nonarthra variabilis* Baly, 1862
◎油菜蚤跳甲 *Psylliodes punctifrons* Baly, 1874
◎缝细角跳甲 *Sangariola fortunei* (Baly, 1888)
◎小方胸跳甲 *Lipromima minuta* (Jacoby, 1888)
◎尖尾凹胫跳甲 *Chaetocnema bella* (Baly, 1876)
◎古铜凹胫跳甲 *Chaetocnema concinnicollis* (Baly, 1874)
◎栗凹胫跳甲 *Chaetocnema ingenua* (Baly, 1876)
◎甜菜凹胫跳甲 *Chaetocnema discreta* (Baly, 1876)
◎漆树直缘跳甲 *Ophrida scaphoides* (Baly, 1865)
◎黑角直缘跳甲 *Ophrida spectabilis* (Baly, 1862)
◎牡荆肿爪跳甲 *Philopona vibex* (Erichson, 1834)
◎波毛丝跳甲 *Hespera lomasa* Maulik, 1926
◎裸顶丝跳甲 *Hespera sericea* Weire, 1889
◎黑额凹唇跳甲 *Argopus nigrifrons* Chen, 1933
◎黄尾球跳甲 *Sphaeroderma apicale* Baly, 1874
◎斑翅沟胫跳甲 *Hemipyxis lusca* (Fabricius, 1801)
◎金绿沟胫跳甲 *Hemipyxis plagioderoides* (Motschulsky, 1850)
◎蓝长跗跳甲 *Longitarsus cyanipennis* Bryant, 1924
◎黄胸寡毛跳甲 *Luperomorpha xanthodera* (Fairmaire, 1888)
◎细背侧刺跳甲 *Aphthona strigosa* Baly, 1874
◎深蓝侧刺跳甲 *Aphthona varipes* Jacoby, 1890
◎黄曲条菜跳甲 *Phyllotreta striolata* (Fabricius, 1801)
◎日本瘦跳甲 *Steneluperus nipponensis* (Laboissiera, 1913)
◎棕翅粗角跳甲 *Phygasia fulvipennis* (Baly, 1874)
◎斑翅粗角跳甲 *Phygasia ornata* Baly, 1876

◎蓟跳甲 *Altica cirsicola* Ohno, 1960
◎朴草跳甲 *Altica coerulescens* (Baly, 1874)
◎蓝跳甲 *Altica cyanea* (Weber, 1801)
◎蛇莓跳甲 *Altica fragariae* Nakane, 1955
◎老鹳草跳甲 *Altica viridicyanea* (Boly, 1874)

象虫总科 Curculionoidea

齿颚象科 Rhynchitidae

◎剪枝栎实象 *Cyllorhynchites ursulus* (Roelofs, 1874)

卷象科 Attelabidae

◎中国切卷象 *Euops chinesis* Voss, 1922
◎花斑切叶象 *Paroplapoderus pardalis* (Snellen van Vollenhoven, 1865)

隐颏象科 Dryophthoridae

◎福氏隐皮象 *Cryptoderma fortunei* (G. R. Waterhouse, 1853)

象虫科 Curculionidae

耳喙象亚科 Otiorrhynchinae
◎中国角喙象 *Anosimus klapperichi* Voss, 1941
◎二带遮眼象 *Callirhopalus bifasciatus* Roelofs, 1879
◎刚毛遮眼象 *Callirhopalus setosus* Roelofs, 1879
◎中国癞象 *Episomus chinensis* Faust, 1897
◎灌县癞象 *Episomus kwanhsiensis* Heller, 1923
◎长毛圆筒象 *Macrocorynus fortis* Reitter, 1915
◎大圆筒象 *Macrocorynus psittacinus* (Redtenbacher, 1868)
◎金绿尖筒象 *Myllocerus scitus* Voss, 1942
◎茶丽纹象 *Myllocerinus aurolineatuss* Voss, 1937

象虫亚科 Curculioninae
◎斯普瑞象虫 *Curculios imiusspretus* (Heller, 1927)
◎锡金象虫 *Curculio sikkimensis* (Heller, 1927)

瓢虫科 Coccinellidae

◎四斑裸瓢虫 *Calvia muiri* (Timberlake)
◎十五星裸瓢虫 *Calvia quindecimauttata* (Fabricius)
◎闪蓝红点唇瓢虫 *Chilocorus chalybeatus* Gorham
◎红点唇瓢虫 *Chilocorus kuwanaw* Silvestri
◎宽缘唇瓢虫 *Chilocorus rufitasus* Motschulsky
◎黑缘红瓢虫 *Chilomenes rubidus* Hope
◎异色瓢虫 *Harmonia axyridis* (Pallas, 1773)
◎八斑和瓢虫 *Harmonia octonaculata* (Fabricius)
◎隐斑瓢虫 *Harmonia yedoensis* (Takizawa, 1917)
◎中华显盾瓢虫 *Hyperaspis sinensis*(Crotch)
◎双带盘瓢虫 *Lemnia biplagiata*(Swartz)
◎十斑盘瓢虫 *Lemnia*(*Coelophora*) *bissllata* Mulsant
◎黄斑盘瓢虫 *Lemnia saucia* (Mulsant, 1850)
◎龟纹瓢虫 *Propylea japonica* (Thunberg, 1781)
◎七星瓢虫 *Coccinella septempunctata* Linnaeus, 1758
◎柯氏素瓢虫 *Illeis koebelei* Timberlake, 1943
◎梵文菌瓢虫 *Halyzia sanscrita* Mulsant, 1853
◎瓜茄瓢虫 *Epilachna admirabilis* Crotch, 1874
◎菱斑食植瓢虫 *Epilachna insignis* Gorham, 1892

◎中华食植瓢虫 *Epilachna chinensis*（Weise, 1912）

◎六斑月瓢虫 *Menochilus sexmaculata*（Fabricius）

◎台湾巧瓢虫 *Oenopia*（*Gyrocaria*）*formosana* Miyatake

◎黑方突毛瓢虫 *Pseudoscymnus kurohime*（Miyatake）

◎四斑广盾瓢虫 *Platynaspis maculosa* Weise

◎六斑红瓢虫 *Rodolia guerini*（Crotch）

◎小红瓢虫 *Rodolia pumila* Weise

◎大红瓢虫 *Rodolia rufopilosa* Mulsant

◎刀角瓢虫 *Serangium japonicum* Chapin

◎斑点艳瓢虫 *Sticholotis punctata* Crotch

◎端丝小毛瓢虫 *Scymnus acidotus* Pang et Huang

◎叶突小瓢虫 *Scymnus dichorionicus* Pang et Huang

◎日本小瓢虫 *Scymnus*（*Pullus*）*japonicus* Weise

◎黑襟毛瓢虫 *Scymnus*（*Neopullus*）*hoffmani* Weise

◎黑背小瓢虫 *Scymnus*（*Pullus*）*kawamurai*（Ohta）

◎矛端小瓢虫 *Scymnus lonchiatus* Pang et Huang

◎箭端小瓢虫 *Scymnus oestocraerus* Pang et Huang

◎柳端小瓢虫 *Scymnus rhamphiatus* Pang et Huang

◎拳爪小毛瓢虫 *Scymnus scapanulus* Pang et Huang

◎束小瓢虫 *Scymnus*（*Pullus*）*sodalist*（Weise）

◎端手小瓢虫 *Scymnus*（*Pullus*）*takabayashii*（Ohta）

◎深点食螨瓢虫 *Stethorus punctillun* Weise

◎腹管食螨瓢虫 *Stetyorus siphonulus* Kapur

◎广东食螨瓢虫 *Stetyorus cantonensis* Pang

◎大突肩瓢虫 *Synonycha grandis*（Thunberg）

◎整胸寡节瓢虫 *Telsimia emarginata* Chapin

◎四川寡节瓢虫 *Telsimia sichuanensis* Pang et Mao

虎甲科 Cicindelidae

◎金星虎甲 *Cicindela aurulenta* Fabricius

◎中华虎甲 *Cicindela chinensis* De Geer

◎星斑虎甲 *Cicindela kalecea* Bates

◎桦太虎甲 *Cicindela sachalinensis* Morawitz

◎云纹虎甲 *Cicindela ellisae* Motschulsky

◎芽斑虎甲 *Cicindela gemmata* Faldermann

◎多型虎甲钩斑亚种 *Cicindela hybrida* Kolbe

◎三星虎甲 *Cicindela triguttata* Herbst

郭公甲科 Cleridae

◎浙华叶郭公 *Sinobaenus sedlaceki* Winkler

◎六斑瘦叶郭公 *Stenocallimerus maderi* Corporaal

龙虱科 Dytiscidae

◎黄边龙虱 *Cybister japonicus* Sharp

◎黄边厚龙虱 *Cybister limbatws* Fabricius

◎灰龙虱 *Eretes sticticis* Linnaeus

◎黄条龙虱 *Hydaticus bowringi* Clark

犀金龟科 Dynastidae

◎双叉犀金龟 *Allomyrina dichotoma*（Linnaeus）

◎阔胸禾犀金龟 *Pentodon patruelis* Frivaldszky

叩甲科 Elateridae

◎斑鞘灿叩甲 *Actenicerus maculipennis*（Schwarz）

◎丽叩甲 *Campsosternus auratus*（Drury）

◎朱肩丽叩甲 *Campsosternus gemma* Candeze

◎木棉梳角叩甲 *Pectocera fortunei* Candeze

◎方胸叩甲 *Senodonia quadricollis* Castelnau

◎直角瘤盾叩甲 *Gnathodicrus perpendicularis* (Fleutiaux)

◎美艳驴胸叩甲 *Corymbitodes gratus* Lewis

◎斑鞘灿叩甲 *Actenicerus maculipennis* (Schwarz)

◎霜斑灿叩甲 *Actenicerus pruinosus* (Motschulsky)

◎迷形长胸叩甲 *Aphanobius alaomorphus* Candeze

◎变色平尾叩甲 *Gamepenthes versipellis* (Lewis)

◎西氏叩甲 *Elater sieboldi* (Candeze)

◎黑足球角叩甲 *Hemiops nigripes* Castelnau

◎朱腹梳爪叩甲 *Melanotus ventralis* Candeze

伪瓢虫科 Endomychidae

◎中华伪瓢虫 *Endomychus chinensis* Csiki, 1937

◎伪瓢虫属未定种 *Endomychus* sp.

◎瘤伪瓢虫属未定种 *Ohtaius* sp.

臂金龟科 Euchiridae

◎阳彩臂金龟 *Cheirotonus jansoni* Jordan

粪金龟科 Geotrupidae

◎犀粪蜣 *Catharsius molossus* Linnaeus

◎粪金龟 *Eurytrachellels platymelas* Saunders

豉甲科 Gyrinidae

◎大豉甲 *Dineutus orientalis* Modeer

◎豉甲 *Gyrinus japonicus* Sharp

铁甲科 Hispidae

◎山楂肋龟甲 *Alledoya vespertina* (Boheman)

◎圆顶梳龟甲 *Aspidomorpha difformis* (Motschulsky)

◎甘薯梳龟甲 *Aspidomorpha furcata* (Thunberg)

◎金梳龟甲 *Aspidomorpha furcata* (Thunberg)

◎大锯龟甲 *Basiprionota chinensis* (Fabricius)

◎黑盘锯龟甲 *Basiprionota wheitei* (Boheman)

◎虾钳菜目龟甲 *Cassida japana* Baly

◎虾钳菜披龟甲 *Cassida piperata* Hope

◎黑龟铁甲 *Cassidispa mirabilis* Gestro

◎并刺趾铁甲 *Dactylispa approximate* Gressitt

◎三刺趾铁甲 *Dactylispa issiki* Chujo

◎红端趾铁甲 *Dactylispa sauteri* Uhmann

◎锯齿叉趾铁甲 *Dactylispa* (*Triplispa*) *angulosa* (Solsky)

◎长柄叉趾铁甲 *Dactylispa* (*T.*) *cervicornis* Gressitt

◎中华叉趾铁甲 *Dactylispa* (*T.*) *chinensis* Weise

◎水稻铁甲 *Dicladispa armigera* (Uhmann)

◎豹短椭龟甲 *Glyphocassis* (*Hebdomecosta*) *spilota* (Gorham)

◎甘薯外节龟甲 *Laccoptera quadrimaculata* (Thunberg)

◎缺窗瘤龟甲 *Notosacantha sauteri* (Spaeth)

◎中华瘤龟甲 *Notosacantha sinica* Gressitt

◎枣掌铁甲 *Platypria melli* Uhmann

◎甘薯台龟甲 *Taiwania circumdota* (Herbst)

◎柑桔台龟甲 *Taiwania obtusata* (Boheman)

◎拉底台龟甲 *Taiwania rati* (Maulik)

◎真台龟甲 *Taiwania sauteri* Spaeth

◎苹果台龟甲 *Taiwania versicolor* (Boheman)

◎双枝尾龟甲 *Thlaspida biramosa* (Boheman)

水龟甲科 Hydrophilidae

◎大水龟虫 *Hydrophilus acuminatus* Motschulsky

◎黑水龟虫 *Sternolophus rufipes* Fabricius

萤科 Lempyridae

◎大黄萤 *Luciola substriata* Gorh

◎黄萤 *Luciola terminalis* Oliver

鳃金龟科 Melolonthidae

◎筛阿鳃金龟 *Apigonia cribricollis* Burmeister
◎白粉翅鳃金龟 *Cypochilus insulanus* Mosel
◎大等鳃金龟 *Exolontha serrulata* (Cyll)
◎影等鳃金龟 *Exolontha umbraculata* Burmeister
◎大黑鳃金龟 *Holotrichia diomphalis* Bafes
◎江南大黑鳃金龟 *Holotrichiagebleri* (Faldermann)
◎宽齿爪鳃金龟 *Holotrichia lata* Brenske
◎铅灰齿爪鳃金龟 *Holotrichia plumbea* Hope
◎褐色金龟子 *Holotrichia ovata* Chang
◎暗黑鳃金龟 *Holotrichia parallela* Motschulsky, 1854
◎毛黄脊鳃金龟 *Holotrichia* (*Pledina*) *trichophora* (Fairmaire, 1891)
◎小黄鳃金龟 *Metabolus flavescens* Brenske
◎东方鳃金龟 *Serica orientalis* Motschulsky

芫菁科 Meloidae

◎锯角豆芫菁 *Epicauta gorhami* Marseul
◎绿芫菁 *Lytta caraganae* Pallas
◎黄黑小芫菁 *Mylabris cichorii* Linnaeus
◎黄黑大芫菁 *Mylabris phalerata* Pallas

花蚤科 Mordellidae

◎纹带花蚤 *Glipa fasciata* Kono
◎克氏带花蚤 *Glipa klapperichi* Ermisch
◎枝带花蚤 *Glipa olada* Yang et Fan
◎奄美带花蚤 *Glipa oshimana* Nomura
◎皮氏带花蚤 *Glipa pioi* Ermisch
◎白水带花蚤 *Glipa shirozui* Nakane

丽金龟科 Rutelidae

◎黑跗长丽金龟 *Adoretosoma chinense* Fairmaire
◎中喙丽金龟 *Adoretus sinicus* Burmeister
◎筛点喙丽金龟 *Adoretus cribritus* White
◎斑喙丽金龟 *Adoretus tenuimaculatus* Waterhouse
◎铜绿异丽金龟 *Anomala corpulenta* Motschulsky
◎红脚绿丽金龟 *Anomala cupripes* Hope
◎斑黑异丽金龟 *Anomala ebenina* Fairmaire
◎毛褐异丽金龟 *Anomala hirsutula* Nonfried
◎斑翅异丽金龟 *Anomala spiloptera* Burmeister
◎中华彩丽金龟 *Mimela chinensis* Kirby
◎弯股彩丽金龟 *Mimela excisipes* Reitter
◎墨绿彩丽金龟 *Mimela splendens* (Gyllenhal)
◎棉花弧丽金龟 *Popillia mutans* Newman
◎曲带弧丽金龟 *Popillia pustulata* Fairmaire

隐翅虫科 Staphylinidae

四眼隐翅虫亚科 Omaliinae
◎哈氏地隐翅虫 *Geodromicus hammondi* Watanabe, 1990
蚁甲亚科 Pselaphinae
◎中华凹腹蚁甲 *Tribasodes chinensis* Yin, Zhao et Li, 2010
尖腹隐翅虫亚科 Tachyporinae
◎刻点长足隐翅虫 *Derops punctipennis* Schülke, 2003
◎中华毛须隐翅虫 *Ischnosoma chinese* Bernhauer, 1939
隐翅虫亚科 Staphylininae
◎浅色肩隐翅虫 *Quedius* (*Microsaurus*) *pallens* Smetana, 1996
毒隐翅虫亚科 Paederinae
◎罗格四齿隐翅虫 *Nazeris rougemonti* Ito, 1996

金龟科 Scarabaeidae

◎中华蜣螂 *Copris sinicus* Hope
◎臭蜣螂 *Copris ochus* (Motschulsky)
◎同角凯蜣螂 *Caccobius* (*Caccophilus*) *unicornis* (Fabricius, 1789)

◎黑扁蜣螂 *Gymnopleurus sinuatus* Olivier

◎大理石须金龟 *Polyphylla laticolis* Lewis

◎台风蜣螂 *Scarabaeus typhon* Fischer

金龟科 Scarabaeidae

花金龟亚科 Cetoniinae

◎斑青花金龟 *Gametis bealiae* (Gory & Percheron, 1833)

◎日本伪阔花金龟 *Pseudotorynorrhina japonica* (Hope, 1841)

◎黄粉鹿花金龟 *Dicronocephalus bowringi* (Pascoe, 1863)

◎平丽花金龟 *Euselates moupinensis* (Fairmaire, 1891)

◎绿绒斑金龟 *Epitrichius bowringii* (Thomson, 1857)

◎黄点环斑金龟 *Paratrichius guttatus* Iwase, 1993

小蠹科 Scolytidae

◎横坑切梢小蠹 *Blastophagus minor* Hartig

◎瓜草茎小蠹 *Cosmoderes monilicollis* Eichhoff

◎小咪小蠹 *Hypothenemus eruditus* Westwood

◎大干小蠹 *Hylurgops major* Eggers

◎松瘤小蠹 *Orthotomicus erosus* Wollaston

◎杉肤小蠹 *Phloeosinus sinensis* Schedl

◎小毛喙小蠹 *Sueus niisimai* Eggers

◎纵坑切梢小蠹 *Tomicus piniperda* Linnaeus

◎窝背材小蠹 *Xyleborus armiger* Schedl

◎茸毛材小蠹 *Xyleborus armipennis* Schedl

◎圆穴材小蠹 *Xyleborus artecomans* Schedl

◎网纹材小蠹 *Xyleborus atratus* Eichh.

◎凹缘材小蠹 *Xyleborus emarginatus* Eichh.

◎光滑材小蠹 *Xyleborus germanus* Eichh.

◎坡面材小蠹 *Xyleborus interjectus* Blandf.

◎暗翅材小蠹 *Xyleborus semiopacus* Eichh.

◎阔面材小蠹 *Xyleborus validus* Eichh.

◎小粒材小蠹 *Xyleborus saxeseni* Ratzburg

◎条脊材小蠹 *Xyleborus yakushimanus* Murayama

◎棋盘材小蠹 *Xyleborus adumbrates* Blandford

◎六粒材小蠹 *Xyleborus asperatus* Blandford

◎黄氏材小蠹 *Xyleborus huangi* Browne

◎瘤胸材小蠹 *Xyleborus rubricollis* Eichhoff

◎秃尾材小蠹 *Xyleborus amputates* Blandford

◎两色材小蠹 *Xyleborus discolor* Blandford

◎长截材小蠹 *Xyleborus agnatus* Eggers

拟步甲科 Tenebrionidae

树甲族 Strongyliini

◎树甲属未定种 *Strongylium* sp. 1

◎树甲属未定种 *Strongylium* sp. 2

◎匿颈树甲属未定种 *Stenochinus* sp.

舌甲族 Leiochrinini

◎三色斑舌甲 *Derispia tricolor* Kaszab, 1946

◎二斑亮舌甲 *Crypsis speciosissimus* Kaszab, 1946

伪叶甲族 Lagriini

◎紫蓝角伪叶甲 *Cerogira janthinipennis* (Fairmaire, 1886)

◎刃脊角伪叶甲 *Cerogira klapperichi* Borchmann, 1941

◎红翅伪叶甲 *Lagria rufipennis* Marseul, 1876

长翅目 Mecoptera

蚊蝎蛉科 Bittacidae

◎中华蚊蝎蛉 *Bittacus sinensis* Walker, 1853

◎天目蚊蝎蛉 *Bittacus tienmushana* Cheng, 1957

蝎蛉科 Panorpidae

◎圆翅新蝎蛉 *Neopanorpaovata* Cheng, 1957

◎网新蝎蛉 *Neopanorpa caveata* Chebg, 1957

◎何氏新蝎蛉 *Neopanorpa hei* Zhou, 1998

◎天目新蝎蛉 *Neopanorpa tienmushana* Cheng, 1957

◎莫干山新蝎蛉 *Neopanorpa moganshanensis* Zhou, 1994

◎克氏蝎蛉 *Panorpa klapperichi* Tjeder

◎黄翅蝎蛉 *Panorpa lutea* Carpenter, 1945

◎陈氏蝎蛉 *Panorpa cheni* Cheng, 1957

◎四带蝎蛉 *Panorpa tetrazonia* Navas, 1935

◎尤氏蝎蛉 *Panorpa kiautai* Zhou, 1993

◎周氏蝎蛉 *Panorpa choui* Zhou, 1993

双翅目 Diptera

摇蚊科 Chironomidae

寡脉亚科 Podonominae

◎冲绳近北摇蚊 *Paraboreochlus okinawanus* Kobayshi & Kuranishi, 1999

长足亚科 Tanypodinae

◎花翅前突摇蚊 *Procladius choreus* (Meigen, 1804)

寡角亚科 Diamesinae

◎盖氏波摇蚊 *Potthastia gaedii* (Meigen, 1838)

直突亚科 Orthocladiinae

◎刀鬃安的列摇蚊 *Antillocladius scalpellatus* Wang & Saether, 1993

◎楔形苔摇蚊 *Bryophaenocladius cuneiformis* Armitage, 1987

◎尖细毛施密摇蚊 *Compterosmittia procera* Lin et Wang, 2013

◎双线环足摇蚊 *Cricotopus bicinctus* (Meigen, 1818)

◎黑翅毛胸摇蚊 *Heleniella nebulosa* Andersen & Wang, 1997

◎微小沼摇蚊 *Limnophyes minimus* (Meigen, 1818)

◎侧毛肛脊摇蚊 *Mesosmittia patrihortae* Saether, 1985

◎花柱拟麦锤摇蚊 *Parametriocnemus stylatus* (Kieffer, 1924)

◎黑拟毛突摇蚊 *Paratrichocladius ater* Wang & Zheng, 1990

◎钳指伪施密摇蚊 *Pseudosmittia forcipata* (Goetghebuer, 1921)

◎马蒂尔德伪施密摇蚊 *Pseudosmittia mathildae* Albu, 1968

摇蚊亚科 Chironominae

◎萨摩亚摇蚊 *Chironomus samoensis* Edwards, 1928

◎中华摇蚊 *Chironomus sinicus* Wang et Kiknadze, 2005

◎缺损拟隐摇蚊 *Demicryptochironomus* (*Demicryptochironomus*) *vulneratus* (Zetterstedt, 1838)

◎叶突哈摇蚊 *Harnischia tenuitubercula* Chaudhuri & Chattopadhyay, 1990

◎软铗小摇蚊 *Microchironomus tener* (Kieffer, 1918)

◎百山祖小突摇蚊 *Micropsectra baishanzua* Wang, 1995

◎小足倒毛摇蚊 *Microtendipes pedellus* (De Geer, 1776)

◎卜氏拟枝角摇蚊 *Paracladopelma bui* Yan et Wang, 2008

◎黑带间摇蚊 *Paratendipes nigrofasciatus* Kieffer, 1916

◎裸瓣间摇蚊 *Paratendipes nudisquama* (Edwards, 1929)

◎耐垢多足摇蚊 *Polypedilum* (*Pentapedilum*) *sordens* (van der Wulp, 1874)

◎海南多足摇蚊 *Polypedilum* (*Polypedilum*) *hainanense* Zhang & Wang, 2008

◎筑波多足摇蚊 *Polypedilum* (*Polypedilum*)

tsukubaense（Sasa，1979）

◎塞特狭摇蚊 *Stenochironomus satorui*（Tokunaga & Kuroda，1936）

◎麦氏狭摇蚊 *Stenochironomus macateei*（Malloch，1915）

◎多齿斑摇蚊 *Stictochironomus multannulatus*（Tokunaga，1938）

◎台湾长跗摇蚊 *Tanytarsus formosanus* Kieffer，1923

蚊科 Culicidae

◎伪白纹伊蚊 *Aedes pseudalbopictus* Barraud，1931

◎白纹伊蚊 *Aedes albopictus*（Skuse，1894）

◎杵蚊亚属 *Tripterodes* sp.（Subgenus Tripterodes Giles，1968）

◎粗毛领蚊 *Heizmannia covelli* Barraud 1929

◎日本骚扰蚊 *Ochlerotatus japonicus*（Theobald，1901）

◎棘刺骚扰蚊 *Ochlerotatus elsiac*（Barraud，1923）

◎二带喙库蚊 *Culex bitaeniorhgnchus* Giles，1901

◎致倦库蚊 *Culex pipiensquinquefasciatus* Say，1823

◎淡色库蚊 *Culex pipienspallens* Coquillett，1898

◎叶片库蚊 *Culex foliatus* Brug，1932

◎达勒姆阿蚊 *Armigeres durhami* Edwards，1917

◎骚扰阿蚊 *Armigeres subalbatus*（Coquillett，1898）

◎中华按蚊 *Anopheles sinensis* Wiedemann 1828

菌蚊科 Mycetophilidae

◎黄黑埃菌蚊 *Epicypta nigroflava*（Senior-White，1922）

◎密毛埃菌蚊 *Epicypta scopata* Wu，2000

◎伞菌伊菌蚊 *Exechia arisaemae* Sasakawa，1993

◎华丽真菌蚊 *Mycomya aureola* Wu，1995

◎习见真菌蚊 *Mycomya copicusa* Wu，1998

◎缺齿真菌蚊 *Mycomya edentata* Wu，1998

◎侧齿真菌蚊 *Mycomya odontoda* Yang et Wu，1998

◎扭突真菌蚊 *Mycomya strombuliforma* Wu et Yang，1993

◎菲氏真菌蚊 *Mycomya vaisaneni* Wu et Yang，1994

◎显著菌蚊 *Mycetophila sigillata* Dziedzicki，1884

◎三刺菌蚊 *Mycetophila trinotata* Staeger，1840

◎中华新菌蚊 *Neoempheria sinica* Yang et Wu，1992

◎锥形新菌蚊 *Neoempheria subulata* Wu et Yang，1995

◎天目新菌蚊 *Neoempheria tianmuana* Wu et Yang，1990

眼蕈蚊科 Sciaridae

◎三刺伪轭眼蕈蚊 *Pseudozygoneura triacantha* Shi & Huang，2013

◎凯伪轭眼蕈蚊 *Pseudozygoneura kirkspriggsi* Hippa，Vilkamaa et Heinakroon，1998

◎粗刺伪轭眼蕈蚊 *Pseudozygoneura robustispina* Shi & Huang，2013

◎中叶突眼蕈蚊 *Dolichosciara intermedialis* Antonova，1977

◎日本突眼蕈蚊 *Dolichosciara megumiae*（Sasakawa，1994）

◎尖刺突眼蕈蚊 *Dolichosciara oxyacantha* Shi

& Huang, 2013

◎芬兰突眼蕈蚊 *Dolichosciara orcina* Tuomikoski, 1960

◎直刺突眼蕈蚊 *Dolichosciara rectspinosa* Shi & Huang, 2013

◎密毛突眼蕈蚊 *Dolichosciara multisetosa* Shi & Huang, 2013

◎阿尔泰突眼蕈蚊 *Dolichoscia rahippai* Komarova et Vilkamaa, 2006

◎清凉峰突眼蕈蚊 *Dolichoscia raqingliangfengana* Shi & Huang, 2013

◎芬兰配眼蕈蚊 *Peyerimhoffia vagabunda* (Winnertz, 1867)

◎长喙摩眼蕈蚊 *Mohrig longirostris* sp. nov.

虻科 Tabanidae

◎骚扰黄虻 *Atylotus miser* (Szilady, 1915)

◎舟山斑虻 *Chrysopis chusanensis* Ouchi, 1939

◎帕氏斑虻 *Chrysopis potanini* Pleske

◎中华斑虻 *Chrysopis sinensis* Walker, 1856

◎窄条斑虻 *Chrysopis striatulus* Pechuman

◎范氏斑虻 *Chrysopis vanderwulpi* (Krober, 1929)

◎台湾麻虻 *Haematopota formosana* Shiraki

◎华广虻 *Tabannus amaenus* Walker, 1848

◎缅甸虻 *Tabannus birmanicus* Bigot, 1892

◎纯黑虻 *Tabannus candidus* Ricardo, 1913

◎浙江虻 *Tabannus chekiangensis* Ouchi, 1943

◎中国虻 *Tabannus chinensis* Ouchi, 1943

◎朝鲜虻 *Tabannus coreanus* Shiraki, 1932

◎江苏虻 *Tabannus kiangsuensis* Krober, 1934

◎广西虻 *Tabannus kwangsiensis* Wang et Liu, 1977

◎线带虻 *Tabannus lineataenia* Xu, 1979

◎松本虻 *Tabannus matsumotoensis* Murdoch et Takahasi, 1961

◎晨螫虻 *Tabannus matutinimordicus* Xu, 1989

◎全黑虻 *Tabannus nigrus* Liu et Wang, 1977

◎日本虻 *Tabannus nipponicus* Murdoch et Takahasi, 1969

◎六带虻 *Tabannus sexcinctus* Ricardo, 1911

◎山东虻 *Tabannus shantungensis* Ouchi, 1943

◎角斑虻 *Tabannus signifer* Walker, 1856

◎重脉虻 *Tabannus signatipennis* Portschinsky, 1897

◎天目虻 *Tabannus tienmuensis* Liu, 1962

◎亚布力虻 *Tabannus yablonicus* Takagi, 1941

◎姚氏虻 *Tabannus yao* Macquart, 1855

鼓翅蝇科 sepsidae

◎印度异鼓翅蝇 *Allosepsis indica* Wiedemann

◎单斑鼓翅蝇 *Sepsis monostigma* Thomson

◎螯斑鼓翅蝇 *Sepsis punctum* Fabricius

蜂虻科 Bombyliidae

◎长吻蜂虻 *Bombylius major* Linnaeus

◎金刺姬蜂虻 *Systropus aurantispinus* Evenhuis

◎建阳姬蜂虻 *Systropus jianyanganus* Yang et Du

◎小型姬蜂虻 *Systropus microsytropus* Evenhuis

◎燕尾姬蜂虻 *Systropus ypsllus* Yang et Du, 1988

水虻科 Stratiomyidae

◎黑翅寡毛水虻 *Evaza nigripennis* Kertesz, 1909

◎舟山丽额水虻 *Prosopochrysa chushanensis* Ouchi, 1938

◎金黄指突水虻 *Ptecticus aurifer* (Walker, 1854)

◎南方指突水虻 *Ptecticus australis* Schiner, 1868

◎新昌指突水虻 *Ptecticus sinchangensis* Ou-

chi, 1938
◎黑色指突水虻 *Ptecticus tenebrifer*（Walker, 1849）
◎大瘦腹水虻 *Sargus grandis*（Ouchi, 1938）
◎丽瘦腹水虻 *Sargus metallinus* Fabricius, 1805

食虫虻科 Asilidae

◎中华单羽食虫虻 *Cophinopoda chinensis*（Fabricius.）
◎天目阔头虫虻 *Damalis andron* Walker, 1985
◎裸异食虫虻 *Heterpogon glabellus* V. Roder.
◎长毛腹食虫虻 *Laphria auricomata* Hermann
◎煤色棒腹食虫虻 *Lagynogaster fuliginosa* Herm, 1916
◎加毛腹食虫虻 *Laphria galathei* Costa
◎红腹食虫虻 *Laphria pyrrhothrix* Hermann
◎稀毛腹食虫虻 *Laphria remota* Hermann
◎巧圆突食虫虻 *Machimus corcinnus* Loewer
◎毛圆突食虫虻 *Machimus setibarbus* Loewer
◎系羽芒食虫虻 *Ommatius compactus* Becker
◎坎羽芒食虫虻 *Ommatius kambangensis* Meijere
◎白毛拟叉径食虫虻 *Philodicus albispina*（Thomson）
◎白毛叉径食虫虻 *Promachus albopilosus* Macquart
◎黑叉径食虫虻 *Promachus ater* Coquillett
◎帕叉径食虫虻 *Promachus pallipensis* Macquart
◎美沙食虫虻 *Saropogon eucerus* Loewer
◎克籽角食虫虻 *Xenomyza claripennis*（Bromley）

食蚜蝇科 Syrphidae

◎切黑狭口食蚜蝇 *Asarkina erictorum*（Fabricius）
◎黄腹狭口食蚜蝇 *Asarkina porcina*（De Geer）
◎紫额棍腹食蚜蝇 *Baccha apicalis* Loew
◎侧斑直脉食蚜蝇 *Dideoides latus*（Coquillett）
◎宽带垂边食蚜蝇 *Epistrophe horishana*（Matsumura）
◎灰带管食蚜蝇 *Eristalis cerealis* Fabricius
◎长尾管蚜蝇 *Eristalis tenax*（Linnaeus, 1758）
◎黄带狭腹食蚜蝇 *Meliscaeva canella*（Zelterstedt）
◎天目柄角蚜蝇 *Monoceromyia tienmushanensis* Ouchi, 1943
◎羽芒宽盾食蚜蝇 *Phytomia jonata*（Fohricius）
◎六斑鼻颜食蚜蝇 *Rhingia sexmaculata* Brunetti
◎黑足食蚜蝇 *Syrphus vitripennis* Meigen
◎台湾小瓣蚜蝇 *Takaomgis formosana* Shiraki
◎黑蜂蚜蝇 *Volucella nigricans* Coquillett

突眼蝇科 Diopsidae

◎印度突眼蝇 *Diopsis indica* Westwood
◎东方突眼蝇 *Diopsis orientalis* Ouchi

潜蝇科 Agromyzidae

◎豌豆彩潜蝇 *Chromatomyia horticola* Goureau
◎菜豆蛇潜蝇 *Ophiomyia phaseoli*（Tryoni）
◎豆秆黑潜蝇 *Melanagromyza sojae*（Zehntner, 1900）

花蝇科 Anthomyiidae

◎横带花蝇 *Anthomyia illocata* Walker, 1857
◎小角蕨蝇 *Chirosia parvicornis*（Zett.）
◎灰地种蝇 *Delia platura*（Meigen, 1826）
◎朔粪泉蝇 *Emmesomyia grisea*（Robineau-Desvoidy, 1830）
◎东方粪泉蝇 *Emmesomyia oriens* Suwa, 1974

◎诹访粪泉蝇 *Emmesomyia suwai* Ge et Fan, 1988
◎山隰蝇 *Hydrophoria montana* Suwa, 1970
◎黑足种蝇 *Hylemya latifrons* Schnabl, 1911
◎扭叶纤目花蝇 *Lasiomma pectinicrus* Hennig, 1968
◎棕黄原泉蝇 *Nupedia fulva* (Malloch, 1934)
◎中华泉蝇 *Pegomya chinensis* Hennig, 1973
◎莫干泉蝇 *Pegomya japonicamokanensis* Fan, 1982
◎厚尾泉蝇 *Pegomya pachura* Fan, 1980
◎江苏泉蝇 *Pegomya kiangsuensis* Fan, 1964
◎毛笋泉蝇 *Pegomya phyllostachys* Fan, 1964
◎棘基泉蝇 *Pegomya spinulosa* Fan, 1982
◎四条泉蝇 *Pegomya quadrivittata* Karl, 1935

蝇科 Muscidae

◎黑须芒蝇 *Atherigona atripalpis* Malloch, 1925
◎裸蹠芒蝇 *Atherigona falcata* (Thomson, 1869)
◎东方芒蝇 *Atherigona* (*Acritochaeta*) *orientalis* Schiner, 1868
◎稻芒蝇 *Atherigona oryzae* Malloch, 1925
◎毛蹠芒蝇 *Atherigona reversura* Villeneuve, 1936
◎斑蹠齿股蝇 *Hydrotaea* (*Ophyra*) *chalcogaster* (Wiedemann, 1824)
◎银眉齿股蝇 *Hydrotaea* (*Ophyra*) *ignava* (Harris, 1780)
◎暗额齿股蝇 *Hydrotaea* (*Ophyra*) *obscurifrons* (Sabrosky, 1949)
◎厚环齿股蝇 *Hydrotaea* (*Ophyra*) *spinigera* (Stein, 1910)
◎绯胫纹蝇 *Graphomya rufitibia* Stein, 1918
◎斑板池蝇 *Limnophora exigua* (Wiedemann, 1830)
◎隐斑池蝇 *Limnophora fallax* Stein, 1920
◎鬃脉池蝇 *Limnophora setinerva* Schnabl, 1911
◎白点溜蝇 *Lispe leucospila* (Wiedemann, 1830)
◎东方溜蝇 *Lispe orientalis* Wiedemann, 1830
◎圆莫蝇 *Morellia hortensia* (Wiedemann, 1824)
◎黑边家蝇 *Musca* (*Eumusca*) *hervei* Villeneuve, 1922
◎市蝇 *Musca* (*Lissosterna*) *sorbens* Wiedemann, 1830
◎带纹家蝇 *Musca* (*Plaxemya*) *confiscata* Speiser, 1924
◎逐畜家蝇 *Musca* (*Plaxemya*) *conducens* Walker, 1859
◎黄腹家蝇 *Musca* (*Plaxemya*) *ventrosa* Wiedemann, 1830
◎北栖家蝇 *Musca* (*Viviparomusca*) *bezzii* Patton et Cragg, 1913
◎突额家蝇 *Musca* (*Viviparomusca*) *convexifrons* Thomson, 1869
◎明翅翠蝇 *Neomyia claripennis* (Malloch, 1923)
◎绿额翠蝇 *Neomyia coeruleifrons* (Macquart, 1851)
◎紫翠蝇 *Neomyiaga visa* (Walker, 1859)
◎印度翠蝇 *Neomyia indica* (Robineau-Desvoidy, 1830)
◎蓝翠蝇 *Neomyia timorensis* (Robineau-Desvoidy, 1830)
◎欧妙蝇 *Myospila meditabunda* (Fabricius, 1781)
◎升斑裸池蝇 *Brontaea ascendens* (Stein, 1915)

◎铜腹重毫蝇 *Dichaetomyia bibax* (Wiedemann, 1830)

◎牧场腐蝇 *Muscina pascuorum* (Meigen, 1826)

◎东方角蝇 *Haematobia exigua* de Meijere, 1903

◎刺血喙蝇 *Haematobosca sanguinolenta* (Austen, 1909)

◎厩螯蝇 *Stomoxys calcitrans* Linnaeus, 1758

◎印度螯蝇 *Stomoxys indicus* Picard, 1908

丽蝇科 Calliphoridae

◎紫绿蝇 *Lucilia* (*Caesariceps*) *porphyrina* (Walker, 1856)

◎瘦叶带绿蝇 *Hemipyrellia ligurriens* (Wiedemann, 1830)

◎叉丽蝇 *Triceratopyga calliphoroides* Rohdendorf, 1931

◎巨尾阿丽蝇 *Aldrichina grahami* (Aldrich, 1930)

◎反吐丽蝇 *Calliphora* (*s. str.*) *vomitoria* (Linnaeus, 1758)

◎中华粉腹丽蝇 *Pollenowyia sinensis* Séguy, 1935

◎绯颜裸金蝇 *Achoetandrus rufifacies* (Macquart, 1843)

◎肥躯金蝇 *Chrysomya pinguis* (Walker, 1858)

◎大头金蝇 *Chrysomya megacephala* (Fabricius, 1794)

◎台湾等彩蝇 *Isomyia electa* (Villeneuve, 1927)

◎伪绿等彩蝇 *Isomyia pseudolucilia* (Malloch, 1928)

◎牯岭等彩蝇 *Isomyia oestracea* (Séguy, 1934)

◎拟黄胫等彩蝇 *Isomyia* (*Noviculicauda*) *pseudoviridana* (Peris, 1952)

◎三色依蝇 *Idiella tripartite* (Bigot, 1847)

◎异色口鼻蝇 *Stomorhina discolor* (Fabricius, 1794)

◎不显口鼻蝇 *Stomorhina obsoleta* (Wiedemann, 1830)

麻蝇科 Sarcophagidae

◎白头突额蜂麻蝇 *Metopiaargyrocephala* (Meigen, 1824)

◎西班牙长鞘蜂麻蝇 *Miltogramma* (*Cylindrothecum*) *ibericum* Villeneuve, 1912

◎红尾拉麻蝇 *Ravinia striata* (Fabricius, 1794)

◎棕尾别麻蝇 *Bottcherisca peregrina* (Robineau-Desvoidy, 1830)

◎松毛虫缅麻蝇 *Lioproctia beesoni* (Senior-White, 1924)

◎黑尾黑麻蝇 *Helicophagella melanura* (Meigen, 1826)

◎白头亚麻蝇 *Parasarcophaga* (*s. str.*) *albiceps* (Meigen, 1826)

◎短角亚麻蝇 *Parasarcophaga* (*Liosarcophaga*) *brevicornis* (Ho, 1934)

◎酱亚麻蝇 *Parasarcophaga* (*Liosarcophaga*) *dux* (Thomson, 1868)

◎义乌亚麻蝇 *Parasarcophaga* (*Curransis*) *iwuensis* (Ho, 1934)

◎拟对岛亚麻蝇 *Parasarcophaga* (*Kanoisca*) *kanoi* (Park, 1962)

◎巨耳亚麻蝇 *Parasarcophaga* (*s. str.*) *macroauriculata* (Ho, 1932)

◎黄须亚麻蝇 *Parasarcophaga* (*s. str.*) *misera* (Walker, 1849)

◎秉氏亚麻蝇 *Parasarcophaga* (*Pandelleisca*)

pingi (Ho, 1934)

◎多突亚麻蝇 *Parasarcophaga* (*Pandelleisca*) *polystylata* (Ho, 1934)

◎褐须亚麻蝇 *Parasarcophaga* (*s. str.*) *sericea* (Walker, 1852)

◎野亚麻蝇 *Parasarcophaga* (*Pandelleisca*) *similes* (Meade, 1876)

◎台南细麻蝇 *Pierretia* (*Bellieriomima*) *josephi* (Böettcher, 1912)

◎羚足鬃麻蝇 *Sarcorohdendorfia antilope* (Bottcher, 1913)

◎拟东方辛麻蝇 *Seniorwhitea reciproca* (Walker, 1856)

◎立刺麻蝇 *Sinonipponia hervebazini* (Séguy, 1934)

寄蝇科 Tachinidae

追寄蝇亚科 Exoristiinae

◎杂色美根寄蝇 *Meigenia dorsalis* (Meigen, 1824)

◎大型美根寄蝇 *Meigenia majuscula* Rondani, 1859

◎白瓣麦寄蝇 *Medina collaria* (Fallén, 1820)

◎康刺腹寄蝇 *Compsiura concinnata* Meigen, 1824

◎长角髭寄蝇 *Vibrissina turrita* (Meigen, 1824)

◎伞裙追寄蝇 *Exorista civilis* (Rondani, 1859)

◎古毒蛾追寄蝇 *Exorista larvarum* (Linnaeus, 1758)

◎红尾追寄蝇 *Exorista xanthaspis* (Wiedemann, 1830)

◎大形奥蜉寄蝇 *Austrophorocera grandis* (Macquart, 1851)

◎选择盆地寄蝇 *Bessa parallela* (Meigen, 1824)

◎灿烂温寄蝇 *Winthemia venusta* (Meigen, 1824)

膝芒寄蝇亚科 Goniinae

◎双斑截尾寄蝇 *Nemorilla maculosa* (Meigen, 1824)

◎角野螟狭颊寄蝇 *Carcelia prima* Baranov, 1931

◎隔离狭颊寄蝇 *Carcelia excisa* Fallén, 1820

◎黑尾狭颊寄蝇 *Carcelia caudata* Baranov, 1931

◎杜比狭颊寄蝇 *Carcelia dubia* Brauer- Bergenstam, 1891

◎鬃胫狭颊寄蝇 *Carcelia tibialis* Robineau-Desvoidy, 1863

◎宽额狭颊寄蝇 *Carcelia laxifrons* Villeneuve, 1912

◎黄斑狭颊寄蝇 *Carcelia flavimaculata* Sun et Chao, 1992

◎格纳狭颊寄蝇 *Carcelia gnava* Meigen, 1824

◎灰腹狭颊寄蝇 *Carcelia rasa* (Macquart, 1849)

◎苏门答腊狭颊寄蝇 *Carce liasumatrana* Townsend, 1927

◎松毛虫狭颊寄蝇 *Carcelia matsukarehae* Shima, 1969

◎尖音狭颊寄蝇 *Carcelia bombylans* Robineau-Desvoidy

◎拉赛狭颊寄蝇 *Carcelia rasella* Baranov

◎稻苞虫鞘寄蝇 *Thecocarcelia parnarae* Chao, 1976

◎银颜赘寄蝇 *Drino argenticeps* (Macquart, 1851)

◎睫毛赘寄蝇 *Drino ciliata* (Wulp, 1881)

◎弯须赘寄蝇 *Drino curvipalpis* (Wulp, 1893)

◎平庸赘寄蝇 *Drino inconspicua* (Meigen,

1930）

◎稻苞虫赛寄蝇 *Pseudoperichaeta nigrolineata*（Walker，1853）

◎突飞皮寄蝇 *Sisyropa prominens*（Walker，1859）

◎多径毛异丛毛寄蝇 *Isosturmia picta*（Baranov，1932）

◎丽丛毛寄蝇 *Sturmia bella*（Meigen，1824）

◎蚕饰腹寄蝇 *Blepharipa zebina*（Walker，1849）

◎凯梳寄蝇 *Pexopsis capitata* Mesnil，1952

◎彩艳宽额寄蝇 *Frontina laeta*（Meigen，1824）

◎中华膝芒寄蝇 *Gonia chinensis* Wiedemann，1824

◎红额拟膝芒寄蝇 *Pseudogonia rufifrons*（Wiedemann，1830）

寄蝇亚科 Tachininae

◎怒寄蝇 *Tachina nupta*（Rondani，1859）

◎黄白寄蝇 *Tachina ursina* Meigen，1824

◎什塔寄蝇 *Tachina stackelbergi* Zimin，1935

◎蜂寄蝇 *Tachina ursinoides*（Tothill，1918）

◎火红寄蝇 *Tachina ardens*（Zimin，1929）

◎刺须密克寄蝇 *Mikia patellipalpis*（Mesnil，1953）

◎肥须诺寄蝇 *Nowickia atripalpis*（Robineau-Desvoidy，1863）

◎萨毛瓣寄蝇 *Nemoraea sapporensis* Kocha，1969

◎黄胫等鬃寄蝇 *Peribaea tibialis*（Robineau-Desvoidy，1851）

◎冠毛长唇寄蝇 *Siphona cristata*（Fabricius，1805）

◎峨嵋短须寄蝇 *Linnaemya omega* Zimin，1954

◎钩肛短须寄蝇 *Linnaemya picta*（Meigen，1824）

突颜寄蝇亚科 Phasiinae

◎狭尾罗佛寄蝇 *Lophosia angusticauda*（Townsend，1927）

◎丽罗佛寄蝇 *Lophosia pulchra*（Townsend，1927）

◎迟缓罗佛寄蝇 *Lophosia imbecilla* Herting，1983

◎比贺寄蝇 *Hermya beelzebul*（Wiedemann，1830）

舞虻科 Empididae

◎中华裸螳舞虻 *Chelifera sinensis* Yang et Yang

◎钩突鬃螳舞虻 *Chelipoda forcipata* Yang et Yang

◎长毛驼舞虻 *Hybos caesariatus* Yang et Yang

◎中华驼舞虻 *Hybos chinensis* Frey

◎长鬃驼舞虻 *Hybos longisetus* Yang et Yang

◎齿突驼舞虻 *Hybos serratus* Yang et Yang

◎齿突驼舞虻 *Hybos uniseta* Yang et Yang

长足虻科 Dolichopodidae

◎丽长须长足虻 *Acropsilus opipara*（Wei，2006）

◎北京隐脉长足虻 *Asyndetus beijingensis* Zhang & Yang，2003

◎背芒黄鬃长足虻 *Chrysotimus dorsalis* Yang，2001

◎单束黄鬃长足虻 *Chrysotimus unifascia* Yang & Saigusa，2005

◎短须小异长足虻 *Chrysotus brevicercus* Wang & Yang，2008

◎颓唐小异长足虻 *Chrysotus degener* Frey，1917

◎峨眉小异长足虻 *Chrysotus emeiensis* Wang & Yang，2008

◎刘氏小异长足虻 *Chrysotus liui* Wang & Yang, 2008

◎洛阳小异长足虻 *Chrysotus luoyangensis* Wang & Yang, 2008

◎短跗小异长足虻 *Chrysotus pulchellus* Kowarz, 1874

◎伪密毛小异长足虻 *Chrysotus pseudocilipes* Hollis, 1964

◎弯边小异长足虻 *Chrysotus sinuolatus* Wang & Yang, 2008

◎齿突小异长足虻 *Chrysotus serratus* Wang & Yang, 2006

◎海南异长足虻 *Diaphorus hainanensis* Yang & Saigusa, 2001

◎畸爪脉长足虻 *Neurigona micropyga* Negrobov, 1987

◎青城山脉长足虻 *Neurigona qingchengshana* Yang & Saigusa, 2001

◎白芒锥长足虻 *Rhaphium palliaristatum* Yang & Saigusa, 2001

蚤目 Siphonaptera

蚤科 Pulicidae

◎猫栉首蚤 *Ctenocepha lides* (Bouche)

◎人蚤(致痒蚤) *Pulex irritans* Linnaeus, 1758

◎盲潜蚤 *Tunga* (*Brevidigita*) *caecigena* Jordan et Rothschild, 1921

◎印鼠客蚤 *Xenopsylla cheopis* (Rothschild, 1903)

多毛蚤科 Hystrichopsyllidae

◎不同新蚤 *Neopsylla dispar* Chao

◎特新蚤闽 *Neopsylla specialis* Li et Wang

◎奇异狭臀蚤 *Stenischia mirabilis* Jordan

臀蚤科 Pygiopsyllidae

◎特新蚤闽北亚种 *Neopsylla specialis minpiensis* Li et Wang, 1946

◎壮纤蚤 *Rhadinopsylla* (*Actenophthalmus*) *valenti* Darskaya, 1949

◎上海狭蚤 *Stenoponia shanghaiensis* Liu et Wu, 1960

蝠蚤科 Ischnopsyllidae

◎长鬃蝠蚤 *Ischnopsyllus comans* Jordan et Rothschild

◎印度蝠蚤 *Ischnopsyllus indicus* Jordan

细蚤科 Leptopsyllidae

◎曲鬃怪蚤 *Paradoxopsyllus curvispinus* Miyajima et Koidzumi, 1909

◎缓慢细蚤 *Leptopsylla* (*Leptopsylla*) *segnis* (Schonherr, 1811)

◎喜山二刺蚤 *Peromyscopsylla himalaica* Li et Wang

角叶蚤科 Ceratophyllidae

◎适存病蚤 *Nosopsyllus* (*Nosopsyllus*) *nicanus* Jordan, 1937

◎不等单蚤 *Monopsyllus anisus* (Rothschild), 1907

◎燕角叶蚤 *Ceratophyllus farreni* Smit et Allen

毛翅目 Trichoptera

原石蛾科 Rhyacophilidae

◎围茎原石蛾 *Rhyacophila peripenis* Sun et Yang

◎楔肢原石蛾 *Rhyacophila cuneata* Sun

◎裂肢原石蛾 *Rhyacophila schismatica* Sun et Yang

舌石蛾科 Glossosomatidae

◎大瓣舌石蛾 *Glossosoma* (*Glossosoma*) *valvatum* Ulmer

◎具针长枝舌石蛾 *Glossosoma* (*Lipoglossa*) *chelotion* Yang et Morse, 2001

◎奇异长枝舌石蛾 *Glossosoma* (*Lipoglossa*) *mirabile Yang et Morse*, 2001

◎中华小舌石蛾 *Agapetus* (*Synagapetus*) *chinensis* Mosely

等翅石蛾科 Philopotamidae

◎双齿缺叉等翅石蛾 *Chimarra bicuspidalis* Sun

◎刺茎蠕形等翅石蛾 *Wormaldia unispina* Sun

◎四刺蠕形等翅石蛾 *Wormaldia quadriphylla* Sun

◎长梳等翅石蛾 *Kisaura pectinata* Ross

◎狭窄角石蛾 *Stenopsyche angustata* Martynov

◎天目山角石蛾 *Stenopsyche tienmushanensis* Hwang

瘤石蛾科 Goeridae

◎华贵瘤石蛾 *Goera altofissura* Hwang

◎马氏瘤石蛾 *Goera martynowi* Ulmer

鳞石蛾科 Lepidostomatidae

◎弯茎鳞石蛾 *Lepidostoma arcuatum* Hwang

◎黄纹鳞石蛾 *Lepidostoma flavum* Ulmer

◎福建茎突鳞石蛾 *Lepidostoma fui* Hwang

◎盂须鳞石蛾 *Lepidostoma propriopalpum* Hwang

◎田氏鳞石蛾 *Lepidostoma tiani* Yang et Weaver, 2001

◎亚园斑胸鳞石蛾 *Paraphlegopteryx subcricularis* Schmid, 1965

长角石蛾科 Leptoceridae

◎微细栖长角石蛾 *Oecetis* (*Pseudosetodes*) *minuscula* Yang et Morse, 2000

◎丽栖长角石蛾 *Oecetis* (*Pleurograpta*) *bellula* Yang et Morse, 2000

◎小杯栖长角石蛾 *Oecetis* (*Pleurograpta*) *caucula* Yang et Morse, 2000

◎长须长角石蛾 *Mystacides elongata* Yamamoto et Rose, 1966

◎棕胸须长角石蛾 *Mystacides testacea* Navas, 1931

鳞翅目 Lepidoptera

蝙蝠蛾科 Hepialidae

◎金鸠蝠蛾 *Phassus auratus* Hampson

◎中华鸠蝠蛾 *Phassus sinensis* Moore

◎点蝙蛾 *Phassus signifersinensis* Moore, 1856

◎疖蝙蛾 *Phassus nodus* Chu et Wang, 1985

网蛾科 Thyrididae

◎尖尾网蛾 *Thyris fenestrella* Scopli, 1763

◎橙黄后窗网蛾 *Dysodia magnifica* Whalley, 1868

◎二点斜线网蛾 *Striglina bispota* Chu et Wang, 1991

◎一点斜线网蛾 *Striglina scitaria* Walker

◎棕点网蛾 *Striglina susukii* Chu et Wang

◎红斜线网蛾 *Striglina roseus* (Gaede)

◎金盏拱肩网蛾 *Camptochilus sinuosus* Warren, 1896

◎褐线银网蛾 *Rhodoneura strigatula* Felder, 1859

◎中带褐网蛾 *Rhodoneura sphoraria* (Swinhoe, 1892)

◎中褶网蛾 *Rhodoneura mollis* Chu et Wang

◎银线网蛾 *Rhodoneura yunnana* Chu et Wang

◎蝉网蛾 *Glanycus foochowensis* Chu et Wang

◎黑蝉网蛾 *Glanycus tricolor* Moore, 1897

◎绢网蛾 *Herdonia osdcesalis* Walker

凤蛾科 Epicopeiidae

◎浅翅凤蛾 *Epicopeia hainesisinicaria* Leech, 1912

◎天目凤蛾 *Epicopeia tienmuensis* Chu et Wang

◎榆凤蛾 *Epicopeia mencia* Moore, 1912

◎福建凤蛾 *Epicopeia carolifukienensis* Chu et Wang, 1981

圆钩蛾科 Cyclidiidae

◎洋麻圆钩蛾 *Cyclidia substigmaria* (Hubner, 1825)

◎褐爪圆钩蛾 *Cyclidia substigmariabrunna* Chu et Wang, 1987

◎赭圆钩蛾 *Cyclidia arciferaria* Walker

◎尖顶圆钩蛾 *Mimozethes angula* Chu et Wang

钩蛾科 Drepanidae

◎净赭钩蛾 *Paralbara spicula* Walker, 1868

黄颈赭钩蛾 *Paralbara muscularia* (Walker)

◎晶钩蛾 *Deroca hyalina* Walker, 1855

◎三线钩蛾 *Pseudalbara parvula* (Leech, 1890)

◎花距钩蛾 *Agnidra specularia* (Walker)

◎栎距钩蛾 *Agnidra scabiosafixseni* (Bryk, 1877)

◎仲黑缘黄钩蛾 *Tridrepana crocea* (Leech, 1889)

◎日本线钩蛾 *Nordstroemia japonica* (Moore, 1877)

◎曲缘线钩蛾 *Nordstroemia recava* Watson, 1968

◎中华豆斑钩蛾浙江亚种 *Auzata chinensis prolixa* Watson, 1958

◎短线豆斑钩蛾 *Auzata superba* (Butler, 1878)

◎异铃钩蛾 *Macrocillx nongloba* Chu et Wang, 1988

◎哑铃带钩蛾 *Macrocilix mysticata* (Walker, 1863)

◎姬卑钩蛾浙江亚种 *Betalbara manleyi prolatior* Watson, 1968

◎直线卑钩蛾 *Betalbara violacea* (Butler, 1889)

◎方点丽钩蛾 *Callidrepana forcipulata* Watson, 1968

◎肾点丽钩蛾 *Callidrepana patranapatrana* (Moore, 1865)

豆点丽钩蛾指名亚种 *Callidrepana gemina gemina* Watson

◎赭圆钩蛾 *Cyclidia orciferaria* Walker, 1860

◎古钩蛾尖翅亚种 *Palaeodrepana harpagulaemarginata* Watson, 1968

◎中华大窗钩蛾 *Macrauzata amxima chinensis* Inoue, 1960

◎五斜线白钩蛾 *Ditrigona obliquilinea thibetaria* (Poujade, 1895)

◎镰茎白钩蛾 *Ditrigona cirruncata* Wilkinson, 1968

◎透窗山钩蛾 *Spectroreta hyalodisca* (Hampson, 1896)

◎紫山钩蛾 *Oreta fuscopurpurea* Inoue, 1927

华夏山钩蛾 *Oreta pavacasinensis* Watson

◎宏山钩蛾 *Oreta hoenei* Watson, 1967

◎锚山钩蛾 *Oreta ankyra* Chu et Wang, 1987

◎一线山钩蛾 *Oreta unilinea* (Warren, 1899)

天蛾科 Sphingidae

◎芝麻鬼脸天蛾 *Acherontia styx* Westwood, 1848

◎鬼脸天蛾 *Acherontia lachesis* (Fabricius, 1798)

◎白薯天蛾 *Herse convolvuli* (Linnaeus, 1759)

◎大背天蛾 *Meganoton analis* (Felder, 1874)

◎霜天蛾 *Psilogramma menephron* (Cramer, 1780)

◎丁香天蛾 *Psilogramma increta* (Walker, 1965)

◎鹰翅天蛾 *Oxyambulyx ochracea*（Butler，1885）

◎核桃鹰翅天蛾 *Oxyambulyx schauffelbergeri*（Bremer et Grey，1853）

◎豆天蛾 *Clanis bilineatatsingtauica* Mell，1922

◎南方豆天蛾 *Clanis bilineatabilineata*（Walker，1866）

◎洋槐天蛾 *Clanis deucalion*（Walker，1856）

◎甘蔗天蛾 *Leucophlebia lineata* Westwood，1848

◎椴六点天蛾 *Merumba dyras*（Walker，1856）

梨六点天蛾 *Marumba gaschkewitschi complacens* Walker

佛瑞兹长喙天蛾 *Macroglossum fritzei* Rothschild & Jordan

◎枇杷六点天蛾 *Marumba spectabilis* Butler，1875

◎构月天蛾 *Parum colligata*（Walker，1856）

◎盾天蛾 *Pehyllocphingia dissimilis dissimilis* Bremer，1861

◎紫光盾天蛾 *Pehyllosphingia dissimilis sinensis* Jordan，1928

◎木蜂天蛾 *Sataspes tagalica tagalica* Boisouval，1875

◎后黄黑边天蛾 *Haemorrhagia radians*（Walker，1856）

◎葡萄天蛾 *Ampelophaga rubiginosa* Bremer et Grey，1853

◎葡萄缺角天蛾 *Acosmeryxn aga*（Moore，1857）

◎团角锤天蛾 *Gurelca hyas*（Walker，1856）

◎九节木长喙天蛾 *Macroglossum fringilla*（Boisduval，1875）

◎长喙天蛾 *Macroglossum corythus luteata*（Butler，1875）

◎小豆长喙天蛾 *Macroglossum stellatarum*（Linnaeus，1758）

◎八字白眉天蛾 *Celerio livornica*（Esper，1779）

◎红天蛾 *Pergesa elpenorlewisi*（Butler，1875）

◎斜纹天蛾 *Theretra clotho*（Deuey，1773）

◎雀纹天蛾 *Theretra jpoonica*（Orza，1869）

◎芋单线天蛾 *Theretra pinstrina pinastrina*（Martyn，1797）

◎条背天蛾 *Cechenena lineosa*（Walker，1856）

◎平背天蛾 *Cechenena minor*（Butler，1928）

蚕蛾科 Bombycidae

◎家蚕蛾 *Bombyx mori* Linnaeus，1758

◎野蚕蛾 *Theophila mandarina*（Moore，1872）

◎桑螨蚕蛾 *Bondotia menciana* Moore，1885

◎三线茶蚕蛾 *Andraca bipunctata* Walker，1862

大蚕蛾科 Saturniidae

◎绿尾大蚕蛾 *Actias selene ningpoana* Felder，1913

◎长尾大蚕蛾 *Actias dubernardi*（Obernardi，1913）

◎黄尾大蚕蛾 *Actias heterogyna* Mell，1914

◎黄豹大蚕蛾 *Loepa katinka* Westwood，1848

◎银杏大蚕蛾 *Dictyoploca japonica* Moore，1862

◎樟蚕蛾 *Eriogyna pyretorum pyretorum* Westwood，1847

◎细带樗蚕 *Samia cynthia insularis*（Vollenhofen，1773）

◎宽带樗蚕 *Samia canningi*（Hutton，1860）

◎蓖麻蚕蛾 *Samia cynthia ricina*（Donovan，

1798)

◎樗蚕蛾 *Samia cynthia cynthia* (Drurvy, 1773)

◎柞蚕蛾 *Antheraea pernyi* Guerin-Meneville, 1855

◎明目大蚕蛾 *Antheraea frithijavanensis* Bouvier, 1928

箩纹蛾科 Brahmaeidae

◎黄褐箩纹蛾 *Brahmaea certhia* (Fabricius, 1793)

◎女贞箩纹蛾 *Brahmaea ledereri* Rogenhofer, 1873

◎青球箩纹蛾 *Brahmaea hearseyi* White

◎紫光箩纹蛾 *Brahmaea porphyrio* Chu et Wang

谷蛾科 Tineidae

◎距蜂宇谷蛾 *Cephimallota densoni* Robinson, 1986

◎锯隐斑谷蛾 *Crypsithyris serrata* Xiao et Li, 2007

◎短黑地谷蛾 *Epactris alcaea* Meyrick, 1924

◎齿双地谷蛾 *Eudarcia dentata* Gaedike, 2000

◎梯纹斑谷蛾 *Monopis monachella* (Hübner, 1796)

◎镰斑谷蛾 *Monopis trapezoides* Petersen et Gaedike, 1993

◎赭带斑谷蛾 *Monopis zagulajevi* Gaedike, 2000

◎细齿巢谷蛾 *Niditinea striolella* (Matsumura, 1931)

◎东方扁谷蛾 *Opogona nipponica* Stringer, 1930

细蛾科 Gracillariidae

◎花溪丽细蛾 *Caloptilia* (*Rhadinoptilia*) *camphorae* Kumata, 1982

◎朴丽细蛾 *Caloptilia* (*Caloptilia*) *celtidis* Kumata, 1982

◎五味丽细蛾 *Caloptilia* (*Phylloptilia*) *kadsurae* Kumata, 1966

◎黑丽细蛾 *Caloptilia* (*Caloptilia*) *kurokoi* Kumata, 1966

◎蒙丽细蛾 *Caloptilia* (*Caloptilia*) *mandschurica* (Christoph, 1882)

◎暗斑长角细蛾 *Caloptilia* (*Povolnya*) *querci* (Kumata, 1982)

◎长翅丽细蛾 *Caloptilia* (*Phylloptilia*) *schisandrae* Kumata, 1966

◎大豆丽细蛾 *Caloptilia* (*Caloptilia*) *soyella* (Deventer, 1904)

◎针丽细蛾 *Caloptilia* (*Caloptilia*) *spinulosa* Liu & Yuan, 1990

◎茶丽细蛾 *Caloptilia* (*Caloptilia*) *theivora* (Walsingham, 1891)

◎黄腹丽细蛾 *Caloptilia* (*Caloptilia*) *variegata* Kuznetzov & Baryshnikova, 2001

◎南烛尖细蛾 *Acrocercops transecta* Meyrick, 1931

◎斑细蛾 *Calybites phasianipennella* (Hübner, 1813)

巢蛾科 Yponomeutidae

◎青冈小白巢蛾 *Thecobathra anas* (Stringer, 1930)

◎庐山小白巢蛾 *Thecobathra sororiata* Moriuti, 1971

◎稠李巢蛾 *Yponomeuta evonymellus* (Linnaeus, 1758)

◎金冠褐巢蛾 *Metanomeuta fulvicrinis* Meyrick, 1935

织蛾科 Oecophoridae

◎断带隐织蛾 *Cryptolechia fascirupta* Wang,

2003

◎喙隐织蛾 *Cryptolechia rostriformis* Wang, 2006

◎白线锦织蛾 *Promalactis enopisema* (Butler, 1879)

◎褐斑锦织蛾 *Promalactis fuscimaculata* Wang, 2006

◎银斑锦织蛾 *Promalactis jezonica* (Matsumura, 1931)

◎龙潭锦织蛾 *Promalactis lungtanella* Lvovsky, 2000

◎特锦织蛾 *Promalactis peculiaris* Wang et Li, 2004

◎坚锦织蛾 *Promalactis scleroidea* Wang, 2006

◎刺锦织蛾 *Promalactis spiculata* Wang, 2006

◎三突锦织蛾 *Promalactis* tricuspidata Wang et Li , 2004

◎三齿锦织蛾 *Promalactis tridentata* Wang et Li, 2004

◎原州锦织蛾 *Promalactis wonjuensis* Park et Park, 1998

尖蛾科 Cosmopterygidae

◎阿迈尖蛾 *Macrobathra arneutis* Meyrick, 1914

◎杉木球果尖蛾 *Macrobathra flavidus* Qianet Liu, 1997

◎四点迈尖蛾 *Macrobathra nomaea* Meyrick, 1914

◎双斑尖蛾 *Cosmopterix bifidiguttata* Kuroko et Liu, 2005

◎橙红离尖蛾 *Labdiasemi ncoccinea* (Stainton, 1859)

卷蛾科 Tortricidae

卷蛾亚科 Tortricinae

◎结丛卷蛾 *Gnorismoneura zyzzogeton* Razowski, 1977

◎云杉黄卷蛾 *Archips oporanus* (Linnaeus, 1758)

◎棉褐带卷蛾 *Adoxophyes honmai* Yasuda, 1998

◎棉花双斜卷蛾 *Clepsis pallidana* (Fabricius, 1776)

◎河北狭纹卷蛾 *Gynnidomorpha permixtana* [Denis & Schiffermüller, 1775]

◎环针单纹卷蛾 *Eupoecili aambiguella* (Hübner, 1796)

新小卷蛾亚科 Olethreutinae

◎异形圆斑小卷蛾 *Eudemopsis heteroclita* Liu & Bai, 1982

◎精细小卷蛾 *Psilacantha pryeri* (Walsingham 1900)

◎桑花翅小卷蛾 *Lobesia ambigua* Diakonoff, 1954

◎草小卷蛾 *Celypha flavipalpana* (Herrich-Schäffer, 1848)

◎日月潭广翅小卷蛾 *Hedya sunmoonlakensis* Kawabe, 1993

◎栗新小卷蛾 *Olethreutes castaneanum* (Walsingham, 1900)

◎梅花新小卷蛾 *Olethreutes dolosana* (Kennel, 1901)

◎豌豆镰翅小卷蛾 *Ancylis badiana* (Denis & Schiffermüller, 1775)

◎半圆镰翅小卷蛾 *Ancylis obtusana* (Haworth, [1811])

祝蛾科 Lecithceridae

◎纸祝蛾 *Lecithocera chartaca* Wu et Liu, 1993

◎陶祝蛾 *Lecithocera pelomorpha* Meyrick, 1931

◎竖祝蛾 *Lecithocera erecta* Meyrick, 1935

◎花匙唇祝蛾 *Spatulignatha olaxana* Wu,

1994

◎叶三角祝蛾 *Deltoplastis lobigera* Gozmány, 1978

◎楔白祝蛾 *Thubana leuccosphena* Gozmány, 1978

◎黄褐瘤祝蛾 *Torodora flavescens* Gozmány, 1978

蓑蛾科 Psychidae

◎碧皑蓑蛾 *Acanthopsyche bipars* Walker

◎丝脉蓑蛾 *Amatissa snelleni* Heylaerts

◎蜡彩蓑蛾 *Chalia larminati* Heylaerts

◎大蓑蛾 *Clania variegate* Snellen

◎白囊蓑蛾 *Chalioides kondonis* Kondo

◎黛蓑蛾 *Dappula tertia* Templeton

◎茶蓑蛾 *Eumeta minuscule* Butler

◎螺纹蓑蛾 *Eumeta crameri* Westwood

◎日本蓑蛾 *Eumeta japonica* Heylaerts

灯蛾科 Arctiidae

◎红缘灯蛾 *Alosa lactinea* (Cramer)

◎大丽灯蛾 *Aglaomorpha histrio* (Walker, 1855)

◎条纹艳苔蛾 *Asura strigipennis* (Herrich-Schaffer, 1855)

◎白雪灯蛾 *Chionarctia nivea* (Menetries, 1859)

◎八点灰灯蛾 *Creatonotos transiens* (Walker, 1855)

◎草雪苔蛾 *Cyana pratti* (Elwes, 1890)

◎天目雪苔蛾 *Cyana tienmushanensis* (Reich)

◎额黑土苔蛾 *Eileme conformis* (Walker, 1854)

◎缘点土苔蛾 *Eilema costipuncta* (Leech, 1890)

◎乌土苔蛾 *Eilema ussurica* (Daniel, 1954)

◎棕背土苔蛾 *Eilema fuscodorsalis* (Matsumura, 1930)

◎头橙荷苔蛾 *Ghoria gigantea* (Oberthur, 1879)

◎黄灰佳苔蛾 *Hypeugoa flavogrisea* Leech, 1899

◎梅尔望灯蛾 *Lemyra melli* Daniel, 1943

◎四线苔蛾 *Mithuna quadriplaga* Moore, 1878

◎东方美苔蛾 *Miltochrista orientalis* Daniel, 1951

◎之美苔蛾 *Miltochrista ziczac* (Walker, 1856)

◎异美苔蛾 *Miltochrista aberrans* Butter, 1877

◎黑缘美苔蛾 *Miltochrista delineata* (Walker, 1854)

◎优美苔蛾 *Miltochri stastriata* (Bremer et Grey, 1851)

◎长翅丽灯蛾 *Nikaea longipennis* (Walker, 1855)

◎粉蝶灯蛾 *Nyctemera adversata* (Schaller, 1788)

◎顶弯苔蛾 *Parabitecta flava* Hering, 1926

◎泥苔蛾 *Pelosia muscerda* (Hufnagel, 1768)

◎肖浑黄灯蛾 *Rhyparioides amurensis* (Bremer, 1861)

◎红点浑黄灯蛾 *Rhyparioides subvarius* (Walker, 1855)

◎污干苔蛾 *Siccia sordida* (Butler, 1877)

◎红星雪灯蛾 *Spilosoma punctarium* (Stoll, 1782)

◎净污灯蛾 *Spilarctia alba* (Bremer et Grey)

◎人纹污灯蛾 *Spilarctia subcarnea* (Walker, 1855)

◎净污灯蛾 *Spilarctia alba* (Bremer et Grey, 1853)

◎显脉污灯蛾 *Spilarctia bisecta* (Leech, 1888)

◎黑须污灯蛾 *Spilarctia casigneta* (Kollar, 1844)

◎尘污灯蛾 *Spilarctia obliqua* (Walker, 1855)

◎掌痣苔蛾 *Stigmatophora palamata* (Moore, 1878)

◎黄痣苔蛾 *Stigmatophora flava* (Bremer et Grey, 1852)

◎玫痣苔蛾 *Stigmatophora rhodophila* (Walker, 1864)

木蠹蛾科 Cossidae

◎中华木蠹蛾 *Cossus chinensis* Rothschild

◎咖啡豹蠹蛾 *Zeuzera coffeae* Nietner

◎*Zeuzera multistriata* Moore

波纹蛾科 Thyatiriidae

◎蚀大波纹蛾 *Mactothyatira strmieeata* Warren

◎昧泊波纹蛾 *Tethea meleagris* Houlbert

◎藕泊波纹蛾 *Tethea oberthuri* Werny

◎波纹蛾 *Thyatira batia* Linnaeus

燕蛾科 Uraniidae

◎斜线燕娥 *Acropteris iphiata* Guenee

◎大燕娥 *Nyctalemon menoetius* Hpffr.

枯叶蛾科 Lasiocampidae

◎松小毛虫 *Cosmotriche inexerta* (Leech, 1899)

◎思茅松毛虫岸田亚种 *Dendrolimus kikuchii kishidai* Zolotuhin & Witt, 2000

◎黄山松毛虫 *Dendrolimus marmorayus* Tsai et Hou, 1976

◎竹黄毛虫 *Euthrix laeta* (Walker, 1855)

◎竹纹枯叶蛾 *Euthrix laeta* (Walker)

◎李枯叶蛾 *Gastropacha quercifolia* Linnaeus, 1758

◎杨枯叶蛾 *Gastropacha populifolia* Esper, 1783

◎柳杉云毛虫 *Hoenimnema roesleri* Lajonquiere, 1973

◎苹毛虫 *Oeonestis pruni* Linnaeus, 1758

◎绿黄毛虫 *Trabala vishnou* Lefebare, 1827

刺蛾科 Limacodidae

◎艳刺蛾 *Arbelarosa rufotessellata* (Moore, 1879)

◎长须刺蛾 *Hyphorma minax* Walker, 1855

◎漪刺蛾 *Irga rugos* (Wileman, 1911)

◎黄缘绿刺蛾 *Latoia consocia* (Walker, 1865)

◎迹斑绿刺蛾 *Latoia pastorlis* (Butler, 1880)

◎两色绿刺蛾 *Latoia bicolor* (Walker, 1855)

◎双齿绿刺蛾 *Latoia hilarata* (Staudinger, 1887)

◎丽绿刺蛾 *Latoia lepida* (Cramer, 1779)

◎迹银纹刺蛾 *Miresa inorata* Walker, 1855

◎露黄刺蛾 *Monema rubriceps* Matsumura

◎梨娜刺蛾 *Narosoideus flavidorsalis* (Staudinger, 1887)

◎波眉刺蛾 *Narosa corusca* Wileman, 1911

◎蜜奕刺蛾 *Phlossa melli* (Hering, 1931)

◎灰齿刺蛾 *Rhamnosa uniformis* (Swinhoe, 1895)

◎显脉球须刺蛾 *Scopelodes venosa kwangtungensis* Hering, 1931

◎素刺蛾 *Susica pallida* Walker, 1855

◎扁刺蛾 *Thosea sinensis* (Walker, 1855)

◎环蹄刺蛾 *Trichogyia circulifera* Hering

毒蛾科 Lymantridae

◎雀丽毒蛾 *Calliteara melli* (Collenette)

◎三斑棕毒蛾 *Ilema nachiensis* (Marumo)

◎丛毒蛾 *Locharna strigipennis* Moore

◎栎毒蛾 *Lymantria* mathura Moore

◎白毒蛾 *Arctornis lnigrum* (Müller)

◎白毒蛾 *Arctornis* sp.
◎云南松黄毒蛾 *Euproctis yunnanpina* Chao
◎景星黄毒蛾 *Euproctis telephanes* Collenette
◎双纹箭毒蛾 *Arna bicostata* Wang, Wang & Fan
◎半带叉毒蛾 *Artaxa digramma* (Boisduval)
◎乾毒蛾 *Somena scintillans* Walker
◎素毒蛾 *Laelia* sp.
◎黄足毒蛾 *Ivela* sp.

夜蛾科 Noctuidae

◎阿巾夜蛾 *Dysgonia acuta* (Moore)
◎疱散纹夜蛾 *Callopistria pulchrilinea* (Walker)
◎龙桥夜蛾 *Anomis longipennis* Sugi
◎疖角壶夜蛾 *Calyptra minuticornis* (Guenée)
◎逅冷靛夜蛾 *Belciades hoenei* Kononenko
◎咖霜夜蛾 *Gelastocera castanea* (Moore)
◎苎麻夜蛾 *Arcte coerula* (Guenée)
◎白肾夜蛾 *Edessena gentiusalis* Walker
◎红楠夜蛾 *Naganoella timandra* (Alphéraky)
◎佳俊夜蛾 *Westermannia nobilis* Draudt
◎明钝夜蛾 *Anacronicta nitida* (Butler)
◎日月明夜蛾 *Sphragifera biplagiata* (Walker)

舟蛾科 Notodontidae

◎赛点舟蛾 *Stigmatophorina sericea* (Rothschild)
◎美丽美舟蛾 *Uropyia melli* Shintlmeister
◎苹掌舟蛾 *Phalera flavescens* (Bremer & Grey)
◎*Phalera* sp.
◎黑蕊舟蛾 *Dudusa sphingiformis* Moore

草螟科 Crambidae

斑野螟亚科 Spilomelinae

◎白桦角须野螟 *Agrotera nemoralis* (Scopoli, 1763)
◎后角须野螟 *Agrotera posticalis* Wileman, 1911
◎白斑翅野螟 *Bocchoris inspersalis* (Zeller, 1852)
◎长须曲角野螟 *Camptomastix hisbonalis* (Walker, 1859)
◎桃多斑野螟 *Conogethes punctiferalis* (Guenée, 1854)
◎黄杨绢野螟 *Diaphania perspectalis* (Walker, 1859)
◎白纹翅野螟 *Diasemia reticularis* Linnaeus, 1761
◎裂缘野螟 *Diplopseustis perieresalis* (Walker, 1859)
◎齿纹绢丝野螟 *Glyphodes crithealis* (Walker, 1859)
◎双纹绢丝野螟 *Glyphodes duplicalis* Inoue, Munroe & Mutuura, 1981
◎台湾绢丝野螟 *Glyphodes formosanus* (Shibuya, 1928)
◎齿斑绢丝野螟 *Glyphodes onychinalis* (Guenée, 1854)
◎黄犁角野螟 *Goniorhynchus marginalis* Warren, 1896
◎棉褐环野螟 *Haritalodes derogata* (Fabricius, 1775)
◎葡萄切叶野螟 *Herpetogramma luctuosalis* (Guenée, 1854)
◎狭翅切叶野螟 *Herpetogramma pseudomagna* Yamanaka, 1976
◎褐翅切叶野螟 *Herpetogramma rudis* (Warren, 1892)
◎黑顶烟翅野螟 *Heterocnephes apicipicta* Inoue, 1963
◎艳瘦翅野螟 *Ischnurges gratiosalis* (Walker, 1859)
◎黑点蚀叶野螟 *Lamprosema commixta* (Butler, 1879)

◎黑斑蚀叶野螟 *Lamprosema sibirialis* (Millière, 1879)

◎饰光野螟 *Luma ornatalis* (Leech, 1889)

◎豆荚野螟 *Maruca vitrata* (Fabricius, 1787)

◎双斑伸喙野螟 *Mecyna dissipatalis* (Lederer, 1863)

◎贯众伸喙野螟 *Mecyna gracilis* (Butler, 1879)

◎杨芦伸喙野螟 *Mecyna tricolor* (Butler, 1879)

◎污斑纹野螟 *Metoeca foedalis* (Guenée, 1854)

◎茶须野螟 *Nosophora semitritalis* (Lederer, 1863)

◎三纹啮叶野螟 *Omiodes tristrialis* (Bremer, 1864)

◎白蜡绢须野螟 *Palpita nigropunctalis* (Bremer, 1864)

◎枇杷扇野螟 *Pleuroptya balteata* (Fabricius, 1798)

◎三条扇野螟 *Pleuroptya chlorophanta* (Butler, 1878)

◎二斑扇野螟 *Pleuroptya deficiens* (Moore, 1887)

◎四斑扇野螟 *Pleuroptya quadrimaculalis* (Kollar et Redtenbacher, 1844)

◎四目扇野螟 *Pleuroptya inferior* (Hampson, 1898)

◎大白斑野螟 *Polythlipta liquidalis* Leech, 1889

◎乳翅卷野螟 *Pycnarmon lactiferalis* (Walker, 1859)

◎豹纹卷野螟 *Pycnarmon pantherata* (Butler, 1878)

◎显纹卷野螟 *Pycnarmon radiata* (Warren, 1896)

◎甜菜青野螟 *Spoladearecurvalis* (Fabricius, 1775)

◎三环狭野螟 *Stenia charonialis* (Walker, 1859)

◎齿纹卷叶野螟 *Syllepte invalidalis* South, 1901

◎台湾卷叶野螟 *Syllepte taiwanalis* Shibuya, 1928

◎黄黑纹野螟 *Tyspanodes hypsalis* Warren, 1891

◎橙黑纹野螟 *Tyspanodes striata* (Butler, 1879)

螟蛾科 Pyraloidae

斑螟亚科 Phycitinae

◎中白长鳞斑螟 *Vinicia gypsopa* (Meyrick, 1883)

◎圆斑栉角斑螟 *Ceroprepes ophthalmicella* (Christoph, 1881)

◎中国腹刺斑螟 *Sacculocornutia sinicolella* (Caradja, 1926)

◎黄须腹刺斑螟 *Sacculocornutia flavipalpella* Yamanaka, 1990

◎富泽云斑螟 *Nephopteryx tomisawai* Yamanaka, 1986

◎白条匙突斑螟 *Spatulipalpia albistrialis* Hampson, 1912

◎白条紫斑螟 *Calguia defiguralis* Walker, 1863

◎红云翅斑螟 *Oncocera* (*Oncocera*) *semirubella* (Scopoli, 1763)

◎小秀驼斑螟 *Cyphita obrutella* (Christoph, 1881)

◎秀驼斑螟 *Cyphita rufofusella* (Caradja, 1931)

◎红带峰斑螟 *Acrobasis rufizonella* Ragonot,

1887
◎秀峰斑螟 *Acrobasis obrutella* (Christoph, 1881)
◎果叶峰斑螟 *Acrobasis tokiella* Ragonot, 1893
◎井上峰斑螟 *Acrobasis inouei* Ren, 2012
◎曲纹叉斑螟 *Furcata karenkolla* (Shibuya, 1928)
◎拟双色叉斑螟 *Furcata paradichromella* (Yamanaka, 1980)
◎松蛀果斑螟 *Assara hoeneella* Roesler, 1965
◎三角类斑螟 *Phycitodes triangulella* (Ragonot, 1901)

尺蛾科 Geometridae

◎醋栗尺蛾 *Abraxas grossudariata* Linnaeus, 1758
◎萝摩艳青尺蛾 *Agathia carissima* Butler
◎枯尺蛾 *Amblychia angeronariasinibia* Wehrli
◎大造桥虫 *Ascotis selenaria* (Schiffermuller et Denis)
◎二星白尺蛾 *Asthena octomacularia* Leech, 1897
◎对白尺蛾 *Asthena undulata* (Wileman, 1915)
◎黄枝尺蛾 *Auaxa cesadariasulphurea* Butler
◎双云尺蛾 *Biston comitata* Warren
◎焦边尺蛾 *Bizia aexaria* Walker
◎掌尺蛾 *Buzura recursariasuperans* Butler
◎常春藤波尺蛾 *Callygris compositata* Guenee
◎丝棉木金星尺蛾 *Calospilos suspecta* Warren
◎紫线尺蛾 *Calothysanis comptaria* Walker
◎长纹绿尺蛾 *Comibaena argentataria* (Leech)
◎肾纹绿尺蛾 *Comibaena procumbaria* Pryer
◎褐斑黄尺蛾 *Corymica arnearia* Walker
◎郁金枝尺蛾 *Corymica speculariapryeri* (Butler)
◎天目峰尺蛾 *Dindica tienmuensis* Chu
◎乌苏介青尺蛾 *Diplodesma ussuriaria* (Bremer)
◎尖翅绢尺蛾 *Doratoptera nicevillei* Hampson
◎方折线尺蛾 *Ecliptopera benigna* (Pront, 1915)
◎黑条灰色枝尺蛾 *Ectropis excellens* Butler
◎树形尺蛾 *Erebomorpha consors* Butler
◎菊四月尺蛾 *Euchloris albocostaria* Bremer
◎点尾尺蛾 *Euctenurapteryx nigrociliaria* Leech
◎紫片尺蛾 *Fascellina chromataria* Walker
◎枯叶尺蛾 *Gandaritis flavata sinicaria* Leech, 1897
◎线尖尾尺蛾 *Gelasma protrusa* (Butler)
◎黄异翅尺蛾 *Heterophleps fusca* Wehrli, 1931
◎奇带尺蛾 *Heterothera postalbida* (Wileman, 1911)
◎直脉青尺蛾 *Hipparchus valida* Felder
◎天目书苔尺蛾 *Hirasa scripturaria eugrapha* Wehrli
◎日本紫云尺蛾 *Hypephyra terrosapryeraria* (Leech)
◎尘尺蛾 *Hypomecis punctinalisconferenda* (Butler)
◎黄辐射尺蛾 *Iotaphora iridicolor* (Butler)
◎东方突尾尺蛾 *Jodis putataorientalis* Wehrli
◎桑尺蛾 *Menophra atrilineata* (Butler)
◎豆纹尺蛾 *Metallolophia arenaria* Leech
◎姬钩翅青尺蛾 *Mixochlora vittataprasinus* Butler
◎黑斑黄枝尺蛾 *Monocerotesa lutearia* Leech
◎茶银尺蛾 *Myrteta tinagmariatinagmaria* Guenee
◎女贞尺蛾 *Naxa seriaria* (Motschulsky)
◎拟黄纹枝尺蛾 *Nothomiza flavicosta* Prout
◎猛长翅尺蛾 *Obeidia tigrataneglecta* Thierry-Mieg
◎柳叶尺蛾 *Ochrognesia difficta* (Walker)
◎四星尺蛾 *Ophthalmodes irrorataria* Bremer et Grey
◎雪尾尺蛾 *Ourapteryx nivea* Butler
◎柿星尺蛾 *Percnia giraffata* Guenee

◎桑尺蛾 *Phthonandria atrilineata* Butler
◎天目槭烟尺蛾 *Phthonosema invenustaria psathyra* (Wehrli)
◎粉尺蛾 *Pingasa alba brunnescens* Prout
◎云南粉尺蛾 *Pingasa alba yunnana* Chu
◎猫眼尺蛾 *Problepsis superans* (Butler)
◎双珠严尺蛾 *Pylargosceles steganioides* (Butler)
◎红棕淡带尺蛾 *Sabaria rosearia* Leech
◎鸢纹小尺蛾 *Scopula modicaria* Leech
◎前黄姬尺蛾 *Scopula nigropunctata imbella* Warren
◎三线银尺蛾 *Scopula pudicaria* Motschulsky
◎槐尺蛾 *Semiothisa cinerearia* Bremer et Grey
◎二星大尺蛾 *Semiothisa defixaria* Walker
◎仿菱角尺蛾 *Semiothisa normata* proximaria Leech
◎淡尾枝尺蛾 *Semiothisa pluviata* Fabricius
◎阿里山夕尺蛾 *Sibatania arizana* (Wileman, 1911)
◎轮翅枝尺蛾 *Synegia hadassa* Butler
◎三条白枝尺蛾 *Taeniphila unio* Staudinger
◎缺口镰翅青尺蛾 *Tanaorhinus discolor* Warren
◎星缘扇尺蛾 *Telenomeuta punctimarginaria* (Leech, 1891)
◎金星垂耳尺蛾 *Terpna amplificata* Walker
◎翠尺蛾 *Thalassodes proquadraria* Inoue
◎灰沙黄蝶尺蛾 *Thinopteryx delectans* (Butler)
◎缺口青尺蛾 *Timandromorpha discolor* (Warren)
◎三角尺蛾 *Trigonoptila latimarginaria* Leech
◎玉臂黑尺蛾 *Xandrames dholariasericea* Butler
◎中国虎尺蛾 *Xanthabraxas hemionata* (Guenee)
◎直线黑点尺蛾 *Xenortholitha euthygramma* (Wehrli, 1924)

展足蛾科 Stathmopodidae

◎桃展足蛾 *Stathmopoda auriferella* (Walker, 1864)
◎丽展足蛾 *Stathmopoda callopis* Meyrick, 1913
◎饰纹展足蛾 *Stathmopoda commoda* Meyrick, 1913
◎黄胸展足蛾 *Stathmopoda flavithoracalis* Li et Wang, 2002

羽蛾科 Pterophoridae

◎小指脉羽蛾 *Adaina microdactyla* (Hübner, [1813] 1796)
◎黑指滑羽蛾 *Hellinsia nigridactyla* (Yano, 1961)

鹿蛾科 Ctenuchidae

◎牧鹿蛾 *Amata pascus* (Leech, 1889)
◎白角鹿蛾 *Amata acrospila* (Felder, 1869)
◎蕾鹿蛾指名亚种 *Amata germana germana* (Felder, 1862)
◎广鹿蛾 *Amata emma* (Butler, 1876)
◎岐鹿蛾 *Amata dichtomoides* Obratzsov, 1966
◎清新鹿蛾黑翅亚种 *Caeneressa diaphana muirheadii*(Felder, 1862)
◎红带新鹿蛾华东亚 *Caeneressa rubrozonnata eurymelaena* Obraztsov, 1957

凤蝶科 Papilionidae

◎宽尾凤蝶 *Agehana elwesi* Leech
◎麝凤蝶 *Byasa alcinous*(Klug)
◎长尾麝凤蝶 *Byasa impediens* (Rothschild)
◎灰绒麝凤蝶 *Byasa mencius*(Felder)
◎小黑斑凤蝶 *Chilasa epycides* Hewitson
◎碎斑青凤蝶 *Graphium chironides* Honrath
◎青凤蝶 *Graphium sarpedon* (Linnaeus)
◎宽带青凤蝶 *Graphium cloanthus* Westwood

◎统帅青凤蝶 *Graphium agamemnon* Linnaeus

◎中华虎凤蝶 *Luehdorfia chinensisn* Leech

◎碧凤蝶 *Papilio bianor* Cramer

◎穹翠凤蝶 *Papilio dialis* Leech

◎绿带翠凤蝶 *Papilio machii* Menetries

◎玉带凤蝶 *Papilio polytes* Linnaeus

◎金凤蝶 *Papilio machaon* Linnaeus

◎柑橘凤蝶 *Papilio xuthus* Linnaeus

◎蓝凤蝶 *Papilio protenor* Cramer

◎玉斑凤蝶 *Papilio helenus* Linnaeus

◎巴黎翠凤蝶 *Papilio paris* Roths

◎达摩凤蝶 *Papilio demoleus* Linnaeus

◎美凤蝶 *Papilio memnon* (Linnaeus)

◎升天剑凤蝶 *Pazala euroa* Leech

◎金斑剑凤蝶 *Pazala alebion* Gray

◎红珠凤蝶 *Pachliopta aristolochiae* Roths

◎丝带凤蝶 *Sericinus montelus* Gary

◎金裳凤蝶 *Troides aereus* (Felder et Felder)

绢蝶科 Parnassiidae

◎冰清绢蝶 *Parnassius glacialis* Butler

粉蝶科 Pierida

◎橙翅襟粉蝶 *Anthocharis bambusarum* Oberthür

◎黄尖襟粉蝶 *Anthocharis scolymus* Butler

◎大翅绢粉蝶 *Aporia largeteaui* (Oberthür)

◎斑缘豆粉蝶 *Colias erate* (Esper)

◎黑角方粉蝶 *Dercas lycorias* Doubleday

◎宽边黄粉蝶 *Eurema hecabe* (Linnaeus)

◎尖角黄粉蝶 *Eurema laeta* Boisduval

◎圆翅钩粉蝶 *Gonepteryx amintha* Blanchard

◎钩粉蝶 *Gonepteryx rhamni* (Linnaeus)

◎东方菜粉蝶 *Pieris canidia* (Sparrman)

◎暗脉菜粉蝶 *Pieris napi* (Linnaeus)

◎黑纹菜粉蝶 *Pieris melete* Menetries

◎菜粉蝶 *Pieris rapae* (Linnaeus)

◎飞龙粉蝶 *Talbotia nagana* (Moore)

斑蝶科 Danaidae

◎虎斑蝶 *Danaus genutia* (Cramer)

◎大绢斑蝶 *Parantica sita* (Kollar)

◎黑绢斑蝶 *Parantica melanea* (Cramer)

环蝶科 Amathusiidae

◎箭环蝶 *Stichophthalma howqua* (Westwood)

◎双星箭环蝶 *Stichophthalma neumogeni* (Leech)

眼蝶科 Satyridae

◎黛眼蝶 *Lethe dura* (Marshall)

◎蛇神黛眼蝶 *Lethe satyrina* (Butler)

◎连纹黛眼蝶 *Lethe syrcis* Hewitson

◎曲纹黛眼蝶 *Lethe chandica* Moore

◎白带黛眼蝶 *Lethe confuse* Aurivillius

◎重瞳黛眼蝶 *Lethe trimacula* Leech

◎苔娜黛眼蝶 *Lethe diana* (Butler)

◎棕褐黛眼蝶 *Lethe christophi* (Leech)

◎边纹黛眼蝶 *Lethe marginalis* (Motschulsky)

◎暮眼蝶 *Melanitis leda* (Linnaeus)

◎蓝斑丽眼蝶 *Mandarinia regalis* (Leech)

◎稻眉眼蝶 *Mycalesis gotama* Moore

◎小眉眼蝶 *Mycalesis mineus* (Linnaeus)

◎拟稻眉眼蝶 *Mycalesis francisca* Stoll

◎蛇眼蝶 *Minois dryas* (Linnaeus)

◎曼丽白眼蝶 *Melanargia meridionalis* Felder

◎黑链荫眼蝶 *Neope ramose* Leech

◎黄斑荫眼蝶 *Neope pulaha* Moore

◎布莱荫眼蝶 *Neope bremeri* Felder

◎蒙链荫眼蝶 *Neope muirheadi* Felder

◎白斑眼蝶 *Penthema adelma* Felder

◎古眼蝶 *Palaeonympha opalina* (Butler)

◎多眼蝶 *Kirinia epaminondes* Staudinger

◎中华矍眼蝶 *Ypthima chinensis* Leech

◎矍眼蝶 *Ypthima balda* (Fabricius)

◎中华矍眼蝶 *Ypthima chinensis* Leech

◎东亚矍眼蝶 *Ypthima motschulskyi* (Bremer et Grey)

蛱蝶科 Nymphalidae

◎绿豹蛱蝶 *Argynnis paphia* Linnaeus

◎玉杵带蛱蝶 *Athyma jina* Moore

◎虬眉带蛱蝶 *Athyma opalina* Kollar

◎斐豹蛱蝶 *Argyreus hyperbius* (Linnaeus)

◎老豹蛱蝶 *Argyronome laodice* (Palles)

◎曲纹蜘蛛蝶 *Araschnia doris* Leech

◎玉杵带蛱蝶 *Athyma jina* Moore

◎幸福带蛱蝶 *Athyma fortuna* (Leech)

◎新月带蛱蝶 *Athyma selenophora* (Kollar)

◎白带螯蛱蝶 *Charaxes bernardus* (Fabricius)

◎绢蛱蝶 *Calinaga buddha* Moore

◎黑绢蛱蝶 *Calinaga lhatso* Oberthur

◎明窗蛱蝶 *Dilipa fenestra* (Leech)

◎青豹蛱蝶 *Damora sagana* Doubleday

◎电蛱蝶 *Dichorragia nesimachus* Boisduval

◎波纹翠蛱蝶 *Euthalia undosa* Fruhstorfer

◎西藏翠蛱蝶 *Euthalia thibetana* Poujade

◎黄翅翠蛱蝶 *Euthalia kosempona* Fruhstorfer

◎傲白蛱蝶 *Helcyra superba* (Leech)

◎银白蛱蝶 *Helcyra subalba* (Poujade)

◎黑脉蛱蝶 *Hestina assimilis* (Linnaeus)

◎金斑蛱蝶 *Hypolimnas missippus* (Linnaeus)

◎美眼蛱蝶 *Junonia almanac* (Linnaeus)

◎翠蓝眼蛱蝶 *Junonia orithya* Linnaeus

◎琉璃蛱蝶 *Kaniska canace* Linnaeus

◎戟眉线蛱蝶 *Limenitis homeyeri* (Tancrè)

◎折线蛱蝶 *Limenitis sydyi* Lederer

◎残锷线蛱蝶 *Limenitis sulpitia* (Cramer)

◎扬眉线蛱蝶 *Limenitis helmanni* Lederer

◎迷蛱蝶 *Mimathyma chevana* (Moore)

◎白斑迷蛱蝶 *Mimathyma schrenckii* (Ménétriès)

◎云豹蛱蝶 *Nephargynnis anadyomene* (Felder)

◎断环蛱蝶 *Neptis sankara* Kollar

◎拟三线蛱蝶 *Neptis philyroides* (Staudinger)

◎娜环蛱蝶 *Neptis nata* Moore

◎小环蛱蝶 *Neptis sappho* intermedia Pryer

◎重环蛱蝶 *Neptis alwina* Bremer et Grey

◎啡环蛱蝶 *Neptis philyra* Menetries

◎链环蛱蝶 *Neptis pryeri* Butler

◎中环蛱蝶 *Neptis hylas* Linnaeus

◎珂环蛱蝶 *Neptis clinia* Moore

◎阿环蛱蝶 *Neptis ananta* Moore

◎黄环蛱蝶 *Neptis themis* Leech

◎莲花环蛱蝶 *Neptis hesione* Leech

◎白钩蛱蝶 *Polygonia calbum* Linnaeus

◎黄钩蛱蝶 *Polygonia caureum* (Linnaeus)

◎二尾蛱蝶 *Polyura narcaea* (Hewitson)

◎素饰蛱蝶 *Stibochiona nicea* (Gray)

◎黄帅蛱蝶 *Sephisa princeps* Fixsen

◎大紫蛱蝶 *Sasakia charonda* Hewitson

◎黑紫蛱蝶 *Sasakia funebris*(Leech)

◎大红蛱蝶 *Vanessa indica* Herbst

◎小红蛱蝶 *Vanessa cardui* Linnaeus

◎白裳猫蛱蝶 *Timelaea albescens* Oberthur

喙蝶科 Libytheidae

◎朴喙蝶 *Libythea celtis* Laicharting

◎朴喙蝶中华大陆亚种 *Libythea celtis chinensis* Fruhstorfer

蚬蝶科 Riodinidae

◎白点褐蚬蝶 *Abisara burnii* (de Niceville)

◎白带褐蚬蝶 *Abisara fylloides* (Moore)

◎黄带褐蚬蝶 *Abisara fyllafylla* (Doublcday)

◎波蚬蝶 *Zemeros flegyas* (Cramer)

灰蝶科 Lycaenidae

◎青灰蝶 *Antigius attilia* (Bremer)

◎丫灰蝶 *Amblopala avidiena* (Hewitson)

◎齿翅娆灰蝶 *Arhopala rama* (Kollar)

◎黑缘金灰蝶 *Chrysozephyrus nigroapicalis* (Howarth)
◎大紫琉璃灰蝶 *Celastrina oreas* (Leech)
◎琉璃灰蝶 *Celastrina argiola* (Linnaeus)
◎华西琉璃灰蝶 *Celastrina hersilia* Leech
◎曲纹紫灰蝶 *Chilades pandava* (Horsfield)
◎尖翅银灰蝶 *Curetis acuta* Moore
◎蓝灰蝶 *Everes argiades* (Pallas)
◎长尾蓝灰蝶 *Everes lactrunus* (Godart)
◎雅灰蝶 *Jamides bochus* (Sfoll)
◎黄灰蝶 *Japonica lutea*(Hewitson)
◎红灰蝶 *Lycaena phlaeas* (Linnaeus)
◎亮灰蝶 *Lampides boeicus* (Linnaeus)
◎齿轮灰蝶 *Novosatsuma pratti* (Leech)
◎锯灰蝶 *Orthomiella pontis* Elwer
◎峦太锯灰蝶 *Orthomiella rantaizana* (Wileman)
◎黑丸灰蝶 *Pithecops corvus* Fruhstorfer
◎蓝丸灰蝶 *Pithecops fulgens* Doherty
◎酢浆灰蝶 *Pseudozizeeria maha* (Kollar)
◎蓝燕灰蝶 *Rapala caerulea* Bremer et Grey
◎优秀洒灰蝶 *Satyrium eximium* (Fixsen)
◎大洒灰蝶 *Satyrium grande* (Felder et Felder)
◎山灰蝶 *Shijimia moorei* (Leech)
◎蚜灰蝶 *Taraka hamada* (Druce)
◎点玄灰蝶 *Tongeiafilicaudis* (Pryer)
◎玄灰蝶 *Tongeia fischeri* (Eversmann)
◎浙江铁灰蝶 *Teratozephyrus zhejiangensis* Chou et Tong
◎白斑妩灰蝶 *Udara albocaerulea* (Moore)
◎赭灰蝶 *Ussuriana michaelis* (Oberthur)
◎华灰蝶 *Wagimo sulgeri* (Oberthur)

弄蝶科 Hesperiidae

◎白弄蝶 *Abraximorpha dauidii* Mabille
◎疑锷弄蝶 *Aeromachus dubius* Elwes et Edwards
◎河伯锷弄蝶 *Aeromachus inachus*(Ménétriès)
◎钩形黄斑弄蝶 *Ampittia virgata* Leech
◎小黄斑弄蝶 *Ampittia nana* Leech
◎绿伞弄蝶 *Bibasis striata* Hewitson
◎方斑珂弄蝶 *Caltoris cormasa* (Hewitson)
◎无斑珂弄蝶 *Caltoris bromus* Leech
◎绿弄蝶 *Choaspes benjaminii* Guerin et Meneuille
◎斑星弄蝶 *Celaenorrhinus maculosus* Felder
◎同宗星弄蝶 *Celaenorrhinus consanguineus* Leech
◎梳翅弄蝶 *Ctenoptilum vasava* Moore
◎绵羊窗弄蝶 *Coladenia agni* (de Niceville)
◎方斑珂弄蝶 *Caltoris cormasa* Hewitson
◎幽窗弄蝶 *Coladenia sheila* Evans
◎花窗弄蝶 *Coladenia hoenei* Evans
◎黑弄蝶 *Daimio tethys* Menetries
◎中华捷弄蝶 *Gerosis sinica*(Felder)
◎深山珠弄蝶 *Erynnis montanus* (Bremer)
◎独子酣弄蝶长江亚种 *Halpe homolea nepele* Leech
◎无趾弄蝶 *Hasora anura* de Niceville
◎旖弄蝶 *Isoteinon lamprospilus* Felder et Felder
◎双带弄蝶 *Lobocla bifasciata* Bremer et Gray
◎曲纹袖弄蝶 *Notocrypta curvifascia* Felder et Felder
◎白斑赭弄蝶 *Ochlodes subhyalina* Bremer et Grey
◎黄赭弄蝶 *Ochlodes crataeis* Leech
◎透翅赭弄蝶 *Ochlodes linga* Evans
◎讴弄蝶 *Onryza maga* Leech
◎黄襟弄蝶 *Pseudocoladenia dan* (Fabricius)
◎中华谷弄蝶 *Pelopidas sinensis* Mabille

◎隐纹谷弄蝶 *Pelopidas mathias* Fabricius

◎南亚谷弄蝶 *Pelopidas agna* Moore

◎古铜谷弄蝶 *Pelopidas conjunctus* Herrich et Schaffer

◎刺纹孔弄蝶 *Polytremis zina* Eversman

◎透纹孔弄蝶 *Polytremis pellucida* Murray

◎黄标琵弄蝶 *Pithauria marsena* Hewitson

◎花弄蝶 *Pyrgus maculatus* Bremer et Grey

◎孔子黄室弄蝶 *Potanthus confucius* Felder

◎曲纹黄室弄蝶 *Potanthus flavus* Murray

◎幺纹稻弄蝶 *Parnara bada* Moore

◎直纹稻弄蝶 *Parnara guttata* (Bremer et Grey)

◎须弄蝶 *Scobura coniata* Hering

◎飒弄蝶 *Satarupa gopala* Moore

◎密纹飒弄蝶 *Satarupa monbeigi* Oberthur

◎花裙陀弄蝶 *Thoressa submacula* Leech

◎豹弄蝶 *Thymelicus leoninus* Butler

◎黑豹弄蝶 *Thymelicus sylvaticus* Bremer

珍蝶科 Acraeidae

◎苎麻珍蝶 *Acraea issoria* Hübner

膜翅目 Hymenoptera

地蜂科 Andrenidae latreille, 1802

◎小地蜂 *Andrena parvula* (Kirby, 1802)

◎中地蜂 *Andrena crassipunctata* (Cockerell, 1913)

蜜蜂科 Apidae latreille, 1802

◎黄芦蜂 *Ceratina flavipes* (Smith, 1879)

隧蜂科 Halictidae Thomson, 1869

◎铜色隧蜂 *Halictus* (*Seladonia*) *aerarius* (Smith, 1873)

◎台淡脉隧蜂 *Lasioglossum* (*Ctenonomia*) *taihorine* (Strand, 1914)

◎拟变色淡脉隧蜂 *Lasioglossum* (*Dialictus*) *subversicolum* Fan et Ebmer, 1992

◎浅绿淡脉隧蜂 *Lasioglossum* (*Dialictus*) *viridellum* (Cockerell, 1931)

◎近淡脉隧蜂 *Lasioglossum* (*Evylaeus*) *affine* (Smith, 1853)

◎红镰淡脉隧蜂 *Lasioglossum* (*Evylaeus*) *rubsectum* Fan et Ebmer, 1992

◎小齿淡脉隧蜂 *Lasioglossum* (*Lasioglossum*) *denticolle* (Morawitz, 1892)

◎尖肩淡脉隧蜂 *Lasioglossum* (*Lasioglossum*) *subopacum* (Smith, 1853)

◎粗红腹蜂 *Sphecodesgibbus* (Linnaeus, 1758)

三节叶蜂科 Argidae

◎刻颜红胸三节叶蜂 *Arge vulnerata* Mocsáry, 1909

◎列斑黄腹三节叶蜂 *Arge xanthogaster* (Cameron, 1876)

◎日本黄腹三节叶蜂 *Arge nipponensis* Rohwer, 1910

◎百山祖黄腹三节叶蜂 *Arge baishanzua* Wei, 1995

◎光唇黑毛三节叶蜂 *Arge similis* (Snellen van Vollenhoven, 1860)

◎半刃黑毛三节叶蜂 *Arge compar* Konow, 1900

◎洪氏斑胫三节叶蜂 *Arge hongweii* Wei, 1999

锤角叶蜂科 Cimbicidae

◎台湾细锤角叶蜂 *Leptocimbex formosanus* (Enslin, 1911)

◎格氏细锤角叶蜂 *Leptocimbex grahami* Malaise, 1939

◎浅窝锤角叶蜂 *Leptocimbex afoveata* Wei & Yan, 2014

◎中华唇锤角叶蜂 *Labriocimbex sinica* Wei & Deng, 2014

◎紫宝丽锤角叶蜂 *Abia formosa* Takeuchi, 1927

松叶蜂科 Diprionidae

◎浙江黑松叶蜂 *Nesodiprion zhejiangensis* Zhou et Xiao, 1981

◎天目松叶蜂 *Diprion tianmunicus* Zhou et Huang, 1983

叶蜂科 Tenthredinidae

◎马氏平缝叶蜂 *Nesoselandria maliae* Wei, 2002

◎南华平缝叶蜂 *Nesoselandria* sp.

◎大顶平缝叶蜂 *Nesoselandria* sp.

◎聂氏平缝叶蜂 *Nesoselandria nieae* Wei, 2003

◎宽顶沟额叶蜂 *Corrugia listoni* Wei, 2014

◎异尾长室叶蜂 *Alphastromboceros caudatus* Wei et Nie, 1998

◎中华脊额叶蜂 *Kulia sinensis* (Forsius, 1927)

◎小膜凹颚叶蜂 *Aneugmenus cenchrus* Wei, 1997

◎中华柄臀叶蜂 *Birka sinica* Wei, 2014

◎天目柄臀叶蜂 *Birka tianmunica* Wei, 2014

◎长室侧齿叶蜂 *Neostromboceros dolichocellus* Wei, 2003

◎日本侧齿叶蜂 *Neostromboceros nipponicus* Takeuchi, 1941

◎浙江拟齿角叶蜂 *Edenticornia zhejiangensis* Wei et Nie, 1998

◎中华斑柄叶蜂 *Abusarbia sinica* Wei et Nie, 1998

◎刻点脉柄叶蜂 *Busarbidea* sp.

◎纹腹狭鞘叶蜂 *Strongylogaster takeuchii* Naito, 1980

◎斑腹狭鞘叶蜂 *Strongylogaster macula* (Klug, 1817)

◎斑角长背叶蜂 *Strongylogaster xanthocera* (Stephens, 1835)

◎黑鞭华波叶蜂 *Sinopoppia nigroflagella* Wei, 1997

◎丽毛麦叶蜂 *Dolerus poecilomallosis* Wei, 1997

◎黄肩实叶蜂 *Hoplocampa flavicollis* Wei, 2014

◎细沟扁幼叶蜂 *Platycampus* sp.

◎截鞘简栉叶蜂 *Priophorus* sp.

◎黑跗拟栉叶蜂 *Priophorus nigrotarsalis* Wei, 1998

◎长踵锤缘叶蜂 *Pristiphora longitangia* Wei & Nie, 1998

◎槌缘叶蜂 *Pristiphora* sp.

◎邓氏突瓣叶蜂 *Nematus dengi* Wei, 2003

◎黑股类粘叶蜂 *Endemyolia tibialis* Wei, 1998

◎宽环粘叶蜂 *Caliroa* sp.

◎微小粘叶蜂 *Caliroa* sp.

◎中华钝潜叶蜂 *Setabara sinica* Wei & Niu, 2014

◎黑股缅潜叶蜂 *Birmella melanopoda* Wei, 2014

◎亮翅潜叶蜂 *Fenusa hyaloptera* Wei, 2014

◎须瓣昧潜叶蜂 *Metallus minutus* Nie et Wei, 1998

◎张氏斑腹叶蜂 *Empria zhangi* Wei et Yan, 2009

◎天目原曲叶蜂 *Protemphytus tianmunicus* Wei et Nie, 1998

◎狭细原曲叶蜂 *Protemphytus tenuisomatus*

Wei et Nie, 2002
◎刘氏狭背叶蜂 *Ametastegia* sp.
◎白唇小唇叶蜂 *Clypea alboclypea* Wei, 2002
◎中华小唇叶蜂 *Clypea sinica* Wei, 1997
◎斑翅圆颊叶蜂 *Parallantus maculipennis* Wei et Nie, 1998
◎双室蔡氏叶蜂 *Caiina bicella* Wei & Zhang, 2014
◎横斑丽叶蜂 *Linomorpha flava* (Takeuchi, 1938)
◎扁角秋叶蜂 *Apethymus compressicornis* Wei & Zhu, 2008
◎白唇平背叶蜂 *Allantus nigrocaeruleus* (F. Smith, 1874)
◎黑眶前室叶蜂 *Allomorpha nigriceps* Wei, 1997
◎白胫前室叶蜂 *Allomorpha tibialis* Wei, 1997
◎斑唇亚室叶蜂 *Asiemphytus maculoclypeatus* Wei, 2002
◎黄盾亚室叶蜂 *Asiemphytus esakii* (Takeuchi, 1933)
◎台湾片爪叶蜂 *Darjilingia formosana* (Rohwer, 1916)
◎黑胫近曲叶蜂 *Emphystegia nigrotibia* Wei et Nie, 1998
◎白唇元叶蜂 *Taxonus alboclypea* (Wei, 1997)
◎天目元叶蜂 *Taxonus tianmunicus* Wei et Nie, 1998
◎红环元叶蜂 *Taxonus annulicornis* Takeuchi, 1940
◎黑唇元叶蜂 *Taxonus attenata* (Rohwer, 1921)
◎蓬莱元叶蜂 *Taxonus formosacola* (Rohwer, 1916)
◎竹内元叶蜂 *Taxonus takeuchii* Wei, 1997
◎黑肩隐斑叶蜂 *Lagidina nigrocollis* Wei et Nie, 1999
◎白唇隐斑叶蜂 *Lagidina pieli* (Takeuchi, 1940)
◎歪唇隐斑叶蜂 *Lagidina trimaculata* (Cameron, 1876)
◎红头钝颊叶蜂 *Aglaostigma erythrocephalum* Wei & Zhang, 2014
◎双环钝颊叶蜂 *Aglaostigma pieli* (Takeuchi, 1938)
◎台岛合叶蜂 *Tenthredopsis insularis insularis* Takeuchi, 1927
◎大黄侧跗叶蜂 *Siobla maxima* Turner, 1920
◎斑唇方颜叶蜂 *Pachyprotasis subulicornis* Malaise, 1945
◎长腹勾瓣叶蜂 *Macrophya dolichogaster* Wei et Ma, 1997
◎斜盾槌腹叶蜂 *Tenthredo plagionotella* Wei et Hu, 2014
◎黑毛平斑叶蜂 *Tenthredo melli* Mallach, 1933
◎脊盾横斑叶蜂 *Tenthredo pompilina* Malaise, 1945
◎斜脊亚黄叶蜂 *Tenthredo carinacestanella* Wei & Hu, 2014
◎光额平绿叶蜂 *Tenthredo subflava* Malaise, 1945
◎多环短角叶蜂 *Tenthredo finschi* W. F. Kirby, 1882
◎双点褐腹叶蜂 *Tenthredo biminutidota* Wei & Hu, 2014
◎黑胫残青叶蜂 *Athalia proxima* (Klug, 1815)

◎隆齿残青叶蜂 *Athalia tanaoserrula* Chu et Wang, 1962

◎王氏大基叶蜂 *Beleses* sp.

◎台湾真片叶蜂 *Eutomostethus formosanus* (Enslin, 1911)

◎角额真片叶蜂 *Eutomostethus* sp.

◎狭颜真片叶蜂 *Eutomostethus albicomus* Wei et Nie, 1998

◎刻眶真片叶蜂 *Eutomostethus occipitalis* Wei et Nie, 1998

◎毛竹蓝片叶蜂 *Amonophadnus nigritus* (Xiao, 1992)

◎刘氏直脉叶蜂 *Stethomostus* sp.

◎朱氏直脉叶蜂 *Stethomostus* sp.

◎黑腹珠片叶蜂 *Allantopsis insularis* (Rohwer, 1916)

◎淡足珠片叶蜂 *Allantopsis leucopoda* Wei, 2014

◎淡足狭唇叶蜂 *Yuccacia albipes* Wei et Nie, 1998

◎白肩异角叶蜂 *Revatra* sp.

◎天目匀节叶蜂 *Phymatocera* sp.

◎五福叶蜂属 *Dicrostema brevisulca* Wei, 2014

◎长柄耳鞘叶蜂 *Monardis pedicula* Wei et Wen, 1998

◎狭鞘异李叶蜂 *Apareophora stenotheca* Wei, 1997

◎李氏纹眶叶蜂 *Claremontia* sp.

◎东方狭蔺叶蜂 *Cladardis orientalis* Wei, 2003

◎中华叶刃叶蜂 *Monophadnoides* sp.

◎中华脊栉叶峰 *Neoclia sinensis* Malaise, 1937

◎中华角瓣叶蜂 *Senoclidea sinica* Wei, 1997

扁蜂科 Pamphiliidae

◎鞭角华扁蜂 *Chinolyda flagellicornis* (F. Smith, 1860)

◎黄褐腮扁蜂 *Cephalcia xanthiana* (Wei & Niu, 2008)

◎光头腮扁蜂 *Cephalcia glabroceps* Wei, 2014

◎突唇阿扁蜂 *Acantholyda convexiclypea* Wei, 2014

茎蜂科 Cephidae

◎黑翅茎蜂 *Cephus nigripennis* (Takeuchi, 1927)

◎单带哈茎蜂 *Hartigia agilis* (Smith)

◎梨简脉茎蜂 *Janus piri* Okamoto et Muramatsu, 1925

◎扁腹华茎蜂 *Sinicephus giganteus* Enderlein

◎蔷薇旋茎蜂 *Syrista similis* Mocsary, 1904

树蜂科 Siricidae

◎红腹树蜂 *Sirex rufiabdominis* Xiao et Wu

◎黑足树蜂 *Sirex juvencus imperialis* Kirby

◎黑顶扁角树蜂 *Tremex apicalis* Matsumura

◎烟扁角树蜂 *Tremex fuscicornis* (Fabricius)

小蜂科 Chalcididae

◎无脊大腿小蜂 *Brachymeria excarinata* Gahan, 1925

◎粉蝶大腿小蜂 *Brachymeria femorata* (Panzer, 1810)

◎广大腿小蜂 *Brachymeria lasus* (Walker, 1841)

◎麻蝇大腿小蜂 *Brachymeria minuta* (Linnaeus, 1767)

◎红腿大腿小蜂 *Brachymeria podagrica* (Fabricius, 1787)

◎白羽脊柄小蜂 *Epitranus albipennis* Walker, 1874

◎松毛虫凸腿小蜂 *Kiechbaumerella dendrolimi* Sheng, 1987

◎长盾凸腿小蜂 *Kriechbaumerella longscutel-*

laris Qian et He, 1987

广肩小蜂科 Eurytomidae

◎竹瘿广肩小蜂 *Aiolomorphus rhopaloides* Walker

◎栗瘿蜂广肩小蜂 *Eurytoma brunniventris* Ratzeburg

◎刺蛾广肩小蜂 *Eurytoma monemae* Ruschka

◎粘虫广肩小蜂 *Eurytoma verticillata*(Fabricius)

蚁科 Formicidae

猛蚁亚科 Ponerinae

◎大齿猛蚁 *Odontomachus haematodus* (Linnaeus, 1758)

◎邵氏姬猛蚁 *Hyppoponera sauteri* Onoyama, 1989

◎基氏细猛蚁 *Leptogenys kitteli* (Mayr, 1870)

◎敏捷厚结蚁 *Pachycondyla astuta* F. Smith, 1858

◎黄足厚结蚁 *Pachycondyla luteipes* (Mayr, 1862)

◎中华厚结猛蚁 *Pachycondyla chinensis* (Emery, 1895)

切叶蚁亚科 Myrmicinae

◎大阪举腹蚁 *Crematogaster osakensis* Forel, 1896

◎游举腹蚁 *Crematogaster vagula* Wheeler, 1928

◎双针棱胸切叶蚁 *Pristomyrmex pungens* Mayr, 1866

◎红巨首蚁 *Pheidologeton vespillo* Wheeler, 1921

◎铺道蚁 *Terramorium caespitum* Linnaeus, 1758

◎双隆骨铺道蚁 *Tetramorium bicarinatum* (Nylander, 1846)

◎广西铺道蚁 *Tetramorium guangxiensis* Zhou et Zheng, 1997

◎中华小家蚁 *Monomorium chinensis* Santschi, 1925

◎浙江切胸蚁 *Temnothorax zhejiangensis* Zhou, 2010

◎皱头切胸蚁 *Temnothorax ruginosus* Zhou, 2010

◎湖南稀切叶蚁 *Carebara hunanensis* (Wu et Wang, 1995)

◎长刺切胸蚁 *Temnothorax spinosior* (Forel, 1901)

◎针毛收获蚁 *Messor aciculatus* F. Smith, 1874

◎黄无刺蚁 *Kartidris galos* Bolton, 1991

◎南方红蚁 *Myrmica sinensis* Radchenko et al, 2001

◎奇大头蚁 *Pheidole aphrasta* Zhou et Zheng, 1999

◎宽结大头蚁 *Pheidole noda* Smith, 1874

◎厚结大头蚁 *Pheidole nodifera* (F. Smith, 1858)

◎淡黄大头蚁 *Pheidole flaveria* Zhou et Zheng, 1999

◎皮氏大头蚁 *Pheidole pieli* Sanntschi, 1925

◎埃氏扁胸切叶蚁 *Vollenhovia emeryi* Wheler, 1906

◎伊拉布盘腹蚁 *Apheanogaster erabu* Nishizono et Yamane,

◎贝卡氏盘腹蚁 *Aphaenogaster beccarii* Emery, 1887

◎雕刻盘腹蚁 *Apheanogaster exasperata* Wheeler, 1921

臭蚁亚科 Dolichoderinae

◎长角狡臭蚁 *Technomyrmex antennus* Zhou, 2001

蚁亚科 Formicinae

◎内氏前结蚁 *Prenolepis naoroji* Forel, 1902

◎束胸前结蚁 *Prenolepis sphingthorax* Zhou et Zheng, 1998

◎角胸前结蚁 *Prenolepis angularis* Zhou, 2001

◎暗前结蚁 *Prenolepis umbra* Zhouet Zheng, 1998

◎布氏尼氏蚁 *Nylanderia bourbonica* (Forel, 1886)

◎黄尼氏蚁 *Nylanderia flavipes* (Smith, 1874)

◎樱花尼氏蚁 *Nylanderia nubatama* Terayama, 1999

◎玉米毛蚁 *Lasius alienus* (Foerster, 1850)

◎亮毛蚁 *Lasius fuliginosus* (Latreille, 1798)

◎日本黑褐蚁 *Formica japonica* Motschulsky, 1866

◎双齿多刺蚁 *Polyrhachis dives* F. Smith, 1857

◎叶形多刺蚁 *Polyrhachis lamellidens* F. Smith, 1874

◎红腹多刺蚁 *Polyrhachis rubigastrica* Wang et Wu, 1991

◎多刺蚁属 sp. *Polyrhachis* sp.（单头标本，暂不定名）

◎梅氏多刺蚁 *Polyrhachis illaudata* Walker, 1859

◎东京弓背蚁 *Camponotus tokioensis* Ito, 1912

◎少毛弓背蚁 *Camponotus spanis* Xiao and Wang, 1989

◎日本弓背蚁 *Camponotus japonica* Mayr, 1866

◎平和弓背蚁 *Camponotus mitis* (F. Smith, 1858)

◎津谷弓背蚁 *Camponotus amamianus* Terayama, 1991

◎淡基弓背蚁 *Camponotus coxalis* F. Smith, 1859

茧蜂科 Braconidae

窄径茧蜂亚科 Agathidinae

◎松村布伦茧蜂 *Braunsia matsumurai* Watanabe, 1937

◎ *Coccygidium angosturum* (Bhat et Gupta, 1977)

◎黑角长喙茧蜂 *Cremnops desertor* (Linnaeus, 1758)

◎强脊真径茧蜂 *Euagathis forticarinata* (Cameron, 1899)

蚜茧蜂亚科 Aphidiinae

◎烟蚜茧蜂 *Aphidius gifuensis* Ashmead, 1906

茧蜂亚科 Braconinae

◎中华蛀螟茧蜂 *Amyosoma chinensis* (Szépligeti, 1902)

◎中华刻柄茧蜂 *Atanycolus chinensis* Wang et Chen

◎瘿蚊茧蜂 *Bracon asphondyliae* (Watanabe, 1940)

◎长纵带茧蜂 *Bracon tamabae* Maetô, 1991

◎点腹柔茧蜂 *Bracon* (*Habrobracon*) sp.

◎褐东方茧蜂 *Bracon* (*Orientobracon*) sp.

◎黄颚钩茧蜂 *Bracon* (*Uncobracon*) sp.

◎天目颚钩茧蜂 *Bracon* (*Uncobracon*) sp.

◎三色颚钩茧蜂 *Bracon* (*Uncobracon*) *tricoloratus* Tobias, 2000

◎复色弯脉茧蜂 *Campyloneurus concolor* (Szépligeti, 1901)

◎黑胫副奇翅茧蜂 *Curriea tibialis* (Ashmead, 1906)

◎黑腹中脊茧蜂 *Cyanopterus* (*Ipobracon*) *bohayicus* Belokobylkij, 2000

◎红胸中脊茧蜂 *Cyanopterus* (*Ipobracon*) *hinoemataensis* Belokobylskij, 2000

◎天目细弱茧蜂 *Dolabraulax tianmunensis*

Wang et Chen
◎带光龟茧蜂 *Glabotestudobracon* sp.
◎麦蛾茧蜂 *Habrobracon hebetor*（Say，1836）
◎赤腹茧蜂 *Iphiaulax imposter*（Scopoli，1763）
◎长龟背茧蜂 *Testudobracon longicaudis* Maeto，1991
◎侧龟背茧蜂 *Testudobracon pleuralis*（Ashmead，1906）
折脉茧蜂亚科 Cardiochilinae
◎中华片跗茧蜂 *Hartemita chinensis* Chen，He et Ma，1998
高腹茧蜂亚科 Cenocoelinae
◎中华藤高腹茧蜂 *Rattana sinica* He et Chen，1996
悦茧蜂亚科 Charmontinae
◎胸悦茧蜂 *Charmon rufithorax* Chen et He，1996
甲腹茧蜂亚科 Cheloninae
◎里山革腹茧蜂 *Ascogaster arisanica* Sonan，1932
◎赵氏革腹茧蜂 *Ascogaster chaoi* Tang et Marsh，1994
◎基突革腹茧蜂 *Ascogaster consobrina* Curtis，1837
◎大颊革腹茧蜂 *Ascogaster grandis* Tang et Marsh，1994
◎何氏革腹茧蜂 *Ascogaster hei* Tang et Marsh，1994
◎珀金革腹茧蜂 *Ascogaster perkimi* Muddleston，1984
◎四齿革腹茧蜂 *Ascogaster quadridentata* Wesmael，1835
◎网皱革腹茧蜂 *Ascogaster reticuluta* Watanabe，1967
◎皱唇革腹茧蜂 *Ascogaster rugulosa* Tang et Marsh，1994
◎谢麦革腹茧蜂 *Ascogaster semenovi* Telenga，1941
◎台湾合腹茧蜂 *Phanerotomella taiwanensis* Zettel，1989
优茧蜂亚科 Euphorinae
◎橙足蝽茧蜂 *Aridelus rutilipes* Papp，1965
◎翠峰蝽茧蜂 *Aridelus tsuifengensis* Chou，1987
◎乌蝽茧蜂 *Aridelus ussuriensis* Belokobylskij，1981
◎脊宽鞘茧蜂 *Centistes*（*Centistes*）*carinatus* Chen et van Achterberg ，1997
◎间宽鞘茧蜂 *Centistes*（*Centistes*）*intermedius* Chen et van Achterberg，1997
◎毛肛宽鞘茧蜂 *Centistes*（*Ancylocentrus*）*chaetopygidium* Belokobylskij，1992
◎叶甲宽鞘茧蜂 *Centistes*（*Ancylocentrus*）*medythiae* Maeto et Nagai，1985
◎眼宽鞘茧蜂 *Centistes*（*Ancylocentrus*）*ocularis* Chen et van Achterberg，1997
◎瓢虫茧蜂 *Dinocampus coccinellae*（Schrank，1802）
◎常优茧蜂 *Euphorus normalis* Chen et van Achterberg，1997
◎红胸优茧蜂 *Euphorus rufithorax* Chen et van Achterberg，1997
◎程氏毛室茧蜂 *Leiophron*（*Euphoriana*）*chengi* Chen et van Achterberg，1997
◎冠食甲茧蜂 *Microctonus cretus* Chen et van Achterberg，1997
◎直瓣食甲茧蜂 *Microctonus neptunus* Chen et van Achterberg，1997
◎红头缘茧蜂 *Perilitus ruficephalus* Chen et

van Achterberg, 1997

◎浅黑常室茧蜂 *Peristenus furvus* Chen et van Achterberg, 1997

◎皱常室茧蜂 *Peristenus rugosus* Chen et van Achterberg, 1997

◎黄头长柄茧蜂 *Streblocera* (*Cosmophoridia*) *flaviceps* Marshall, 1897

◎角长柄茧蜂 *Streblocera* (*Eutanycerus*) *cornis* Chen et van Achterberg, 1997

◎显长柄茧蜂 *Streblocera* (*Eutanycerus*) *distincta* Chen et van Achterberg, 1997

◎峨嵋长柄茧蜂 *Streblocera* (*Eutanycerus*) *emeiensis* Wang, 1981

◎钝长柄茧蜂 *Streblocera* (*Eutanycerus*) *obtusa* Chen et van Achterberg, 1997

◎冈田长柄茧蜂 *Streblocera* (*Eutanycerus*) *okadai* Watanabe, 1942

◎松岗长柄茧蜂 *Streblocera* (*Eutanycerus*) *sungkangensis* Chou, 1990

◎大禹岭长柄茧蜂 *Streblocera* (*Streblocera*) *tayulingensis* Chou, 1990

◎绒脸长柄茧蜂 *Streblocera* (*Villocera*) *villosa* Papp, 1985

◎光姬蜂茧蜂 *Syntretus glaber* Chen et van Achterberg, 1997

◎淡痣汤氏茧蜂 *Townesilitus pallidistigmus* Chen et van Achterberg, 1997

◎姚氏网胸茧蜂 *Ussuraridelus yaoae* Chen et van Achterberg, 1997

◎红骗赛茧蜂 *Zele deceptor f. rufulus* (Thomson, 1895)

长茧蜂亚科 Helconinae

◎红天牛茧蜂 *Brulleia rubidus* Chen et He, 1993

◎天牛茧蜂 *Parabrulleia shibuensis* (Matsumura, 1912)

滑茧蜂亚科 Homolobinae

◎暗滑茧蜂 *Homolobus* (*Chartolobus*) *infumator* (Lyle, 1914)

◎尼泊尔滑茧蜂 *Homolobus* (*Oulophus*) *nepalensis* van Achterberg, 1979

探茧蜂亚科 Ichneutinae

◎中华寡脉茧蜂 *Oligoneurus sinensis* He, 2000

◎粗角寡脉茧蜂 *Oligoneurus crassicornis* He, 2000

软节茧蜂亚科 Lysiterminae

◎贝氏齿腹茧蜂 *Acanthormius belokobylskiji* Chen et He, 2000

◎天目山齿腹茧蜂 *Acanthormius tianmushanensis* Chen et He, 2000

◎黄褐齿腹茧蜂 *Acanthormius testaceus* Chen et He, 2000

长体茧蜂亚科 Macrocentrinae

◎红胸长体茧蜂 *Macrocentrus thoracicus* (Nees)

◎天目山长体茧蜂 *Macrocentrus tianmushanus* He et Chen, 2000

◎周氏长体茧蜂 *Macrocentrus choui* He et Chen, 2000

◎纵卷叶螟长体茧蜂 *Macrocentrus cnapholocrocis* He et Lou, 1993

◎黑长体茧蜂 *Macrocentrus nigrigenius* van Achterberg, 1993

◎朴氏直赛茧蜂 *Rectizele parki* van Achterberg, 1993

◎黑澳赛茧蜂 *Austrozele nigricans* He et Chen, 2000

◎长须澳赛茧蜂 *Austrozele longipalpis* van Achterberg, 1994

小腹茧蜂亚科 Microgastrinae

◎纵卷叶螟绒茧蜂 *Apanteles cypris* Nixon,

1965

◎菜粉蝶盘绒茧蜂 *Cotesia glomeratus* (Linnaeus, 1758)(图)

◎螟蛉盘绒茧蜂 *Cotesia ruficrus* (Haliday, 1834)

◎中红侧沟茧蜂 *Microplitis mediator* (Haliday, 1834)

◎淡足侧沟茧蜂 *Microplitis pallidipes* Szepligeti, 1902

◎瘤侧沟茧蜂 *Microplitis tuberculifer* (Wesmael, 1837)

怒茧蜂亚科 Orgilinae

◎红角角室茧蜂 *Stantonia ruficornis* Enderlein, (1920)1921

内茧蜂亚科 Rogadinae

◎长脉阔跗茧蜂 *Yelicones longineva* Quicke, Chishti et Chen, 1997

◎淡角横纹茧蜂 *Clinocentrus cornalus* Chen et He, 1997

◎光头横纹茧蜂 *Clinocentrus politus* Chen et He, 1997

◎武刺茧蜂 *Spinaria armator* (Fabricius, 1804)

◎苏门答腊大口茧蜂 *Macrostomion sumatranum* (Endertein, 1920)

◎黑三缝茧蜂 *Triraphis melanus* Chen et He, 1997

◎秀弓脉茧蜂 *Arcaleiodes pulchricorpus* (Chen et He, 1991)

◎华弓脉茧蜂 *Arcaleiodes aglaurus* (Chen et He, 1991)

◎凸脊茧蜂 *Aleiodes convexus* van Achterberg, 1991

◎黑脊茧蜂 *Aleiodes microculatus* (Watanabe, 1937)

◎折半脊茧蜂 *Aleiodes ruficornis* (Herrich-Schaffer, 1838)

◎具凹脊茧蜂 *Aleiodes excavatus* (Telenga, 1941)

◎异脊茧蜂 *Aleiodes dispar* (Curtis, 1834)

◎细足脊茧蜂 *Aleiodes gracilipes* (Telenga, 1941)

◎松毛虫脊茧蜂 *Aleiodes esenbeckii* (Hartig, 1838)

◎粘虫脊茧蜂 *Aleiodes mythimnae* He et Chen, 1988

瘿蜂科 CyniPidae

◎德清纹瘿蜂 *Andricus deqingis* Wang, Guo & Chen, 2013

◎黄纹瘿蜂 *Andricus flavus* Wang & Guo, 2014

◎东亚脊瘿蜂 *Ceroptres masudai* Abe, 1997

◎栗瘿蜂 *Dryocosmus kuriphilus* Yasumatsu, 1951

◎麻栎二叉瘿蜂 *Latuspina acutissimae* Wang, Pujade-Villar & Guo, 2016

◎白栎副客瘿蜂 *Saphonecrus fabris* Wang & Guo, 2014

◎黄胫副客瘿蜂 *Saphonecrus flavitibialis* Wang & Chen, 2010

东南石栎副客瘿蜂 *Saphonecrus lithocarpi* Wang & Guo, 2014

◎网状副客瘿蜂 *Saphonecrus reticulatus* Wang & Chen, 2014

◎日本客瘿蜂 *Synergus japonicus* Walker, 1874

◎ *Synergus symbioticus* Schwéger & Melika, 2015

◎光客瘿蜂 *Synergus apicatibialis* Pujade-Villar, Wang, Liu & Chen, 2013

◎脊客瘿蜂 *Synergus jezoensis* Uchida and Sakagami, 1948

◎毛瘿蜂 *Trichagalma formosana* Melika & Tang, 2012

◎天目山毛瘿蜂 *Trichagalma serratae* Ashmead, 1904

◎锈腹方胸瘿蜂 *Ufo rufiventris* Wang, Guo & Wang, 2016

◎ *Ufo cerroneuroteri* Melika, Tang & Yang, 2012

◎黄腹犁瘿蜂 *Diplolepis flaviabdomenis* Wang & Guo, 2013

环腹瘿蜂科 Figitidae

◎达氏矩盾狭背瘿蜂 *Callaspidia dalbohmi* Ros-Farré& Pujade-Villar, 2009

◎平背矩盾狭背瘿蜂 *Callaspidia defonscolombei* Dahlbom, 1842

◎台湾矩盾狭背瘿蜂 *Callaspidia formosana* Hedicke, 1913

◎日本矩盾狭背瘿蜂 *Callaspidia japonica* (Ashmead, 1904)

◎亚洲盾狭背瘿蜂 *Omalaspis asiatica* Ros-Farré& Pujade-Villar, 2011

◎窄盾狭背瘿蜂 *Omalaspis latreillii* (Hartig, 1840)

◎异剑狭背瘿蜂 *Prosaspicera confusa* Ros-Farré, 2006,

◎脊剑狭背瘿蜂 *Prosaspicera validispina* Kiffer, 1910

◎天目剑盾狭背瘿蜂 *Prosaspicera tianmuensis* Wang & Wang, 2014.

附录4 鱼类名录

鳗鲡目 Anguilliformes

鳗鲡科 Anguillidae

◎日本鳗鲡 *Anguilla japonica*

鲤形目 Cypriniformes

鲤科 Cyprinidae

◎马口鱼 *Opsariichthys bidens*

◎宽鳍鱲 *Zacco platypus*

◎尖头鱥 *Phoxinus oxycephalus*

◎草鱼 *Ctenopharyngodon idellus*

◎赤眼鳟 *Squaliobarbus curriculus*

◎大眼华鳊 *Sinibrama macrops*

◎圆吻鲴 *Distoechodon tumirostris*

◎细鳞鲴 *Xenocypris macrolepis*

◎大鳍鱊 *Acheilognathus macropterus*

◎高体鳑鲏 *Rhodeus ocellatus*

◎中华鳑鲏 *Rhodeus sinensis*

◎台湾白甲鱼 *Onychostoma barbatulum*

◎光倒刺鲃 *Spinibarbus hollandi*

◎光唇鱼 *Acrossocheilus fasciatus*

◎鲫 *Carassius auratus auratus*

◎鲤 *Cyprinus carpio*

◎鳌 *Hemiculter leucisculus*

◎翘嘴鲌 *Erythroculter ilishaeformis*

◎似螖 *Belligobio nummifer*

◎唇螖 *Hemibarbus labeo*

◎花螖 *Hemibarbus maculatus*

◎黑鳍鳈 *Sarcocheilichthys n. nigripinnis*

◎小鳈 *Sarcocheilichthys parvus*

◎麦穗鱼 *Pseudorasbora parva*

◎棒花鱼 *Abbottina rivularis*

◎细纹颌须鮈 *Gnathopogon taeniellus*

◎似鮈 *Pseudogobio vaillanti*

◎点纹银鮈 *Squalidus wolterstorffi*

◎福建小鳔鮈 *Microphysogobio fukiensis*

鳅科 Cobitidae

◎中华花鳅 *Cobitis sinensis*

◎天台扁尾薄鳅 *Leptobotia tientainensis*

◎宽斑薄鳅 *Leptobotia tchangi*

◎泥鳅 *Misgurnus anguillicaudatus*

◎大鳞副泥鳅 *Paramisgurnus dabryanus*

平鳍鳅科 Homalopteridae

◎原缨口鳅 *Vanmanenia stenosoma*

鲶形目 Siluriformes

鲶科 Siluridae

◎鲶 *Silurus asotus*

◎南方大口鲶 *Silurus meridionalis*

鲿科 Bagridae

◎黄颡鱼 *Tachyurus fulvidraco*

◎盎堂拟鲿 *Pseudobagrus ondon*

◎白边拟鲿 *Pseudobagrus albomarginatus*

鲀科 Amblycipitidae

◎白缘鲀 *Liobagrus marginatus*

鳉形目 Cyprinodontiformes

鳉科 Cyprinodontidae

◎青鳉 *Oryzias latipes*

花鳉科 Poeciliidae

◎食蚊鱼 *Gambusia affinis*

合鳃鱼目 Synbranchiformes

合鳃科 Synbranchidae

◎黄鳝 *Monopterus albus*

鲈形目 Perciformes

真鲈科 Percichthyidae

◎鳜 *Siniperca chuatsi*

◎波纹鳜 *Siniperca undulate*

◎大眼鳜 *Siniperca kneri*

◎斑鳜 *Siniperca scherzeri*

虾虎科 Gobiidae

◎小黄黝鱼 *Micropercops swinhonis*

◎河川沙塘鳢 *Odontobutis potamophila*

◎子陵吻虾虎鱼 *Rhinogobius similis*

◎黑吻虾虎鱼 *Rhinogobius ogasawaraensis*

刺鳅科 Mastacembelidae

◎中华刺鳅 *Sinobdella sinensis*

斗鱼科 Belontiidae

◎圆尾斗鱼 *Macropodus ocellatus*

太阳鱼科 Centrarchidae

◎大口黑鲈 *Micropterus salmoides*

附录5 两栖类名录

有尾目 Urodela

小鲵科

◎安吉小鲵 *Hynobius amjiensis*

蝾螈科 Salamandridae

◎中国瘰螈 *Paramesotriton chinensis*

◎秉志肥螈 *Pachytriton labiatus*

◎东方蝾螈 *Cynops orientalis*

无尾目 Anura

角蟾科 Pelobatidae

◎淡肩角蟾 *Megophrys boettgeri*

◎挂墩角蟾 *Megophrys kuatunensis*

蟾蜍科 Bufonidae

◎中华蟾蜍 *Bufo gargarrizans*

雨蛙科 Hylidae

◎三港雨蛙 *Hyla sanchiangensis*

◎中国雨蛙 *Hyla chinensis*

蛙科 Ranidae

◎弹琴蛙 *Hylarana adenopleura*

◎沼水蛙 *Hylarana guentheri*

◎阔褶水蛙 *Hylarana latouchii*

◎泽陆蛙 *Fejervarya multistriata*

◎大绿臭蛙 *Odorrana livida*

◎花臭蛙 *Odorrana schmackeri*

◎天目臭蛙 *Odorrana tianmuii*

◎小竹叶蛙 *Odorrana exiliversabilis*

◎黑斑侧褶蛙 *Pelophylax nigromaculata*

◎金线侧褶蛙 *Pelophylax plancyi*

◎棘胸蛙 *Paa spinosa*

◎九龙棘蛙 *Paa jiulongensis*

◎天台粗皮蛙 *Rugosa tientaiensis*

◎镇海林蛙 *Rana zhenhaiensis*

◎华南湍蛙 *Amolops ricketti*

树蛙科 Rhacophoridae

◎斑腿泛树蛙 *Polypedates megacephalus*

◎大树蛙 *Rhacophorus dennysi*

姬蛙科 Microhyldae

◎小弧斑姬蛙 *M. heymonsi*

◎饰纹姬蛙 *M. ornate*

附录

附录6 爬行类名录

龟鳖目 TESTUDINATA

平胸龟科 Platysternidae

◎大头平胸龟 *Platysternon megacephalum*

淡水龟科 Bataguridae

◎乌龟 *Chinemys reevesii*

鳖科 Trionychidae

◎中华鳖 *Pelodiscus sinensis*

蜥蜴目 LACERTIFORMES

壁虎科 Gekkonidae

◎铅山壁虎 *Gekko hokouensis*

◎多疣壁虎 *Gekko japonicus*

石龙子科 Soincidae

◎中国石龙子 *Eumeces chinensis*

◎蓝尾石龙子 *Eumeces elegans*

◎铜蜓蜥 *Sphenomorphus indicus*

蜥蜴科 Lacertidae

◎北草蜥 *Takydromus septentrionalis*

蛇目 SERPENTIFORMES

蝰科 Viperidae

蝮亚科 Crotalinae

◎尖吻蝮 *Agkistrodon acutus*

◎短尾蝮 *Gloydius brevicaudus*

◎山烙铁头 *Ovophis monticola*

◎福建竹叶青 *Trimeresurus stejnegeri*

游蛇科 Colubridae

游蛇亚科 Colubrinae

◎绞花林蛇 *Boiga kraepelini*

◎赤链蛇 *Dinodon rufozonatum*

◎黄链蛇 *Dinodon flavozonatum*

◎王锦蛇 *Elaphe carinata*

◎玉斑锦蛇 *Elaphe mandarina*

◎黑眉锦蛇 *Elaphe taeniura*

◎灰鼠蛇 *Ptyas korros*

◎滑鼠蛇 *Ptyas mucosus*

◎颈棱蛇 *Macropisthodon rudis*

◎赤链华游蛇 *Sinonatrix annularis*

◎环纹华游蛇 *Sinonatrix aequifasciata*

◎乌华游蛇 *Sinonatrix percrinata*

◎锈链腹链蛇 *Amphiesma craspedogaster*

◎虎斑颈槽蛇 *Rhabdophis tigrina*

◎饰纹小头蛇 *Oligodon chinensis*

◎翠青蛇 *Opheodrys major*

◎乌梢蛇 *Zaocys dhumnodes*

眼镜蛇科 Elapidae

◎银环蛇 *Bungarus multicinctus*

◎舟山眼镜蛇 *Naja atra*

附 录

附录7 鸟类名录

鸡形目 GALLIFORMES

雉科 Phasianidae

◎灰胸竹鸡 *Bambusicola thoracicus*

◎勺鸡 *Pucrasia macrolopha*

◎白鹇 *Lophura nycthemera*

◎白颈长尾雉 *Syrmaticus ellioti*

◎环颈雉 *Phasianus colchicus*

雁形目 ANSERIFORMES

鸭科 Anatidae

◎小天鹅 *Cygnus columbianus*

◎鸳鸯 *Aix galericulata*

◎绿翅鸭 *Anas crecca*

◎普通秋沙鸭 *Mergus merganser*

◎中华秋沙鸭 *Mergus squamatus*

䴙䴘目 PODICIPEDIFORMES

䴙䴘科 Podicipedidae

◎小䴙䴘 *Tachybaptus ruficollis*

鸽形目 COLUMBIFORMES

鸠鸽科 Columbidae

◎山斑鸠 *Streptopelia orientalis*

◎灰斑鸠 *Streptopelia decaocto*

◎珠颈斑鸠 *Streptopelia chinensis*

鹃形目 CUCULIFORMES

杜鹃科 Cuculidae

◎褐翅鸦鹃 *Centropus sinensis*

◎八声杜鹃 *Cacomantis merulinus*

◎大鹰鹃 *Hierococcyx sparverioides*

◎小杜鹃 *Cuculus poliocephalus*

◎四声杜鹃 *Cuculus micropterus*

◎中杜鹃 *Cuculus saturatus*

秧鸡科 Rallidae

◎红脚田鸡 *Zapornia akool*

鹤形目 GRUIFORMES

鹤科 Gruidae

◎白枕鹤 *Grus vipio*

鸻形目 CHARADRIIFORMES

反嘴鹬科 Recurvirostridae

◎反嘴鹬 *Recurvirostra avosetta*

鸻科

◎凤头麦鸡 *Vanellus vanellus*

◎长嘴剑鸻 *Charadrius placidus*

◎金眶鸻 *Charadrius dubius*

彩鹬科 Rostratulidae

◎彩鹬 *Rostratula benghalensis*

鹬科 Scolopacidae

◎丘鹬 *Scolopax rusticola*

◎矶鹬 *Actitis hypoleucos*

鸥科 Laridae

◎灰翅浮鸥 *Chlidonias hybrida*

鹳形目 CICONIIFORMES

鹳科 Ciconiidae

◎东方白鹳 *Ciconia boyciana*

鹈形目 PELECANIFORMES

鹭科 Ardeidae

◎黑苇鳽 *Ixobrychus flavicollis*

◎绿鹭 *Butorides striata*

◎池鹭 *Ardeola bacchus*

◎牛背鹭 *Bubulcus ibis*

◎中白鹭 *Ardea intermedia*

◎白鹭 *Egretta garzetta*

鹰形目 ACCIPITRIFORMES

鹰科 Accipitridae

◎黑冠鹃隼 *Aviceda leuphotes*

◎蛇雕 *Spilornis cheela*

◎鹰雕 *Nisaetus nipalensis*

◎林雕 *Ictinaetus malaiensis*

◎乌雕 *Clanga clanga*

◎白腹隼雕 Aquila fasciata

◎凤头鹰 *Accipiter trivirgatus*

◎赤腹鹰 *Accipiter soloensis*

◎日本松雀鹰 *Accipiter gularis*

◎松雀鹰 *Accipiter virgatus*

◎雀鹰 *Accipiter nisus*

◎苍鹰 *Accipiter gentilis*

◎黑鸢 *Milvus migrans*

◎灰脸鵟鹰 *Butastur indicus*

◎普通鵟 *Buteo japonicus*

鸮形目 STRIGIFORMES

鸱鸮科 Strigidae

◎领角鸮 *Otus lettia*

◎北领角鸮 *Otus semitorques*

◎红角鸮 *Otus sunia*

◎领鸺鹠 *Glaucidium brodiei*

◎斑头鸺鹠 *Glaucidium cuculoides*

◎长耳鸮 *Asio otus*

◎短耳鸮 *Asio flammeus*

草鸮科 Tytonidae

◎草鸮 *Tyto longimembris*

佛法僧目 CORACIIFORMES

佛法僧科 Coraciidae

◎三宝鸟 *Eurystomus orientalis*

翠鸟科 Alcedinidae

◎白胸翡翠 *Halcyon smyrnensis*

◎蓝翡翠 *Halcyon pileata*

◎普通翠鸟 *Alcedo atthis*

◎冠鱼狗 *Megaceryle lugubris*

◎斑鱼狗 *Ceryle rudis*

啄木鸟目 PICIFORMES

拟啄木鸟科 Megalaimidae

◎大拟啄木鸟 *Psilopogon virens*

啄木鸟科 Picidae

◎斑姬啄木鸟 *Picumnus innominatus*

◎星头啄木鸟 *Dendrocopos canicapillus*

◎大斑啄木鸟 *Dendrocopos major*

◎灰头绿啄木鸟 *Picus canus*

隼形目 FALCONIFORMES

隼科 Falconidae

◎红隼 *Falco tinnunculus*

雀形目 PASSERIFORMES

黄鹂科 Oriolidae

◎黑枕黄鹂 *Oriolus chinensis*

莺雀科 Vireonidae

◎淡绿鵙鹛 *Pteruthius xanthochlorus*

山椒鸟科 Campephagidae

◎暗灰鹃鵙 *Lalage melaschistos*

◎小灰山椒鸟 *Pericrocotus cantonensis*

◎灰喉山椒鸟 *Pericrocotus solaris*

卷尾科 Dicruridae

◎黑卷尾 *Dicrurus macrocercus*

◎发冠卷尾 *Dicrurus hottentottus*

伯劳科 Laniidae

◎红尾伯劳 *Lanius cristatus*

◎棕背伯劳 *Lanius schach*

鸦科 Corvidae

◎松鸦 *Garrulus glandarius*

◎红嘴蓝鹊 *Urocissa erythroryncha*

◎灰树鹊 *Dendrocitta formosae*

◎喜鹊 *Pica pica*

◎大嘴乌鸦 *Corvus macrorhynchos*

山雀科 Paridae

◎煤山雀 *Periparus ater*

◎黄腹山雀 *Pardaliparus venustulus*

◎大山雀 *Paruscinereus*

◎黄颊山雀 *Machlolophus spilonotus*

扇尾莺科 Cisticolidae

◎纯色山鹪莺 *Prinia inornata*

鳞胸鹪鹛科 Pnoepygidae

◎小鳞胸鹪鹛 *Pnoepyga pusilla*

蝗莺科 Locustellidae

◎棕褐短翅蝗莺 *Locustella luteoventris*

◎矛斑蝗莺 *Locustella lanceolata*

燕科 Hirundinidae

◎家燕 *Hirundo rustica*

◎烟腹毛脚燕 *Delichon dasypus*

◎金腰燕 *Cecropis daurica*

鹎科 Pycnonotidae

◎领雀嘴鹎 *Spizixos semitorques*

◎黄臀鹎 *Pycnonotus xanthorrhous*

◎白头鹎 *Pycnonotus sinensis*

◎绿翅短脚鹎 *Ixos mcclellandii*

◎栗背短脚鹎 *Hemixos castanonotus*

◎黑短脚鹎 *Hypsipetes leucocephalus*

柳莺科 Phylloscopidae

◎黄腰柳莺 *Phylloscopus proregulus*

◎黄眉柳莺 *Phylloscopus inornatus*

◎极北柳莺 *Phylloscopus borealis*

◎淡脚柳莺 *Phylloscopus tenellipes*

◎冠纹柳莺 *Phylloscopus claudiae*

◎白眶鹟莺 *Seicercus affinis*

◎比氏鹟莺 *Seicercus valentini*

◎栗头鹟莺 *Seicercus castaniceps*

树莺科 Cettiidae

◎棕脸鹟莺 *Abroscopus albogularis*

◎远东树莺 *Horornis canturians*

◎强脚树莺 *Horornis fortipes*

◎黄腹树莺 *Horornis acanthizoides*

长尾山雀科 Aegithalidae

◎红头长尾山雀 *Aegithalos concinnus*

莺鹛科 Sylviidae

◎棕头鸦雀 *Sinosuthora webbiana*

◎短尾鸦雀 *Neosuthora davidiana*

◎灰头鸦雀 *Psittiparus gularis*

◎点胸鸦雀 *Paradoxornis guttaticollis*

绣眼鸟科 Zosteropidae

◎栗耳凤鹛 *Yuhina castaniceps*

◎暗绿绣眼鸟 *Zosterops japonicus*

林鹛科 Timaliidae

◎华南斑胸钩嘴鹛 *Erythrogenys swinhoei*

◎棕颈钩嘴鹛 *Pomatorhinus ruficollis*

◎红头穗鹛 *Cyanoderma ruficeps*

幽鹛科 Pellorneidae

◎灰眶雀鹛 *Alcippe morrisonia*

噪鹛科 Leiothrichidae

◎画眉 *Garrulax canorus*

◎黑脸噪鹛 *Garrulax perspicillatus*

◎小黑领噪鹛 *Garrulax monileger*

◎黑领噪鹛 *Garrulax pectoralis*

◎棕噪鹛 *Garrulax berthemyi*

◎红嘴相思鸟 *Leiothrix lutea*

河乌科 Cinclidae

◎褐河乌 *Cinclus pallasii*

椋鸟科 Sturnidae

◎八哥 *Acridotheres cristatellus*

◎丝光椋鸟 *Spodiopsar sericeus*

◎灰椋鸟 *Spodiopsar cineraceus*

◎黑领椋鸟 *Gracupica nigricollis*

鸫科 Turdidae

◎橙头地鸫 *Geokichla citrina*

◎白眉地鸫 *Geokichla sibirica*

◎虎斑地鸫 *Zoothera aurea*

◎灰背鸫 *Turdus hortulorum*

◎乌鸫 *Turdus mandarinus*

◎白腹鸫 *Turdus pallidus*

◎斑鸫 *Turdus eunomus*

鹟科 Muscicapidae

◎红喉歌鸲 *Calliope calliope*

◎红胁蓝尾鸲 *Tarsiger cyanurus*

◎鹊鸲 *Copsychus saularis*

◎北红尾鸲 *Phoenicurus auroreus*

◎红尾水鸲 *Rhyacornis fuliginosa*

◎紫啸鸫 *Myophonus caeruleus*

◎小燕尾 *Enicurus scouleri*

◎灰背燕尾 *Enicurus schistaceus*

◎白额燕尾 *Enicurus leschenaulti*

◎黑喉石䳭 *Saxicola maurus*

◎灰林䳭 *Saxicola ferreus*

◎蓝矶鸫 *Monticola solitarius*

◎栗腹矶鸫 *Monticola rufiventris*

◎灰纹鹟 *Muscicapa griseisticta*

◎乌鹟 *Muscicapa sibirica*

◎北灰鹟 *Muscicapa dauurica*

◎白眉姬鹟 *Ficedula zanthopygia*

◎鸲姬鹟 *Ficedula mugimaki*

◎白腹蓝鹟 *Cyanoptila cyanomelana*

◎白喉林鹟 *Cyornis brunneatus*

梅花雀科 Estrildidae

◎白腰文鸟 *Lonchura striata*

◎斑文鸟 *Lonchura punctulata*

雀科 Passeridae

◎山麻雀 *Passer cinnamomeus*

◎麻雀 *Passer montanus*

鹡鸰科 Motacillidae

◎山鹡鸰 *Dendronanthus indicus*

◎灰鹡鸰 *Motacilla cinerea*

◎白鹡鸰 *Motacilla alba*

◎树鹨 *Anthus hodgsoni*

◎红喉鹨 *Anthus cervinus*

◎黄腹鹨 *Anthus rubescens*

◎水鹨 *Anthus spinoletta*

燕雀科 Fringillidae

◎燕雀 *Fringilla montifringilla*

◎金翅雀 *Chloris sinica*

鹀科 Emberizidae

◎凤头鹀 *Melophus lathami*

◎三道眉草鹀 *Emberiza cioides*
◎白眉鹀 *Emberiza tristrami*
◎栗耳鹀 *Emberiza fucata*
◎小鹀 *Emberizapusilla*
◎黄眉鹀 *Emberiza chrysophrys*
◎田鹀 *Emberiza rustica*
◎黄喉鹀 *Emberiza elegans*
◎栗鹀 *Emberiza rutila*
◎灰头鹀 *Emberiza spodocephala*
◎灰鹀 *Emberiza variabilis*

附录

附录8 兽类名录

食虫目 INSECTIVORA

猬科 Erinaceidae

◎东北刺猬 *Erinaceus amurensis*

鼩鼱科 Soricidae

◎山东小麝鼩 *Crocidura shantungensis*

◎臭鼩 *Suncus murinus*

鼹鼠科 Talpidae

◎华南缺齿鼹 *Mogera insulari*

翼手目 CHIROPTERA

菊头蝠科 Rhinolophidae

◎皮氏菊头蝠 *Rhinolophus pearsoni*

蝙蝠科 Vespertilionidae

◎东亚伏翼 *Pipistrellus abramus*

◎亚洲长翼蝠 *Miniopterus fuliginosus*

灵长目 PRIMATES

猴科 Cercopithecidae

◎猕猴 *Macaca mulatta*

鳞甲目 PHOLIDOTA

穿山甲科 Manidae

◎中华穿山甲 *Manis pentadactyla*

兔形目 LAGOMORPHA

兔科 Leporidae

◎华南兔 *Lepus sinensis*

啮齿目 RODENTIA

松鼠科 Sciuridae

◎赤腹松鼠 *Callosciurus erythraeus*

◎珀氏长吻松鼠 *Dremomys pernyi*

◎倭花鼠(豹鼠)*Tamiops maritimus*

鼠科 Muridae

◎黑线姬鼠 *Apodemus agrarius*

◎中华姬鼠 *Apodemus draco*

◎小家鼠 *Mus musculus*

◎黄胸鼠 *Rattus tanezumi*

◎褐家鼠 *Rattus norvegicus*

◎黄毛鼠 *Rattus lossea*

◎北社鼠 *Niviventer confucianus*

◎针毛鼠 *Niviventer fulvescens*

◎白腹巨鼠 *Leopoldamys edwardsi*

豪猪科 Hystricidae

◎中国豪猪 *Hystrix brachyuran*

食肉目 CARNIVORA

犬科 Canidae

◎狼 *Canis lupus*

◎赤狐 *Vulpes vulpes*

◎貉 *Nyctereutes procyonoides*

◎豺 *Cuon alpinus*

鼬科 Mustelidae

◎青鼬 *Martes flavigula*

◎黄鼬 *Mustela sibirica*

◎黄腹鼬 *Mudtela kathiah*

◎鼬獾 *Melogale moschata*

◎亚洲狗獾 *Meles meles*

◎猪獾 *Arctonyx collaris*

◎水獭 *Lutra lutra*

灵猫科 Viverridae

◎小灵猫 *Viverricula indica*

◎大灵猫 *Viverra zibetha*

◎果子狸 *Paguma larvata*

◎食蟹獴 *Herpestes urva*

猫科 Felidae

◎金猫 *Felis temminckii*

◎云豹 *Neofelis nebulosa*

◎金钱豹 *Panthera pardus*

◎豹猫 *Prionailurus bengalensis*

偶蹄目 ARTIODACTYLA

猪科 Suidae

◎野猪 *Sus scrofa*

鹿科 Cervidae

◎小麂 *Muntiacus reevesi*

◎黑麂 *Muntiacus crinifrons*

◎毛冠鹿 *Elaphodus cephalophus*

◎华南梅花鹿 *Cervus pseudaxis*

牛科 Bovidae

◎中华鬣羚 *Naemorhedus sumatraensis*

◎中华斑羚 *Naemorhedus caudatus*

浙江清凉峰国家级自然保护区地理位置图

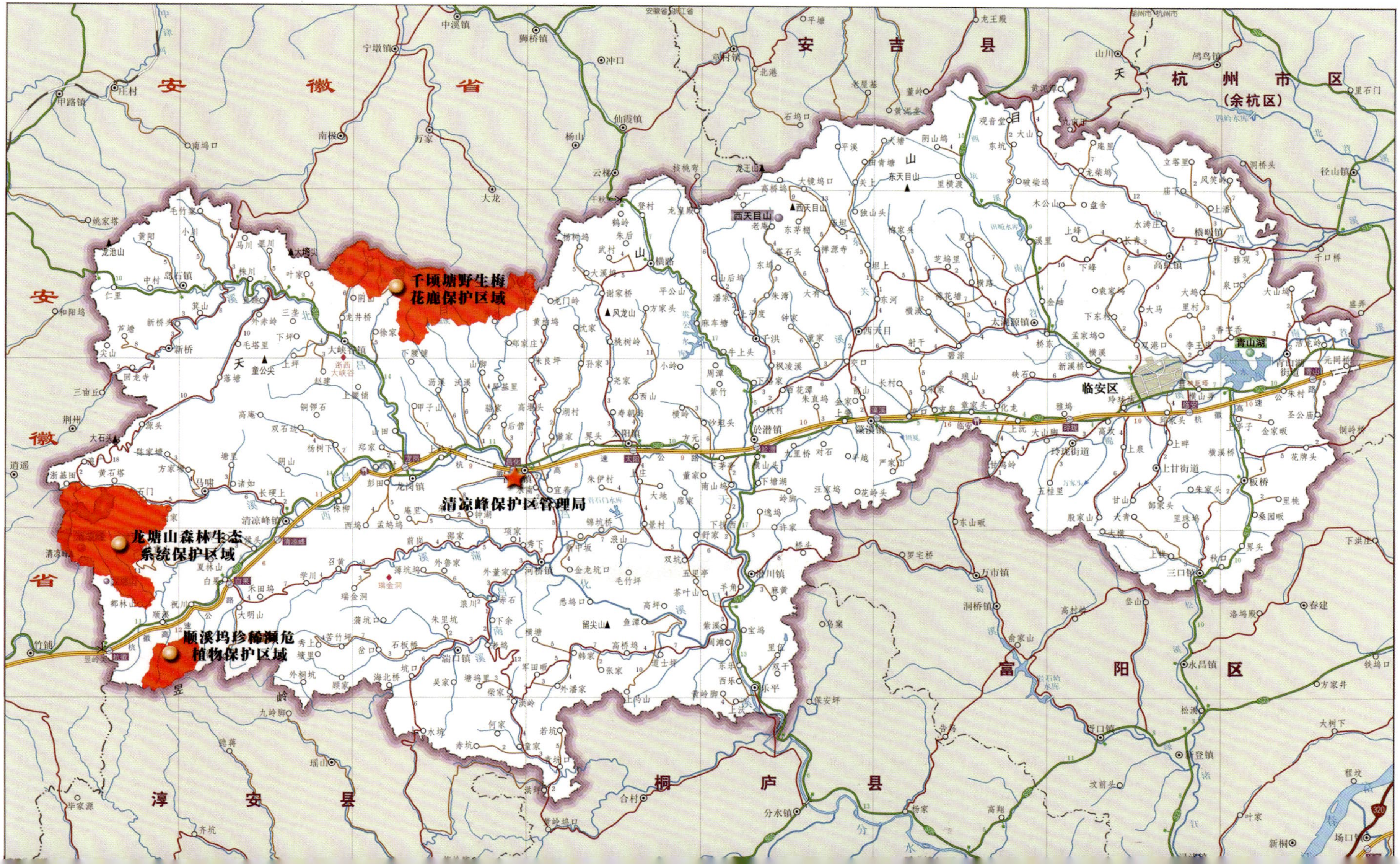

浙江清凉峰国家级自

118° 51′0″E
118° 52′0″E
118° 53′0″E
118° 54′0″E
118° 55′0″E
118° 56′0″E
118° 57′0″E
118° 58′0″E
30° 9′0″N
30° 8′0″N
30° 7′0″N
30° 6′0″N
30° 5′0″N
30° 4′0″N
30° 3′0″N
30° 2′0″N
30° 1′0″N
0 0.5 1 2
Kilometers

护区功能分区图

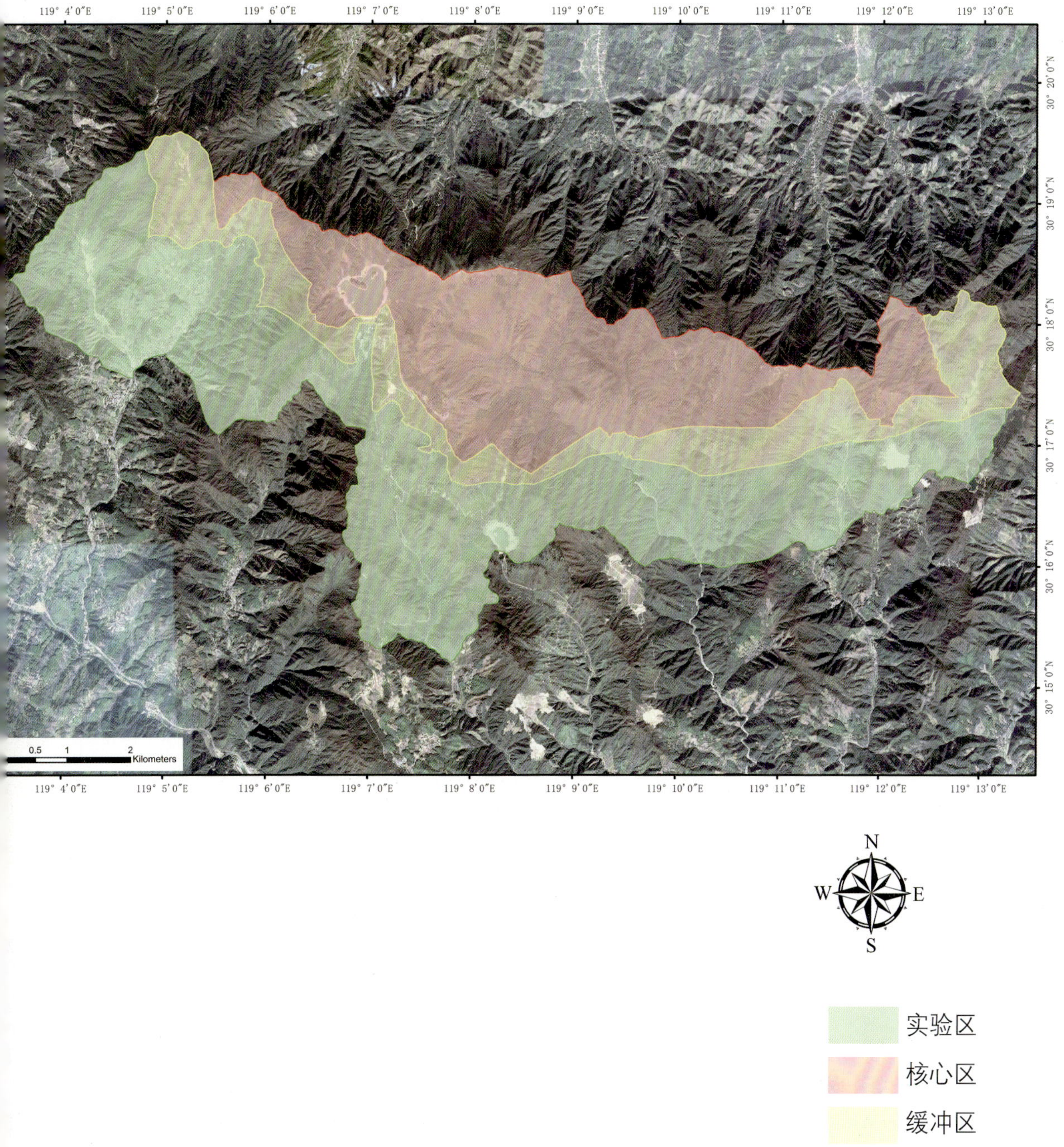
119° 4′0″E
119° 5′0″E
119° 6′0″E
119° 7′0″E
119° 8′0″E
119° 9′0″E
119° 10′0″E
119° 11′0″E
119° 12′0″E
119° 13′0″E
30° 20′0″N
30° 19′0″N
30° 18′0″N
30° 17′0″N
30° 16′0″N
30° 15′0″N
0.5 1 2
Kilometers
N
W
E
S
实验区
核心区
缓冲区

地貌类型

小石门褶皱构造（吴竹明 摄）

浙西天池火山口（吴竹明 摄）

乐利峰火山岩柱峰（吴竹明 摄）

龙池沼泽湿地（程樟峰 摄）

龙塘山岩溶（吴竹明 摄）

清凉峰火山岩岩嶂（章叔岩 摄）

龙塘山岩溶洞厅（吴竹明 摄）

浙西天池石林熔结凝灰岩假流纹构造（吴竹明 摄）

球泡流纹岩（吴竹明 摄）

火山角砾岩（吴竹明 摄）

肉红色流纹岩（吴竹明 摄）

长坞组页岩、粉砂岩互层（吴竹明 摄）

休宁组砂岩（吴竹明 摄）

浙江清凉峰国家级

118°51'0"E
118°52'0"E
118°53'0"E
118°54'0"E
118°55'0"E
118°56'0"E
118°57'0"E
30°9'0"N
30°8'0"N
30°7'0"N
30°6'0"N
30°5'0"N
30°4'0"N
30°3'0"N
30°2'0"N
30°1'0"N
Kilometers
1 0.5 0 1

自然保护区水系图

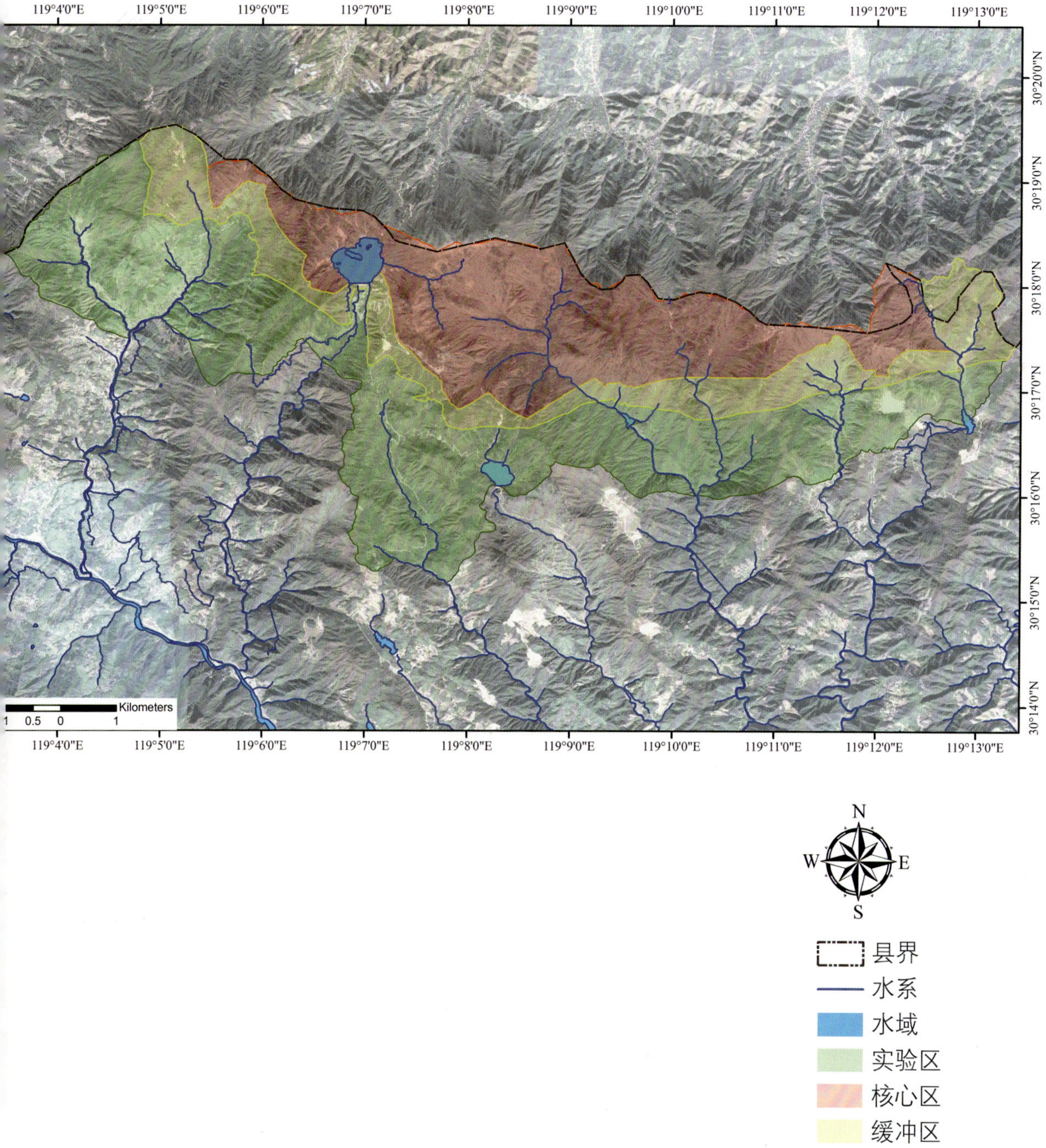

119°4'0"E
119°5'0"E
119°6'0"E
119°7'0"E
119°8'0"E
119°9'0"E
119°10'0"E
119°11'0"E
119°12'0"E
119°13'0"E
30°20'0"N
30°19'0"N
30°18'0"N
30°17'0"N
30°16'0"N
30°15'0"N
30°14'0"N
Kilometers
1 0.5 0 1
N
S
W
E
县界
水系
水域
实验区
核心区
缓冲区

珍稀植物

南方铁杉（张宏伟 摄）

北重楼（张宏伟 摄）

南方红豆杉（张宏伟 摄）

华东黄杉（张宏伟 摄）

长序榆（张宏伟 摄）

凹叶厚朴（张宏伟 摄）

短萼黄连（张宏伟 摄）

天目木兰（张宏伟 摄）

银缕梅（张宏伟 摄）

榧（刘柏良 摄）

夏蜡梅（张宏伟 摄）

香果树（张宏伟 摄）

天目木姜子（张宏伟 摄）

黄山梅（刘柏良 摄）

巴山榧树（张宏伟 摄）

独花兰（张宏伟 摄）

三叶崖爬藤（张宏伟 摄）

三叶崖爬藤（张宏伟 摄）

三叶崖爬藤（张宏伟 摄）

毛柄小勾儿茶（张宏伟 摄）

毛柄小勾儿茶（张宏伟 摄）

毛柄小勾儿茶（张宏伟 摄）

鹅掌楸（张宏伟 摄）

江南牡丹草（张宏伟 摄）

七子花（张宏伟 摄）

植被

针阔混交林（王军旺 摄）

龙塘山针阔混交林（刘柏良 摄）

落叶阔叶林（翁东明 摄）

针叶林（黄山松）（王军旺 摄）

常绿落叶阔叶混交林（刘柏良 摄）

丛生草类沼泽草甸（刘柏良 摄）

灌丛（王军旺 摄）

龙塘山森林生态系统保护区域植被分布图

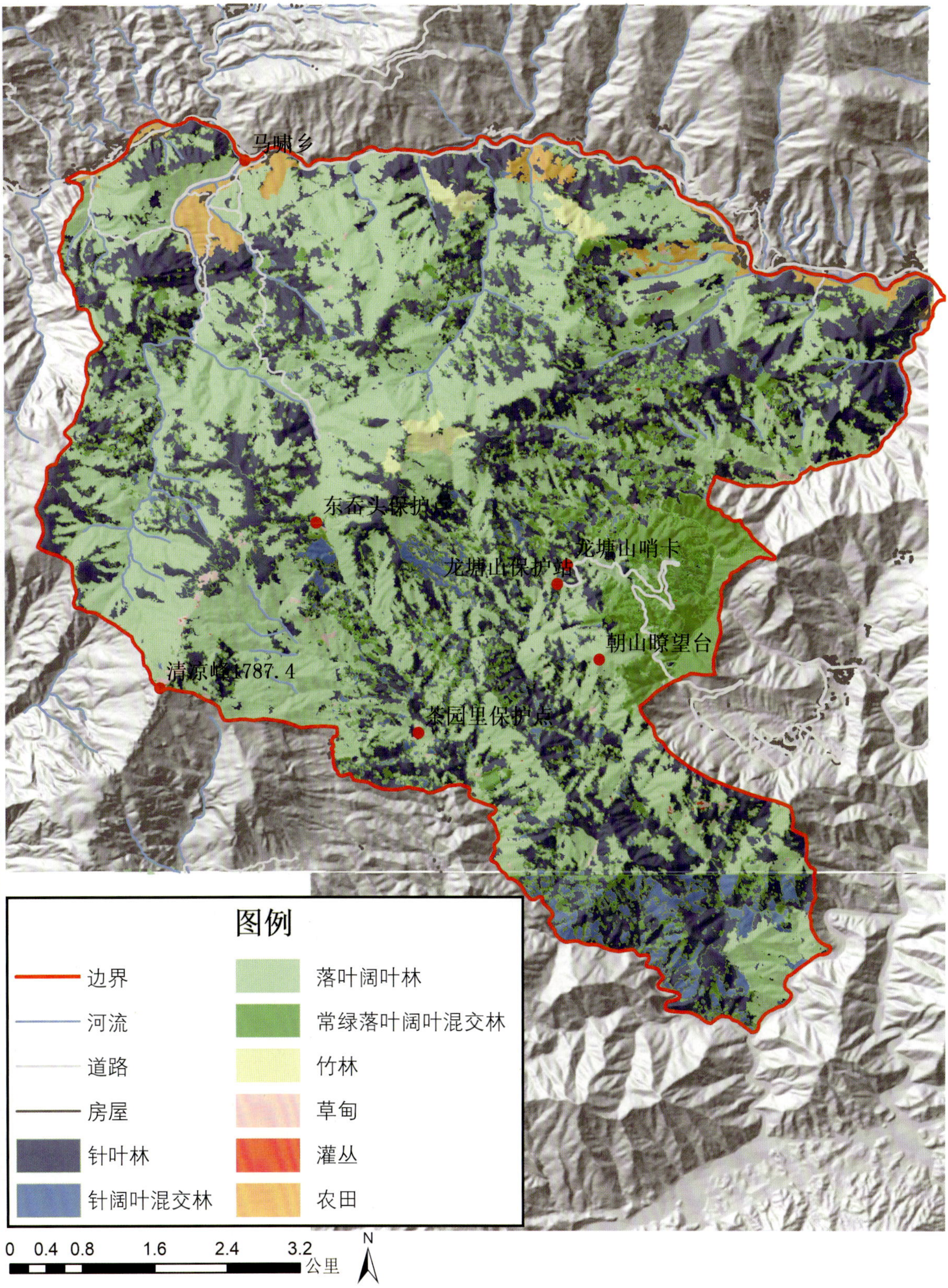

千顷塘野生梅花鹿保护区域植被分布图

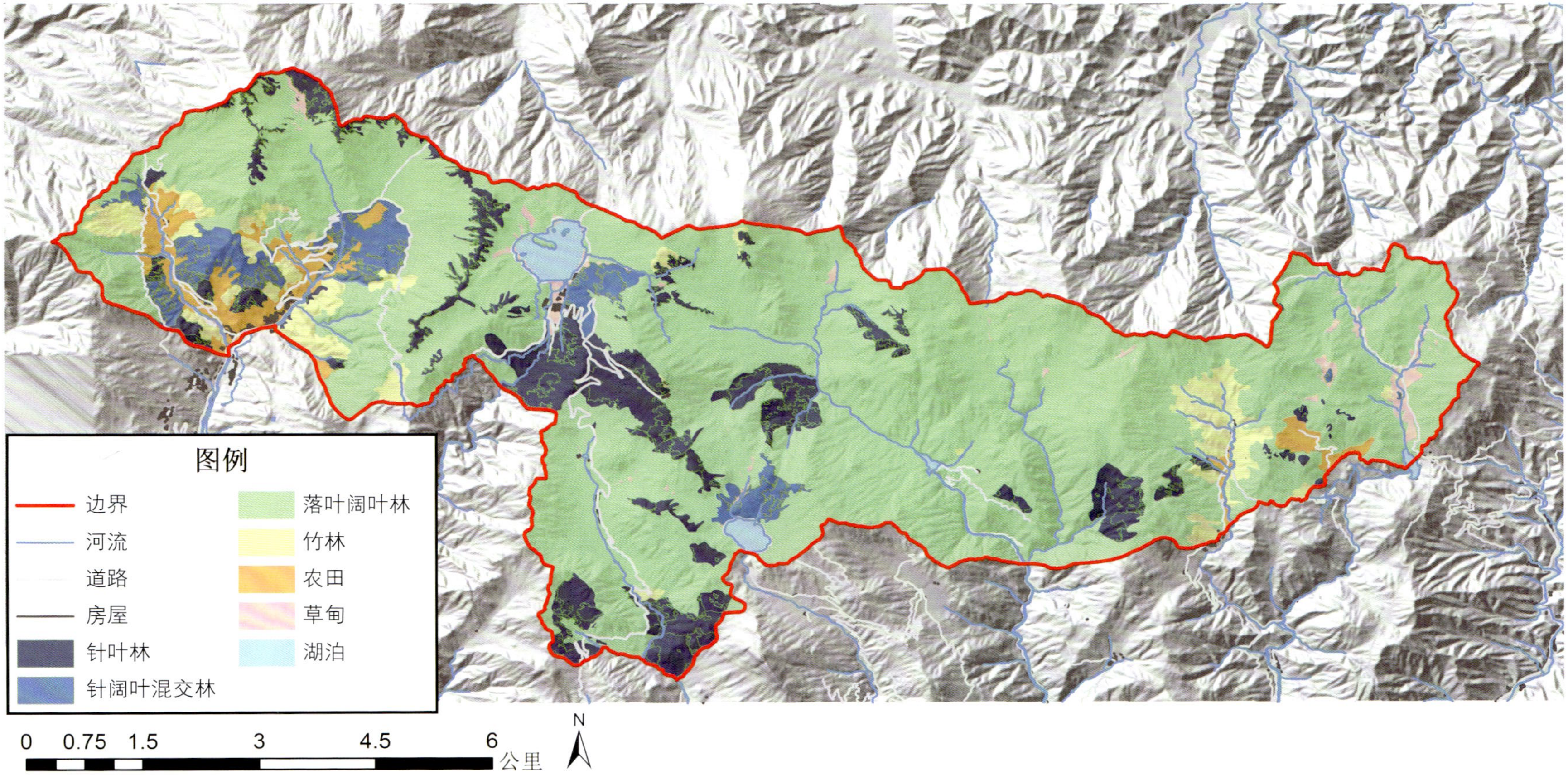

顺溪坞珍稀植物保护区域植被分布图

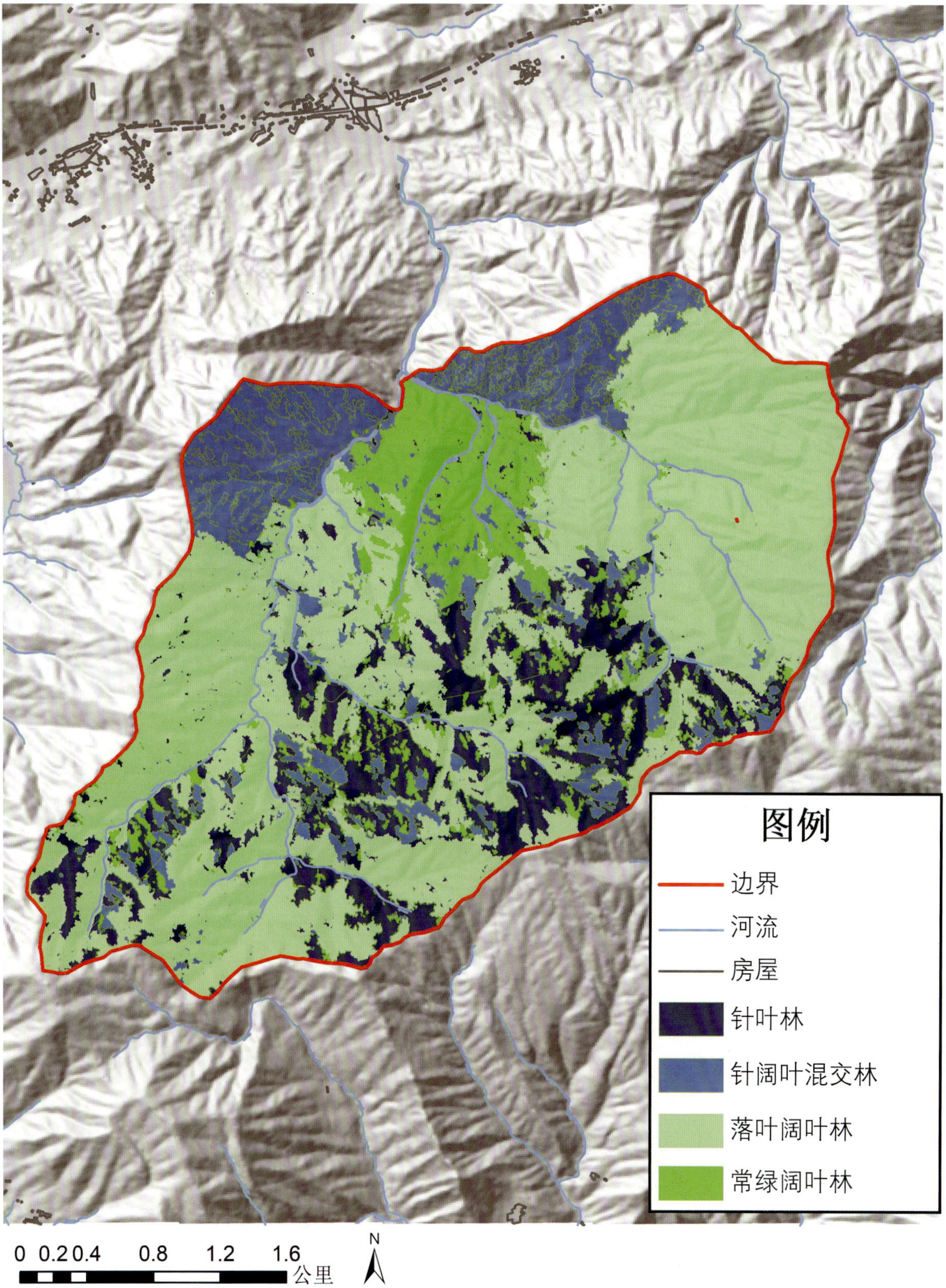

稀有植物群落

象鼻兰（夏国华 摄）

夏腊梅（刘柏良 摄）

黄山花楸（刘柏良 摄）

玉蝉花（沈炳泉 摄）

南方铁杉群落（刘柏良 摄）

六角莲（刘柏良 摄）

蜘蛛

三突艾奇蛛（郭瑞 摄）

西里银鳞蛛（郭瑞 摄）

美丽麦蛛（章叔岩 摄）

森林漏斗蛛（章叔岩 摄）

棒络新妇（章叔岩 摄）

波纹花蟹蛛（章叔岩 摄）

尖尾肖蛸（郭瑞 摄）

卡氏长隙蛛（郭瑞 摄）

昆虫

碧凤蝶（章叔岩 摄）

冰清绢蝶（章叔岩 摄）

酢浆灰蝶（章叔岩 摄）

宽尾凤蝶（章叔岩 摄）

二尾蛱（章叔岩 摄）

大紫蛱蝶（章叔岩 摄）

中华虎凤蝶（章叔岩 摄）

青球箩纹（章叔岩 摄）

柑桔凤蝶（章叔岩 摄）

双叉犀金龟（刘柏良 摄）

异色瓢虫（郭瑞 摄）

铜绿丽金龟（郭瑞 摄）

顶纹吉丁（郭瑞 摄）

拉布甲（郭瑞 摄）

阳彩臂金龟（郭瑞 摄）

中华虎甲（郭瑞 摄）

中华桑螽（郭瑞 摄）

斜斑并脊天牛（郭瑞 摄）

僧帽佛蝗（郭瑞 摄）

白带坡天牛（郭瑞 摄）

鱼类

盎堂拟鲿（袁乐洋 摄）

薄鳅（袁乐洋 摄）

光唇鱼（雌、雄）（袁乐洋 摄）

宽鳍鱲（袁乐洋 摄）

黑吻虾虎鱼（袁乐洋 摄）

尖头鱥（袁乐洋 摄）

台湾白甲鱼（袁乐洋 摄）

两栖类

安吉小鲵（章叔岩 摄）

中国瘰螈（陈苍松 摄）

秉志肥螈（陈苍松 摄）

东方蝾螈（章叔岩 摄）

淡肩角蟾（陈苍松 摄）

布氏泛树蛙（陈苍松 摄）

黑斑侧褶蛙（陈苍松 摄）

大绿臭蛙（陈苍松 摄）

华南湍蛙（陈苍松 摄）

棘胸蛙（陈苍松 摄）

金线侧褶蛙（陈苍松 摄）

九龙棘蛙（陈苍松 摄）

弹琴蛙（陈苍松 摄）

小弧斑姬蛙（陈苍松 摄）

小竹叶蛙（陈苍松 摄）

泽陆蛙（陈苍松 摄）

花臭蛙（陈苍松 摄）

大树蛙（黄秦 摄）

中国雨蛙（黄秦 摄）

镇海林蛙（陈苍松 摄）

阔褶水蛙（陈苍松 摄）

三港雨蛙（杨剑焕 摄）

爬行类

尖吻蝮（薄顺奇 摄）

福建竹叶青（陈苍松 摄）

黄链蛇（陈苍松 摄）

（大头）平胸龟（章叔岩 摄）

舟山眼镜蛇（林隆慧 摄）

北草蜥（陈苍松 摄）

多疣壁虎（陈苍松 摄）

鸟类

勺鸡（红外相机 摄）

白鹇（雄）（红外相机 摄）

白颈长尾雉（红外相机 摄）

环颈雉（红外相机 摄）

灰胸竹鸡（红外相机 摄）

白腰草鹬（章叔岩 摄）

黄斑苇鳽（章叔岩 摄）

凤头鹰（章叔岩 摄）

黑鸢（范忠勇 摄）

北领角鸮（章叔岩 摄）

斑头鸺鹠（红外相机 摄）

普通翠鸟（雄鸟）（范忠勇 摄）

灰喉山椒鸟雌鸟（范忠勇 摄）

灰喉山椒鸟雄鸟（范忠勇 摄）

灰树鹊（红外相机 摄）

烟腹毛脚燕（章叔岩 摄）

红头长尾山雀（范忠勇 摄）

短尾鸦雀（章叔岩 摄）

栗耳凤鹛（范忠勇 摄）

暗绿绣眼鸟（章叔岩 摄）

黑领噪鹛（红外相机 摄）

紫啸鸫（范忠勇 摄）

栗腹矶鸫（章叔岩 摄）

白腰文鸟（章叔岩 摄）

兽类

黑麂（红外相机 摄）

猕猴（刘柏良 摄）

豪猪（红外相机 摄）

果子狸（红外相机 摄）

黄鼬（红外相机 摄）

鬣羚（红外相机 摄）

小麂（红外相机 摄）

野猪（红外相机 摄）

猪獾（红外相机 摄）

华南梅花鹿雌性（章叔岩 摄）

争夺交配权（章叔岩 摄）

逃离（章叔岩 摄）

警觉（章叔岩 摄）

华南梅花鹿雄性个体（章叔岩 摄）

梅花鹿（章叔岩 摄）

大雪中的华南梅花鹿（章叔岩 摄）

打斗争夺食物（章叔岩 摄）

华南梅花鹿分布图

千顷塘野生梅花鹿保护区域华南梅花鹿分布图

华南梅花鹿分布强度

千顷塘野生梅花鹿保护区域华南梅花鹿分布强度图

华南梅花鹿的栖息地选择

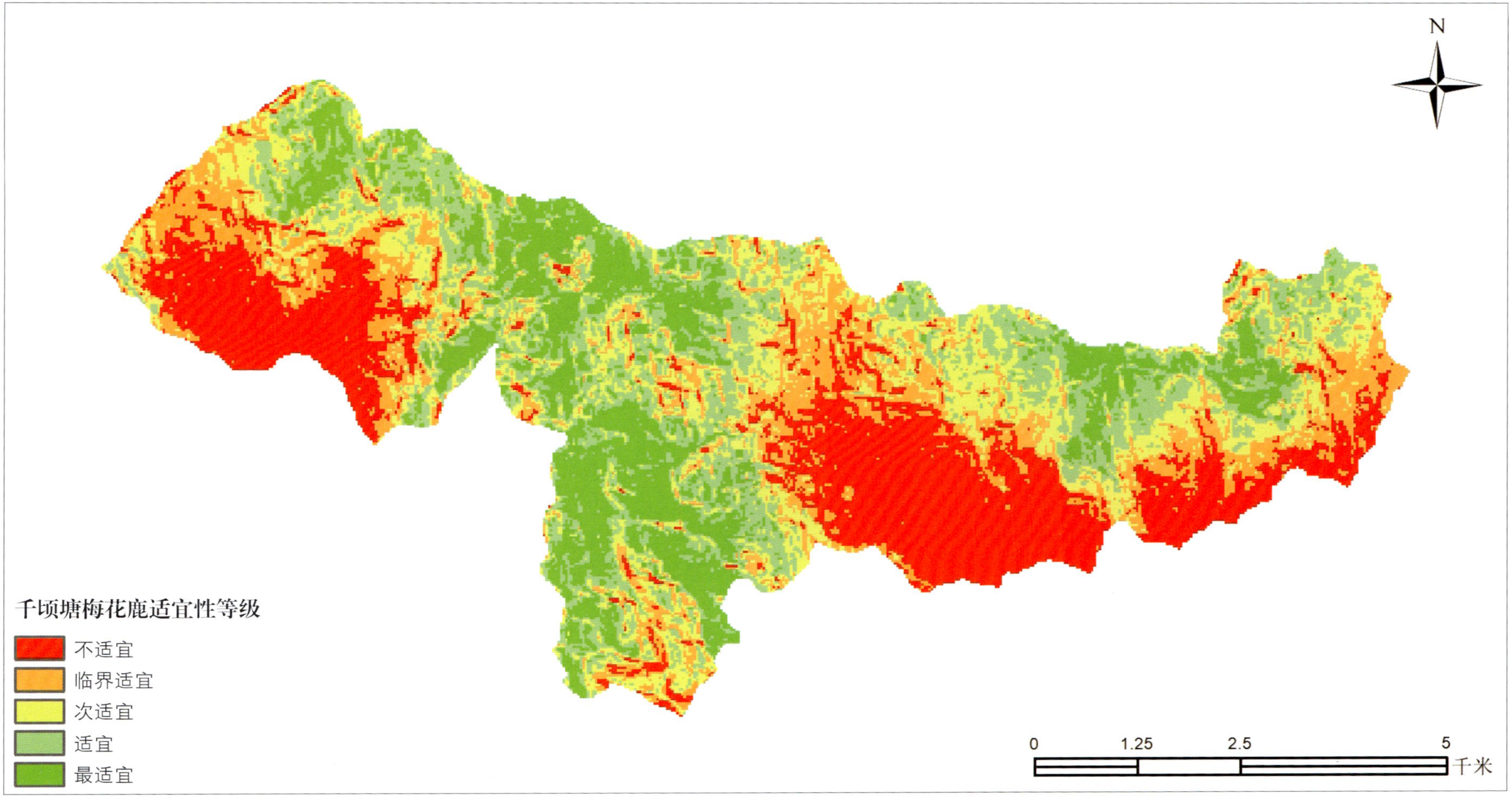

千顷塘梅花鹿生境适宜性图

清凉峰静景

道场坪（王胜华 摄）

林间溪水（章叔岩 摄）

龙塘山林（王军旺 摄）

千顷塘湖面（章叔岩 摄）

晚霞（章叔岩 摄）

山花（章叔岩 摄）

晚霞（刘然 摄）

千顷塘全景（章叔岩 摄）

清凉峰雪景（刘柏良 摄）

山顶云海（章叔岩 摄）